宗教文化译丛

犹太教系列　主编　傅有德

大众塔木德

〔英〕亚伯拉罕·柯恩　著

盖　逊　译

商务印书馆
创于1897
The Commercial Press

Abraham Cohen

EVERYMAN'S TALMUD

The Major Teachings of the Rabbinic Sages

First published in 1932 by J. M. Dent & Sons Ltd.

根据 Schocken Books 1995 年版译出

"宗教文化译丛"总序

　　遥想远古，文明伊始。散居在世界各地的初民，碍于山高水险，路途遥远，彼此很难了解。然而，天各一方的群落却各自发明了语言文字，发现了火的用途，使用了工具。他们在大自然留下了印记，逐渐建立了相对稳定的家庭、部落和族群。人们的劳作和交往所留下的符号，经过大浪淘沙般的筛选和积淀后，便形成了文化。

　　在纷纭复杂的文化形态中，有一种形态叫"宗教"。如果说哲学源于人的好奇心和疑问，那么宗教则以相信超自然力量的存在为前提。如果说哲学的功用是教人如何思维，训练的是人的理性认知能力，那么宗教则是教人怎样行为。即把从信仰而来的价值与礼法落实于生活，教人做"君子"，让社会有规范。信而后行，是宗教的一大特点。

　　宗教现象，极为普遍。亚非拉美，天涯海角，凡有人群的地方，大都离不开宗教生活。自远古及今，宗教虽有兴衰嬗变，但从未止息。宗教本身形式多样，如拜物图腾、万物有灵、通神巫术、多神信仰、主神膜拜、唯一神教，林林总总，构成了纷纭复杂、光怪陆离的宗教光谱。宗教有大有小，信众多者为大，信众寡者为小。宗教有区域性的，也有跨区域性的或世界性的。世界性宗教包括基督教、伊斯兰教、佛教等大教。还有的宗教，因为信众为单一民族，被视为民族性宗教，如犹太教、印度教、祆教、神道教等。宗教犹如一面硕大无朋的神圣之网，笼罩着全世界大大小小的民族和亿万信众，其影响既广泛又久远。

宗教的功能是满足人的宗教生活需要。阶级社会，人有差等，但无人不需精神安顿。而宗教之于酋长与族人、君主与臣民、贵族与平民、总统与公民，皆不分贵贱，一视同仁地慰藉其精神。有时，人不满足于生活的平淡无奇，需要一种仪式感，这时，宗教便当仁不让。个人需要内在的道德，家庭、社会、国家需要伦理和秩序，宗教虽然不能"包打天下"，却可以成为不可多得的选项。人心需要温暖，贫民需要救济，宗教常常能够雪中送炭，带给需要者慈爱、关怀、衣食或资金。人是社会的动物，宗教恰巧有团体生活，方便社交，有利于人们建立互信和友谊。

"太阳照好人，也照歹人。"宗教劝人积德行善，远离邪恶，但并非所有的"善男信女"都是仁人君子，歹徒恶人也不乏其例。宗教也不总是和平的使者。小到个人权斗、"人肉炸弹"，大到"9·11"空难，更大的还有"十字军东征""三十年战争""纳粹大屠杀"。凡此种种大小纷争、冲突、战争和屠戮，都有宗教如影随形。美国学者亨廷顿早在1993年就曾预言：未来的冲突将发生在几大宗教文明之间。姑且不说"文明"之间是否"应该"发生冲突，宗教冲突或与之相关的各种"事件"时有发生，却是一个不争的事实。

既然宗教极其既深且广的影响是事实存在，那么介绍和诠释宗教经典，阐释教义学说，研究宗教历史，宗教与政治经济，以及宗教间的关系等理论和现实问题，就有了"充足的理由"和"必要"。

1873年，马克斯·缪勒出版了《宗教学导论》，其中首次使用了"宗教学"概念。从此，宗教研究成了一门学科，与文学、历史学、哲学、社会学、心理学、民族学等并驾齐驱。在宗教学内部，宗教哲学、宗教人类学、宗教社会学、宗教心理学等分支也随之出现，成就了泰勒、韦伯、蒂利希、詹姆斯、布伯、巴特、莫尔特曼、尼布尔、汉斯·昆等一大批宗教思想家。1964 年，根据毛泽东主席批示的精神，中国科学院哲学社会科学学部组建了世界宗教研究所。从此以后，宗教学和更广意义的宗教研究也渐次在社会主义中国生根、开花、结果，在学术界独树一帜，为世人所瞩目。

宗教经典的翻译、诠释与研究，自古有之，时盛时衰，绵延不绝。中国唐代的玄奘、义净，历经千辛万苦西行取经，而后毕生翻译佛典，成为佛教界的佳话；葛洪、寇谦之、陶弘景承续、改革道教，各成一时之盛；早期的犹太贤哲研讨《托拉》、编纂《塔木德》，开启了《圣经》之后的拉比犹太教；奥利金、德尔图良、奥古斯丁等教父，解经释经，对于厘定基督教教义，功莫大焉；斐洛、迈蒙尼德等犹太哲人诠释《圣经》，调和理性与信仰，增益了犹太教；托马斯·阿奎那、邓斯·司各脱、威廉·奥康等神学大师，建立并发展了宏大深邃的经院哲学，把基督教神学推到了顶峰。还须指出，传教士们，包括基督教教士和佛教高僧大德，致力于各自宗教的本土化，著书立说，融通异教，铺设了跨宗教和多元文化对话的桥梁。

学生的学习，学者的研究，都离不开书。而在某个特定的历史时期，外著移译，显得尤为必要和重要。试想，假如没有严复译的《天演论》《法意》，没有陈望道译的《共产党宣言》、傅雷译的法国小说、朱生豪译的莎士比亚诗歌与戏剧，等等，中国的思想文化界乃至政治、经济、社会等各个领域，是一个什么景象？假如没有贺麟、蓝公武、王太庆、苗力田、陈修斋、梁志学、何兆武等前辈学者翻译的西方哲学名著，中国的哲学界将是什么状态？假如没有宗教学以及犹太教、基督教、伊斯兰教、佛教等宗教经典或研究性著作的翻译出版，我们的宗教学研究会是何等模样？虽说"试想"，但实际上根本"无法设想"。无疑，中国自古以来不乏学问和智慧，但是古代中国向来缺少严格意义上的学科和学术方法论。近现代以来中国分门别类的学科和学术研究是"西学东渐"的结果，而"西学东渐"是与外籍汉译分不开的。没有外籍的汉译，就没有现代中国的思想文化和学术。此论一点也不夸张。

众所周知，在出版界商务印书馆以出版学术著作著称，尤其以出版汉译名著闻名于世。远的不说，"文革"后上大学的文科学子，以及众多的人文社科爱好者，无不受益于商务印书馆的"汉译世界学术名著丛书"，我本人就是在这套丛书的滋养熏陶下走上学术之路的。

为了满足众多宗教研究者和爱好者的需要，商务印书馆对以前出版过的"宗教文化译丛"进行了改版，并扩大了选题范围。此次出版的译丛涵盖了宗教研究的诸多领域，所选原作皆为各教经典或学术力作，译者多为行家里手，译作质量堪属上乘。

宗教文化，树大根深，名篇巨制，浩如烟海，非几十本译作可以穷尽。因此，我们在为商务印书馆刊行"宗教文化译丛"而欢欣鼓舞的同时，也期待该丛书秉持开放原则，逐渐将各大宗教和宗教学研究的经典、权威性论著尽收囊中，一者泽被学林，繁荣学术；二者惠及普通读者，引导大众正确认识宗教。能否如愿以偿？是所望焉。谨序。

傅有德

2019 年 9 月 22 日

译者序

　　《塔木德》（Talmud）一书对于犹太民族来说是继希伯来《圣经》（Hebrew Scripture）之后最重要的一部典籍。它内容庞杂，卷帙浩繁，头绪纷纭，大至律法、宗教、伦理、民俗、医学、迷信，小到饮食、起居、洗浴、着衣、睡眠乃至便溺无所不包，其性质如何很难一言以蔽之。简单说来，在公元 70 年犹太民族的圣殿被毁、国家沦亡前后 600 多年间，一代又一代犹太先哲们为了使犹太人在流落他乡，面对强大的异族影响和迫害的形势下保持其特有的民族品性，持续不懈地向其人民宣讲、传授、阐释《托拉》（Torah），即《旧约》，以图使他们不至忘记了"上帝的律法"。这些先哲们通过口头所讲述的内容汇编成集后便构成了广泛意义上的《塔木德》。《塔木德》一书分为两部分：《密释纳》（Mishnah）和《革马拉》（Gemara）。前者由拉比犹大·哈纳西（Judah Ha-Nassi），即犹大王子（Judah the Prince）于公元 3 世纪汇编成书，共计 6 卷 63 篇，主要内容是拉比和犹太民族的先哲们对希伯来《圣经》的律法所作的讲解和阐释；后者是其后的学者们对前者进行的评述和讨论，汇集成书于《密释纳》出现之后 300 年左右；两者共同构成了所谓的口传《托拉》（Oral Torah），以别于摩西在西奈山由上帝亲授的《托拉》（Mosaic Torah）。从狭义上讲，《塔木德》这一称谓则只指《革马拉》这一部分，《革马拉》又可分为两大体系：巴比伦《塔木德》和巴勒斯坦《塔木德》。它们是不同的拉比和犹太学者在巴比伦和巴勒斯坦各自主持的学园里分别完成的。这两者所依本的《密释纳》都是相同的，但两种《革马拉》无论在体例、章目和内容上都有所不同，人们习称的《塔木德》一般是指巴比伦《塔木德》。关于《塔木德》及其相关的内容和史料，本书的"导论"部分都有详尽的论述。

本书《大众塔木德》，顾名思义，乃是大众化了的《塔木德》。无论从语言还是内容上看，普通的大众并不是都有能力和耐心去阅读《塔木德》原典，即使去阅读，多数人恐怕也往往是读不出很多的要领和旨趣。正因为如此，本书的作者亚伯拉罕·柯恩（Abraham Cohen）在对卷帙浩繁、内容博杂的《塔木德》全面检阅、精心去取的基础上把其中的要旨通过清晰条理的纲目和通俗平实的语言展示了出来，从而使任何对《塔木德》和犹太教怀有兴味的读者从中都可以了解到《塔木德》所关心和讨论的问题。作者"序言"中提到他的"目的是提供《塔木德》关于宗教、道德、民俗以及司法诸方面教义的一个概要"，他成功地做到了这一点。亚伯拉罕·柯恩把取自于《塔木德》的引文恰如其分地融入到自己的叙述之中，从而使读者极大程度地领略到了《塔木德》原典的韵味，同时他又通过建立起自己叙述纲目的方式，使原本杂乱零散的素材变成了一本条理系统的专著，从而把诸如上帝论、上帝与宇宙、人的教义、启示、社会生活、道德生活、肉体生活、民俗、法学、来世这些犹太教中的重要主题清晰而又可靠地呈现给了读者。雅各布·纽斯奈尔（Jacob Neusner）在本书的"前言"中对《大众塔木德》一书作了独到且极具权威的评价，这也为读者阅读和把握《大众塔木德》提供了颇有见地的向导。

作为本书的译者，我想就本书的翻译作几点说明。

首先是关于书名中 Talmud 一词的翻译。这个希伯来词本义为"教导"（instruction）。这部典籍所包含的内容前面已经提到了，几乎是无所不有。有些学者将其译为《犹太教法典》，从其内容上看它并不严格地符合"法典"一词所指示的含义，因此本书没有采用这一译名，而直接使用了《塔木德》这一音译，这也是目前较通行的译法。另一个重要的名称是 Torah，这个希伯来词的本义为"教诲，指导"（teaching, direction），常常被不太准确地译为"律法"（law），在犹太教文献中，它有时指《旧约》的前五章，即所谓的《摩西五经》（Pentateuch 或 Five Books of Moses），而有时则指全部的《旧约》，因此，在本书中也直接将其译为《托拉》。

其次是关于书中《圣经》引文的翻译处理。犹太先哲们在对《圣经》进行诠释和评述的过程中大量地引述了其中的文句，因此，本书在引用《塔木德》的章节时也就很自然地出现了难以计数的《圣经》经文。对这些经文的汉译根据实际情况采取了以下两种处理方法：一是沿用现已存在的《圣经》汉译，所采用的《圣经》汉译版本分别是 1988 年由中国基督教协会、中国基督教三自爱国运动委员会印行的繁体字竖排本"上帝版"《新旧约全书》和 1994 年由中国基督教协会印行的简化字横排本现代标点"神版"《新旧约全书》。译文对这两种版本互相参校，择善而从。二是对部分经文进行了重译。在《圣经》的某些文段中要么某些词语具有特殊的意蕴，要么拉比们赋予了它们一些特殊的意蕴，而某些犹太先哲们对这些特殊的意蕴又进行了相当丰富，有时甚至是缺乏节制的发挥。这些词语在本书的某些特定文段中是非常重要的，而现存的汉译本《圣经》有时要么没有译出，要么译得不甚恰当。对这样的文句，译者都进行了重译，但由于希伯来语、英语和汉语三种语言的介入，有的重译也不能尽如人意，这也是译事中令人很无奈的事。凡重译的文句，均在译文中以"新译"的字样标出，供读者参校。

原书中的脚注原则上都照原文译出，只有两点需要说明。第一，极个别的注在译成原文后成为不必要，对这样的脚注则删而未译。如本书第 262 页所引的《圣经》经文"耶和华的话是炼净的"，在原书中这句话的英文是"The word of the Lord is tried"。针对 tried 一词的脚注说："这个词希伯来原文的意思是'炼净的'（refined）。"而汉译本《圣经》对这个词的翻译正是"炼净的"，因此，这一脚注便成为不必要的，故删而未译。第二，在《塔木德》的个别段落中拉比们利用希伯来语所特有的读音和字形创造了一些类似文字游戏的东西。这类文字几乎是不能用另一种语言再现的。由希伯来语进入英语后已经有了相当的隔阂，而再转译成汉语后不仅没有提供任何原作者所希望的助益，倒是徒增了额外的莫名其妙。对个别这类的脚注也删而未存，好在总共删去的这两类脚注只有极少的几例。

另有一点需要说明的是，由于《塔木德》目前尚无汉语译本，其各卷、各篇的名称也就没有可以普遍接受的通译。因此，为慎重起见，书中所引《塔木德》部分原文的出处均保留了其英文版中的原样而未译成汉语，这虽是权宜之计，但对通晓英文而又有兴趣去作进一步探究的读者或许提供了一个直接参阅原典的线索。

　　在本书翻译过程中，译者相交甚笃几十年的朋友，山东大学犹太教与跨宗教研究中心的傅有德教授，不辞辛劳地通读了译本的初稿，并对本书涉及的一些犹太宗教文化方面的问题提出了诸多有益的见解和建议，这是译者应该深深感谢的。

　　　　　　　　　　　　　　　　　　盖　逊

　　　　　　　　　　　　　　　　2022 年 9 月 28 日

　　　　　　　　　　　　　　　　于潍坊

满怀敬意与感激

谨以此纪念已故的

大拉比

令人极为尊重的 J. H. 赫兹（J. H. Hertz）博士

目　　录

前　言

　　对本书的一些读者来说，《塔木德》无非是一部颇具名气的
犹太著作。然而，大众希望对一本据说阐述了犹太教的书有所了
解。从柯恩的《大众塔木德》读起，无论对于一般地了解犹太教，
还是对于具体把握《塔木德》的实质内容都是非常合适的。在这
本书里可以读到在犹太教，或者说《托拉》所包容的一切关于神学、
法律以及司法程序等重大问题上《塔木德》是怎样说的。

　　但是人们希望了解《塔木德》还有一个更重要的理由。它是
人类文明中伟大的经典著作之一——历久不衰，影响巨大，益人
心智。与《圣经》、柏拉图的《理想国》、亚里士多德的《政治
学》、《可兰经》以及为数极少的其他著作一道，《塔木德》在
人类历史最成功的作品中占有一席之地。这些著作的共同点就是
它们都具有一经问世便会在此后悠长的岁月中让人关注，催人响
应的力量。譬如，穆斯林信徒是把《可兰经》作为真主的话来接
受的，这同基督徒把《圣经》以及虔诚的犹太教徒把《托拉》——
包括希伯来《圣经》，或者说《旧约全书》，以及主要保存在《塔
木德》中的口头传说——作为上帝的话来接受是一样的。《塔木德》
把道德与心智上的操守传给了已记不清多少代的民众，从而使一
代代的以色列人规范于一种单一的理念模式之中，这种模式使人

性获得高度纯化。在这里我们看到了按照《托拉》，作为按上帝的样子、照上帝的形象而存在的人意味着什么。

在人类所创造的这些伟大的传世经典之中，《塔木德》，正如伟大的印度经典《摩诃婆罗多》一样，具有与众不同的特色，因为它其实不是一部书，而是一种富有生命力的传统，在一个个时代中成为人们持续关注的焦点。研究印度教的人类学家威廉·萨克斯（William Saxe）指出："《摩诃婆罗多》……绝不是一本书，而是一部口传的史诗……一部比书更丰富的传说……它不仅是一部书，而且是一种政治模式，一个晚安故事，一种舞蹈传统，一出洋洋大观的戏剧，并且远远不止如此。"《塔木德》也是一样，与其说它是一部书，还不如说它是一项智识上的千秋大业。

然而，如果只着眼于结构特点，我们就看不出一部处于流动状态的文献。《塔木德》包括了一套富有哲理的法典《密释纳》以及对《密释纳》所进行的涉猎广泛的分析和评论。这类评论涉及《密释纳》中所包含的律法及律法原则。在智识的探索方面它虽然雄心勃勃，其阐述却很精简，并不冗长啰嗦，自始至终有几个问题被不断提起。这就是这部文献的简要描述。

但是，这样的定义并没有抓住这部文献的关键以及使之具有开放特点的东西：它乃是一部每一代人都可以使之有所增益的著作。《塔木德》是开放的，它邀请你参加到它的讨论之中去。《塔木德》的主要特色就是它的论辩性，它的反反复复的争辩。当你有了一个命题，而且还有了说明它的某种理由的时候，你就可以对这一理由予以评价，批判，或者依据一个更为充分的理由和更为合理的论证，提出另一个相反的命题。因为《塔木德》涉及的范围面

面俱到，这表明成书者希望我们参与进去。而我们也确确实实参
与了进去。这也就是为什么无数代寻求知识的犹太人在对《塔木德》
的研究中找到了美好生活的实质：《塔木德》研究塑造着求知犹
太人的视点，使他（她）们得以用一种理性和合理的方式去看待
众多的事物。

《塔木德》对《密释纳》的分析是通过提出问题和解答问题
的辩证式的探寻来进行的，从而便产生出了各种命题和各种相反
的论证。更深入地阅读，便会发现《塔木德》所展示给我们的并
不是盖棺定论，而是对于一个论题的某些要点所提出的一些心得。
这些心得使我们可以重新建构争论的事由和问题，建构事实和对
这些事实的利用，其结果就是当我们拿起这部文献时，我们同时
置身于它的研究之中，加入了它的论证之内。邀请读者成为作者
的文献是不多见的，而获得如此成功的仅此一部。

这是因为，在《塔木德》于公元 600 年左右正式完成之后的　xi
许多个世纪中，它是犹太教独一无二的权威著作，神学的源泉，
律法的根本，这律法规范着上帝所至爱的圣洁以色列人的信仰和
社团，无论他们身居何方。许多世纪的评注、回应和法条使得《塔
木德》丰富了起来，成为犹太教社团实际事务的规范。然而，由
于它作为供持久分析论辩之用的文本这一特殊的性质，《塔木德》
更深入地塑就了那些掌握了它思维方式的人们的心智，并且由于
它所具有的深刻的情感，这一文献进而赋予了听从它的教诲的人
一种心智的完善和个人的责任，一种对言与行含义的同等关注。
所以，《塔木德》学问方面的大师，作为原初意义上的圣哲门徒，
为时至今日的虔诚犹太教徒阐明了什么是道德的生活这一点也就

不足为奇了。正因为它具有把形式和结构传播给圣洁的以色列人的力量，同时也因为它能够为那些渴望成为以色列人，即上帝所选的子民的人们界定一种美好、神圣的生活方式，所以在那个其编纂者们把它交付给的变幻纷纭的世界里，《塔木德》获得了圆满的成功。没有几本著作可以与之匹敌。

这一文献对今天的犹太人来说已经很难进入，除了那些专注于犹太神学院的生活精于《塔木德》研究的人们，由此我们知道犹太人已经在很大程度上与他们的财富失去了联系。而横在《塔木德》与今天的大众——《塔木德》的作者们跨越漫长的时代正是要对他们讲话——之间的鸿沟也就说明了柯恩为自己规定的任务：至少是要展示出这部文献之中的部分实质。在我看来，这本书已经达到了它的目的，这也正是为什么我乐于把它以及它的主旨介绍给新的读者。柯恩的《大众塔木德》是我读到的第一本关于这一主题的书——事实上，这本书的书名让我第一次知道《塔木德》，知道有这样一个东西存在。1949年这本书在美国刚刚出版，而当时我还是一个改良教派的犹太孩子，正在康涅狄格州西哈福特的一所高中读书，虽然对于与犹太人有关的一切都兴味十足，但是却对某一本书可能比其他书重要没有任何认识和观念。我从柯恩的著作中所了解到的就是世界上有一本昭示高尚教诲的"书"，并且有一天我也想去更多地了解一下这本"书"。对于入门者来说，柯恩的伟大之处是他告诉了我们关于《塔木德》的唯一最重要的东西，也就是《塔木德》所阐述的内容。而且他对于什么是重要的把握得相当准确。确实，他的方法也有其困难之处。如果你浏览一下这本书的目录，你会发现没有一个小标题与《塔木德》

的目录相吻合，因为《塔木德》的目录是依据卷、篇和章来显示的；而且，因为本书目录是有序按主题编排的——这个主题，那个主题，又一个主题——在柯恩笔下的《塔木德》与原典《塔木德》之间存在着一个断层。

不过，首先我们还是着重看一看柯恩给了我们些什么。当人们在这一领域进行了 60 年的持续研究之后，柯恩的许多成就让今天的读者感到多少有些初级性质，这让人觉得更有理由对柯恩所做的工作表示钦佩。要承认亚伯拉罕·柯恩在这部把《塔木德》介绍到英语界的开创性经典中所取得的成就，我们必须扪心自问在当时做这一工作面临着什么样的障碍。他必须要克服巨大的障碍，这是毫无疑问的。当时是 1931 年，《塔木德》尚未译成英语，赫伯特·但比（Herbert Danby）出色的《密释纳》英译本是这一领域唯一的译本；松奇诺出版社的译本还是后来的事（柯恩将在这一项目中担任主要的角色）。也没有任何人把古代的《米德拉什》汇编翻译出来。

大众要么认为《塔木德》是特别、隐秘、狭隘的，要么就是对它有这样的印象。专家们与普通大众持有同样的观点。后者认为这份文献神秘，难以进入，费解，晦涩难懂。对它有所了解的人既不与他人分享其知识，也不会想到《塔木德》在他们的圈子之外还有意义。他们把它视为一种封闭的文献，只对那些能利用它的权威却不分享它的智慧力量的内行人敞开。译本被认为是不可信任的。罗得岛普罗维登斯当地的一位颇为自负的拉比曾告诉我，任何需要借助于翻译的人也许根本搞不懂原文要说些什么。无论怎么说，当柯恩写作本书时，对《塔木德》的翻译还仍然被

视为既不可能，又不值得。今天《塔木德》的每一卷都有了五六
种英语译本，同时还有法语译本、西班牙语译本、德语译本、俄
语译本以及现代希伯来语译本，在这种情况下，让我们回头想象
一个认为翻译没有什么学术价值的世界是十分困难的。

　　当时对《塔木德》的研究关注其字句的含义，诠释的工夫掩
盖了对意义和价值问题的探究。文献中的专门词汇致使文献的性
质和意蕴含混不清，这样，即使学者们用英语写作，他们所表述
的东西也不得要领。在犹太人的高等教育圈子中，学术的目的是
要培养出杰出的、精通律法及其哲学的大师；诠释这项工作所要
解决的问题，就是对某一语境内的律法条文的某一细节，参照另
一语境内另一律法条文的细节进行阐释，总是以期获得更深刻的
原则和更清晰的条文辨析大义。进入这样一个圈子，人就需要遵
守其学术规范，这些规范也明确指出了这部宗教经典的价值所在。
这样的结果就是，许多《塔木德》本来可以与之交流的圈子几乎
不能理喻它的要旨和意蕴。这并不是一个普及方面的问题，而是
关于界定学习的目的的问题：关于这部浩繁、古老而又影响深远
的著作我们想知道些什么，以及我们为什么想知道这些？毫无疑
问，柯恩本人必须回答这些问题。

　　如果柯恩需要就这部文献的要旨寻求引导，他手头有的是斯
特拉克（Strack）的《塔木德与米德拉什导论》（*Introduction to
Talmud and Midrash*），这部著作对版本和翻译的信息进行了收集
和编排，并试图弄清楚文献中所提到的权威们活跃的年代。如果
柯恩需要一种神学描述的模式，他可以参考谢希特（Schechter）
的《拉比神学面面观》（*Some Aspects of Rabbinic Theology*）一

书的概括描述。这本书展示了历史上各种观点，对谁持有什么观点，或不同的观点又是如何共同构成了一种前后一致的陈述这一点却没有进行明确的说明。谢希特并未试图去溯源他记述的争论，也未试图去展示一种观点是在什么样的情景下具有意义，或者讲述者是针对什么问题阐述自己的立场。想象一下，在全然不知美国 xiv 的内战已经到了第四个血腥年头的情况下试图去理解林肯的葛底斯堡演讲，你就会感受到问题何在了：整个背景不见了，无论是文献上的、政治上的，还是神学上的；我们读到了一些思想的只言片语，但是却没有在当时或当下的背景下理解这些思想的手段。

　　缺少一部可靠的《塔木德》译文，缺少一部对《塔木德》在其时其地以及历史长河中所要表达的思想的准确而又富有学术价值的描述，还缺少一份需要受到阐释的各种问题的条理清晰的纲要，这些代表了柯恩当时所面对的困难，而他这部著作的巨大成功就是他克服了这些困难的明证。本书初版于1931年，1941年在美国印行，初版60多年后的今天，它依然还有读者。它的力量在于它对各种观点进行了系统有序而又前后一致的表述，人们在今天之所以还要翻阅它，是因为能从中读到关于《塔木德》对所有宗教、道德、法学以及神学等重要问题所持立场的令人信服而又充满智慧的陈述，而这些问题乃是《托拉》，也就是犹太教所关注的。柯恩的才智在于他不是描述了所有文献对某一特定问题的观点，而是一部权威文献——《塔木德》——的观点；由于建立起了一个时间、环境和知识方面的背景，从而，我们时刻都知道我们的方位。也就是说，虽然柯恩并未向我们提供历史的背景，他却无疑告诉了我们每一种观点其文献意义上的来龙去脉。他把自己论述的范围限制在了《塔木德》、它的观点、它所关心的事物和它的纲要之内，我们读到的这本书说出了其编纂者想说的话。这样，假如我们要寻求一致，我们的探求就是建立在事实的基础上。

　　这并不是柯恩在学术上所获得的唯一成就，然而，这的确为他作出的贡献设摆了一个舞台。柯恩的头脑十分条理清晰。单这一点就说明了我们眼前的这部著作是一部对《塔木德》所涉及的所有重要宗教问题脉络清晰而又通俗易懂的描述。然而《塔木德》对我们所看到的任何一个主题的处理都不是脉络清晰的，《塔木德》中没有任何的一章专门论及柯恩考察的任何一个主题。柯恩所展示的问题的每一段，每一个思想单元，每一章都只是存在于他的脑海中。我的意思是，假如他希望去归纳和解释《塔木德》本身所要阐述的东西，那么，这部著作就会对诸如国王与大祭司的比较，诵读《示玛》（Shema）所应遵循的规则，或者关于递交离婚文书这类主题予以观照论述。然而，这并不是他为自己构想的主题纲要。因此，他必须制定自己的纲要，并且我们已经看到他是通过检阅基督教新教神学主流的标准神学纲要，进而为这一纲要涉及的各种主题在《塔木德》文献中找到相关阐述的方式来做到的。他必须要搜集到相关的资料，对它们进行筛选，再把它们拼合起来，而这一切都是从零开始。这样的工作只有条理清晰、有能力进行丰富想象的头脑才能胜任。

　　当柯恩规划他所要阐述的范畴时，他必须先弄清楚书中的章节应如何排列，以及在各章节中他要说些什么；只有这样他才能确定能够表达出他的观点的素材，无论这些素材是被阐释，还是被引用。为了撰写各章、各节和各段，他必须要对原始的材料予以收集和整理。从任何一节文字中我们都能看到他广泛引证了零碎散落、多种多样的言论，把它们拼补成句子、段落，直到章节。不妨把他比作一位人口统计专家，能够把一些别人看来杂乱无章的统计数据整理成条理分明的社会秩序状况报告。从柯恩的角度看，鉴于他要把《塔木德》中的教诲完整系统地展示出来，一切都不会是轻而易举的事；他撰写每一句话、每一节文字、每一章内容都付出了极大的努力，因为他不仅要对手头的资料予以专注的思考，而且还要自始至终牢牢把握住他所要达到的最终目标。我们面前是一部从整体写向部分的著作，而它的成功就在于柯恩在检阅每一部分的最小构成时牢牢地记住了它的整体。

　　柯恩所作出的选择不应被忽略。要体会到他见解的深度，我们不妨仔细想一想他没选择做的事。他没有泛泛地写一本关于"犹太教"的书，或者甚至一本泛泛地关于先哲们的书；有条理的大脑从其本质上说也是坚韧的大脑，柯恩决心要对以具体的方式提出来的真实观点，也就是《塔木德》的观点，进行系统的描述，　xvi
而不是要写一本由各种意见及其相反的观点草率拼凑而成的"犹太教"汇编。他坚持认为一部特定的文献——在他的情形下就是《塔木德》——应该传达它所探讨的某一特定问题的要旨，从而避免了在他之前以及之后的糟糕的史书和伪学术著作中所犯的错误。对《塔木德》在宗教、神学、道德以及法学诸方面专门表达了什么这一问题，柯恩成功地作出了回答。而这也正是我们所读到的。他声称不是要提供一个庞大博杂的"犹太教"（不论它是什么）图景，而是一个经过系统分析的特定的文献；不是提供一个由各种文献构成的浩繁的文集，而是一个匠心独运、系统有序的陈述，一个由精心架构的百科全书式的文章组成的序列。

　　柯恩所没能提供给我们的东西与其说是柯恩本人的失败，倒不如说它使我们了解到了他撰写本书时所处的那个时代的局限。要理解所欠缺的东西，我们应该站得远一点并且扪心自问：我们如何才能理解任何一部伟大的宗教经典呢？答案不仅必须包括经典说的是什么，还必须包括文献为什么重要，它是如何起作用的；更大的语境和环境问题也必须受到关注。如果我们只知道一部文献说了些什么，我们还无从判断它的意义何在，以及它为什么重要。当我们能够自己解释出一部文献是如何自成体系，它的编写者又是如何达到了他们的目标时，这份文献的要旨便有了深度和意义。因此，我们这样才能在明确文献要旨的同时，也明确讨论所赖以进行的方式，从而对人们是如何说出他们要说的话的方式予以关注，因为我们确信我们说话的方式（语气）对于我们要传递的信息是至关重要的。一部作品如何使我们信服，如何迫使我们得出其编写者希望我们得出的结论，如何让我们动情，让我们笑或哭——这些不一定仅仅是由一部文献所说的内容产生的。而我倒认为，《塔木德》的最重要的问题倒不是它说了些什么，而是它是如何起作用的，就是说，为什么在整个历史中它对圣洁的以色列人，这些上帝子民的生活产生了惊人的影响力。

　　说到底，有多少部文献可以与之相媲美呢？这部文献所面对的是一群与众不同的人，并且从它的出现到我们今天，它为这群人界定了重要的一切：秩序问题，真理问题，意义问题，目的问题。人们为研究它花费了一生，然而，更重要的是，整个犹太教社会——也就是《托拉》所构建的社会——就是从《塔木德》中找到了思维和求索的方式，秩序和价值的媒介，而正是这些指导了人们如何去处理公共事务和个人生活。《塔木德》是一部公共的、政治的、匿名的、集体的、社会的文献汇编，其编纂者的意图是用通过在此时此地构建一个上帝王国的方式去确定公众社会的生活，而这个上帝的王国就是以《摩西五经》为开端的《托拉》为神圣的以色列人所记载下来的上帝的旨意。

　　也就是在这样的语境中我们要问的是，要弄明白一部文献——比如这部文献——何以能起作用，我们需要知道些什么？这个问题包含两个方面：它是如何起作用的，以及它为什么能起作用？如果编纂者们把两则故事编排在一起，通过建立这种特别的联系他们表述了什么样的信息？如果他们认为一组特定的命题具有不言自明的一致性，是什么让他们认为两者之间会如此和谐——并且是按这种方式，而不是按那种方式？也就是说，人们使事物发生联系的方式，以及从这些联系中他们得出的结论乃是理解他们如何看待世界，即他们思维模式的关键。人们认为不言自明的事物也就说明了规范他们的真理和意义。当《塔木德》看到有不一致的情况时，它会费很多的笔墨来表述文化分析的深刻原则，并且说，"谁提到过这点？"主题甲与主题丙有何联系？其结果就是出现了某一需要予以关注的不和谐现象，而在使不一致的东西获得和谐的过程中便产生了新的真理。

　　当然，还有更深一层的含义。一部著作所以能自成一体是因为其逻辑上的一致性，这种一致性是作者与读者所共享的，并且作者利用它来告诉读者为什么从彼事推出了此事，以及两件事何以能联系在一起。在《塔木德》这样一本博杂的文献中随处都有　xviii

一致性的问题。在跟随一种议论展开的同时，知道我们所处的位置，明白此事是如何从彼事推导出来的，又是如何必然把我们引向一个更进一步的结论，这些就正是为文献提供了动力的因素。如果你在研读《塔木德》的某一篇章时问自己一件事与另一件事有何联系，你可以感到欣慰，因为你问了你必须要问——并且要想理解事物而必须回答——的一个问题。

这又使我们回到柯恩所表述的事物上来：《塔木德》说了些什么，而不是它为什么起了作用。在柯恩这部精到的著作中，他只告诉了我们一部著作的三要素之一，即它说了些什么。但他没有告诉我们这部文献是如何论证其观点，或者是如何说服其读者的。因此，我们在这里看到的是《塔木德》的内容，而不是它的原委，而对于这样一部在历史上具有惊人生存力的文献，一部从当时直到现在一直在为其作者的社群阐释公共生活的文献来说，这也是不小的缺憾。谈到一部伟大经典的三要素，即修辞、逻辑一致性和主题纲要，柯恩成功地对最后也是最重要的一项提供了系统而又令人十分满意的描述。文献的修辞——它为了说服读者而对语言的运用，它的逻辑和情感的感染力，通过坚强有力和富有象征意义的形式所表现出来的令人信服的感染力——是我们无法捕捉到的，因为柯恩的译文虽然非常准确，但所传达的只是语言的含义而不是它的形式和微妙之处。柯恩本人曾指出，他并没有捕捉住《塔木德》的一致性，而只是把它当作一个传说和故事的百宝箱来看待。他说："[《塔木德》]不能被视为……是一部文献。通常的文献标准对它不适用。尽管它以《密释纳》的文本为依托，它有自己的体系，作为整体来看，它是由一些五花八门的素材所糅成的一堆杂乱无序的东西。"

　　柯恩认为《塔木德》是一堆枝枝蔓蔓、东鳞西爪的东西，而不是一个整体。当我在前面提到关于逻辑一致性的问题时，我所想到的也正是该文献的这一特性。因为柯恩想要告诉我们的是《塔木德》说了些什么，所以他认为《塔木德》在修辞上的取舍和它强有力的论辩没有多少特殊的助益，而正是这后一点才赋予了该文献惊人的说服力和感召力。事实上，《塔木德》远远地超出了柯恩依赖其非凡的品位、机智和判断力所收集的关于各个方面的教义这些素材本身的意义。 xix

　　于是这引出了一个问题：本书出版后的《塔木德》研究中，有哪些东西柯恩会觉得具有启发意义呢？我认为他会发现近年来所出现的一些论证不仅令人十分吃惊，并且很可能极具说服力量，而这些论证恰恰有悖于他的，也是目前流行的观点，即《塔木德》只是一个概要，既无条理，又无纲目，且缺乏论点，只是传达了一些散乱的知识。因为这种观点虽然在过去的年代里根深蒂固，却无法解释《塔木德》何以能在如此漫长的岁月中如此有力地说服了神圣的以色列人不仅信守着它的实践律条，而且尤其信守着基于理智思考与文明论证的律条。

　　事实上，我们已经认识到柯恩以及他那一代人所没有认识到的东西，即《塔木德》作为一个整体是有说服力的，它对某些主题进行了反复的探讨；它符合一些简单的修辞原则，包括为不同的目的而选用不同的措辞，这一事实也最终证明了文献的作者们——那些使其成为我们今天所看到的整体的人们——在观点上是一致的，因为它总归是用一种单一的方式，一种一贯的声音讲话的。

　　让我陈述一下我已经在数篇专论中提出过的观点。《塔木德》

不仅仅是一部知识的百科全书，而且也是对《密释纳》或《圣经》章节的逻辑特性所进行的持续、长期而又一贯的探讨研究。它既不是杂乱无章或毫无组织的，也不仅仅是一部汇编。恰恰相反，《塔木德》有一个从头至尾的脉络，这个脉络表明《塔木德》从主要观点向次要观点展开，依循着一条前后一致的论辩纲目，按照基本一致的方式提供知识，以达到清晰、合乎逻辑的目的。总而言之，我们可以像理顺其他著作一样给它理出一个脉络。

首先，这个脉络表明《塔木德》按照同样的顺序反复做了几件事。《塔木德》的大部分是对《密释纳》的原则或对《圣经》的篇章的阐释或详述。也就是说，每一持续的讨论都是以《密释纳》的一段文字开始，并对这段文字进行极其细致的解读。解读《密释纳》的原则为数不多，却都很有力。我们无论读到哪一部分，这种阐释和详述的功夫，不分主题或篇章，均遵循着为数不多的探讨原则，用一些简单的修辞形式和格式被翻来覆去地描述，有时很含蓄，有时则很明确。我们会被告知词句的意思，但除了得到一些知识之外，我们被要求参与到对成文《托拉》中经文原则的探究中去，这种探究是属于《密释纳》，即口传《托拉》的原则。我们还进一步被告知，我们面前任何一条原则其背后的指导思想，是与关于另一主题的其他指导思想交织在一起的，并且它们之间必须要比较、对照、协调或区分。所有这一切都令人振奋并且赋予了我们参与辨析和论证的能力。

诚然，《塔木德》包容了五花八门的素材。其编纂者们既利用了现成的篇章也撰写了自己的文字。然而，一旦当我们对关于《密释纳》某一段落的讨论从头至尾予以概括浏览的时候，我们就会看出哪些东西对于《塔木德》的编纂者们所要达到的目的是必不可少的，以及哪些东西只起次要的作用，譬如只向我们提供一些与所讨论的问题相关的知识。因此我们会看到一个命题被详细地论证，随后附上一些其主题富有趣味的素材，这些素材对于论证并不是至关重要的，然而却有所助益并启迪心智。一旦我们明白了素材是如何拼合在一起，以及为什么其中包括了某一段落的时候，我们便会看到《塔木德》是一部前后一致、目的明确、材料选取合情合理的文献——绝非像人们告诉我们的那样杂乱无章。

　　我曾对《塔木德》的谋篇布局者们所使用的材料以及大型种类进行了鉴别，这使我们得以对这些种类的划分进行系统的研究，例如：《密释纳》论述和非《密释纳》论述，这只是最明显的两例分类而已。因此，不是通过面面俱到的举例，而是依靠一个全部项目的完整目录，我现在可以准确地说出文献使用了什么样的材料，材料是以什么样的比例，在什么样的语境下，为了什么样的目的使用的，等等。概括处理，同时伴随着对典型材料的数目和所占比例的精确描述，对于《塔木德》的特征和定义的所有研究都可以起鉴定的作用。我倒倾向于认为柯恩满有可能会对这些事实表示出兴趣和热诚的欢迎。对于我接触到的《塔木德》研究领域来说，我个人的经验是积极的；我发现，那些像我一样毕生致力于这部文献研究的人能很快认识到我的这些观点是正确的，因为这些观点终究与他们凭直觉对各种问题的理解是一致的。然而在另一方面，所有我们这些《塔木德》研究者都确信我们在此所研究的是上帝的启示录，也就是上帝的自我显现。在这里，我们知晓了上帝的逻辑，上帝如何思维，以及规范着创世的那些理性模式。从《托拉》的文字中，我

xxi

们理解了思维的过程和前后一致的分析准则，而正是这些产生了《托拉》的文字。我们通过求知所获得的奖赏的确是很丰厚的。

　　结论简单说来就是：《塔木德》始终用一种单一的、前后一致的声音说话，并且这个声音在近古的拉比文献编纂语境中是独一无二的。我认为柯恩在坚持让自己的著作成为一部《塔木德》概要时已经感觉到了这一事实。这一点现在已经无可辩驳；论述中前后一致的证据详细到令人吃惊的程度。它为什么重要，用现世的话说，什么是利害攸关的问题？事实上，这其中的差别是至关重要的：《塔木德》这部《圣经》之后的犹太教奠基文献究竟是结构有序的还是散乱无章的，是有目的的还是随意的，是系统的还是混杂的？同柯恩一样，许多人认为《塔木德》是一部缺乏系统的文献。有些人把它描写成散乱无章的，另一些人则把它描写成缺乏一个可以解释为什么某段文字出现在某处而不是出现在另一处的纲要。在这些方面，关于这部文献的主流理论认为它的成型是一个其素材不断聚合和凝结的积淀过程。

　　亚丁·斯坦沙尔茨（Adin Steinsaltz）持前一种观点，他说："《塔木德》研究中的一个主要困难是它的撰写是没有系统的；它不是由简单的材料向重要的材料发展，也不是从文句的定义向它们的运用过渡。在《塔木德》的几乎每一个段落中，讨论所依托的观点都在别处已经讨论过了，讨论所依托的文字也没有必要在它们所出现的地方予以定义。"① 他进一步指出："从表面上看，

---

　　① 亚丁·斯坦沙尔茨：《〈塔木德〉——斯坦沙尔茨版：参考指南》（*The Talmud: The Steinsaltz Edition: A Reference Guide*），纽约：兰登书屋，1989年，第 vii 页。

《塔木德》似乎缺乏内在的顺序……《塔木德》的安排既没有系统，也没有依循常见的教诲原则。它的发展不是由简到繁，或者由一般到特殊……它没有规范的外部顺序，而是由其数目繁多，而又五花八门的主题之间强有力的内在联系维系在一起。《塔木德》的结构具有联想的性质。《塔木德》的材料在几个世纪里是凭借记忆和口头传播下来的，它的观点之间是依靠内在的联系结合在一起，其顺序常反映出记忆的需要。《塔木德》中的讨论从一个主题变换到另一个相关的主题，或者变换到可以使人联想起原先主题的另一个主题。"①

　　后一种观点——文献积淀的理论，其前提是文献极度散乱无章——是由罗伯特·戈登伯格（Robert Goldenburg）提出的。他说："有证据表明，不同的拉比研究中心发展了他们各自的［《密释纳》评述］文献汇编，尽管最终只是为巴比伦……编定了一部完整的汇编。在几代人的时间里，这些汇编处于一种不定的状态之中。有些材料要么被添进去，要么被修改，要么被移到别处。漫无节制的联想导致了铺张的讨论或各类说教的产生，而这些东西时常跟作为讨论出发点的《密释纳》段落没有多大关系。"②

　　这些描述歪曲了这部文献。《塔木德》并不仅仅是一部东鳞西 xxiii

---

　　① 亚丁·斯坦沙尔茨：《〈塔木德〉——斯坦沙尔茨版：参考指南》（*The Talmud: The Steinsaltz Edition: A Reference Guide*），纽约：兰登书屋，1989 年，第 7 页。

　　② 罗伯特·戈登伯格：《塔木德》（"Talmud"），收录于罗伯特·M. 西尔策（Robert M. Seltzer）编，《犹太教：一个民族及其历史》（*Judaism: A People and Its History*），《宗教、历史与文化：宗教百科全书选》（*Religion, History, and Culture: Selection from the Encyclopaedia of Religion*），米尔西亚·伊利亚德（Mircea Eliade）主编，纽约：麦克米伦，1989 年，第 102 页。

爪材料的汇编，并不是各种学派或各种观点的零砖碎瓦在数百年的时间里无序积累的结果。事实上，当我们为《塔木德》勾勒出一个从头至尾的脉络时，正如我在我的四卷本著作《巴比伦〈塔木德〉：一个完整的脉络》（*The Talmud of Babylonia: A Complete Outline*）① 中所做的那样，其结果并没有显示出存在一个无序而又零散的聚合和凝结的积淀过程。恰恰相反，结果显示这是一部深思熟虑、井然有序的作品，它自始至终既有计划，也有明确的脉络。就是这个脉络才使文段的编纂者们知道材料的先后次序——简单的语言问题，接着是更为复杂一点的内容分析，然后是类比原则和实例的进一步发挥。斯坦沙尔茨错了：《塔木德》的编纂者们总是从简单的语言评介过渡到类似问题的深入分析。它有固定的顺序，并且无处不受这个顺序的支配。编纂者们总是公开说明他们是在讨论他们所引述的某一《密释纳》段落，并且也确实是在讨论这一段落。

　斯坦沙尔茨说从表面上看这部文献使人产生它"缺乏内在的顺序"的判断，他说得完全正确，这确实是表面的看法。《塔木德》的结构具有联想的性质这一观点在某些段落中是正确的，但总的来说是完全错误的。书中所进行的讨论根本没有暗示各种观点只是依靠内在的联系维系在一起，这就足以说明问题了。所谓积淀的理论也是没有事实依据的。这部文献的构成显示出确定而又稳固的方针，而不是随着时间的推移而不断随意添加的。当完全理解思维的不同单元是以何种方式聚合在一起之后，我们会发现"漫

---

① 亚特兰大：南佛罗里达犹太教历史研究者出版社，1995~1996 年。

无节制的联想"的例子事实上是极为少见的。

　为什么许多《塔木德》学者把这部文献描述为支离破碎的？这是因为在犹太学术圈子这个对《塔木德》进行权威和持续研究的唯一圈子内，人们在研究其字句时，注意力都是集中在对文句的阐释上。他们先研究句子本身及其表述的意义再研究句子的主题，然后进行一些评论，这些评论所讨论的是问题的内容，而不是《塔木德》中大范围论证的一致性。法学性所要求的正是这种字斟句 xxiv 酌的研究，但是这种研究很难在学者们的脑海中留下规模宏大和持续连贯的论证印象。

　任何富有经验的《塔木德》学者都知道《塔木德》研究的真正问题来自于其整体的一致性。假如你能解释字句的意思却把握不住论证的走向，那么你便一无所知。我虽毕生致力于《塔木德》的研究，但我来自于一个对《塔木德》陌生的世界。鉴于此，我最关心的问题一直是：我是否理解了这部文献，我是否弄懂了它整体上的一致性？在字句上出现差错这当然也是一个问题，但这是些容易纠正的小事。这是因为，如果我们把小麦误会为大麦，或者甚至弄错了某位拉比的名字，这虽然很糟糕，但这些问题毕竟可以通过进一步的关照而得到纠正。但是，如果我对某段文字的理解是完全错误的，这才是真正的问题。

　还有一个问题，它甚至让最有逻辑能力的《塔木德》门徒也难以理解它的结构和顺序，这个问题与影响一切古代典籍的技术上的局限有关。要理解这个问题，让我们先来看一看目前的情形。当我组织一项论证时，我将用脚注的方式提供一些较为次要的材料予以澄清，像一些读者会觉得有所助益，但如果放在正文中却会对阐述产生严重妨碍的论证和释义。因此，在正文中我阐述我的主要观点，在脚注中我补充辅助性的材料，乃至进一步的思考。不仅如此，当我在撰写一本著作时，我也许希望对某个完整的主题进行系统的论述，但我还可能发现这一主题不容许我对某一个重要的观点进行系统的阐发，那么，我该怎么办呢？我干脆把对这一观点的阐发放到附录中去。这样，读者既能从这些信息中有所收益，整个的阐述过程又得以畅行无阻。然而，提供脚注和附录等现代作者们赖以保持其著述一致性的手段，是活字印刷技术所带来的便利（就更不用提电脑在这个辉煌的时代所创造的奇迹了）。① 因为我们的先哲们（像古代的任何人一样）不得不把一切材料都罗列在由难以区分的文字所构成的冗长的栏目之中，既无标点，也不分段，又缺乏指示主次的标记，所以，我们所看到的东西就需要进行艰难的区分工作。而当我们着手这项工作的时候——我对全部的拉比文献都进行过这样的区分——我们就会看到（现在只谈《塔木德》）一些显而易见，且又无可辩驳的事实。

　　首先，我们不妨对一部著作，而不仅仅是一部汇编，予以讨论。这是因为，首先，《塔木德》的作者为了说出他们想说的一切遵循

---

　　① 拙著《〈塔木德〉评述》（*The Talmud: An Academic Commentary*）（亚特兰大：南佛罗里达犹太教历史研究者出版社，1994~1996）主要是通过电脑制作的图示来完成的。我依靠一种简单的空间组织手段标示出每一单元的思想所占的位置和所起的作用，这在电脑出现之前不仅做起来极度困难，而且更是我不可想象的。现在要对语言的变化（希伯来语／阿拉姆语，以及语言之间差别的含义）进行标示，对素材以及素材在论证中的使用进行比较，指出篇章中的主次，评述前面讨论，对评论进行再讨论，以及对前页或后页予以关照等等，这一切都是十分简单的事了。

了几条我们可以不难看出的准则。因此这部文献前后一致并且具有修辞上的说服力。《塔木德》所具有的高度有序和高度系统的性质首先产生于它语言上的规律性。其次，《塔木德》是用一种声音来说话，这种富有逻辑的声音确确实实地传播到我们的心中，并且通过提出合乎逻辑和需要迫切解决的下一个问题的方式告诉我们应该想些什么。所以，《塔木德》的语言诱使我们参与到它的分析探究中去，因为它总是准确地提出理应困扰我们（如果我们像《塔木德》一样清楚地了解了相关的细节，也真会困扰我们）的问题。《塔木德》在论及《密释纳》时，在几个基本问题上实质上是用一个单一的声音说话的。它的讲话方式以及思维方式都是始终如一的。不同的主题产生了略微不同的分析方式。用同样的修辞表述的同类问题（questions）——由问题和答案构成的或具有鼓动性或具有辩证意义的论证——最终对每一个主题和问题（problem），都同样地切中要害。《塔木德》是用一个单一的声音说话这一事 xxvi
实，为《塔木德》乃是一部前后一致的著作这一点提供了有力的证据。它不是由东拼西凑的句子构成的一个混合体，而是定位于一个确定空间和时间内前后一致的陈述。这部著作完成于人们对《密释纳》予以接受的漫长过程的末期，这一过程始于 2 世纪末期，终于 6 世纪结束之际。一批杰出的天才们从种类繁多的创作遗产中取材将其撰就，从而形成了一部贯穿如一且具有微言大义的文献汇集。

　　唯一居支配地位的事实是，在任何一个单元的讨论中，其焦点，其组织原则，其引人入胜之处——这一切只受到其时其地所讨论的问题的界定。论证在讨论本身的内在逻辑导引下从一点走向另一点。一个单一的论述平面建立起来了，一切问题都展示了出来，逻辑的主线笔直并且真实。因此，论述单元的骨架和其构成的单一概念赫然优先于各种问题的详细探究。更为重要的是，人们通常想做的并不是创作各种各样的主题汇编——把某个人针对某个问题所说的话汇聚在一起——而是展示出永恒视角下问题的逻辑性。在持续不断的探究下，我们总是能发现摆脱了权宜思考以及政治和形势偶然性的理论要旨。

一旦这些文字和结构上的事实充分显示出来之后，其余的一切也就各就其位了。各项论证并不是伴随着一代人对他们观点的表述而在一段漫长的时期内展开，并继之以在持续 200 年的时间里按照一种逐渐增加和凝聚的方式由另一代人补充和修正的。这种文献形成理论无法解释《塔木德》富有辩证意蕴的论证所具有的那种整体的一致，惊人的力度和它的推动力。恰恰相反，是某个人（或为数不多的一群人）在最后才决定重新构建某一问题的逻辑本质，以期去阐明这一问题。为达到这一目的，人们经常发现引用较早的一些现成教义和观点非常有用。然而，这些继承的材料经过了一个重新成形，或者更恰当地说，重新聚焦的过程。无论原文是怎么说的——我们不必怀疑有时我们能读到这些原文——文献中所有问题的重点都是最终编订它们的人们所界定和确立的。整个文献富有计划和纲目。整个文献的背后就是这些人的思维。从事情的本质上说，他们是在最后而不是在起初做的这项工作。有两种可能：第一种，正如斯坦沙尔茨和戈登伯格如此肯定地断言的那样，我们这份文献是在不断增加和积淀的过程中产生的。另一种就是它乃是由精于实用逻辑和持续分析探究，具有同一思维的天才们创造出来的。除此之外，没有别的可能。

从这一方面讲，《塔木德》与《密释纳》其基本的文献特征是相似的，因而，其形成历史也是相似的。《密释纳》的内容是以刻板而又规范的语言，以及精心组织罗列的形式内容认识单元而系统阐述出来的，其阐述的过程也就是它被编纂的过程。要不然，其编纂的纲目与其观点表述所呈现的正式以及合乎规范的方式之间的照应就无法解释，除非乞灵于这是一部奇迹之书观点。《塔木德》同样也经历了一个编纂的过程，在这个过程中，最终确定了的论述单元被组织编排在一起。也许为这些论述单元构建骨架和创立体系的先期工作，是在一段独立的时期内，在一些为数相对较少的先哲们之间进行的，他们按照一套始终如一的文献惯例，在大致相同的时间内，以大致相同的方式从事这项工作。最后的成品《塔木德》，像《密释纳》一样，具有前后一致、风格连贯、思想和语言模式基本上始终如一的特点，这一点随处都可以看得出来。这也解释了引导我们对《塔木德》进行辩证和论证分析的那个单一的声音。这个声音无处不在并且极为执着。

其结果就是，我们可以谈论《塔木德》，它的声音，它的目的，以及它构建以色列人世界观的方式。理由是，当我们声称《塔木德》能讲话时，正如在犹太学术界人们曾听到《塔木德》讲话一样，我们说对了：《塔木德》确实在用一个始终如一的声音说话。《塔木德》中始终进行着一种交谈，我们可以参与其间，也可以用我们自己的大脑，使之重新构建，然后将其向前推进。

xxviii 《塔木德》具有说服和振奋人心的力量，具有使其观点施及四方，触及万物的力量，具有短短片言论及一切的力量，具有在琐细之中道出举足轻重之理的力量——这种力量在我们从头至尾探究它的论述，理解它的脉络和趋向时对我们会产生影响。在这部文献具有丰富经验的《塔木德》学者们凭本能就会知道事情的原理，因为《塔木德》的作者和编纂者们是依靠实例，通过细节来教诲人们的。

从我们眼下进行的这种争论看来，柯恩的谦虚而扎实的选材倒具有更为重要的意义。我们看到有些错误他没有犯，有些错误他避免了，他没有像乔治·福特·摩尔（George Foot Moore）和伊弗莱姆·乌尔巴赫（Ephraim E. Urbach）在他们各自的著作《犹太教：文士的年代》（*Judaism：The Age of the Tannaim*，1927）和《先哲们：信仰与观点》（*The Sages：Beliefs and Opinions*，1969）中那样阐述一种夸张了的"犹太教"。柯恩还把自己限制在了内容和素材方面，而没有试图去完成他那个时代的学术状况所不允许的事，也就是对《塔木德》何以能起作用进行描述。任何想要了解《塔木德》在重要的宗教问题上说了些什么，以及《塔木德》如何为以色列人始于上天终于地上的圣洁生活安排了结构和秩序的人都能在这儿找到答案。柯恩力所能及地对《塔木德》所讨论的一切与我们这个时代的宗教生活息息相关的问题进行了可靠的描述。他没有告诉我们他当时还不清楚的东西，即什么使《塔木德》不仅仅是一部知识的汇编，而是一部使人振奋，并且确实力量饱满而又滋养心灵的文献，它不仅以其内容而且以其手段，更重要的是，以其思维和论证的方式，养育了以色列人。因为，正是《塔木德》教育了以色列人应如何思考，而不仅仅是思考什么。在将来，柯恩的著作或许会有一部姊妹篇——但我认为并不会有一部后来之作能替代它以优雅和智慧所取得的成就：一部系统有序的《塔木德》犹太教神学。

　　　　　　　　　　　　雅各布·纽斯奈尔（Jacob Neusner）
　　　　　　　　　　　　南佛罗里达大学宗教学高级教授
　　　　　　　　　　　　1995 年

序　言

可供英语读者欣赏的《塔木德》选读、《塔木德》故事以及 拉比们精辟言论的书籍眼下虽不匮乏，然而却还没有一本书试图对犹太文献中这一重要分支的主旨进行全面的检阅。本书的任务就是去满足这一需求，其目的是提供《塔木德》关于宗教、道德、民俗以及司法诸方面教义的一个概要。

需要有这样一本书是自不待言的。现在人们对《塔木德》产生出愈来愈浓厚的兴趣，现代的作者们常常提及并引用它，虽然这些作者中的大多数并不具备可以单独解开这部神秘著作之谜的专门知识。我们听说中世纪的一位修士在引证一句话时曾这样说，"*ut narrat rabbinus Talmud*"（正如塔木德拉比说的那样）。这正显示了格言上所谓的危险的无知。然而，更不可宽容的是 19 世纪某位神学家的无知，他嘲笑《塔木德》，据他自己说，是因为其中有整整一篇是专门讨论鸡蛋的！由于对犹太人常常用某本书或其中某个章节的第一个词为其命名这一起码的知识一无所知，这位神学家很显然是不配对拉比文献评头论足的。另外尚有不少的学者，他们对《塔木德》的印象多是得自于一些对《塔木德》与其说是阐释，不如说是贬毁的著作。本书的作者希望能提供一些素材，从而有助于更好地理解圣经时期以后，以色列的伟大导师们的思想和追求。

　　任何对原文有所了解的人都能体会到撰写这样一本书所面临的极大困难。塔木德时期的文献不仅范围博大，而且至少在现代人看来它是杂乱无章的。一个主题很少能在一个章节内阐述透彻。一种教义只有从整个范围内才能搜寻到将其拼凑完整的素材。况且书中字里行间的观点出自数百位大师，纵跨 600 多年的时间，因此便不能指望他们任何时候都用同一种声音说话。我们通常会遇到多种彼此矛盾的观点，因而对某一教义进行始终一致的阐释决不是容易之举。

　　有时我倒觉得有必要把这种思想上的多样化展示出来；不过在可能的情形下，我都指出了拉比们具有代表性的观点。在选材时我尽力做到不偏不倚，并尽可能避免只选那些读着顺眼并显示出《塔木德》有利一面的文字。那些拉比的诽谤者们所乐于引述的刺眼的字句也选进了书中以图存真；然而，这些字句是什么情境下产生的我都作了说明。

　　我不敢说对任何一个问题的讨论都做到了完整全面。材料如此浩繁，一本详尽的文献汇编和讨论都可以很容易地把每一章扩展成为一部独立的论著。本书所呈献的只是足够数量的一些引文和摘录，以便让读者对《塔木德》教义有一个大概的了解。如果读者有兴致进行更深入的研究，那么参考文献则可以指出一个方向。

　　开宗明义需要确定的一个问题就是如何理解"塔木德"一词。从其较狭窄的意义上说——这一点将在"导论"中予以解释——它包括《密释纳》和《革马拉》。但是，如果材料的选取只局限于这两者，那么要对拉比教义作出任何准确的阐述是不可能的。《塔木德》只是塔木德文献（Talmudic literature）的一部分。一般说来，它把我们引入巴勒斯坦和巴比伦的学园之中；正是在这里，人们对《托拉》进行宣讲和讨论。不过，尚有另外一个地方在定期地讲授经典以便教诲普通大众，这就是犹太教圣堂。需要特别指出的是，犹太教的道德和宗教教义是在礼拜堂（house of worship）向公众传播的，这些宣讲的内容在被称为《米德拉什》的系列汇编中保存了下来。如果忽略了这部分增补文献，那么对拉比教诲的描述则难免失之于不够完善。

然而，引证《米德拉什》需格外谨慎，因为其中的部分内容成书较晚，因而所表现的思想乃是已经递衍发展了的塔木德时期 xxxi 所流行的思维模式。鉴于此，我尽可能地摘录那些其作者是在《塔木德》中曾引用过的拉比的作品。倘若姓名已不可考，则摘录那些看起来与塔木德时期似乎同时代的作品。

对《圣经》引证时，如引文的章节与希伯来文本的顺序不一致，则依其在英文本中出现的章节引用。这样做对于谙晓原文的学者会造成一些困难，但对于普通的读音则会更加方便。引文一般是依循修订钦定本《圣经》，除非拉比们的阐释与之有出入。

本书在使用《塔木德》和《米德拉什》时，其所有的引文都进行了重译，只有两处例外：在引用文献《祝祷篇》（Berachoth）时，我采用了本人于 1921 年出版的译文；在引用《先贤篇》（Aboth）时，我采用了辛格牧师（Rev. S. Singer）在编纂《钦定日用祈祷书》（Authorized Daily Prayer Book）时所翻译的文本，同时也采用了他对文献段落的标码方式。

作者诚挚地祈望，对于那些有心去了解《塔木德》的内容，并愿意对犹太人的导师们在他们圣殿被毁，国家沦亡前后这段关键时期的信念和教诲形成一个不带偏见的观点的人们，这本书能提供一种可靠的帮助。有句话说得很正确："从后来历史的角度看，这几个世纪中的伟大成就乃是创立了一种具有规范作用的犹太教，并在范围广阔的犹太世界确立了它无可争议的至尊地位。"（摩尔：《犹太教》第1卷，第3页）拉比们在过去两千年中对犹太教的影响是具有决定意义的。数以百万计的男女们在40多代的岁月里正是把他们作为鼓舞人心的导师，正是他们的教诲照亮了人们的心智，振作了人们的精神。所以，不应该把他们轻易地排斥或不恭地忽视。然而需要提醒的一点是，用现代的标准去衡量他们是不正确的，必须把他们放到他们所生活的年代中去。只有先弄懂了他们的基本论点，理解了他们所追求的目标，才能正确地评价他们的思想。假如这本书能对进行这种探索的学人或普通读者有所裨益，我为此而付出的劳动就得到了很好的报偿。

xxxii　　最后，我有责任，也很荣幸地向给予我帮助的友人表达我的谢忱。伯明翰的拉比荷兹（Z. Hodes）以及曼彻斯特大学的法学学士、讲师威伯（G. J. Webber）先生阅读了涉及司法部分的手稿并提出了一些有益的见解，尽管材料的收集和安排是我独自完成的。我的同事文学学士所罗门兹牧师（Rev. S. I. Solomons）担负了校对这项劳神费力的工作，对他的这份善意我表示由衷的感谢。

亚伯拉罕·柯恩

1931 年 12 月于伯明翰

修订版序言

　　读者对本书的认可程度令人十分欣慰。它已多次重印并译成了法语和意大利语。基督教学者以及普通读者都给我写来许多的信函，表示本书为他们初步了解拉比文献提供了帮助。在这次修订中我作了几处改动，相信这会使本书对读者更有助益。

亚伯拉罕·柯恩

1948 年 7 月于伯明翰

导　论

1. 历史背景

公元前 586 年，犹地亚（Judea）王国——这里汇聚了留在迦 南的以色列人所剩下的全部——经历了一场浩劫。圣殿毁于废墟，祭典由此终结，民族的精华沦为囚徒被领往巴比伦，而且"护卫长留下些民中最穷的，使他们修理葡萄园，耕种田地"（《列王纪下》25：12）。下面这种绝望的呼喊是有其惨痛理由的："先前满有人民的城，现在何竟独坐！先前在列国中为大的，现在竟如寡妇！先前在诸省中为王后的，现在成为进贡的！"（《耶利米哀歌》1：1）

从民族的立场看，这场危机由于一个半世纪以前，即公元前722 年所发生的情形而愈加显得严峻了。当时，由 10 个支派组成的北部王国被亚述的军队所征服，其百姓遭流放，并且大部分人在流离失所中被当地人同化了。倘若犹地亚的灾难也是如此的结局，那么整个民族也就被抹掉，以色列这个名字也就不复存在了。

这个沉重的想法必定让巴比伦的犹太人首领们产生深深的忧虑，并促使他们对生存问题予以特别的关注。如何才能避免灭绝的命运？由于意识到以色列人的与众不同乃是有赖于他们的宗教，而他们的宗教又是以他们的圣殿为核心，他们便不得不扪心自问，既然圣殿已经被毁掉了，而寄居他乡的人民又面对着强大的异族影响，究竟依靠什么手段才能保存这种与众不同的特征。

论及这段岁月的圣经时期史料（Biblical sources）并未提供任何详细的说明，但某些材料却能帮助我们对事件的过程略知一二。在被掳的人群中，先知以西结是位杰出的人物。从谋事在人这方面讲，是他率先去寻求解决以色列民族存亡攸关的问题。在他的预言中，他提到有三次"犹大的众长老"在他的家中聚会（《以西结书》8：1，14：1，20：1）。我们不妨猜测在这些聚会上，他们讨论了萦绕在彼此心中的头等重要的问题。

xxxiv

他们得出的结论也许可以用一个词来概括，即"托拉"。这个被错误地译为"律法"（law）的希伯来词其本义指的是"教诲、指导"（teaching，direction）。对于这些流离失所的人来说，这个词指的是从过去的岁月传下来的整套教义——无论是成文的还是口头的。姑且撇开《摩西五经》的渊源和成书时间这一令人困扰的问题不论，我们可以设想巴比伦的犹太人已经拥有了某种形式的摩西启示。他们也有了一些先知们的文字和"诗篇"。这些关于他们民族先前生活的古代文献构成了唯一的磐石，使得这些失却家园的以色列人能在异族环境中站稳脚跟，直到上帝送他们返回故土。因此，必须要使这些经典引起他们的注意并印在他们的心中，只有这样人们才能记住他们身虽在巴比伦，但心却并不属于巴比伦，只有这样他才不会忘记他们担负着保持自己是一个与众不同的民族的神圣责任。

学者们一般都认为犹太教圣堂的设立始于因房的时期和地区。

它的希伯来名称 *Beth Hakenéseth*（会堂）准确地说明了其最初创立的目的。这是一个失去家园的民族汇聚的中心，在这些聚会上人们诵读并宣讲《圣经》。随着时间的推移，人们又开始祷告。这样，犹太教圣堂就演化成了一个礼拜的场所。这样的聚会唤起了人们对希伯来文献进行研讨的兴致，而民众求知的欲望必然导致了一种需求——需求称职担当教师的学者。这些教师被称为文士（*Sopherim*），其意义倒不是作家，而是"文人"（men of letters）。毫无疑问，他们中的一些人在《以斯拉记》8：16 中被称为"教习"，并在《尼希米记》8：7 中被描述为"使百姓明白律法的人"。

在这个教师的阶层中最出色的当推以斯拉，他作为"敏捷的文士，通达摩西的律法"（《以斯拉记》7：6）而著称，就是说他是一位精到的文士。正是他才使其前辈们解决问题的办法得以切实可行。《塔木德》把他为其人民所做的工作与摩西所获得的成就相比拟是有其道理的。正如摩西这位立法者将《托拉》给予获释的奴隶从而创立了一个民族一样，以斯拉恢复了《托拉》作为生活指南的地位，从而无论是在巴比伦还是在犹地亚让一群濒于 xxxv 灭亡的民众再次生机勃发。为了盛赞他的丰功伟绩，拉比们曾宣称："倘若不是摩西先行一步，那么让以斯拉亲手将《托拉》传给以色列人是当之无愧的"（Sanh. 21b），并且"当《托拉》被以色列人遗忘时，是以斯拉从巴比伦赶来并重新确立了它的地位"（Suk. 20a）。

笔者曾在别处这样描述过以斯拉所推行的大政方针："赞格威尔（Zangwill）曾说过，'历史总的来说是小民族为大民族同化的记录。一个群体倘若在生存空间上没有被隔离开来，或者没有一种炽热的信念来保卫自己，恰如用疆界的战火保卫自己一样，那么这个群体没有生存下来的先例。'"以斯拉显然看到了这个历史的教训。他明白要把犹太人在空间上完全隔离开来是不可能的。不仅要考虑到在埃及、巴比伦以及波斯都有这棵民族之树的分枝，而且在犹地亚的犹太人也不可避免地要与周围的民族交往。这样，倘若要保存犹太民族，就必须在其周围燃起"像疆界上的战火一般炽热的信念"——这是一个恰如其分的比喻，因为《圣经》本身就提到过"火一样的律法"。犹太人必须要有一种宗教，它不仅始终要使犹太人不同于异族人，还要恒常地提醒犹太人，他们乃是犹太民族和犹太信仰的组成部分。犹太人不单单要靠一种信条，而且还要靠一种生活方式使之与其邻人界限分明。他们崇拜的方式要与众不同，他们的家也要与众不同，即使是日常活动也要有与众不同的特色以不断地让他们牢记自己的犹太属性。他们生活的一枝一节都要规范于《托拉》——摩西法典的成文律例以及这些律例在这一民族共同生活之中的进一步发展，因为变化了的形势要求律例变化。①

倘若不透彻地把握住这一观点，就不可能理解拉比们的心态，他们的行为以及他们解释《圣经》的方法。《塔木德》正是萌生于这一粒种子。《圣经》在讲述以斯拉所从事的工作时明确地提到了这一点："以斯拉定志考究遵行耶和华的律法，又将律例典

---

① 参见《圣经时代结束之际的犹太人》（*The Jews at the Close of the Bible*，第37及下页）"引论"。

章教训以色列人。"(《以斯拉记》7：10）本句中表示"考究"（seek）
一词的希伯来动词是 *darash*，它对我们要讨论的问题至关重要，
其真正的含义是"推演、诠释"（to deduce，interpret）那些只有
通过对经文深入探究才能阐明的思想。这种推演的过程被称为"米
德拉什"①，指整个拉比文献中所采用的诠释方法。借助于这种阐　xxxvi
释，《圣经》的文句便产生了远远超出于从其字面含义所能读出
的意蕴。《圣经》的言词成为了一座取之不竭的矿藏，它一经开
发便产生了关于宗教训谕和道德教诲的丰富财宝。

　　神的意志就显示在《托拉》之中是不言自明之理。从这一点
出发，以斯拉教导犹太人他们日常行为的各个方面必须受其戒律
的规范；并且，既然《托拉》必须对生活施予全面的指导，那么
它必定能够对各种情况下人类的生活提供助益良多的指引。要达
此目的，其先决条件就是要知晓《托拉》。首先要教育人民了解
律法，然后才能指望他们去遵行。因此，他把向公众诵读《摩西
五经》这一做法引介到犹地亚，以便让其人民熟悉它的内容。"他
们清清楚楚地念神的律法书，讲明意思，使百姓明白所念的。"（《尼
希米记》8：8）

　　犹太人传统上相信是以斯拉创立了"大议会"（*Kenéseth
Hagedolah*）。这是一种导师们的聚会。这些人接受了保存到他们
那个时代的全部教义，对其进行了修订和发展以适应当时新的情

---

　　① 这个词出现在《历代志下》24：27中时被译为"评述"（commentary）。（*Midrash*，
即对《圣经》的注疏和阐释。钦定本《圣经》与中文本《圣经》分别用了 story 和"传"
这样的表述。——译者）

况，然后再把它传播给塔木德时期拉比之中的先驱者。权威的传递是这样被描述的："摩西在西奈山上接到《托拉》，把它传给约书亚；约书亚传给众长老；众长老传给众先知；众先知传给大议会众成员。"（Aboth 1：1）

现代的学者们一直对这样一个议会的存在持怀疑态度。尽管必须承认，以斯拉之后的两个半世纪朦胧不清，而且也没有留下任何的历史记载，但是，要怀疑当时曾经有过一个正规的教师阶层确实在履行职能这一点，理由似乎还不充分。像以斯拉这样具有远见卓识的改革家不可能意识不到在他百年之后，倘若没有一批在他巨大热情的感召下继续推行他大政方针的接班人，他的工作将不可避免地付之东流。创立一个权威的议事大会，使人们可以向其寻求指导，似乎是他能采取的再明显不过的行动。

况且，当无知的面纱揭去之后，我们发现在公元前 2 世纪初曾发生了一起一个不大的犹太人团体为抵抗要毁掉他们宗教的企图而进行的一场英勇的斗争。哈斯蒙家族的成员奋起抗击叙利亚的军队，因为安条克·伊皮法尼斯（Antiochus Epiphanes）居然胆敢命令他们践踏犹太教的律例，"从而使犹太人忘记《托拉》，并改变所有的律令"（1 Macc. 1：49）。马蒂亚斯（Mattathias）在使反抗升级时宣称："凡笃信《托拉》并永不背弃誓约者，跟我走。"（1 Macc. 2：27）在临死前，他还勉励儿子们说："要勇敢，要让人知道你们代表着《托拉》。"（1 Macc. 2：64）

毋庸置疑，公元前 2 世纪《拉托》至少在一部分犹太人之中牢牢地扎下了根。倘若没有一条《托拉》知识赖以从以斯拉生活的公元前 5 世纪传给他们的渠道，又何以解释使哈斯蒙家族成员

xxxvii

得以卓尔不群的对《托拉》的永恒忠诚呢？从已知的历史事实可以假定当时存在着一个像"大议会"一样的教师组织。倘若果真如此，那么最有可能的情形就是其成员主要——如果不是全部的话——来自于"文士"阶层。因为他们最有资格履行其担负的责任。[①]

　　有三种重要的格言被认为出自于这个大会："审慎裁判，多招门徒，保卫《托拉》。"（Aboth 1：1）这些代表了他们行为背后的三条原则。审慎裁判意味着对于那些应该依照《托拉》的准则予以决定的问题必须认真研究，对可能作出的裁定仔细审查。这就是《塔木德》时期的拉比们对《圣经》经文进行准确和仔细推敲的原因，而正是这一点使他们与众不同。肤浅的阅读只能导致草率的判断。要做出审慎的裁断，必须进行不厌其详的探究。如果要将《托拉》的知识传给后代，多招门徒显然是导师们始终关心的事情。这一传播知识的理想，以及由此而导致的对传授和研习《托拉》的人所表示的敬重，有力地促进了这种随着《塔木德》的编纂而达到顶点的研究。"保卫《托拉》"是渴望依照其律例而生活的必然结果。倘若一个人与《托拉》的文字过于亲密，他或许会无意中对其进行践踏。正如耕作的土地要用篱笆保护起来以防止无意被践踏一样，《托拉》这方圣土也必须通过格外谨慎的手段予以保卫，以避免无意中对其发生的冒犯。因此，大议会 xxxviii 的成员们起初曾为之奋斗的目的便导致了一种后代的导师们所遵

――――――――――

　　① 　"大议会"与"文士"们在 Tanchuma Beshalach §16 中事实上是相同的。传说"大议会"包括 120 位成员（Meg. 17b）。这个数字可能是受经文"大利乌随心所愿，立一百二十个总督治理通国"（《但以理书》6：1）的启发而得到的。

奉的治学方法。他们这种对学问的探究终于产生了硕果累累的《塔木德》。

下面的陈述中包含了一则重要的历史资料:"义人西蒙(Simon the Just)是大议会的最后幸存者之一"(Aboth 1:2)。很不幸的是因为不能确定这个名字所指为何人,这份资料的价值大为降低。约瑟福斯(Josephus)提到了一位大祭司,"一位因对上帝笃诚和对同胞善良而被称为义人的西蒙"[《上古犹太史》(Antiq.)第12卷,2:5],他大约死于公元前270年。历史学家还提到了另一位叫西蒙的大祭司,即前者的孙子(《上古犹太史》第12卷,4:10),他死于公元前199年。对于认定祖父为大议会最后幸存者有利的事实是他确被约瑟福斯称之为"义人"。而对其不利的情形是:倘若大议会是在公元前270年前后终结的,时间上便出现了问题。《先贤篇》(Aboth)告诉我们索科的安提哥诺斯(Antigonos of Socho)曾经是义人西蒙的门徒,并且"约瑟·本·约泽尔(Jose b. Joezer)①和约西·本·约查南(José b. Jochanan)是从他们那里获得了《托拉》"(1:4)。这两位学者死于公元前160年,因此,如果这句话是说他们两位是西蒙和安提哥诺斯的门徒,那么这其间的时间差距似乎太长。为了补上其间的空白,有人曾解释说"从他们那里"指的是从此后一连串的教师那里,而这些人的名字都没有记载

---

① "b."是希伯来语中 ben 或阿拉姆语中 bar 的缩写形式,意为"某某之子"。

下来①。

　　无论情况究竟怎样，大议会到公元前 3 世纪的中叶或末叶便不复存在了。此后出现了另一个组织，称为大法庭（Sanhedrin）②，来管理犹地亚社会的事务。在约瑟福斯保存的由安条克三世（Antiochus III）致托勒密（Ptolemy）的一封信中，它被称为"参议院"（senate）（《上古犹太史》第 12 卷，3：3）。据犹太传说描述当时相继有五对（Zugoth）拉比，最后的两位是希勒尔和沙迈（死于约公元 10 年），其一是纳西（Nasi）或"大君"（Prince），xxxix即议长，另一位担任"法庭之父"（Ab Beth Din），即副议长（Chag. 2：2）。

　　现代的史学研究却得出了不同的结论。法庭是由祭司和平民构成的组合体，其主持由大祭司担当。在其会议的讨论中不久便产生了分歧，从而导致了两个派别的形成。祭司们赞同一种与古希腊思潮妥协的政策，即使这会对完全忠诚于《托拉》做出牺牲。作为以斯拉和"文士"③们直接后裔的平民们则协力反对这样做，他们坚决要求应全心全意地恪守《托拉》的准则④。这些人的领袖

---

　　①　另一种理论认为这指的是哈斯蒙人西蒙（Simon the Hasmonean），我们得知"由祭司，民众以及国家的统治者和长老们组成的大议会"与之有些关联（1 Macc. 14：28）。但是，因为他死于公元前 136~ 前 135 年，那么他生活的年代要比从义人西蒙那里获得《托拉》的权威们晚得多。关于这一问题的全部情况，参见摩尔《犹太教》（第 3 卷，第 8 及以下诸页）。文中提到的大议会或许指的是继 Kenéseth Hagedolah 之后的大法庭。

　　②　这是希腊语中 sunhedrion 一词的希伯来形式。

　　③　《新约》经常把"文士"与法利赛人归为一类。

　　④　约瑟福斯提到他们时说："法利赛人被认为十分擅长于对他们的律法进行准确的阐释。"（《犹太战争》第 2 卷，8：14）

是那些被称为成对的拉比们。

这两派之间的裂痕在马加比（Maccabean）起义期间虽然弥合了，但是却在约翰·海坎奴斯（John Hyrcanus，公元前 135~ 前 105 年）之后以一种更显著的形式表现了出来。裂痕愈来愈大，直到出现了两个教派，分别被称为撒都该派（Sadducees）和法利赛派（Pharisees）。他们的分歧之一对于犹太教的发展极为重要。约瑟福斯对其进行了这样的描述："法利赛人一代一代从各自的先辈那里传给了人们许多并没有写进摩西律法的戒律；而正是出于这一原因，撒都该人拒绝接受这些戒律，他们说我们应该把成文的律法视为必须遵奉的，而不应尊崇得自于前辈的传说的东西；在这些问题上他们之间产生了巨大的争执和分歧。"（《上古犹太史》第 13 卷，10：6）

关于口传《托拉》的论争激发了其捍卫者们对《圣经》经文的进一步研读。他们试图证明口传《托拉》乃是成文《托拉》不可分割的一部分，是同一片织物中的经线和纬线；他们进一步发展了往昔曾采用过的阐释经文的手段，以便借此证明撒都该人所拒绝接受的传说是包括在《摩西五经》的文句之中的。对《托拉》的诠释现在进入了一个新的阶段，并且直接导致了《塔木德》的产生。

2. 《密释纳》

xl　　　伴随着新的阐释方法的出现，《托拉》研究成了一门科学，而且只有具备阐释经文资格的人，才有权威说话。他们被称为教师（Tannaïm），这是《密释纳》中的律法汇编成典之际对拉比们的称谓。对拉比们的工作留下深刻影响的一位先驱是希勒尔（Hillel）。

他生于巴比伦，并且据传说，在母系血统上他是大卫的后裔。他迁移到了犹地亚，并且担任社团公认的导师之一约40年之久。

希勒尔最典型地代表了法利赛教派的观点。他意识到，因为情况在不断地变化，所以不可能把生活限制在一种固定和一成不变的成文法规之中；他认为口头律法所享有的那种阐释自由是一种极有价值的手段，从而可以使《托拉》适应不断变化的形势。

《申命记》15：1起的律例为这一阐释的方法提供了一个很好的说明："每逢七年末一年，你要施行豁免。豁免的定例乃是这样：凡债主要把借给邻居的豁免了。"这就是说，如果到安息年（Sabbatical year）时一笔债务尚未偿还，那么这笔债便不能再追索了。《圣经》的这一律例其实涉及的只是以色列人对处于困苦中的同胞所施行的慈善行为，并不涉及正常生意中的借贷。这一律法所依托的社会背景是一个小农生产的民族，每个人都依靠自己那一份土地的收获为生。随着情况的改变，当为数众多的人依靠经商谋生时，《圣经》的这一规定便成为妨碍了。如果豁免年一过人们便不可追索本属于他们的东西，那么人们肯定不敢向外放债，而随之而来的不便无疑是十分巨大的。

撒都该教派认为这种债就是不应偿还的。律法就是如此，并且必须得到遵守。希勒尔不同意这一点，并且争辩说通过认真研究经文可摆脱这一困境。从《托拉》没有废话这一前提出发，他提到了"但借给你兄弟，无论是什么，你要松手豁免了"（《申命记》15：3）这一句。粗看这似乎是不必要地重复了前面的经文"不可向邻居和弟兄追讨"。但这是不可能的，因为《托拉》中没有冗余的文字。因此，之所以要添上"但借给你兄弟，无论是什么"

这一句肯定是要把某种偶然的情况排除在外，即当"无论是什么"不在债务人手中时。希勒尔依靠如此的推理得出：倘若债权人向法庭递交一份签署的文件从而把债务转移给法庭成员，那么他便有权通过法庭追讨这笔债务，即使它已经过了安息年的期限。

如果愿意的话，我们也许可以把这种争辩斥之为诡辩；但它有助于达到一个重要的目的——让《托拉》成为能够始终有效的现实的生活指南。只要《托拉》能够被重新解释以适应偶然产生的新情况，它就永远不会过时。

希勒尔创立了一个教师学派，他同时代的沙迈（Shammai）也创立了一个学派。在公元1世纪的前70年中，这两位导师以及他们的门徒们的思想在当时的法利赛圈子中占据了支配地位。总的来说，希勒尔派赞成对律法进行较为温和宽泛的解释，而另外一派则持较为严格的观点。《塔木德》记载了他们之间的300多个分歧。终于还是希勒尔的教义占了上风。创立一个学派要求对所研讨的题目进行系统的描述。我们必须记住，在东方，记忆力比在西方要更为发达，即使在今天也仍然如此。大量的学问不是得自于书本，而是从老师口中传下来的。因此，希勒尔认为有必要对从前代传下来的释经原则予以检阅，并把他认为合逻辑的那些推荐给他的门徒。他所采用的七项诠释经文的原则基本上都被接受了，尽管后来又增添上了一些。在传授时他还必须要对大量的民间传说进行整理以方便学习者。他的整理用口头保存了下来并且可以视为《密释纳》的最初版本。

之后，另一位值得注意的人物是约查南·本·撒该（Jochanan b. Zakkai），他是希勒尔的门徒中最年轻、最出类拔萃的一位，并且他的老师在去世前不久曾将其描述为"智慧之父以及后世（学者）

之父"（p. Ned. 39b）。在圣殿被提多（Titus）摧毁之际，他是杰出的权威。由于预见到在与罗马的争斗中犹太人将会被征服，所以他主张求和，因为在他看来保存犹太教比民族独立更加重要。当他的建议遭到拒绝后，他采取了一些措施以避免在圣殿毁坏、国家沦丧之时整个社会遭到灭绝的命运。有一则传说是这样的：为了离开城门被犹太激进分子所严加把守的城镇，他散布出他病死的消息。在其追随者默许的情况下，他被用棺材抬出耶路撒冷 xlii 以便埋葬；只是他所受到的尊重才使得他免于身上被刺一刀——士兵们就是采取这种方法以确保没有人会活着出城。之后，他来到罗马人的营地，并获得许可来到韦斯巴芗（Vespasian）面前向他恳求说："把雅比尼城（Jabneh）① 及其圣哲们给我。"（Git. 56b）皇帝遵守了诺言。雅比尼城于是得救了。战争结束时，约查南迁到了那儿，结果此前在这个地方并不太重要的学府成了犹太生活和犹太思想的中心。雅比尼城取代了圣城（Holy City）作为法庭所在地的地位，并最终成了新的首都。依靠这样的远见卓识，他保存下了《托拉》，使之免于在民族灾难中可能遭受的湮灭，并因此确保战败的人民能得以幸存下来。

在这场浩劫发生之前，约查南就力主反对撒都该人对待《托拉》的态度。他依靠理性证明这种态度是不恰当的，而此后发生的事件将会更有力地证明撒都该人所持立场的弱点和法利赛人所持立场的优点。在撒都该人看来，犹太教是一成不变的体系，它永远

---

① 雅比尼城在《圣经·历代志下》26：6 中作为非利士人的城市被提及，其希腊语的名字是雅姆尼亚（Jamnia）。它位于巴勒斯坦南部的海岸附近。

被《摩西五经》的成文律条所限定，并且与圣殿的仪式是密不可分的。因此，当圣殿不复存在之后，撒都该人也就很快烟消云散了。法利赛人关于口传《托拉》的理论在那种危亡的时刻被充分证明是正确的。通过使其适应出现的新情况，它无疑把人们的宗教保存了下来，而约查南·本·撒该所实现的这一结果是无与伦比的。他在雅比尼的学园中把自己从老师那里学到的东西传授给他的学生，而他的学生们又相继成了后代人的老师。这样，他在犹太口传学问的链条上又铸就了新的一环。

又过了一代，我们便来到了公元 2 世纪之初，这时有两个出类拔萃的名字。第一位是以实玛利·本·以利沙（Ishmael b. Elisha），他创立了一个学园，并在哈德良迫害中以身殉道。他精于对犹太律法进行科学的研究，并且将希勒尔的七条原则阐释发挥成为十三条，从此它们成了公认的释经原则。他主要的工作是把数目繁多的裁定与其所出自的《圣经》经文协调对应起来。他就《摩西五经》后 4 卷涉及法律的章节撰写了评注；然而只有关于《出埃及记》第 12 章之后的部分保存了下来，尽管这是一个后来的版本。它被称为 *Mechilta*（尺度）。[①] 其他经卷的研讨构成了类似一些评释的基础，这些评释后来编入了《密释纳》中，在这里也不妨顺便一提。它们是公元前 3 世纪初曾盛极一时的基亚·本·阿巴（Chiyya b. Abba）所编纂的关于《利未记》的 *Sifra*[②] 以及关于《民数记》

---

① 本书引用的是费里德曼（M. Friedmann）1870 年版。
② 即"书"，这是 *Sifra d'Bé Rab*（教师室内之书）的缩写，也就是"学园之书"。这种文献目前尚未有评注版本。

和《申命记》的 *Sifré*①。它们尽管是一起发行的，但每卷书无疑都有各自的编订者。对《民数记》的评释似乎与 *Sifra* 同时，而对《申命记》的评释则属于较晚的某个时期。

Sifra 与 *Sifré* 这两种文献都显露出于公元 132 年殉难在罗马人手中的另一位杰出的导师阿基巴·本·约瑟（Akiba b. Joseph）的影响。他把《米德拉什》研究推向了极致。《圣经》经文中的每一个字都被认为是有其含意的，他的诠释显示出他非凡的智慧。采用他阐释经文的方法，传统的做法不再游离于成文法之外。依靠某种手段，诠释在经文中获得了权威的依据。

除了进行阐释和传授之外，他还做了大量的整理分类工作。据说他使《托拉》成为了"一系列的环节"（ARN 18），意思就是他把到他那个时代为止所积累起来的浩繁的法律文献予以校勘并使之井然有序。他可以被称为一个世纪之后将要出现的《密释纳》蓝图的设计师。倘若没有他所付出的开拓性劳动，《塔木德》或许终究无法产生。他的弟子们沿着他所标出的路线继续了这项事业并且在此后的几代人中成为了《托拉》研究的主流。这其中最重要的人物是迈尔（Maïr），因为犹大王子作为其法典的基础所接受的《密释纳》就是他负责编纂的。

《塔木德》评述说，"阿基巴去世时，犹大出生了"（Kid. 72b）。从纪年上看这并不太正确，因为犹大生于公元 135 年。这 xliv

---

　　① 即"群书"，很可能是类似于上面文字的缩写。本书中使用的版本为弗里德曼 1864 年评注版。

样说的目的也许是要把这两位杰出的人物在犹太文献的递延中联接起来。阿基巴所开创的事业由犹大完成了。前者，如上所述，是设计师，而后者则是主要的构建者。

犹大是著名导师西缅·本·伽玛列二世（Simeon b. Gamaliel Ⅱ）的儿子，因此他属于一个富有而又颇具影响的家族。他受到了比较开明的教育，包括学习希腊语，并且与罗马贵族过从甚密。[①]他的学识和社会身份的结合使他在巴勒斯坦的犹太人中间确立了无可争辩的权威地位，并且他担任纳西（王子、族长）达 50 多年之久，直到他于 219 年（也许是次年）去世为止，也就是说他是社团中正式公认的领袖。

他一生伟大的成就是编纂了被称为《密释纳》的犹太律法全书，这一称谓出自于词根 *shanah*（"重述"），它指的是口头的教诲，即通过重述所学得的知识。其名词形式的反义词是 *Mikra*，即"供阅读的（《圣经》）经文"。因而，它指的是相对于《摩西五经》这部成文《托拉》而言的口传《托拉》。他成功地编定了一部巴勒斯坦和巴比伦的学园都采用的法典，结果是由个别的拉比为各自的学园而汇集的其他全部律法书被废弃不用，他为后来的研究和讨论确立了统一的教材。

撰写它所使用的语言是一种白话形式的希伯来语，它之不同于《圣经》希伯来语是其语法规则较为宽泛，以及其中渗入了拉丁和希腊语词汇。这种语言的特点是表述极其简洁并且不具华丽

---

① 参见第 77、89、157 页。另参照第 152 页。（注释中的本书页码均为原书页码，即本书边码。——译者）。

的文采，因而非常适合于所描述的内容。

自中世纪起，人们对犹大是将其《密释纳》形成了文字，还是它一度以口头形式流传这一问题就一直争论不休。现在，学者们在这一点上仍然不能取得一致，但人们的观点逐渐地倾向于认为它是以文字的形式出现的。它被分为六个部分，称为卷（Sedarim）；每卷包括一定数目的篇（Massichtoth）；总共有 63 篇；每篇分为数章，每章又再分为数节，总共有 523 章①。

下面就是《密释纳》分类及其内容的一个概要。　　　　　xlv

第 1 卷　种子（Zeraïm）

1. Berachoth，"祝祷"（Ber. 9 PB）②涉及圣餐仪式的规章。

2. Peah，"田角捐"（8 P）。关于"田角捐"（《利未记》19：9）律法的问题。

3. Dammai，"得卖疑"（7 P）。关于从被怀疑尚未向祭司缴纳什一税的人那里购买谷物等的问题。

4. Kilayim，"禁混种"（9 P）。关于《利未记》19：19 所禁止的混种与杂交问题。

5. Shebiith，"第七年"（10 P）。安息年的律法（《出埃及记》23：11；《利未记》25：2 及下节；《申命记》15：1 及以下诸节）。

6. Terumoth，"举祭"（11 P）。关于举祭（《民数记》18：

---

①　或者说是 524 章，如果包括后来添上的《先贤篇》的第 6 章。对《密释纳》是按其篇、章和节的顺序引用的，如 Ber. 3：2。

②　括号内是本书在引用某一篇时所使用的缩写名称以及其章节的序号。P 和 B 字母分别指的是在巴勒斯坦和巴比伦《塔木德》中有这一篇的《革马拉》。

8 及以下诸节）的律法。

7. *Maaserath*，"什一税"（5 P）。关于利未人什一税的律法（《民数记》18：21 及以下诸节）。

8. *Maaser Shéni*，"第二什一税"（5 P）。关于《申命记》14：22 及以下诸节的律法。

9. *Challah*，"举祭饼"（4 P）。根据《民数记》15：21 应给予祭司的举祭饼。

10. *Orlah*，"未受割礼"（3 P）。树木栽种后前四年中所结果实的律法（《利未记》19：23 及以下诸节）。

11. *Bikkurim*，"初熟贡"（3 P）。拿到圣殿去的初熟果实（《申命记》26：1 及以下诸节）。

第 2 卷 节期（*Moéd*）

1. *Shabbath*，"安息日"（Shab. 24 PB）。安息日期间禁做的劳动。

2. *Erubin*，"混合"（Erub. 10 PB）。涉及由安息日律法而产生的技术问题，即什么样的界限在安息日不得逾越以及它应如何延长等。

3. *Pesachim*，"逾越节"（Pes. 10 PB）。守逾越节。

4. *Shekalim*，"舍客勒"（Shek. 8 P）。每年上交给圣殿库府的税赋（《出埃及记》30：12 及以下诸节）。

5. *Joma*，"圣日"（8 PB）。赎罪日的礼仪（《利未记》16）。

6. *Sukkah*，"棚舍"（Suk. 5 PB）。守住棚节（《利未记》23：34 及以下诸节）。

7. *Bétzah*，"鸡蛋"又称为 *Jom Tob*，"节日"（Betz. 5 PB）。关于节日期间所禁止和允许的劳作。

8. *Rosh Hashanah*，"新年"（R. H. 4 PB）。守岁。 xlvi

9. *Taanith*，"斋戒"（Taan. 4 PB）。关于集体斋戒。

10. *Megillah*，"经卷"（Meg. 4 PB）。关于普珥节期间向公众宣读《以斯帖记》（《以斯帖记》9：28）。

11. *Moéd Katan*，"小节日"（M. K. 3 PB）。关于逾越节与住棚节之间的日子。

12. *Chagigah*，"节日祭献"（Chag. 3 PB）。关于三个朝圣节日的祭献（《申命记》16：16 及下节）。

第3卷 妇女（*Nashim*）

1. *Jebamoth*，"叔娶寡嫂的婚姻"（Jeb. 16 PB）。涉及与无子嗣的嫂子结婚的律法（《申命记》25：5 及下节），以及婚姻关系中所禁止的情形（《利未记》18）。

2. *Kethuboth*，"婚姻文书"（Keth. 13 PB）。涉及嫁妆与订婚。

3. *Nedarim*，"许愿"（Ned. 11 PB）。关于许愿与废愿，特别是涉及妇女的愿（《民数记》30：3 及以下诸节）。

4. *Nazir*，"拿细耳人"（Naz. 9 PB）。关于拿细耳人的愿（《民数记》6）。

5. *Sotah*，"疑妻行淫"（Sot. 9 PB）。涉及妻子被怀疑与人行淫（《民数记》5：12 及以下诸节）。

6. *Gittin*，"离婚"（Git. 9 PB）。涉及解除婚姻的律法（《申命记》24：1 及以下诸节）。

7. *Kiddushin*，"圣化"（Kid. 4 PB）。关于婚姻状况。

第 4 卷　民事侵权行为（*Nezikin*）

1. *Baba Kamma*，"第一道门"（B. K. 10 PB）。关于毁坏财产及伤害人身。

2. *Baba Metzia*，"中间一道门"（B. M. 10 PB）。关于拾遗、委托、销售与租赁。

3. *Baba Bathra*，"最后一道门"（B. B. 10 PB）。关于房地产与遗产继承。

4. *Sanhedrin*，"法庭"（Sanh. 11 PB）。涉及到法庭、司法程序以及死罪。

5. *Makkoth*，"鞭笞"（Mak. 3 PB）。关于伪证罪的处罚、逃城（《民数记》35：10 及以下诸页）以及应受鞭刑的犯罪。

6. *Shebuoth*，"宣誓"（8 PB）。关于在私下或在法庭上宣的誓。

7. *Eduyyoth*，"证言"（Eduy. 8）。涉及早期权威们的裁定的拉比证言集。

8. *Abodah Zarah*，"偶像崇拜"（A. Z. 5 PB）。关于异教徒们的礼仪和崇拜。

9. *Pirké Aboth*，"先贤篇"（Aboth 5）。汇集了教师们所喜爱的格言的道德文章。还有一篇附录，称之为"拉比迈尔论获得《托拉》章"。

10. *Horayoth*，"裁定"（Hor. 3 PB）。论由于宗教权威的误导而造成的过失犯罪。

第 5 卷　神圣义务（*Kodashim*）

1. *Zebachim*，"祭品"（Zeb. 14 B）。关于圣殿的献祭制度。

2. *Menachoth*，"饭祭"（Men. 13 B）。涉及食物及饮品的献祭（《利未记》2）。

3. *Chullin*，"渎神之物品"（Chul. 12 B）。关于动物的宰杀以及涉及饮食的律法。

4. *Bechoroth*，"头生者"（Bech. 9 B）。关于头生的人及动物（《出埃及记》13：12 及以下诸节；《民数记》18：15 及以下诸节）。

5. *Arachin*，"估价"（Arach. 9 B）。关于许愿给圣殿的人和物的估定价值（《利未记》27）。

6. *Temurah*，"替换品"（Tem. 7 B）。涉及更换作为祭品献上的动物（《利未记》27：10，33）。

7. *Kerithoth*，"剪除"（Ker. 6 B）。关于用"断肢"的方式予以惩罚的罪（参照《出埃及记》12：15）。

8. *Meilah*，"侵犯"（6 B）。关于盗用圣殿财产。

9. *Tamid*，"连续献祭"（7 B）。描述圣殿内每日的仪典。

10. *Middoth*，"尺寸"（5）。关于圣殿的构建。

11. *Kinnim*，"鸟巢"（3）。关于祭献鸟类（《利未记》1：14，5：7，12：8）。

第 6 卷　洁净（*Teharoth*）

1. *Kélim*，"器皿"（30）。涉及祭礼所用器皿的玷污（《利未记》11：33 及以下诸节）。

2. *Ohaloth*，"帐篷"（18）。关于尸体造成的不洁（《民数记》19：14 及以下诸节）。

3. *Negaïm*，"瘟疫"（14）。涉及麻风的律法（《利未记》13 及下节）。

4. *Parah*，"牛"（12）。涉及纯红母牛的规定（《民数记》19）。

5. *Teharoth*，"纯洁"（10）。持续到落日时的不洁的婉转语。（《利未记》11：24 及以下诸节）。

6. *Mikwaoth*，"洗浴"（10）。关于进行洁净仪式所用水罐的要求（《利未记》15：11 及下节）。

7. *Niddah*，"经期不洁"（Nid. 10 PB）。涉及《利未记》12，15：19 及以下诸节的律法。

8. *Machshirin*，"准备"（6）。关于液体是不洁的媒介（《利未记》11：34，37 及下节）。

9. *Zabim*，"身患漏症"（5）。涉及因身体原因造成的不洁（《利未记》15：2 及以下诸节）。

xlviii　　10. *Tebul Jom*，"日间浸水"（4）。关于虽浸过了水，但直到日落时才完全洁净者的地位。

11. *Jadayim*，"手"（Jad. 4）。关于手的玷污与洁净。

12. *Uktzin*，"茎秆"（Uktz. 3）。涉及果树茎秆作为不洁的媒介。

密释纳时期之后的次经篇

Aboth d'Rabbi Nathan（ARN 41）。对《先贤篇》的详尽阐述。

Sopherim，"文士"（Soph. 21）。涉及在教堂和其他圣餐事

宜上所使用的《托拉》经卷的书写规则。

Ebel Rabbathi，"大哀"更多地被婉转地称为 *Semachoth*，"欢乐"（Sem. 14）。涉及葬礼和悼念习俗的规则。

Kallah，"新娘"关于贞洁的一章中的一篇短论。

Dérech Eretz Rabbah，"论行为"（11）。关于受禁止的婚姻和伦理行为。

Dérech Eretz Zuta，"行为简论"（10）。善行规则汇编。

Pérek Shalom，"和睦章"。

Gérim，"皈依者"（4）。皈依犹太教的规则。

Kuthim，"撒玛利亚人"（2）。关于撒玛利亚人涉及到犹太律法时的做法。

Abadim，"奴隶"（3）。关于希伯来奴隶。

在这些中还必须再添上拉比科奇海姆（Kirchheim），连同上面列出的最后三种于 1851 年出版的四种短论：*Sépher Torah*，"律法经卷"；*Mezuzah*，"门框经卷"（《申命记》6：9）；*Tephillin*，"经文护符匣"；*Tzitzith*，"衣边缝子"（《民数记》15：38）。

流传下来的还有另一部类似于《密释纳》的著作，被称为《托塞夫塔》（Tosifta，补编）。这也是一部排列有序的律法汇编，在许多方面它与《密释纳》并行不悖，而且还包含了另外的内容。其文字的风格较之犹大所采用的更为散漫，并且它常常把《密释纳》中略去的校勘文字也添了进去。它与正式的律法典籍之间究竟是何关系目前尚未确定，涉及其作者的许多问题也仍然疑雾重重。这部著作的核心部分被认为是 3 世纪的两位拉比——拉巴（Rabbah）和奥沙亚（Oshaya）的手笔，尽管从其目前的形式看它有可能产生于 5 世纪之后。①

3.《革马拉》与《米德拉什》

xlix 　　犹大编辑《密释纳》的目的并不是要把律法固定下来。这将有悖于拉比们的初衷，并且妨害了口传《托拉》的基本原则。他的目的是要为研究提供方便。正因为如此，他记录下了不同的权威们彼此相左的观点；然而，如果有公认的裁定，他也将其指出来。他编纂的律法全书激励了进一步的研究，而不是妨碍了它。

　　《密释纳》为各学园提供了急需的教科书，并且对它的采用使《托拉》研究无论在广度还是深度上都迅速地得到了发展。为了验证它的效用、定义和适用的范围，《托拉》中的每一句经文都被精心地审度和讨论。编者在编纂过程中并没有详尽无遗地探讨所能得到的全部材料，导师们通过口传或文字传下了大量的并未收进《密释纳》中的关于法律的评注。这类未收入的被称为 Baraita，意思是"外部的东西"。关于《密释纳》某一段落的讨论常常是以引用一句似乎与所讨论的律法持对立观点的 Baraita 而开头的，并且为了调和两者的观点常常费尽心机。

　　在此后的几个世纪里犹太人的学问主要 —— 如果不是全

————————

① 权威的版本是由祖克曼德（M. S. Zukermande）1881 年出版的。

部——在于获得《密释纳》以及以其为中心而积累起来的评注方面的知识。这类评注被称为《革马拉》，意思是"完成"，因为它完成了《密释纳》。其阐释者被称为阿姆拉（*Amoraïm*，发言人，释经人）[①]，与《密释纳》之前称为拉比或教师不同。当时进行这种研究的主要学园是巴勒斯坦的恺撒利亚（Caesarea）、塞弗利斯（Sephoris）、提比利斯（Tiberias）和乌沙（Usha）以及巴比伦的尼哈地（Nehardea）、苏拉（Sura）和庞贝地（Pombeditha）。

　　巴勒斯坦和巴比伦的学园独立地从事了各自的研究，尽管在这几个世纪之间拉比们互有往来，发生了观点的交流。在巴勒斯坦，最杰出的导师当推身为提比利斯学园领袖的约查南·本·那巴查（Jochanan b. Nappacha，199~279）。是他开始收集那些发生在巴勒斯坦诸学园中的关于《密释纳》的讨论报告。巴勒斯坦《塔木德》并不是像过去人们所推测的那样由他来编纂的，因为里面引述了一些他去世之后的三代的人的权威言论。不妨可以说是他奠定了其基础，经由别人的增补，到 4 世纪末时，它才最终定型。《密释纳》与其评注《革马拉》一起被称为《塔木德》（研究），这是"塔木德托拉"一语的缩略。

　　因此，巴勒斯坦《塔木德》是由《密释纳》正文以及产生于巴勒斯坦学园的评注构成的。与此同时，在巴比伦也进行着同样的工作。那里的犹太社团较之巴勒斯坦的来说教友人数更多并且

[①]　被任命的学者，像现代大学中的毕业生一样获得荣誉学位。教师们以及巴勒斯坦的阿姆拉们的名字前面都冠以"拉比"（Rabbi）的头衔，巴比伦的阿姆拉们的名前冠以"拉布"（Rab）；而伽玛列一世、二世，西缅·本·伽玛列以及约查南·本·撒该则被特别尊称为"拉班"（Rabban）。本书中他们都一律称之为 R（拉比）。

条件更好，因而也就产生或吸引了更有才华的人。不管怎样，其学园内的教育更深入、更透彻，这一特色显见于在那里编纂的《革马拉》之中。拉比阿什（Ashé，352~427）开始了它的编撰工作，花费了 30 年，可去世时仍未完成，是拉宾那（Rabina）于公元499 年将其编定完成。

　　无论是哪一部《塔木德》都没有一部完整的《革马拉》，尽管有证据表明它曾存在于现已失传的某些文卷之中。巴勒斯坦《塔木德》包括 39 篇，巴比伦《塔木德》包括 37 篇，然而巴比伦《革马拉》的规模要比巴勒斯坦《革马拉》大七至八倍。

　　我们现在所见到的两种《塔木德》的全本是由但尼尔·邦伯格（Daniel Bomberg）在威尼斯发行的，巴比伦《塔木德》发行于 1520~1523 年间，巴勒斯坦《塔木德》发行于 1523~1524 年间。此后的版本几乎都沿用了他的标码方式。他所印行的巴勒斯坦《塔木德》是对开本，每页各有一栏文字，其中没有任何的评注；但他印行的巴比伦《塔木德》在其对开页的中间却带有《革马拉》的一部分，周围是所罗门·本·以撒（Solomon b. Issac，1040~1105，多被称为"拉什"）的评注以及后来被称为诠释者（Tosafists）的评注家们作的注解。[①]

　　两种《塔木德》所使用的语言也有差异，代表了阿拉姆语的两种不同的方言。巴勒斯坦《革马拉》是用西阿拉姆语撰写的，

---

　　①　正因为如此，在提及巴勒斯坦《塔木德》（本书在每一篇的名称前面用"p"字母表示）时，譬如会这样表示：6a，b，c 或 d，分别代表对开页左面的 1 栏和 2 栏以及右面的 1 栏和 2 栏。希伯来语是自右向左书写，并且每一对开页包括一页纸的两面。在巴比伦《塔木德》中我们只有 a 和 b。

并且与《以斯拉记》和《但以理书》中圣经时代的阿拉姆语部分非常相近。巴比伦《革马拉》是东阿拉姆语，它更接近于曼达安语。

　　从已经勾勒出的《塔木德》的历史一看便知它不能被视为其严格意义上的文献。文献的一般标准并不适合于它。尽管从其依循《密释纳》文本这一点上看它是系统有序的，但从总体上看其材料是杂乱无章而又参差不齐的。作为学园活动的记录，它忠实地反映了里面所讨论的一切。教师和学生们可以离开所审议的主题，海阔天空地谈论。在对艰深的法律问题进行了冗长而又激烈的争论之后，他们会拾起某个较为轻松的话题来缓解一下情绪。为了启发彼此的心智，他们从各自的记忆的宝藏中倾倒了大量涉及历史、传说、民间知识、医药学、天文学、植物学、动物学以及许多门类的知识。其中不仅有尖锐的斗智，还有学园内的聊天——这一切在《塔木德》中都有生动的描绘。

　　况且，按照拉比们的理解，《托拉》触及到生活的每一个方面，它所处理的是人类的全部存在，宗教，道德，肉体生活——甚至人的迷信活动。事实上，涉及人的一切无一不落入其观照的范围之内。因此，无论是教师还是门徒都不可能把他们的讨论限制在律法的范围之内。他们与人民群众保持着密切的联系，而普通男女们的所思所言都进入了学园之中，并且在《塔木德》的字里行间找到了一席之地。

　　构成《塔木德》题材的杂乱无章的材料大致可以分成两个主要的范畴，分别被称为"哈拉哈"（*Halachah*）和"哈嘎嗒"（*Haggadah*）。前一个词含有"行"（walking）的意蕴，指的

li

是按照《托拉》的律法所行的生活之路，因此，它包括了《密释纳》以及《革马拉》中涉及律法的部分。"哈拉哈"是一代一代忠诚的学者为了拯救以色列人而对以斯拉构想的理论所进行的合乎逻辑的发挥。它为整个社团以及每一位成员提供了一套与众不同的行为规范，从而达到了保持犹太意识，使之生生不息的目的。"哈拉哈"塑造了犹太人的生活方式。它引导着犹太人的脚步，使之谦恭地与上帝同行。它还竖起了一道堤坝，犹太人得以在它的保护之下免遭那些要把他们从其停泊的地方吞没的异族影响。作为一种保护的力量，其功能久经检验，为迄今为止许多个世纪的经历所证实。"哈拉哈"是犹太人在其约束之下自过去直至现在以犹太人的身份生活的规范；它为一个少数民族何以能如此长久地保持其个性而没有被周围的大民族所同化这一问题提供了答案。

即使能够把"哈拉哈"从《塔木德》中的其他成分中分离出来，那么，把它看作是枯燥而毫无心灵内涵的律法系统——正如批评它的人们无一例外所声称的那样——也仍然是错误的。有位研究拉比文献的现代学者说得很对："法利赛人以及拉比们首先是教师，然后才是别的什么；他们所致力于传授的是实用的宗教，也就是如何为了服务上帝和人类而正确地行事。他们寻求巩固在人类中间促统一、谋和平的因素——正义感、真理、诚实、友爱、同情心、慈悲、忍耐等，就是要世世代代地提高人民的道德水准。在"哈拉哈"形成之时，他们主要就是抱着这一目的，因而避免了使之变成僵化的体系。他们通过不断发展的道德标准定义何为正确行为，使"哈拉哈"成为道德训示的手段，这种不断发展的道德标准随着时间的推移在不断提高而不是降低。"①

　　然而，要把"哈拉哈"与另一要素"哈嘎嗒"分离开来必定会造成对拉比训诲的歪曲。"哈嘎嗒"乃是同一些教师们对"哈拉哈"的技术问题进行思考时所关心的领域。这两者是在同一座学园中一起传授给同一群学子的，它们一同形成了建构《塔木德》的经纬。

　　因而，"哈嘎嗒"或"故事"（Narration）昭示的是拉比文献中非律法的部分，对于正确地理解一代代导师们所倾心发展的精神世界，它的重要性与另外的一部分是同等的。尽管"哈拉哈"与"哈嘎嗒"之间形成了鲜明的对比，两者却互为补充，萌生于同一条根系，并且指向同一个目标。假如说"哈拉哈"指出了圣洁生活道路的话，"哈嘎嗒"也是一样。"你想要了解一呼而世界出现的上帝吗？那就学习'哈嘎嗒'吧；因为通过它你会了解神圣的上帝并且遵行他的路"（Sifré Deut. §49；85a）。它们是从同样的土壤中生长出来的。正如拉比们寻求从《托拉》的经文中推引出律法裁定的条款一样，他们也通过引用同样的经文试图确立某一道德训诫。在引用《圣经》经文之前先提上一句"如经文所说"或"如经文所写"是"哈嘎嗒"进行表述的一般方法。　liii
然而，有一重要的不同点必须要注意到。在实践中"哈拉哈"一直是应该遵行的律法，除非有资格的权威将其废除，而"哈嘎嗒"则一直被认为无非是导师们的个人意见而已。无论是对于整个社团，还是对于其中任何一部分人它都不具备约束力量。

　　一位犹太学者欣然用下面的文字对这两部分之间的关系进行

―――――――――

① 参见赫福德（R. T. Herford）著《法利赛人》（*The Pharisees*），第111页。

了定义："'哈拉哈'是律法的化身，'哈嘎嗒'是律法所规范下的带有道德烙印的自由。'哈拉哈'代表着严苛的①律法权威，强调理论的绝对重要性，'哈嘎嗒'则是通过民意和人人皆知的道德格言阐明这些律法和理论。'哈拉哈'不仅包括了口头传说规定的法令，这些都是几个世纪以来人们对成文律法所做的不成文的评述，它还包括了在巴勒斯坦和巴比伦的学园内所进行的讨论，由此而产生了'哈拉哈'律法的最后格局。'哈嘎嗒'虽然也是出自于《圣经》的文句，但却只是通过铺陈、传说、故事、诗歌、寓言、道德反思以及历史回忆的手段对其进行阐释来游戏笔墨而已。在它看来，《圣经》不仅仅是不得对其训谕提出上诉的最高法律，它还是'一颗金灿灿的钉子'，'哈嘎嗒'那华丽的壁毯就悬挂在上面。因而，在《塔木德》对其进行的诗歌般的注解中，《圣经》的文句既是诗的引子，也是诗的副歌，还是诗的正文，又是诗的主题。'哈拉哈'赖以在《圣经》律法的基石上建立起了一个足以抵御时代浩劫的律法上层建筑，它也是人们面对当时的困苦和艰辛为了后代的缘故去探寻律法在其应用过程中所产生的终极后果的领域。'哈嘎嗒'不仅担负着崇高的道德使命去安慰、启发、规劝以及教诲一个遭受漂零苦难又面对着流离失所所造成的精神荒芜威胁的民族；它还要展示人民往昔的荣光，预示着一个同样辉煌的未来，而眼前的灾难乃是《圣经》中所勾画的神圣蓝图的一部分。如果把'哈拉哈'比作以色列圣所（为保卫它，每一个犹太人都会召之即来并血战到底）周围的防御工事准确恰当的话，

---

① 这个形容词有待商榷，因为"哈拉哈"从本质上说是灵活的。

那么，'哈嘎嗒'无疑就像圣殿荫护下的'带有异国色调和迷人芬芳的斑斓迷宫。'"①

我们已经看到，从流落到巴比伦时开始犹太人逐渐形成了聚在一起听人宣读和讲解《摩西五经》的习俗，而犹太教圣堂正是起源于这种集会。在整个《塔木德》时期，犹太教圣堂既是公众的学习之所也是人们的祈祷之地，就更不用说在以后的年代了。那些没有时间、没有兴趣或没有能力去研读"哈拉哈"深奥学问的平民大众其学习宗教的需要在犹太教圣堂内获得了满足。特别是安息日的下午，人们花时间去倾听那些旨在满足热心的听众们知识、精神和道德需要的演讲。其中有矫正流行谬误的说教，有把希望和勇气注入苦恼大众心田并使其保持生活意志的演说，有阐述上帝与其宇宙或人与其创造者之关系的讲座，还有一些用某种新的视点解释《圣经》，或提供新的思路的巧妙阐释——这些就是在犹太教圣堂内为了教育和娱悦公众所提供的精神食粮。

不难理解，胸怀如此博大目标的教士们不会满足于仅仅把对《圣经》的肤浅阐释传授给其听众。比理解以及传授某篇经文的欲望更强烈的是让经文更有意义的渴望。人们采用了四种释经的方法，它们由"乐园"（*Pardes*）一词的辅音字母所表示，分别是：简述（*Peshat*），即字面阐释；暗示（*Remez*），即比喻性解释；注疏（*Derash*），即说教性评释；神秘（*Sod*），即秘传教

---

① 参见卡佩里斯（G. Karpeles），《犹太文献及其他文论》（*Jewish Literature and Other Essays*），第 54 页。

海。导师们用这些方法累积了丰富的思想，从而构成了"哈嘎嗒"的素材。

因此，"哈嘎嗒"性质的教诲不仅出自于学园之中，而且在犹太教圣堂中也有富饶的来源。随着时间的推移，人们产生了要把这些素材收集起来供私下研读学习的欲望。这一需求产生了被称为《米德拉什》的拉比文献分支。其中最重要的是《米德拉什·拉巴》（《大米德拉什》），其形式类似于对《摩西五经》以及五卷经文所进行的"哈嘎嗒"性质的《革马拉》，这五卷经文是：《雅歌》、《路得记》、《耶利米哀歌》、《传道书》以及《以斯帖记》——这是一年中在犹太教圣堂中要宣读的经文。这些虽是在 5 世纪和 12 世纪之间不同的年代编纂的，但是这些材料主要还是属于塔木德时期。其他值得重视的"哈嘎嗒"性质的作品还有：关于《摩西五经》的《坦胡玛·米德拉什》（*Midrash Tanchuma*）[①]，它出自生活在 4 世纪后期的一位叫作坦胡玛的巴勒斯坦拉比的手笔，然而其现存文本的成书则要晚得多；在节日以及特别的安息日要诵读的《米德拉什》是《拉比卡哈纳经选》（*Pesikta d'Rab Kahana*），它属于 6 世纪[②]；另有关于《诗篇》的一篇《米德拉什》[③]。

----

① 现存有两种修订本，其一由布伯（S. Buber）于 1885 年编订。本书采用的是另一更为完备的版本。

② 由布伯于 1868 年编辑完成；另一文本由罗姆（Romm）出版于 1925 年。

③ 其时间不能确定。布伯于 1891 年对其进行了编辑，认为除了其中的增改是后期完成的，它乃是古代巴勒斯坦的作品。

　　这些就是本书为了阐明《塔木德》的教义所引述文字的出处。它们忠实地反映了从公元前 3 世纪到公元 5 世纪末这段伟大的成形期间犹太人所生活的精神世界，正是这段时间摩西律法以及先知们的传经布道发展成了一直延续到今天的犹太教。

第一章　上帝论

1. 神存在

1　　在整个拉比文献中，正如在《圣经》中一样，上帝的存在是一个不言自明的真理。无须提供任何证据去说服犹太人上帝肯定是存在的。为了避免对这个神圣名字的滥用，人们根据第三戒的内容采用了各种各样的称谓，其中常见的有"造物主"（The Creator）、"一呼而令世界出现者"（He who spake and the world came into being）。这些称谓都昭示宇宙既然存在，那么上帝的存在便是自然之理。

　　在《米德拉什》对法老与摩西和亚伦第一次见面的描述中，这一思想得到了充分的表达。这位埃及国王问他们："你们那位我必须要倾听其声音的上帝是谁？"他俩回答说："世界被创造之前他已存在，世界终了之后他仍将存在，他使你成形并把生命之光注入你体内，他撑开了天，筑起了地。他的声音如火焰，能断山碎石。他的弓是火种，箭是火苗。他的矛是火炬，盾是云彩，剑是闪电。他移山改岭，使绿草丛生，他降下甘霖让树木萌芽。他还让胎儿成形于母体，使生命诞生于世间"（《大出埃及记》5：14）。

　　自然昭示上帝的存在，这个道理可以由亚伯拉罕凭借推理而追溯到一个造物主的传说得到说明。关于他的发现有两种不同的说法，其一的内容是：当他反抗偶像崇拜时，他的父亲带他去见宁录（Nimrod）王。因为他不愿崇拜偶像，宁录王便令其崇拜火。于是便出现了下面的问答。"亚伯拉罕回答他说，'我们宁愿崇拜能灭火的水。'宁录王对他说：'那你就崇拜水吧。'亚伯拉罕反驳说：'既如此，我们宁可崇拜能携带水的云！'宁录说：'那你就崇拜云。'亚伯拉罕反驳说：'既如此，我们宁愿崇拜能吹散云的风！'宁录说：'那你就崇拜风。'亚伯拉罕又反驳说：'我们倒宁愿崇拜能携带风的人！'"[①]（《大创世记》38：13）这样的推理便导向了有一个终极造物主这一前提。

　　另一个传说告诉我们，亚伯拉罕出生之后不久就只好被藏起来，因为星象家们曾警告过宁录王说有个孩子即将诞生，这孩子将要推翻他的王朝，并建议他杀死这孩子。孩子与一个保姆在洞穴里住了三年，此后的故事是这样的："离开洞穴时，他的心中反复萦绕着宇宙创造的问题。他决心去崇拜所有的发光体直到发现哪一个是上帝。他看到月亮在群星的簇拥下照亮了黑夜，从世界的一端到另一端。'这就是上帝，'他喊着，并且整夜崇拜月亮。早上，当他看到喷薄的日出，看到月亮在太阳面前黯然失色时，他高喊：'月光定然是来自于阳光，宇宙只在阳光中存在。'因此，在整个白昼里他崇拜太阳。到了夜晚，太阳落下了地平线，它的光芒萎弱了，月亮在群星的陪伴下又赫然在目。亚伯拉罕于是宣称：

———————

　　① 人在呼吸时携带风。

'所有这一切必定有一个主宰和上帝。'"①

另一段拉比文字教导说，没有精神上的自觉就不可能意识到上帝的存在，亚伯拉罕和别的人正是通过这种精神上的自觉才发现了上帝的存在。"亚伯拉罕是自己看到了神圣的上帝，而不是别人告诉了他这件事。他是四位有如此成就的人之一。约伯是自己看到了上帝，如《圣经》所说，'我从心里看重他口中的言语'②（《约伯记》23：12）。犹太国王希西家（Hezekiah）也是自己看到了上帝，因为《圣经》上关于他是这样写的，'到他晓得弃恶择善的时候，他必吃奶油与蜂蜜'（《以赛亚书》7：15）。弥赛亚王也是自己看到了上帝。"（《大民数记》14：2）

3　　　　上帝不仅仅是宇宙的创造者，整个宇宙的秩序都无时不仰赖于他的意志。创造万物不仅仅是已经过去的行为，可以一劳永逸。万物的繁衍生息表示神的创造仍在无休止地运行。③"每时每刻主都在按照他们的需求为所有降临世上者备足供应。他仁厚慷慨地满足众生，其恩宠不仅泽及善良正直的人，也施予恶人和异教徒。"（Mech. to 18：12；59a）"一天之中他花三分之一的时间忙于供养全世界的生灵，从庞然大物到弱小生命。"（A. Z. 3b）

---

① 这段文字引自于谢希特编辑的《米德拉什逸事》（*Midrash Hagadol*）第189页。这是米德拉什文献的一个较晚近的集子，上面引的故事虽然没有出现在《塔木德》或善本的《米德拉什》中，但却出现在《亚伯拉罕启示录》（*Apocalypse of Abraham*）中。这部著作成书于公元1世纪中叶，因此属于塔木德时期。

② 《米德拉什》的行文是"从心里"（*mecheki*），而不是现行文本中的"超过我需用的饮食"（*mechukki*）。值得注意的是，希腊七十子本和通俗拉丁文本《圣经》均采用了"从心里"的意思。

③ 在希伯来祈祷书中上帝被描述为"每天创造不止"（辛格版，第128页）。

在与异教徒们谈话时，有的拉比受到挑战而被迫去证明他们所崇拜的这位所无法看到的上帝是确实存在的。据记载，皇帝哈德良对拉比约书亚·本·查南亚（Joshua b. Chananya）说："我希望看到你的上帝。"他回答说："这不可能。"皇帝则坚持要看。这一天正是夏至，拉比让他面对着太阳，说："注视着看。"皇帝说，"我无法看。"于是拉比大声说："你承认你无法看太阳，感谢主啊，而太阳不过是上帝的一个仆人而已。你想要看到上帝，这是多么不自量力呢？"（Chul. 59b 及以下）

断然否认上帝存在意义上的无神论在《圣经》和拉比时代是否被人所接受尚有疑问，然而，无论是《圣经》还是《塔木德》所讨论的只是对自己的生活仿佛从来都不负责任的实用无神论者。在《圣经》文献中"上帝不存在"这一论断是拿巴勒人（Nabal）作出的，这类道德沦丧的人在承认存在一个造物主的同时却拒绝相信上帝对自己所造之物的行为会感兴趣。[1]对应在《塔木德》中，他就成了"不承认宗教基本原则"（B. B. 16b）的劣迹斑斑的伊壁鸠鲁主义者（Apikoros）。拉比们把无神论者定义为确信宇宙中"既无裁判，也无最高审判者"（《大创世记》26：6），把自己不承认上帝存在不当一回儿事的人。[2]

据说，有一次拉比流便（Reuben）住在提比利斯，一位哲学家问他："世界上最可恨的人是谁？""是不承认自己造物主的

---

① 参见《诗篇》14：1，53：1，10：13 和《耶利米书》5：12。

② "伊壁鸠鲁"一词的这一含义在约瑟福斯的著作中已经出现，他把这种人描述为："让人失去天性，不相信上帝为世事操心，不相信宇宙永远由神圣永恒的上帝主宰，认为世界是在没有统治者和保护人的情况下自主其事。"（《上古犹太史》第10卷，11：7）

人。"他回答说。"这怎么讲?"哲学家又问。拉比回答说:"敬
奉父母;不要杀人;不要通奸;不要偷盗;不要作伪证以害邻居;
不要见财起意——注意,一个人如果不抛弃这些律法的根(即制
定这些律法的上帝),那么,他是不会对这些律法置之不理的。
而且,任何人都不会试图去践踏这些律法,除非首先他不承认禁
止这种践踏的上帝。"(Tosifta Shebuoth 3:6)

因此,《塔木德》教义认为,上帝的存在不单单是理智上的承认,
它还包含了道义上的责任。犹太人每天早晚祈祷时要诵读的"以
色列啊,你要听! 耶和华我们神是唯一的主"(《申命记》6:4)
被称为"对来自天国约束的承认"(Ber. 2:2),意思是臣服于
神圣的律条。

2. 神唯一

拉比们关于上帝的观念是极其严格意义上的一神论。"起初
他创造了仅仅一人,所以异教徒不应该说天国有数个神(Powers)。"
(Sanh. 38a)这是因为倘若最初创造的人不止一个,人们也许会
争辩说一部分人为上帝所造,而其余的则是由别的神所造。据说,
"大家都认为第一天什么东西也没有被创造出来。这样,人们便
不可以说天使米迦勒铺开了天的南端,天使加百列铺开了天的北
端,因为《圣经》说:'我是独自铺开诸天的。'(《以赛亚书》
44:22)"(《大创世记》1:3)

对"以色列啊,你要听! 耶和华我们神是唯一的主"这句经
文有如下的评论:神圣的主,恩德无量,曾对以色列说,"我的

孩子们，宇宙中我创造的一切都是成双成对的——例如，天和地，日和月，亚当和夏娃，今世和来世，但在宇宙中我是独一无二的"（《大申命记》2：3）。

　　人们强调上帝的唯一性以抗击两种倾向。第一是偶像崇拜，这被拉比们认为是不道德的生活，它无疑是受了罗马和希腊多神论的影响。偶像崇拜者被认为是"打碎了上帝律法对他们的约束"（Sifré Num. 111；31b），也就是说，他过着没有道德约束的生活。"崇拜偶像的人摒弃了'十诫'"（同上）这句话把同样的意思表达得更为清楚。对"十诫"前半部分的摒弃也就导致了对其后半部分的背离。下面的这些陈述也源出于同样的观点："禁止崇拜偶像与《托拉》中其他的律法同等重要"（Hor. 8a）；"偶像崇拜非同小可，摒弃了它也就意味着接受了全部《托拉》"（Chul. 5a）。

　　这种观念在道德上的含义可以从拉比们的如下判词中看出来："如果一个人受到强迫去践踏《托拉》中的全部律令，否则便被处死，在这种情况下，他可以去这样做。但是，对于那些涉及偶像崇拜、道德败坏和杀戮的律法，他不得践踏。"（Sanh. 74a）

　　有时，拉比们还必须去捍卫一神论的观点，以反击早期基督徒试图从希伯来《圣经》中寻求三位一体论的证据。关于这一问题有一段颇为重要的文字："弥尼姆（Minim）①问拉比希姆来（Simlai），'多

---

　　① 这个词的意思是"宗派主义者们"，通常指基督徒。关于这一问题，可参见赫福特（R. T. Herford）的《塔木德与米德拉什中的基督教》（*Christianity in Talmud and Midrash*）。上面引用的一节参见该书第 255 页。

少个神创造了宇宙？'他回答说，'我们来看看历史吧，因为经文上写着，"你且考察在你以前的世代，自神① 造人在世以来"（《申命记》4：32）。"造"这一动词在文中不是复数形式，而是单数，所以其主语也就是单数。'这一答复也适用于《创世记》第 1 章第 1 节。"

"拉比希姆来说，'你们无论在什么地方看到弥尼姆们可以用来支持其观点的文字，你们总可以在旁边找到驳斥他们的文字。'他们回来问他，'《圣经》上"我们要照着我们的形象，按照我们的样式造人"（《创世记》1：26）这一句又如何解释呢？'他回答说，'请往下看，经文上写的不是"神就照着他们的形象造人"，而是"神就照着自己的形象造人"！那些人离开后，他的门徒对他说，'你用一根芦笛就将他们打到了一边，你将怎样回答我们呢？'他对门徒们说，'过去亚当是用泥土做成的，而夏娃则是取自于亚当，所以便有了"照着我们的形象，按照我们的样式"这一说法，其意思是男人没有女人便不存在，女人没有男人也不存在。如果没有舍金纳② 则双双不能存在'。"

6　　　　"他们又回来问他，'《圣经》上"耶和华，万神之神③，耶和华，万神之神，他是知道的。"（《约书亚书》22：22——新译）'

---

① 希伯来语中"神"（*Elohim*）可以有复数形式。

② 关于 *Shechinah*，参见第 42 及以下诸页。拉比们将"我们的"解释为上帝以及男人和女人，也就是每一个人都是由三亲造就的。关于人类有三亲的观点，参见第 22 页。（*Shechinah* 又称 *Shekina*，或译为"舍金纳"，犹太教用以代称耶和华神（*JHVH*），或可称为神之显现。——译者）

③ 在希伯来文本中，上帝有三种称谓：*El*，*Elohim* 和 *JHVH*，早期的基督徒认为他们指的是三位一体。

* 凡注明"新译"者，均系中文版《圣经》的译文不甚恰当，而由译者自己据英文译出以代之，下同。——译者这句经文又该怎么讲？'他回答说，'上面写的不是"他们是知道的"，而是"他是知道的"。'他的门徒们（在那些人离去后）对他说，'你用一根芦笛便将他们打到一边去，你将要怎么回答我们呢？'他说，'这三种称谓同属于一个神圣的名字，正如人们提到一个国王时用巴西勒、恺撒和奥古斯都一样'。"（《大创世记》8：9）

宗教上的论争也构成了下述评论的基础："神圣的主说，'我是最先的'（《以赛亚书》44：6），因我没有父亲；'我是末后的'，因我没有兄弟；除我以外再没有真神，因我没有儿子。"（《大出埃及》29：15）

因为一神论是犹太教之所以不同于当时其他宗教的重要特征，所以我们看到了这样的宣言："凡摒弃偶像崇拜者，均被视为犹太人。"（Meg. 13a）

3. 神无形

与上帝独一无二这一学说密不可分的是上帝没有形体这一教义。为了解释《圣经》中那许许多多把肉体器官赋予上帝的段落，拉比们评论说："我们从他创造的生物身上借用一些名称用在他的身上，目的是为了帮助人们理解。"（Mech. to 19：18；65a）[①]

为了帮助人们理解无形的上帝在宇宙中的居所，拉比们借用灵

---

① 还有一条《塔木德》格言说："《托拉》是用人子的语言讲话。"（Ber. 31b）这一格言经常被引用来解释《圣经》中的拟人现象。这是不正确的，因为这些字眼只是适用于《圣经》文句的文法结构。

魂这一无形的东西做了一个类比。"正如神圣的主在宇宙无处不在一样，灵魂也盈满了整个肉体。正如神圣的上帝能够看见，而不能够被看见一样，灵魂也是只能看见，而不能被看见。正如神圣的上帝滋养万物一样，灵魂也滋养整个肉体。正如神圣的上帝纯洁无瑕一样，灵魂也是纯洁无瑕。正如神圣的上帝居住在宇宙最深幽的地方一样，灵魂也居住在身体的最深处。"（Ber. 10a）

同样，没人知晓灵魂在何处，正如没人知晓神圣的上帝在何处一样。甚至连背负荣耀宝座的神圣的活物（*Chayyoth*）①都不知道上帝居于何处，所以才说，"从耶和华的所在显出来的荣耀是该称颂的"（《以西结书》3：12）②。"恰巧有人问拉比伽玛列（Gamaliel）上帝居于何处。他回答说：'我不知道。'那人就问他："你每天向他祷告，却不知道他在何处，这难道就是你的智慧！'拉比伽玛列回答说："你所问及的这一位离我很遥远，其距离相当于3500年的旅程。③我来问你有关一个日夜与你相伴的东西，我指的是你的灵魂。请你告诉我它在何处。'那人说："我不知道。'于是拉比反驳说，'该死，就在你身上的东西你都不能告诉我它在何处，而你却问我一个与我有3500年旅程的存在！'那人又说，'我们所作所为没有什么不对，因为我们所崇拜的东西是自己的双手所造，我们随时都能看见它们。'拉比回答说："对，你能

---

①　以西结在梦幻中所见到的天上的"活物"（《以西结书》1，10），参见下文，第31、40页。

②　他们使用"从耶和华的所在"这样模糊的字眼是因为他们不知其准确的所在。

③　上帝被认为居于最高处，即七重天，每重天之间的距离是500年的行程。参见第40及下页。

看见你双手创造的东西，但它们却看不见你。神圣的上帝看得见他双手所造的东西，而它们却看不见他！'"（《诗篇》103：1；《米德拉什》217a）

尽管拉比们坚持上帝无形这一看法，拉比文献中仍然包含了无以计数的，以其惟妙惟肖地把人的品性赋予上帝而令读者吃惊不小的字句。上帝被描述成佩戴护身符（Ber. 6a），身着晨祷披巾（R. H. 17b），上帝对自己祈祷，并且每天花三个小时研习《托拉》（A. Z. 3b），他创造的生灵溃败时，他为此而哭泣（Chag. 5b），以及诸如此类，等等。同样，上帝还被描述从事一些值得称颂的人类行为。他饶有兴致地参与亚当和夏娃的婚礼，担当男傧相的角色，替新娘做发辫，并为其打扮梳妆（Ber. 61a），他去探视病人，抚慰遗属，并且安葬死者（《大创世记》8：13）。

无论对这些段落作何解释，我们都不能断言这些作者相信上帝具有形体并确实从事了所赋予他的这些活动。有一位学者把这些段落解释为"赋予神以人的品质和特征，使其人格化，从而让人更容易接近上帝"①。在这样做的背后，更有可能的思想是模仿学说。我们在下面会看到②，对上帝的模仿在犹太教伦理中是人类行为的基本原则之一，这原则适用于全部的生活，包括宗教仪式和道德行为。因而，上帝的形象被呈现为他自己在遵奉着他希望以色列人去遵奉的戒律。

这一理论也得到了下述说法的佐证："上帝具有与人不一样

---

① 参见谢西特《拉比神学面面观》（*Aspects of Rabbinic Theology*），第36页。

② 参见第210及以下诸页。

的属性，人会指令别人去做他自己也许不会做的事，而神圣的上帝则不然；无论他做什么，他都命令以色列人去做。"（《大出埃及记》30：9）

4. 神无所不在

从上帝没有形体必然导出上帝无处不在。一个有限的存在必定有一空间的位置，但是对于无限的圣灵来说，空间便失去了意义。"对于一个俗世间的国王来说，他在卧室时，便不可能在客厅；但是，神圣的上帝无论是高处，还是低处都无所不在。正如《圣经》所说，'他的荣耀在天地之上'（《诗篇》148：13）同时存在。《圣经》上写着，'我岂不充满天地吗？'（《耶利米书》23：24）"（《诗篇》24：5；《米德拉什》103a）

拉比文献中常用来指神的一个词就是"处所"（the place），它源自于教义："神圣的上帝是他的宇宙的处所，但他的宇宙却不是他的处所。"（《大创世记》68：9）也就是说，他包容了空间，但空间却不能将他包容。

下面的这则逸事生动地阐释了上帝的无所不在："一个异教徒的船正航行于大海之上，乘客中有一位犹太男孩子。途中船遭遇了剧烈的风暴，于是船上所有的异教徒都捧起各自的偶像开始祈祷，但却都无济于事。他们看到自己的祈祷都不起作用，便对那位男孩子说：'祈求你们的上帝吧，因为我们听说，当你们向他呼救时，他会答应你们的祈求。我们还听说，他是全能的。'这个男孩立刻站起来，虔诚地向上帝呼喊。上帝听到了他的祈求，大海平静了。

到岸后人们下船去购买各自所需的东西时对孩子说，'你不去买点东西吗？'他回答说，'像我这样贫穷的外人能有什么呢？'他们喊道：'你贫穷的外人！我们才是贫穷的外人，我们身在这里，而我们的神却有的在巴比伦，有的在罗马，有的虽然随身带着却毫无用处。至于你，无论走到哪里，你的上帝都与你同在。'"（p. Ber. 13b）

　　另一个故事则讲述了一个异教徒询问一位拉比的情形："你的上帝在灌木丛中同摩西说话是为什么目的呢？"他回答说："是让他明白神无所不在，即使是低矮的树丛之中。"（《大出埃及记》2：5）上帝曾如是说："人留有脚印的地方，都有我在。"（Mech. to 17：6；52b）

　　关于神无所不在，《塔木德》有这样的论证："上帝的信使不同于人的信使。人的信使必须回到派遣他们去执行使命的人的身边，而上帝的信使只须回到原派遣地就行了。《圣经》上写着：'你能发出闪电，叫它行去，使它对你说，我们在这里？'（《约伯记》38：35）经文中写的不是'他们回来'而是'叫它行去，使它对你说'，也就是说，无论他们走到哪儿，他们与上帝同在，所以由此而得出神舍金纳无处不在。"（Mech to 12：1；2a；B. B. 25a）

　　对于上帝怎么能在同一时刻无处不在这一问题有各种各样的回答。有一则类比阐明了这个问题："可以把它比作海边的一个洞穴，涨潮时海水注满了洞穴，然而海水并没有减少。同样，会幕（Tent of Meeting）内充满了神的辉煌，而宇宙中的神并未减少。"（《大民数记》12：4）

　　一些可供参考的解释在如下的故事里找到了注脚："一个撒玛利亚人问拉比迈尔，'《圣经》上"我岂不充满天地吗？"（《耶利米记》23：24）这句话怎么能让人接受呢？他跟摩西说话时难道不是在方舟的两舷之间吗？'拉比让这个人拿来一面大镜子说：'看看镜子里你的像。'他看到影像被放大了。然后拉比让他拿来一面小镜子照，他看到自己的影像缩小了。拉比迈尔说：'你区区一个凡人尚能随意改变自己的形象，而作为一呼而万物生的上帝，他的这种能耐又会是何等的超群呢？'"（《大创世记》4：4）另一位拉比宣称："有时广大的宇宙不足以容下上帝的荣耀，而有时他则在头发之间与人交谈。"（《大创世记》4：4）

10　　"有一个异教徒对拉比伽玛列说，'你们这些拉比声称，无论在什么地方，只要有 10 个人聚在一起进行祈祷①，就有舍金纳在；那么究竟有多少个舍金纳呢？'拉比把异教徒的仆人叫过来，拿起勺子便打，'你为什么打他？'他回答说，'因为太阳进了无神论者的房子里。''太阳不是普照世界吗？'拉比于是反驳说，'太阳只不过是上帝那无数的仆人中的一个而已，假如太阳光能够无处不在，那么舍金纳普照宇宙的光耀又何止如此呢？'"（Sanh. 39a）

　　如此强调神无处不在这一点的理由之一，就是要提醒世人他们每时每刻都在上帝的监督之下。"拉比犹大，这位《密释纳》的修纂者曾教导人们说：'有三点不要忘记，这样就不会陷入罪恶之中——有眼在看，有耳在听，你的一切行为都记录在案。'"

---

　　①　进行祈祷的法定最少人数。

（Aboth 2：1）

拉比约查南·本·撒该临终前对其弟子的教诲生动地阐明了这一思想："愿这是上帝的旨意，让你们惧怕神灵犹如惧怕死亡一般。"他们回答说："确实如此！"拉比说："但愿如此，因为你们知道，当一个人试图作恶时，他说：'希望没人看见我。'"（Ber. 28b）这样，人总是处于上帝监督之下的想法会有力地威慑犯罪。

拉比约西（José）与某位罗马妇人的一席对话说明了神的存在不可逃逸这一事实。这位罗马妇人对拉比说："我们的神较之你们的神威力更大，因为当你们的上帝在燃烧的丛林中显圣于摩西时，摩西只是把脸藏了起来；然而当摩西看到大蛇，即我们的神时，他跑开了。"（《出埃及记》4：3）拉比回答说："我们的上帝在丛林中显圣于摩西之时，摩西无处可跑，因为上帝无处不在；然而，对于你们的神大蛇来说，人只须后退几步便可逃开！"（《大出埃及记》3：12）

5. 神无所不能

很自然，上帝被认为具有无所不能的力量，并经常被称为"全能"（the Might）。拉比们规定："遇到流星、地震、惊雷、风暴和闪电时，应该这样祷告：赞美您，主啊，我们的上帝，宇宙的主宰。你的力量充盈了世界。"（Ber. 9：2）

总的来说，神的能力是无限的。"人与上帝有截然不同的特点，人不能同时说出两件事，而神圣的上帝却能同时说出十诫；人不能同时倾听两种呼喊，而神圣的上帝甚至能同时倾听全世界人的

呼唤！"（Mech. to 15.11：41b）

　　有一条常被援引的犹太教原则是："一切都在神力之内，除了对神的惧怕之外。"（Ber. 33b）这意思是说，每一个人的福祸穷通都是上帝决定的，但他不能决定人们是否应惧怕上帝。这留给自己去选择。

　　上帝创造奇迹这一点从未受到怀疑，"奇迹使其伟名在世上成为至尊"（Sifré Deut. §306；132b）。但是人们一直力避把奇迹的发生诠释为游离了宇宙的常序，因为这从另一方面也许会被用来作为创世并不完美的证据。所以，《圣经》上记载的奇迹便被认为是在世界之初就已经规划停当的事件。"创世时上帝给海提出的条件就是它应该分开从而让以色列的子孙通过；太阳和月亮在约书亚的指令下停住不动；有乌鸦供以利亚食用；火不能伤害哈拿尼亚（Hananiah）、米歇尔（Mishael）和亚撒利亚（Azariah）；狮子不能伤害但以理（Daniel）；鱼要把约拿（Jonah）吐出来。"（《大创世记》5：5）

　　下面这句陈述也是出于同样的思考："在（第一个）安息日夜晚的暮色之中 ①，上帝创造了十件东西：大地之口（《民数记》16：32），水井之口（《民数记》21：16），母驴之口（《民数记》22：28），彩虹，吗哪（manna），神杖（《出埃及记》4：17），沙米尔 ②，字形，文字以及石板。"（Aboth 5：9）

---

　　①　"一切似乎同时能参与自然与超自然的现象都被认为起源于创世结束和安息日开始之间。"（辛格评注，参见《钦定日用祈祷书》，第200页）
　　②　因为建筑圣殿时不得用铁制工具，所以传说所罗门使用了一种叫沙米尔（Shamir）的虫子，它能在爬过石头时将其分开。

　　圣殿和国家被罗马人摧毁之后，以色列人所蒙受的灾难招致某些人开始怀疑上帝无所不能这一信念。这样的情绪似乎引出了如下的说法："如果他是一切造物的主宰，就像他是我们的主宰一样，那么，我们就奉敬他；否则，我们就不去奉敬他。如果他能供我们之所需，我们就奉敬他；否则我们就不去奉敬他。"（Mech. to 17：7；52b） 12

　　下面的这些节选显然是出于辩解的目的，以捍卫上帝无所不能这一信条。"据说当图拉真（Trajan）将尤里安（Julian）与其弟老底嘉（Laodicea）处死时，他曾对他们说：'假如你们与哈那尼亚、米歇尔，还有阿扎利亚是同宗同族，那么，就让你们的上帝来从我的手中救你们于不死吧，就像他从尼布甲尼撒（Nebuchadnezzar）的手中曾救出过那几个人一样。'他俩回答说：'他们那些人品质高尚完善，上帝创造奇迹去救他们，他们受之无愧。况且，尼布甲尼撒同样也是一位高尚的国王，也配得上让奇迹借他而产生。而你却卑鄙无耻，根本不配让奇迹借你的手而产生。至于我们，上帝已经宣判将我们处死，假如你不担当刽子手，自然还会有多人代上帝行刑，他还有许多熊黑、豹子、狮子等来杀死我们。他之所以把我们交付于你，只不过是想让我们的血向你复仇而已。'"（Taan. 18b）

　　"你曾听说过太阳因病而不能升起吗？既然上帝的奴仆我们都不能认为会因病而导致功能失灵，那么我们怎么能认为上帝会如此呢？打一个比喻，这就像住在城里的一位武士。老百姓都寄予他厚望，说：'只要有他与我们同在，任何军队都不会袭击我们。'偶尔，也确有军队来攻城，但只要他一露面，他们就都溃散了。

然而有一次当有人来袭击时，他说，'我的右手没有力量了！'对上帝来说，这种事是不会发生的。'耶和华的膀臂并非缩短，不能拯救'（《以赛亚书》59：1）。"（《大耶利米哀歌》1，2，§23）

"罗马的犹太长老们曾被问道：'既然你们的上帝不喜欢偶像崇拜，那他何不制止它呢？他回答说：'假如人们崇拜的是这个世界所不需要的东西，他就会这样做；但是人们崇拜日、月、星辰，难道他能因为人们愚蠢就把宇宙毁灭吗？'人们对这些长老说：'既然如此，让上帝把对世界无用的东西毁掉，把凡是有意义的东西都留下来，不就行了。'长老们回答说：'这样一来，我们恰恰是赋予了那些崇拜后者的人们更大的力量，因为他们可以借此宣称：这些东西既然没有被毁掉，那它们肯定是神！'"（A. Z. 4：7）

6. 神无所不知

上帝的智慧与上帝的能力一样也被认为是无可限量的。拉比们在其教义中把《圣经》里上帝无所不知的信条发展到了登峰造极的地步。

"凡见到人群者，都应该说出这样的祝福：神圣的主在冥冥中感知万物。虽则千人千面，万人万心，但上帝对众人的心了如指掌。"（p. Ber. 13c）"在上帝面前，一切都显现，上帝无所不知，正如《圣经》上所说的那样：'他知道暗中所有的，光明与他同居。'（《但以理书》2：22）"（Mech. to 12：23，12a）

上帝无所不知这一观念被阐发得极其充分。"这就好像一个建筑师建造了一个城市及其城内的廊房、地下的通道和洞穴一样。过后，他被任命为收税官。当市民将财富匿藏于这些秘密的地方时，他对这些人说，'是我建造了这些秘密的地方，因此你们怎么能把财产匿藏起来而瞒过我呢？'同样，'祸哉！那些向耶和华深藏谋略的，又在暗中行事，说："谁看见我们呢？谁知道我们呢？"（《以赛亚书》29：15）'"（《大创世记》24：1）

"上帝虽在天上，他的目光却注视并找寻人类的子孙。正如一位国王有一处果园。他在园中修造了一座高塔，命令雇工们在园中各司其职。勤劳苦干的人支发全薪，怠工懒散的人受到惩处。"（《大出埃及记》2：2）从高塔上国王便能监督每个劳动者，并判断他们工作的优劣。同样，主也从上天监视着他所创造的一切生物的行止。

神的智慧其性质是超自然的这一点在下面这些格言中得到了生动的阐释："生物在其母体中成形之前其思维已显知于上帝"，"思维萌生于人心中之前已显知于上帝"（《大创世记》9：3），"甚至在一个人说话之前，主已知道他的心事"（《大出埃及记》21：3）。

与上帝无所不知这一属性密切相关的便是上帝的先知先觉。上帝不仅知道现在和过去，他还知道未来。"万事均被预知"（Aboth 3：19），即是拉比阿基巴（Akiba）的格言，也是《塔木德》的教义。"在神圣的主面前，一切都被预知"（Tanchuma Shelach 9）；"上帝知晓未来"（Sanh. 90b）。

在许多章节中，上帝被描写成远在事件实际发生之前便能预测到它注定要发生。例如："假如神圣的主（在创世时）没能预测到

14

26代之后的以色列会接受《托拉》，他就不会在里面写上①'命令以色列的子孙'或'对以色列的子孙说话'（《大创世记》1：4）这样的句子。"

"太阳是唯一为了给予世界光明而创造的。既然这样，为什么还创造了月亮？教义上说，神圣的上帝预知偶像崇拜者们要敬奉这两者为神，所以他说：'这两者彼此不能相容，偶像崇拜者们尚且敬他们为神，那么假如只有一个，他们崇拜的程度岂不更甚吗？'"（《大创世记》6：1）"为什么对于那12个密探的描述紧随在米利暗对摩西的诽谤之后（《民数记》12及下章）呢？神圣的主已经预知密探会在土地一事上进行诽谤。所以，为了避免他们以不知诽谤应受惩罚为借口，上帝将一个事件与另一个事件联系起来，以便让人人都知道其惩罚是什么。"（Tanchuma Shelach §5）

从前面章节中谈到的关于奇迹的理论产生出了这样的结论：拉比们相信上帝在创世之初已经预知了世界的演变。这一教义被阐释得十分明晰。"在创世之初上帝已预见了善人与恶人的行迹"（《大创世记》2：5）。至于这一信念对于自由意志会有何种影响，本书将在后面的章节谈及。②

拉比们为了捍卫这一信念不得不去对付来自于恶意批评者的攻击。一位拉比与一位异教徒下面的这段对话说明了这一点。"你宣称上帝能预知未来，是吗？""很对。""那么《圣经》上为何写着'耶和华就后悔造人在地上，心中忧伤？'（《创世记》6：

---

① 这一点的理论基础是《托拉》存在于创世之前，参见第132页。

② 参见第94页。

6)"你曾有过儿子吗？""有过。""那么儿子出生时你做什么？""我高兴，并且让别人分享高兴。""但是你难道不知他有朝一日就要死去吗？""我知道，但是高兴的时候就要高兴，到悲伤的时候再去悲伤。""神圣的主也是如此。上帝在发大洪水之前也为他创造的宇宙要遭受的命运伤悲了七天。"[①]（《大创世记》27：4）

7. 永恒

15

时间对于上帝是没有意义的。作为宇宙的创造者，在时间上他必然是第一，同时也是最后，其他的一切都消逝了，他的存在仍延绵不止。有位拉比提起上帝时曾宣称，"万物俱腐烂，唯你却不朽"（《大利未记》19：2）。通过在(*en*)*biltéka* 一词上做点文字游戏，"没有人在你身旁"（《撒母耳记上》2：2）这句话的意思就变成了"没有人比你永久"，因为那个词的辅音可以读成(*en*)*balloteka*。于是，就有了这样的评论："上帝的属性与人的不一样。人的作品比人更长久，而上帝却比他的作品更长久。"（Meg. 14a）

有一则拉比格言说，"上帝的印玺便是真理。"人们指出"真理"一词的辅音字母 AMT 分别是希伯来语字母表中的第一，中间和最后一个字母，这标志着上帝在时间上既是第一，又是中间，也是最后（《大创世记》81：2）。

人们还常常拿"今日在位，明朝归西的世俗国王"与"永恒存在的王中之王"（Ber. 28b）进行这种对比。第二戒中"在我之

---

① 这是犹太教规定的哀悼时间。

前"一句被解释为："其目的是要告诫人们，既然我的存在是永恒，那么你们，你们的子孙，直至世世代代的最后一代都不得崇拜偶像。"（Med to 20：3；67b）

一则寓言说："有位人间的国王驾临了一座城池，全城的人都出来向他欢呼。他得意地对人们说：'明天我要为你们建造各种浴池，为你装配通水管道。'国王离开后，便去就寝，但却再没有起来。他以及他许下的诺言又何在呢？上帝的情形就不一样了，因为上帝永生，其宰治长存。"（《大利未记》26：1）

另外一则寓言讲道，"有位丢了儿子的人来到一所墓地去求问孩子的下落。一位智者见他后问道，'你的孩子是死了还是活着呢？''还活着。'那人于是说，'你真愚蠢！人究竟应向生者求问死者呢？还是应向死者求问生者？毫无疑问应该是生者侍奉死者，而不是相反！'我们永恒的上帝也是如此，正如《圣经》所说，'唯耶和华是真神，是活神，是永远的王'（《耶利米书》10：10）；然而，偶像崇拜者的神却是毫无生命的东西。那么，难道我们能抛弃永生的主而去崇拜朽死的物吗？"（《大利未记》6：6）

在这一方面值得注意的是对"仇敌到了尽头，他们被毁坏，直到永远"（《诗篇》9：6）这句经文所作的评论。这句话被解释为："仇敌到了尽头，他们的建筑永远存在。[1] 例如：康斯坦丁建造了君士坦丁堡，阿普路斯建造了阿普利亚[2]，罗穆路斯建造了罗马，亚力

---

[1] 这很明显是《米德拉什》一书对译成 desolate 一词的那个词的理解。戴希斯（Daiches）指出，在《旧约》中有好几处地方，*choraboth* 肯定指的是"城邑、宫殿"，而不是"废墟"，参见《犹太季刊》（*Jewish Quarterly Review*）（旧版）第20期，第637页。

[2] 正确的文字可能是：（马其顿）的菲力普建造了菲力比城。

山大建造了亚力山大城，赛列斯库建造了赛列西亚。建造者们都终结了，但他们建造的城市却永存。至于您，主啊，倘若有人可以这样说，'你拆毁他们的城邑，连他们的名号都归于乌有'（《诗篇》9：6）。这指的是耶路撒冷和锡安山，因为《圣经》上写着'你的圣邑变为旷野，锡安变为旷野，耶路撒冷成为荒场'（《以赛亚书》64：10）。'唯耶和华坐着为王，直到永远'（《诗篇》9：7）——神圣的主将让它们复原。（建造城邑的工匠们）只不过是凡人，他们会消逝并不再延续；同样，他们建造的城邑也将被永远地拆毁，而永恒存在的上帝则'坐着为王，直到永远，他已经为审判设摆他的宝座'。他将重建耶路撒冷、锡安以及犹大的城邑；如经文所说，'那时，人必称耶路撒冷为耶和华的宝座'（《耶利米书》3：17）。"〔《诗篇》9：6（希伯来文是9：7）；《米德拉什》43a，b〕

8. 公正与慈悲

最初的希伯来先祖将神称为"审判全地的主"（《创世记》18：25），《塔木德》也将上帝作如是观。作为世界以及人类的创造者，上帝让他所创造的万物都为各自的行为负责。

他的审判永远是公正的。"上帝决不偏心，决不遗忘，决不势利，决不受贿。"（Aboth 4：29）拉比约查南·本·撒该临终时对其门徒们谈到他将要接受一个人的审判，"这个人我既不能媚之以巧舌，又不能动之以钱财"（Ber. 28b）。

上帝的裁决也不是武断任意的。有一位罗马女总管曾对一位

拉比说："你们的上帝总是顺我者宠，毫无公正可言！"这位拉
比把一篮子无花果放在她面前，这位女总管总是从中拣最好的吃。
他于是对她说："连你都知道挑好的吃，难道你认为上帝不知道
挑吗？他把品行优秀的人挑选出来，并让他们接近自己。"（《大
民数记》3：2）

上帝的公正与慈悲之间的冲突贯穿于整个拉比文献之中。几
乎每一段谈到上帝担当法官的文字都要涉及他的怜悯之情。

神的称谓 Elohim 一词被认为指的是神的审判方面，这个词被
译为"上帝"（God）；而 JHVH，其译文是"耶和华"（Lord），
则被认为指的是神的慈悲方面（《大创世记》33：3），而对下面
这段文字里——"创造天地的来历，在耶和华上帝造天地的日子，
乃这是样"（《创世记》2：4）——这两种称谓合用在一起的解释是：
"这可以比作一位国王有一些空着的容器。国王说：'假如我装进
热水，它们就要爆裂；假如我装进冰水，它们则收缩。'国王怎
么办呢？他把热水和冰水混合后装入容器，容器就可以用得恒久。
同样，神圣的上帝说，'假如我只用仁慈创造世界，罪恶便会无
节制的衍生；假如我只用正义创造世界，它又如何能延续？注意，
创造这世界我要恩威并施，以期它能够长存！'"（《大创世记》
12：15）

确实，只因为创世时充满了仁慈，人类才得以应运而生。"神
圣的上帝创造第一个人时，他预见到从人的身上既能滋生出正义，
也能滋生出邪恶。他说，'假如我创造他，邪恶便会滋生出来，假
如我不创造他，又怎么会有正义的人因此而产生？'上帝是如何做
的呢？他避开邪恶，施行仁慈，便创造了人。"（《大创世记》8：4）

　　如果说仁慈是创世的决定性原因，那么世界之所以面对邪恶而得以延绵不绝也是因为仁慈压倒了严苛的公正。"自亚当到挪亚共经历了十代人，这让我们知道，上帝在让洪水淹没他们之前这数代人不断地激怒他，他的忍耐有多么持久。"（Aboth 5：2）

　　当亚伯拉罕向上帝祈求时，他说，"大地的法官不是公正执法吗？"他的意思是："如果你要让世界延续下去，则不应该有 18 严苛的公正；如果你要执意推行严苛的公正，世界则不能长久。"（《大创世记》39：6）

　　神的宽容在希伯来文中不是 *erech af*，而是 *erech apayim*。第二个词有两种形式，这被解释为意味着上帝不仅对义人宽容，他对邪恶也是同样的宽容（B. K. 50b）。《圣经》上说，当上帝向摩西显圣时，他"急忙伏下地拜"（《出埃及记》34：8）。是什么使他如此服服帖帖呢？回答是，"他看到了神的宽容"（Sanh. 111a）。

　　世界上的邪恶显然占了善良的上风这一点被解释为上帝展示了他的仁慈。"摩西把上帝描述为'至大的神，大有能力，大而可畏'（《申命记》10：17）。耶利米只将上帝称为'至大全能的神'（《耶利米书》32：18）。因为他说，当上帝眼看着异教徒在他的圣殿跳舞时，他的令人生畏的行动又何在呢？但以理只说上帝是'大而可畏的神'（《但以理书》9：4），因为他说，当上帝眼看着自己的孩子被异族人奴役时，他的全能又何在呢？后来，大议会①的人来了，又重申了上帝的属性（见《尼希米记》9：32）。因为人们说：'恰恰相反，上帝压着自己的愤怒，容忍了邪恶，

――――――――

　　① 参见"导论"，第 xxxvi 及下页。

这正是显示出他的至大全能；这也同样显示出他的大而可畏，要不然，一个孤零零的民族何以能长久存在呢？'"（Joma 69b）

人们被教导说："神恩胜过惩罚（公正）500 倍。"这一观点是这样推导出来的，"谈到惩罚时上帝自称'追讨他的罪，自父及子，直到三四代'（《出埃及记》20：5）"，而谈到恩典时则说，"向他们发慈爱直到千代"（《出埃及记》6）。这句话最后的一部分在希伯来文中是 *alafim*，其字面意义是"数千"，所指则至少两千。因此，惩罚向下延伸最多四代，而仁慈向下延伸至少两千代（Tosifta Sot. 4：1）。

《塔木德》说："即使发怒时，神依然不忘仁慈。"（Pes. 87b）实际上，上帝被描述为向自己祷告，以便使他的仁慈能涵盖他的愤怒。这种观点导致了下面这段文字中所包含的大胆想象："拉比约查南以拉比约西的名义说，从何得知神圣的主也祷告呢？正如《圣经》上所说，'我必领他们到我的圣山，使他们在祷告的殿中① 喜乐'（《以赛亚书》56：7）。经文上写的不是'他们祷告'，而是'我的祷告'。我们由此推导出上帝也祷告。祷告时他说什么呢？拉比佐特拉·本·多比亚（Zotra b. Tobiah）说：'愿我的仁慈压倒我的愤怒，愿我的仁慈胜过我的公正，从而我可以用仁慈对待我的孩子，并为了他们而做到严之有度。'"

"有这么一条教诲：拉比以实玛利·本·以利沙（Ishmael b. Elisha）说，有一次我到圣殿的至圣所去朝拜，看到了万军之主

---

① 希伯来文意为"我的祈祷之所"（the house of My prayer）。

Okteriël①，神（Jah）就坐在高高的宝座上。他对我说，'以实玛利，我的儿子，赞美我吧。'我回答说，'愿你的仁慈压倒你的愤怒，愿您的仁慈压倒你的公正，从而您可以用仁慈对待您的孩子，并为了他们而做到严之有度。'"（Ber. 7a）

下面的这种陈述也是同样的口吻："上帝每天坐三个小时对整个世界进行裁判，当他看到世界因邪恶肆虐而理应遭毁灭时，他便从公正的宝座上起来，坐到仁慈的宝座上去。"（A. Z. 3b）

人们充分利用了这样一句箴言："我断不喜悦恶人死亡，唯喜悦恶人转离所行的道而活。"（《以西结书》33：11）在拉比思想中占据如此显要地位的悔悟理论②便是以此为基础的，这种观点在如下的陈述中表达得十分圆满，"人的品性与上帝的品性是不一样的，人遭受挫折时悲哀；而神圣的上帝遭受挫折时抑制愤怒，施行仁慈，他喜悦"（Pes. 119a）。

要将人类从罪愆中拯救出来的强烈愿望是神之仁慈的力证。"尽管999位天使证明某人有罪，而只有一人为其辩护，神圣的主仍然让天平倾斜使之对他有利。"（p. Kid. 61d）然而，当上帝出于维护正义而不得不惩处作恶的人时，他这样做也是心怀歉感和痛心。下面的传说以高尚的语言描述了这种观念：埃及人在红海边被打败时，主事的天使祈望向上帝献上一支凯旋的颂歌。上帝制止他们说，"我亲手创造的作品淹死在海里了，而你们居然

① 对于神的一种称谓，通常被解释为 kéter（宝座）与 el（上帝）的组合。传统上认为以实玛利·本·以利沙与以实玛利·本·法比（Ishmael b. Phabi）为同一人，是第二圣殿被毁之前的大祭司之一。

② 参见第 104 及以下诸页。

还要向我献歌！"（Sanh. 39b）

所以，拉比们虽然相信上帝是宇宙的法官，他们仍然乐意称他为 *Rachmana*（仁慈者），并训导人们说，"世界为神的恩所规范"（Aboth 3：19）。

9. 神之父性

造物主与其创造物之间的关系被视如父亲与孩子一般，这一观念贯彻于犹太哲人们的言谈之中。上帝总是被称为"天上的父"。例如：有一条拉比格言规劝人们说："为了按你天父的旨意行事，你要像豹子般健壮，雄鹰般轻盈，公鹿般矫捷，猛狮般强劲。"（Aboth 5：23）这种亲情关系的存在并使之知晓于人类乃是神恩非凡的标志。"以色列人是受宠爱的，因为他们被称为无处不在的上帝的儿子。不过，这一点是凭借一种特殊的爱才让他们知道的。正如《圣经》所说，'你们是耶和华你们神的儿女'（《申命记》14：1）。"（Aboth 3：18）虽然这是针对以色列人讲的，但是鉴于它在《圣经》之中有根有据，因此神的父性这一点并不仅限于某一民族，它推延到整个人类。[①]

对于这种恩泽是有条件的还是无条件的施及人类这一点，人们持有不同的看法。对《圣经》上"你们是耶和华你们神的儿女"这一句，拉比犹大评论说，"只有作为尽职的孩子行为端正时，才称你们为上帝的孩子；如果你们品行不端，便不能称你们为上

---

① 参见第22、67页。

帝的孩子。"与此相反，拉比迈尔声称，在这两种情况下"上帝的孩子"这一称谓都是适用的。他争辩说，在《圣经》中有"他们是愚昧无知的儿女"（《耶利米书》4：22）和"心中无诚实的儿女"（《申命记》32：20）等说法，这就证明他们依然被称为"孩子"，虽然品行不肖（Kid. 36a）。

上帝向以色列人讲话时据认为是这样说的："我为你们所创造的一切奇迹和从事的一切有力的行动都不是意欲获得你们的报偿，而是祈望你们像尽孝的孩子一样敬奉我并称我为父亲。"（《大出埃及记》32：5） 21

尤其在祈祷时，人人都受到告诫要把自己视同于向站立在面前的父亲提出自己的请求一样。有这样的记载："虔诚的长老过去总是在默默的沉思中等待一小时，然后才进献上祷告，目的是要让自己的心灵与天上的父亲相沟通。"（Ber. 5：1）

早期希伯来礼拜仪式上的祷告词①之一是这样开头的："啊，主，我们的上帝，您给予我们以博大的爱，您施于我们以无边的仁慈。我们的父，我们的主！我们的父亲仰赖于您，您教导他生活的道理。看在我们父亲的份上，您也施仁慈于我们，并赐给我们教诲吧。"拉比阿基巴在发生旱荒时做的祷告保存了下来，它是这样说的，"我们的父亲，我们的主，我们在您面前犯下了罪孽。我们的父亲，我们的主，您是我们唯一的主。我们的父亲，我们的主，怜悯我们吧。"（Taan. 25b）

神具父性这一观念在犹太寓言和比喻中的频繁出现尤其证明

---

① 依据名字即其起始词，在 Ber. 11b 中提及。

了这一观念乃是家喻户晓的。上帝对亚伯拉罕说"你在我面前走"
(《创世记》17：1——新译)，对挪亚的描述则是挪亚"与神同行"。
有一则寓言可以解释这两种用词上的差异：一个王子有两个孩子，
一个已成人，另一个尚年幼。他对年幼的说，"与我同行"，而
对成年的则说，"你在我面前走"(《大创世记》30：10)。

　　对于《圣经》上"在以色列营前行走,神的使者转到他们后边去"
(《出埃及记》14：19)一句，有这样一则寓言对其进行了阐释：
有个带着孩子的行人让孩子在其前面走。强盗来抢孩子，父亲便把
他从身前放到身后；狼从后面过来，父亲又把孩子从身后放在身前。
不久，强盗从前而来，而狼则自后而至，父亲于是便把孩子抱在
怀中。太阳照得孩子眼不舒服，父亲用衣服替他遮阳；孩子饿了，
父亲喂他；孩子渴了，父亲给他水喝。上帝在把以色列人从埃及
拯救出来时也是这样对待他们的(或见 Mech. 30a)。

　　另一个涉及同样道理的寓言说："有个国王的儿子走上了邪路，
国王派遣他的老师去告诉他，'回来吧，我的儿子。'儿子传回
22　的回答是：'我能带什么回去呢？我无颜回到你面前。'父亲又
送回话说：'儿子回到父亲身边有什么可羞愧的呢？你回来时难
道不是回到父亲身边吗？'"(《大申命记》2：24)

　　神具父性这一要旨在上帝参与了造人这一教义中得到登峰造极
的阐释。"人的创造有三方的介入：神圣的主、父亲以及母亲。父
亲提供了白质，由此形成了骨骼、腱肌、指甲、大脑以及眼睛中的
白色部分；母亲提供了红质，由此形成了皮肤、血肉、发毛以及眸子；
而神圣的主则赋予人呼吸、灵魂、性情、视力、听觉、语言、力量、
悟性和智慧。"(Nid. 31a)这意味着父母只创造了人的肉体部分，

人的全部本领以及构成其人性的一切禀赋都是天父所赐予的。

上帝的父性与他对人类的爱是同义的。每一个生物都活生生地证明众生之父就是慈爱的上帝。拉比阿基巴的一句格言把这一观点阐述得淋漓尽致："人是可爱的，因为他是按上帝的形象创造出来的，正如《圣经》上所说，'神照着自己的形象造人。'"（Aboth 3：18）

10. 神圣与完美

拉比们认为上帝这一观念并不是玄奥抽象的，而是人类正当生活的根本基础。前面曾提到偶像崇拜与道德沦丧是同义的，并且是生活准则的败坏。反过来讲，信奉上帝则是高尚情操的源泉，后面的章节将阐明仿效上帝（*imitatio Dei*）[①]这一教义是根植于《塔木德》的伦理道德之中的。

从这一观点看，使神卓尔不群的一个典型的词汇就是"神圣"。这个词不仅表示它与亵渎格格不入，它还意味着真正意义上的完美无缺。拉比时代的犹太人总认为上帝是"神圣的主"（the Holy One），这是对上帝最通用的称谓。

神圣的含义无论是对神还是对人都在下面这段话中得到了强调："神圣的主对人说，'看着，我是纯洁的，我的居所是纯洁的，我的祭司是纯洁的，我赋予你们的灵魂也是纯洁的。如果你们将灵魂以同样的纯洁归还于我，这很好；否则，我将当着你们的面毁掉它。'"（《大利未记》18：1）

---

① 参见第 210 及以下诸页。

　　但是，"神圣"一词用之于上帝时则有特殊的含义，它具有一种任何人都不能企及的完美。经文中"因为他是圣洁的神"（《约书亚书》24：19）这句话中的形容词是复数形式，因而它的意思被解释为，"他之神圣是因为具有各种各样的神圣品质"，也就是说，他神圣得完美无缺。（p. Ber. 13a）对"你们要圣洁"（《利未记》19：2）这句话，有如下的评论："不可能想象人能如上帝一样圣洁；因此《圣经》上又加了一句，'因为我是圣洁的'——我的圣洁比你们所能达到的任何程度都要高。"（《大利未记》24：9）

　　拉比们不仅相信上帝这种最完善的圣洁，他们还坚信维护这种圣洁使之不受堕落行为的亵渎乃是犹太人首要的责任。上帝所精选的犹太民族大家庭在这个世界上是上帝名誉的卫士，他们以高尚的行为给上帝增光，使上帝之名成为神圣。而卑劣的行止则会使神名遭到亵渎（*Chillul Hashem*）。

　　涉及上帝与以色列相互关系的这一原则源出于《圣经》，并且在以西结的预言[①]中得到了充分阐述。拉比们抓住这一点对其进行了详尽的发挥，从而使之成了拉比们举止行为的基本追求。不端的行为不仅仅使犹太人自身陷入罪恶，也是对上帝和民族的背叛。因此，对异教徒犯罪与对同信仰的人犯罪这两者之间是有区别的，"欺骗一个非犹太人比欺骗一个以色列兄弟更为严重，因为它亵渎神名"（Tosifta B. K. 10：15）。

　　亵渎神名被视为弥天大罪之一。下面的陈述告诉我们这种罪行被看得究竟有多么严重，"犯有亵渎神名之罪的人，悔悟救不了他，

---

　　①　主要参见《以西结书》36：22~23。

赎罪日的法力救不了他，受苦难也救不了他，他只有一死"（Joma 86a）。在其他地方，我们注意到对此甚至还有更为严苛的态度，亵渎神名的人被列为绝无饶恕可言的五恶之一。（ARN 39）

在多数问题上犹太律法对于蓄意的犯罪和无意之过失是区别对待的；然而，在涉及渎神这一罪过时却不允许有如此的通融。"凡亵渎神名者，必于大庭广众之下受惩罚，不论其行为是无意的过失还是蓄意而为之。"（Aboth 4：5）

尽管人们坚信凡人的品行牵涉到神名，然而上帝的圣洁却与人的行为无关。所以我们看到了对《圣经》经文有这样的评论："'你们要圣洁，因为我耶和华你们的神是圣洁的'，这就是说，如果你们使自己圣洁，则我将视你们为替我增光；如果你们不使自己圣洁，则我将视你们为不替我增光。然而，这句经文的意图有人或许会理解为——假如你们为我增光，我便成为神圣；但如果你们不为我增光，我则不能神圣！经文上说的是，'因为我是圣洁的'——我是圣洁的，无论你们为我增光与否。"（Sifra to 19：2）

11. 名讳

东方人并不像我们一样把名字只看作是一种标识，他们认为名字表明了其使用者的品性。正因为如此，神向以色列人所昭示的那个"非凡的名字"（*Shem Hamephorash*），即由四个字母组成的 JHVH 便被赋予了特殊的尊荣。

在圣经时代，人们在日常语言中使用这个名字时似乎还没有什么忌讳。给人命名时加上 *Jah* 或 *Jahu* 的做法甚至在犹太人流亡到巴比伦之后依然存在。这说明，当时并不禁止使用这个四个字母的名字。然而，到了拉比时代早期，这个名字只能在圣殿的仪式上诵读，其规矩是这样定的："在圣殿内可以读写神的名字，但在这范围之外，要用一个替代的名字。"（Sot. 7：6）

　　圣殿内每日要诵读的祈祷文中包含着这个由四个字母组成的名字（Sifré Num. §39；12a）。大祭司在赎罪日这天代表自己、祭司们以及社团进行三重忏悔时也使用这个名字。对于这后一种场合有如下的描述："于是他说，啊，耶和华，您的臣民，以色列人在您面前行了恶事，犯了律法，做了罪孽。我呼唤着神名耶和华来恳求您饶恕您的臣民以色列人在您面前所行的恶事，所犯的律法，所做的罪孽；就像《托拉》中您的仆人摩西说的那样：'因为这日要为你们赎罪，使你们洁净，你们要在耶和华面前得以洁净，脱尽一切的罪愆。'（《利未记》16：30）当站立于圣殿内的祭司们和民众听到大祭司以圣洁、纯净的声音说出光荣而又尊崇的神名时，他们匍匐跪倒，以面拜地，同时高呼：荣耀的圣名，至高无上，天长地久。"（Joma 6：2）

　　在圣殿存在的后期，人们不太愿意用响亮的声音诵读这个四字母的神名。这一点得到了出身于祭司家庭的拉比塔丰（Tarphon）的证实。在他年少尚未主持祭典时，他对这种情形有如下的记录："有一次我跟几个叔叔们去讲坛。我侧耳去听大祭司说话。他说，要让神名淹没在他的祭司同仁们的颂歌之中。"（Kid. 71a）[1]

---

　　[1]　也是出身于祭司家庭的约瑟福斯（Josephus）对于人们不愿意以明确的字眼提及神的四字母名字也有同样的记述。他写道："于是上帝向他（即摩西）说出神的名字，这名字人从未知晓过，也不允许我去对其议论。"（《上古犹太史》第2卷，12：4）

从人们谨小慎微地不直接说出神的名字的背后或许可以发现祭司们道德标准的跌落。《塔木德》中说："起初大祭司尚能大声喊出神的名字；然而当道德沦丧之徒多起来时，他便低声诵说神的名字了。"（p. Joma 40d）

另一方面，人们曾一度受到倡导去自由而又公开地使用这个神圣的名字，即使使用者是平民百姓。《密释纳》教导说："向朋友致意时按规定应提到神名。"（Ber. 9：5）这一建议据说是基于要把以色列人与撒玛利亚人区分开来，或是把拉比犹太人与犹太基督徒区分开来的欲念，因为撒玛利人提到上帝时用"那名"（the *Name*）而不用 JHVH。

然而，这种做法不久便终止了。并且在那些被排除在外而无缘进入天国的人中就有"按字母直呼神之名字的人"（Sanh. 10：1）。公元 3 世纪的一位拉比训导说："凡直呼神名者当死罪。"（Pesikta 148a）

在犹太教圣堂的仪式上，神的名字不是读作 JHVH，而是读作 *Adonai*（我的主）；然而，传说这个名字最初的读法是由圣哲们间间断断地传给他们的门徒的，每七年一到两次（Kid. 71a）。这种做法不久之后居然也停止了。这样，神的名字究竟该怎么读现在也难以确知了。

综合上述关于神的概念，我们可以看出塔木德时期的犹太人如其圣经时期的祖先一样并不仅仅崇拜抽象的第一因，他们的上帝本质上是一个人格神，对于承认他的人来说上帝是实实在在的。在下一章里，我们将讨论上帝的可接近性（accessibility）及其近人的特征（nearness），不过，我们已经引证了足够的材料来说明对上帝的思考乃是为了昭示一种圣洁而又高尚的生活。

与神相关联的某些教义出于当时的具体情况经由拉比们的手被强行赋予了显赫的地位，并受到了特殊的关注。当新起的基督教派开始宣讲三位一体学说时，便不得不对神的唯一性予以强调了。上帝的无形与圣洁这两点受到不断的强调则是为了抗议周边民族将不道德和堕落行为同他们各自的神们联系起来。

拉比们力求保持上帝教义的纯洁不染，以期它能成为信奉上帝者使生活净化和升华的力量。他是可以接近的上帝，人类能够与之交心；他是仁慈宽厚的圣父，播爱于人间的家庭并祈盼他们幸福。他虽因具有无限的权威且又无比完美而必定与其所造的万物不能相提并论，但是，他们之间的联系却牢不可破，因为人是按神的形象创造的。这一至关重要的原则不仅将人类与动物王国其他成员区分开来，而且使人类向神靠近，尽管这两者之间的分野是永远也不可逾越的。①

---

① 参见第 67 页和第 386 页注释 ①。（即本书第 578 页注释 ①。——编者）

第二章　上帝与宇宙

1. 宇宙论

希腊和罗马的思想家们所特有的探玄思奥的兴味并没有引起以色列导师们的共鸣。亚里士多德以及柏拉图关于宇宙构造的理论对于一些拉比们来说也许既不陌生，也不无影响，但是自然科学作为一门研究的课题并未在巴勒斯坦和巴比伦的学园中设课研修。

相反，这种学问是极不受赞许的。这一点从下面的告诫中也许能看得出来："凡思考天上、地下、古往、今来此四事者不该出生在这个世界上！"（Chag. 11：1）《塔木德》对于《便西拉智训》（Ecclesiasticus）是以赞赏的态度引用的："不要探寻对你太难的事物，不要穷究你看不见的东西。去研习你力所能及的事物。不要理会神秘的东西。"（3：21 及下节，Chag. 13a）这是典型的拉比态度。对于"《创世记》为什么是从字母 beth[①] 开始的"这一问题，回答是这样的："正如字母 beth 的边缘封闭，只是前

———————

[①]　即从希伯来语的第二个字母而不是第一个字母开始。beth 的形状是左边敞开的一个方框，希伯来文是自右向左写。

面开着一样，不允许你们探求未来是什么或者过去怎么样，只能从创世的实际时间算起。"（p. Chag. 77c）

这种反对探究事因的态度出于两个理由。第一，它对宗教信念构成了威胁[①]，甚至一些杰出的犹太学者都深受其苦。下面的这段文字十分引人注目："四个人登上了天堂，他们是本·阿赛、本·佐玛、阿切尔和拉比阿基巴。拉比阿基巴对他们说，你们走到纯洁无瑕的大理石边时，不要叫喊：'水，水。'本·阿赛注目看了一下便死了；本·佐玛注目看了一下发了疯；阿切尔[②]砍了树木；拉比阿基巴平安地走了过去。"（Chag. 14b）

这段意义含混的文字该作何解释很难确定。不过文中提到了水，这也许能提供一点线索。希腊人以及后来的诺斯替（Gnostics）教徒认为水是创造宇宙的原始要素。这一信念事实上在《塔木德》中也有所提及。[③] 因此，阿基巴的意思可能是，当他们在探寻的过程中接近了"纯洁无瑕的大理石"，即代表终极存在的上帝之宝座时，他们必须避开水可以解释宇宙的起源这一理论。

这种探求得不到赞成的另一个原因是基于这样一种事实，即拉比们感到这个世界上现存的问题足以让他们劳神费思，而对于超验理论的思考则会使人的精力从对更具现实意义的问题思考上

---

① 总的看来，拉比们并不反对有理性的探索，并且倡导信仰应建立在理性的基础上。比较希勒尔的话："无知的人不可能是虔诚的。"（Aboth 11：6）

② "阿切尔"的意思是"另一个"，他的真名是以利沙·本·阿布亚（Elisha b. Abuyah）。这个人变成了怀疑论者，并放弃了犹太教。鉴于此，他原来的同事们提到他时就使用那个带有辱骂性质的称谓"砍了树木"，这似乎是影射他的变节。

③ 参见第35及下页。

游离开来。他们的指导原则是"不要刨根问底，只有行动才是大事"
（Aboth 1：17）。

尽管如此，仍然有一些研究的门类，像某些拉比们所从事的《创
世记》第 1 章为基础的 *Maaseh Beréshith*（创世之举）研究和以
《以西结书》第 1 章为基础的 *Maaseh Merkabah*（神车之功）研
究。这些问题的要旨是在私下向一些经过挑选的门徒个别传授的。
这类深奥玄秘的教义的性质如何没有留下记载，只是部分地在《塔
木德》和《米德拉什》中讨论宇宙问题时有所涉及。这些对宇宙
的讨论不胜枚举，但均无科学上的价值。它们并不是对宇宙现象
理性探索的结论，而只不过是试图从《圣经》的字里行间推导出
它对世界的起源和构成是如何讲述的而已。

在诸如此类的问题上，拉比们到《圣经》里去寻找启示是不难
理解的。《圣经》中的一段文字说："耶和华造化的起头，在太初
造万物之先，就有了我（即智慧）。从亘古，从太初，未有世界之前，
我已被立。"（《箴言》8：22）据这里所说，智慧是先于世界创
造而出现的，很自然它与《托拉》是一致的。既然上帝先创造了智慧，
他这样做必有其目的。这目的就是勾画一幅建构宇宙所依本的蓝
图。"《托拉》说，我是神圣上帝的建筑工具。世俗的国王营造 29
宫阙时，他并不是依照自己的想法而是根据建筑师的构思去施工。
建筑师同样也不是随心所欲而是用羊皮纸和木板来弄清房间和门
口应如何设计。同理，上帝借助于《托拉》，并据此创造了宇宙。"
（《大创世记》1：1）

这是柏拉图式的观点，采纳了这一观点的斐洛（Philo）写道：
"上帝决定要创立一个强大的国家，他首先在心中勾画出它的式

样。根据这个式样他造出了一个只有智慧才能感知的世界。然后，他利用这第一个作为模型造就了一个外部感官可以感知的国家。"①《托拉》反映了上帝的"心思"，所以拉比们从它的字里行间寻找关于创世过程以及宇宙构造的知识。这一假说为拉比文献中大部分的宇宙理论作了注脚。

上帝的属性之一是先于一切而存在，这我们已经看到了。由此于是推出宇宙中的一切必定是被创造出来的，并且不可能如上帝一样没有起源而存在。亚里士多德向人讲授物质是永恒的，他的这一理论遭到了拉比们的反对。有位哲学家在与拉比伽玛列的一次讨论中曾谈到了这个问题。哲学家说，"你们的上帝是了不起的工匠，在创世时他找了些对他有用的良材，即混沌（Tohu），空虚（Bohu），黑暗，精灵，水以及深渊。"②拉比回答说，"你该死！《圣经》上说这一切都是创造出来的。关于混沌和空虚，经文上说，'施平安，又降灾祸，（《以赛亚书》45：7）；关于黑暗，上面说，'我造光，又造暗'（同上）；关于水，上面说，'天上的天和天上的水，你们都要赞美他'（《诗篇》148：4）。他们为什么要赞美他？'因为他一吩咐便都造成'（同上，5）。关于风，经文上说，'他创山造风'（《阿摩司书》4：13）；关于深渊，上面说，'没有深渊，我（智慧）已出生'（《箴言》8：24）。"（《大创世记》1：9）

从下面这句话可以看出，对于"从虚无中创世"（creatio ex

---

① 参见斐洛《论创世》（*On the Creation of the World*），第 4 章。

② 这一切都出现在《创世记》的开篇之中。Tohu 与 Bohu 被译为 waste（混沌）和 void（空虚）。关于拉比们赋予它们的意义，在下文中将谈到。

nihilo）也作了同样的强调："第一天，创造了十样东西，即天与地，　30
混沌与空虚，光明与黑暗，风与水，昼与夜。"（Chag. 12a）这
些里面包含了构建宇宙的基本要素，而《塔木德》中对它们是如
何理解的则必须要有所讨论。

　　天：希伯来文中"天"（*Shamayim*）一词被解释为是 *sham*
与 *mayim*（有水的地方）的合成或者是 *esh* 与 *mayim*（火与水）的
结合，天域便是由这两种要素构成的（Chag. 12a）。

　　《圣经》对于天有七种不同的称谓，由此可见，天肯定有七
重。"天有七重，分别被称为 *Vilon*, *Rakia*, *Shechakim*, *Zebul*,
Maon, *Machon* 以及 *Araboth*。*Vilon* 的功能只是让早晨退去，夜
晚出现，并且每天使创世的工作得以延续，如《圣经》所说，'他
铺张苍天如幔子①，展开诸天如可住的帐篷'（《以赛亚书》40：
22）。*Rakia* 是固定日月星辰的，如经文所说，'神把这些光摆列
在天空（*Rakia*）'（《创世记》1：17）。*Shechakim* 处放着为
正直人磨碎吗哪的磨石，如经文所说，'他们吩咐天空，又敞开
天上的门，降吗哪像雨给他们吃'（《诗篇》78：23 及下节）。
Zebul 是天上的耶路撒冷和天上的圣殿所在的地方。圣殿内立着祭
坛，伟大的王子米迦勒在此献祭，如经文所说，'我已经建造殿
宇（*Zebul*）作你的居所，为你永远的住处'（《列王纪上》8：
13）我们如何知道它被称为天？因为经文上写着，'求你从天上
垂顾，从你圣洁荣耀的居所（*Zebul*）观看'（《以赛亚书》63：

---

　　① *Vilon* 即拉丁语中的 *Velum*，意思是"幔子"，其用途是在夜间将日光遮起，在
破晓时将其扯去。

15）。Maon 是侍奉的天使们为了让以色列荣耀的缘故于夜间唱颂歌，白昼守静默的地方[①]，如经文所说，'白昼，耶和华必向我施慈爱[②]；黑夜我要歌颂，祷告赐我生命的神'（《诗篇》42：8）。我们如何知道它被称为天？因为经文上写着，'求你从天上的圣所（Maon）垂看'（《申命记》26：15）。Machon 处有雪和冰雹的储仓，毒露和圆形水滴（能损坏草木）的库房，旋风和暴雨的居所以及有毒烟霭的洞穴。这些地方的门都是火做的，如经文所说，'耶和华必为你开天上（好）的府库'[③]（同上，28：12）。我们如何知道它被称为天？因为经文上写着，'求你在天上你的居所（Machon）垂听赦免'（《列王纪上》8：39）。Araboth 是正直，公断和仁慈的住地；是生命、和平、福佑的居所，是正直人的魂灵以及尚未创造出来的精魂的所在地，有 Ophannim，Seraphim 和圣洁的 Chayyoth[④]，有侍奉的天使，荣耀的宝座，而且，王，永生的上帝凛然高居于他们之上的彩云之中。正如经文所说，'为行走于云（Araboth）之上的神修出大路*，他的名字是耶和华'（《诗篇》68：4）。"（Chag. 12b）

至于构建宇宙的材料，一位拉比是这样说的："当神圣的主

---

   ① 以便让以色列人白天唱的颂歌被上帝听见。

   ② 命令天使静默是要通过以色列人歌颂的机会以表示仁慈。对这句经文的解释是："以色列的歌伴随着上帝"而不是上帝的歌伴随着《诗篇》的作者。

   ③ 既然用了"好"一词，可以推出必定还有一个存有坏东西的库府。

   ④ Ophannim 的意思是"轮子"，Chayyoth 的意思是"活物"。它们起源于以西结神奇的异象（《以西结书》1，10），并且在拉比们想象中的天域中有举足轻重的作用。Seraphim 在《以赛亚书》6：2 中被描述为天使，有翅膀，其形状为半人半兽。

   * 《圣经》中文版此处译文有误，故未用。——译者

说，‘诸水之间要有空气’时，中间那滴水凝结，这样上面和下
面的天便形成了。”（《大创世记》4：2）一种观点认为："火
从上面喷出，舐噬着天空的表面（同上）。也就是说，火烘干了
水的表面，使其固化。"另一种观点则是在 *Shamayim* 一词的词源
学上做文章："神圣的主取火与水使之混合，天于是便形成了。"
（同上，7）

　　地：与天有七重相呼应，地也被描述为有七层，因为《圣经》
上对地有七种称谓（《大以斯帖记》1：12）。

　　天和地都是由相同的材料做成的，尽管拉比们对所用材料的
数目意见不一。"上帝是如何创造其宇宙的？拉比约查南说，
他取了两根绳，一根是火做的，一根是雪做的。把它们编织在一
起，宇宙就创造出来了。拉比查尼那（Channina）说，有四种元
素分别对应着天上的四种风。拉比查玛·本·查尼那（Chama b.
Channina）说，是六种，它们对应着天上的四种风，另外还有来
自于上面和下面的两种。"（《大创世记》10：3）

　　在天和地的起源是否彼此独立这一问题上意见也相互对立。
"拉比以利泽（Elizer）说，天上的一切都源于地，地上的一切亦
源于地。他是从下面的经文推出这一结论的：‘你们要赞美耶和华！
从天上赞美耶和华……所有地上的……都当赞美耶和华’（《诗篇》
148：1 及以下诸节，7 及以下诸节）。拉比约书亚说，天上和地
上的一切都起源于天。他是从如下的经文得出这一结论的：‘他
对雪说要降在地上’（《约伯记》37：6）。正如雪虽在地上却源
于天上一样，天上及地上的一切均起源于天上。拉比胡那（Huna）
以拉比约瑟的名义宣称，天上及地上的一切均源于地，如经文所

说，'雨雪从天而降'（《以赛亚书》55：10）。虽然雨自天而降，但它起源于地；同理，天上及地上的一切均起源于地。"（《大创世记》12：11）

传说圣殿里曾有一块奠基石（*Eben Shetiyyah*），之所以如此称谓它，是因为世界就是构建于此基石之上，并以它为中心创造了大地（Joma 54b）。这一传说反映了这么一种观点：既然圣地（the Holy Land）是上帝选中的国家，那么它必定是首先创造的。又因为圣殿的位置是最神圣的地方，那么创世的过程必定是由此开始。这块传说中的基石还印证了古代另一广为流传的信念，即"神圣的主将石头扔进原始海中，世界便由此而形成"（同上）。这一信念在拉比文献中有清晰的论述。

拉比们都同意这一基本的观点，即地是平的，并为立柱所支撑，尽管在立柱的数目上存有分歧。"他使地震动，离其本位，地的柱子就摇撼。"（《约伯记》9：6）柱子立于水之上，如经文所说，"称谢那铺在水以上的"（《诗篇》136：6）。水立于山上，如经文所说，"诸水高过山岭"（同上，104：6）。山立于风之上，如经文所说，"那创山、造风之神"（《阿摩司书》4：13）。风立于狂风之上，如经文所说，"成就他命的狂风"（《诗篇》148：8）。狂风悬于上帝的臂上，如经文所说，"他永久的膀臂在你以下"
33　（《申命记》33：27）。圣哲们宣称，地立于12根柱子上，如经文所说，"就照以色列人（支派）的数目立定万民的疆界"（同上，32：8）。其他的人则认为是七根柱子，如经文所说"智慧建造房屋，凿成了七根柱子"（《箴言》9：1）。拉比以利沙·本·沙姆亚（Eleazar b. Shammua）说，是一根柱子，其名为"义人"，如经文所说，"义人是世界的根基"（原文如此，同上，9：25）（Chag. 12b）。

至于地有多广，我们得知："埃及的面积超过400平方帕勒桑（parasang），埃及为埃塞俄比亚的六十分之一；埃塞俄比亚为世界的六十分之一。"（Taan. 10a）这样算出的面积为57600万平方帕勒桑。拉比们用的帕勒桑约合二又五分之四英里，不过《塔木德》中的60这个数是虚指，并不表示准确的比例。地的厚度据说是1000肘尺（Suk. 53b）。

混沌与空虚：这两者被界定为："混沌本是绿色的疆界，包容了产生黑暗的整个宇宙，如经文所说，'他以黑暗为藏身之处'（《诗篇》18：11）。空虚指的是沉于深渊并为黏泥所覆盖的石头，水滋生于其间，如经文所说，'耶和华必将空虚的准绳，混沌的线砣拉在其上'（《以赛亚书》34：11）"（Chag. 12a），因此它们是宇宙创生的那两种本原物质，即黑暗（它被认为是创造之物，而并不仅仅是没有光）和水。

光：光的创造是否先于世界的创造，对此曾展开过讨论。拉比以撒（Issac）说，光先于一切被创造。比如一位国王要营造一所宫殿，而其选址又在黑暗之中，他怎么办呢？他点上火炬和灯笼以弄清该在何处奠基。同理，光也是首先被创造出来的。拉比尼希米（Nehemiah）说："世界是首先被创造的，正如一位国王先建造了宫殿，然后才燃起火炬和灯笼，使其生辉。"（《大创世记》3：1）

既然太阳直到第四天才创造出来的，那么光又是从何而来的呢？对这个问题有两种回答。一位拉比确信："神圣的主将自己裹在光里，像着衣一样。他的光芒从宇宙的一端照彻另一端。"

（《大创世记》3：4）另一位拉比则认为光发自于圣殿所在的地
方，如上面已经提到的那样，圣殿乃是创造大地的中央（同上）。
34　这两种说法都表述了同样的思想，即只有借助于上帝发出的灵光，
混沌才能变为秩序。

　　黑暗：前面已经提到，拉比们并不是把黑暗看作没有光，而
是将其视为一种创造出来的物质。据传说，马其顿的亚历山大向"南
方的长老"所提的问题之一就是：哪一个先被创造——光还是黑
暗？多数人认为是黑暗（Tamid 32a）。黑暗自北方产生而来到世
界（《大民数记》2：10）。

　　风：《创世记》1：2中的希伯来词 *ruach* 可以译作"灵"或
者"风"。《塔木德》是按后一种含义来理解它，并将其解释为
最初创造出来的世界必备事物之一。有这样一条教义："每天刮
四种风，而北风则长刮不息；否则，世界一刻也不能存在。"（B. B.
25a）评论家拉什（Rashi）说，北风既不太热，又不太冷；它能暖
和别的风，使其让人受得了。

　　下面的传说描述了各种风的作用："住棚节"①的最后一天结
束时，大家都注视着圣坛上升起的烟雾。如果它偏向北②，穷人便
高兴，地主则伤心，因为雨水将会很多，水果则会腐烂③。如果烟
偏向南，穷人便伤心，地主则高兴，因为雨水将会偏少，水果便
能久存。如果烟偏向东，大家都高兴④；如果烟偏向西，大家都伤

----

① 　发生在第十个月。
② 　即南风吹。
③ 　主人无法储存，只好低价卖出。
④ 　风调雨顺的好年景。

心 [①]（Joma 21b）。

这一观点与同一问题的其他一些陈述并不一致。东风在其他地方被描述为能带来雨水，"东风如恶魔搅动世界"（B. B. 25a）。"东风使天空黑如山羊"（Sifré Deut. §306；132a）。另一方面，北风则导致雨水缺乏。"北风使金子贬值"（B. B. 同上）；"北风使苍穹纯净如黄金"（Sifré 同上）。北风荡尽了天上的云，旱荒于是随之而来。庄稼歉收，金钱贬值。

南风也能带来降雨，它"带来阵雨，催草木生长"（B. B. 25a）。 35
有这样一种说法："刮南风的日子里拉比兹拉（Zira）从不在棕榈树下走"（Shab. 32a），因为南风十分狂暴，有将树连根拔起来的危险。

关于各种风的特点还有另一种说法："北风夏天有益，冬天有害，南风夏天有害，冬天有益。东风四时有益，西风四时有害。"（Sifré 同上）

水：公元 1 世纪的两个主要学派——希勒尔学派（School of Hillel）和沙迈学派（School of Shammai）——之间在许多问题上持有不同的观点，也包括宇宙起源的问题。下面要引述的是这两派在究竟天先被创造还是地先被创造这一问题上的分歧。从他们相左的观点中产生了水是不是最初元素的问题。

"克发西宏（Kefar Sihon）的拉比尼希米曾对经文'因为六日之内耶和华造天、地、海和其中的万物'（《出埃及记》20：11）作了阐释。这三种东西（即天、地和水）是创世的三元素。

---

① 因为东风兆干旱。

它们等待了三天，并各自生出了三个物种。希勒尔学派认为地创生于第一天。它等待了三天——第一天、第二天和第三天——然后生出了三个物种，即树木、牧草和伊甸园。天创生于第二天，并且等待了三天——第二天、第三天和第四天——然后生出了三个物种，即太阳、月亮和星辰。水创生于第三天，并且等待了三天——第三天、第四天和第五天——然后生出了三个物种，即鱼、鸟和鳄鱼①。拉比亚撒利亚（Azariah）对此持有异议，并依据下面这句经文进行了争辩，'在耶和华神造天地的日子'（《创世记》2：4），有两件东西是基本元素（即天和地）。它们分别等待了三天，第四天它们的工作便完成了。天是先创造出来的，这与沙迈学派的观点一致。它等待了三天——第一天、第二天和第三天——然后其工作于第四天完成。它完成的作品是什么呢？太空的天体。地创造于第三天，并产生了其最初的产品。它等待了三天——第三天、第四天和第五天——然后其工作于第六天完成。它完成的作品是什么呢？人。"（《大创世记》12：5）

36　　　一种极端的观点认为水是构成其他一切元素的终极本原。"起初，宇宙是由水中之水构成的，如经文上所写的'神的灵运行在水（waters）面上'（《创世记》1：2）。上帝然后将其变为冰，如经文上所写的，'他掷下冰雹如碎渣'（《诗篇》147：17）。然后他将冰变成地，如经文上所写的，'他对雪说，你成为地（原文如此）'（《约伯记》37：6）"（p. Chag. 77a）。

"整个世界为海洋所环绕"（Erub. 22b），这一点有下面的

---

① 参见第385页。

传说作证：马其顿的亚历山大升到地的上方，直到"世界看上去像一个球，海洋像一只盘子"（地盛于其中）（p. A. Z. 42c）。最初的水被上帝一分为二，一半归于天空，另一半形成了海洋（《大创世记》4：4）。

关于雨的起源也有争论："拉比以利泽宣称，整个宇宙饮用海洋的水；如经文所说，'但有雾气从地上腾起，滋润遍地'（《创世记》2：6）。拉比约书亚对拉比以利泽说，'可是，海水难道不是咸的吗？'他回答说，'在云中它变成了甘露。'拉比约书亚声称，整个宇宙饮用天上的水；如经文所说，'（天降的）雨水滋润之地，（《申命记》11：11）。那么'雾气从地上腾'这一句又如何解释呢？教义说，云扩张并升到天空，像瓶子一样张开口将雨水纳入；如经文所说，'这水点从云雾中就变成雨'（《约伯记》36：27）。云像筛子一样有孔，从而让雨滴落到地上。每滴雨水之间的间隙只不过如发丝一般。这是它要教导我们下雨的一天与创造天地的一天在上帝面前是同样的伟大。"（Taan. 9b）

所以，云只被认为是一只空的容器，水从上面注入其间。在这个理论上，霹雳被解释为"旋动的云"或"云将水从此云泼入彼云之中"。其他的解释还有："巨大的闪电击中了云并将其击成雹石"；"云中并不满是水，一股风骤起吹过云的口，像吹过坛子的口一样"；"最可能的看法是闪电进行打击，使云发出隆隆的声响，雨便降下了"（Ber. 59a）。

昼与夜：既然《圣经》上说昼与夜先于太阳和月亮而存在，因此结论就是时间是分别被创造出来的。上帝先确定昼与夜的长短，然后再安排太阳和月亮出现与之相一致。在这一信念的背后，

37

我们或许可以看出时间对于上帝是没有意义的，并且在上帝创造了世界之前，时间亦不存在。

有一段拉比文献把万物都归并于三种要素："宇宙形成之前所造之物有三：水、风以及火。水孕育并产生了黑暗；火孕育并产生了光；风孕育并产生了智慧。宇宙就是由这六种原则所规范：风、智慧、火、光明、黑暗和水。"（《大出埃及记》15：22）

一种有趣的理论认为，万物都是在第一天里同时创造出来的，它们只不过是在不同的阶段出现而已。"拉比犹大和拉比尼希米就创世的过程曾展开过讨论。拉比犹大说，在它们的时刻'天地都造齐了'（《创世记》2：1），'万物'也在它们的时刻造齐了，即在不同的时刻。拉比尼希米对他说，'但是《圣经》上写着"创造天地的来历，在耶和华神造天地的日子"（同上，4），这就是说它们都是在同一天被创造出来的。在同一天它们产生了各自的来历。'另一位反驳说，'但是《圣经》上提到了第一、第二、第三、第四、第五和第六天！'拉比尼希米便对他说，'这与采摘无花果很相似；无花果全部都在篮子里，但每一个却都是分别采到的。'"（《大创世记》12：4）

哪一个先产生，天还是地？"沙迈学派说先创造了天，然后是地。希勒尔学派说先创造了地，然后是天。双方都各自有理由。沙迈学派将这一问题比作一位国王先为自己建造了宝座然后又做了一只脚凳，故而上帝说，'天是我的座位，地是我的脚凳'（《以赛亚书》66：1）。希勒尔学派则将其比作一位国王营造了一处宝殿，他先修建了底层，然后才修建了上层。拉比西缅·本·约该（Simeon b. Jochai）说，'沙迈派和希勒尔派的先驱们在这一问题上居然有不同的观点，这使人惊讶。我告诉你们，天和地只不过就像锅和其盖子的制造一样①；如经文所说，"我一招呼（地和天）便都立住"（同上，48：13）'。别人问他说：'既如此，为什么《圣经》有时提到地先于天，有时又提到天先于地呢？'他回答说，'这是为了告诉人们这两者是同等的重要。'"（《大创世记》1：15）

　　拉比约查南也援引了希勒尔学派的比喻，但却得出了不同的结论："世俗的国王建造宫殿是自下而上建，但神圣的上帝却是上下层同时建。"（同上，12：12）

　　在涉及到星辰时，下面的话被认为是出自于上帝："在天上我创造了 12 个星座，我为每一星座创造了 30 个星群，我为每一星群创造了 30 个星团，我为每一星团创造了 30 个星集，我为每一星集创造了 30 个星阵，我为每一星阵创造了 30 个星营②，在每一个星营上，我悬挂上 365 千簇星辰，使之与公历的天数相一致。"（Ber. 32b）

　　这些星辰的总数甚至都超过了现代天文学家们的计算数字，因此不应该从字面上来理解。这段文字表明拉比们意识到了天空中群星庞大的数目。其中一位拉比将星辰分为三类："白昼可见的巨星，夜晚可见的小星以及（晨、昏微光中可见的）中等星。"（Shab. 35b）③

　　上帝是完美的，而世界因为是上帝所创造也必定是完美的，

---

① 它们是同一事物的不同部分，并且是同时制造出来的。

② 这里使用的词汇取自于罗马军队的术语，星系被认为与罗马军队有同样的建制。

③ 关于行星的计数以及它们对人类的影响，参见第 281 及下页的叙述。

在这一点上没有异议。即使在世界刚刚出现之时，其完美已展示出来了。对于《圣经》上"神造万物，各按其时成为美好"（《传道书》3：11）这一句，有如下的评论："宇宙是应其时而创造的，在此之前创造宇宙是不合适的。因此可以推理上帝在创造了数个世界之后又都毁灭了它们，直到他创造出了目前这个世界，并且说，这个世界让我满意，而别的世界则不行。"（《大创世记》9：2）譬如一位国王造了一座宫殿，他视察了宫殿并感到高兴。他说："宫殿啊，愿你永远是我快乐的源泉，正如现在一般。"同样，神圣的上帝也说："我的宇宙啊，愿你永远给我快乐，正如现在一般。"（同上，4）

根据这一理论，上帝创造的一切都必定是为了一个善意的目的。"神看着一切所造的都甚好"（《创世记》1：31）这句话中"甚好"一词的使用被解释为也涵盖了死亡、人的邪恶冲动、苦难以及地狱（Gehinnom），因为其中的每一项都最终为人类的福祉有所贡献。（《大创世记》9：5~9）

"即使那些你们视为世界之赘物的东西，如苍蝇、跳蚤、蚊虫，也都是世界秩序的必要组成部分，并且也是上帝为了他的目的而创造的——甚至蛇和青蛙也是如此。"（同上，10：7）《塔木德》对这一思想作了如下阐述："宇宙间上帝创造的万事万物之中没有一种是无用的。他造蜗牛以治瘢痂，造苍蝇以治蜂叮，造蚊虫以治蝎毒。"（Shab. 77b）

"创世的叙述为什么是以字母 beth 开始，而不是以字母表中的第一个 aleph 开始呢？因为 beth 是 berachah（祝福）一词的首字母，而 aleph 是 arriah（诅咒）一词的首字母。神圣的上帝说，

我只能用 *beth* 创造我的宇宙，以期来到这世界的人不至于说，'用带有不祥之兆的字母所创造的世界如何能长久？'看着，我要用吉利的字母创造世界，它或许才能永存。"（p. Chag. 77c）

当然宇宙是不容评判的。"尘世的国王建造了宫殿，人们走进去就会评头论足地说，假如柱子再高一点就更好了；假如墙再高一点就更好了；假如屋顶再高一点就更好了！但是否有人说过，假如我有三只眼或三只手或三条腿，假如我能用头走路或头朝后，那该有多好呢？我们不妨这样说：是至高无上的万王之王，神圣的上帝和他的（天使们组成的）天庭来决定你们所有的每一个器官，并将其置于恰当的位置。"（《大创世记》12：1；Sifré Deut. §307；132b）

宇宙是创造出来让人类居住的，宇宙中的一切都是为了人的福祉而设置的。"上帝创造人是有所考虑的，因为他先创造了人赖以生存的必需品，然后才创造了人。侍奉的天使们在上帝面前说，'宇宙的君主啊，"人算什么，你竟眷顾他？"'（《诗篇》8：4）创造出这衍生麻烦的源泉究竟是为了什么？'上帝回答他们说，'既如此，那么"一切的羊牛、田野的兽"（同上，7）又为何而创造呢？"空中的鸟、海里的鱼"（同上，8）又为何而创造呢？这好比一位国王的楼阁中存储着所有精美的物品。假如他没有宾客，存储这些东西国王又能得到什么快乐呢？'天使们回答说，'"耶和华我们的主啊，你的名在全地何其美！"（同上，9）你认为怎么做最好，就怎么做吧？'"（《大创世记》8：6）

那么，上帝创造人和世界的目的何在呢？上帝设计的终极目的在这则格言中有所隐示："宇宙间上帝所创造的一切都只是为

40

了他的荣耀而已。"（Aboth 6：11）我们将在关于人的拉比教义
中看到这一思想的发挥。①

2. 神的超越性和内在性

在拉比教义中上帝与世界的关系是怎样的呢？上帝是被认为
超然并远离于他所创造的万物呢，抑或是贴近万物并与它们息息
相关呢？真正的答案寓于这两种观念的结合之中。拉比们并不认
为这两者矛盾或彼此排斥，而认为它们是互为补充的。

当拉比们思考上帝那难以言喻的威严，无可挑剔的完美以及不
可限量的能力时，他们毕恭毕敬地把上帝描述为离有限世界的距离
是远不可测的。然而，他们同时也意识到对于正在与生活的艰辛搏
斗，正在困惑与挣扎中渴望能有一位救星、一位安慰者和一位向导
来与之沟通的人类来说，超然存在的上帝是于事无补的。因而，他
们强调上帝存在于万物之中并且离那些虔诚地呼唤他的人很近。

我们已经看到，在《塔木德》的宇宙论中神居于第七重天。因此，
他的居所离大地是无限遥远。在那个年代用下面的这种方式来描
述上帝与世界之间的极大距离，其想象可谓最最大胆了："一重
天的厚度相当于 500 年的旅程，天与天之间的距离也是如此。在
诸天之上是神圣的活物。他们脚的尺寸相当于所有这一切距离的
总和；他们脚踝的尺寸与此相似；他们腿的尺寸也与此相似；他
们膝部的尺寸也与此相似；他们大腿部的尺寸也与此相似；他们

41

---

① 参见第 68 页。

上身的尺寸也与此相似；他们脖子的尺寸也与此相似；他们头部的尺寸也与此相似；他们角的尺寸也与此相似。在他们之上是荣耀宝座。宝座座基尺寸也与此相似；宝座自身的尺寸也与此相似。永生的主——上帝凛然高居于这一切之上。"（Chag. 13a）

对于摩西的颂辞"我要向耶和华歌唱，因为他大大战胜"（《出埃及记》15：1）这一句，有这样的解释："这暗示歌是唱给高居于高贵者之上的上帝的；正如一位导师所说：兽中之王是狮子，家畜之王是牛，鸟中之王是鹰，人高居于它们之上，而神圣的上帝则凌驾于他们全部乃至宇宙之上。"（Chag. 13b）这类教义的目的不仅是要强调上帝神圣的威严，而且是要避免泛神论将创造者与其所造之物相提并论的错误。

然而，拉比文献中更为显著的则是上帝内在于世界之中并与人亲近的观念。这是上帝无处不在这一教义的必然结果。下面摘引的这段文字说明了拉比们是多么愉快地把神的这两重性结合在了一起："偶像似乎就在身边，但事实上却很远。为什么呢？'他们将神像抬起，扛在肩上，安置在定处。人呼求他，他不能答应，也不能救人脱离患难。'（《以赛亚书》46：7）事情的结论就是他房子里虽有自己敬的神，他虽可以向它呼求，但到死它也听不见他的呼喊，也不能拯救他于苦难。相反，神圣的主似乎遥远，但其实却是最近。"问题自然要涉及上面所引证的上帝之居所与大地之间那不可度量的距离，而由此引出的寓意就是："无论上帝是多么高远，人只要走进圣堂去，立于柱子的后面[①]，并低声祈

---

① 即在暗处。

祷，神圣的主就会倾听他的祈祷。还能有比这更近的神吗？上帝距万物犹如口到耳朵的距离。"（p. Ber. 13a）

《申命记》4：7中说"哪一大国的人有神与他们相近"，在这句经文中，"相近"一词用的是复数。这被解释为指的是"各种各样的亲近"，其意思是最大程度的接近（同上）。

亚伯拉罕所履行使命的突出成果就是宣布上帝不仅对地而且对天拥有至高无上的权力。"亚伯拉罕到来之前，神圣的主只不过是天上的王，如《圣经》所说，'耶和华天上的主，曾带领我离开父家和本族的地方'（《创世记》24：7）。但是，自从我们的祖先亚伯拉罕来到了世上，他也敬奉上帝为地上的王；如《圣经》所说，'我叫你指着耶和华天地的主起誓'（同上，3）。"（Sifré Deut. §313；134b）

经常用之于上帝的"王"（King）这一称谓并不包含任何远不可及的含义。认为这个词隐含了一位凌驾于他的臣民之上的东方统治者形象的观点是错误的。王权用于指神无非是要昭示神的威严而已，经常将"我们的父"与"我们的王"同时并用便消除了任何视上帝为独裁孤行的思想。

为了在利用上帝内在于世这一信念的同时避免产生上帝位于某处这样的暗示，拉比们创造了一些术语来表达神的存在而又不至于支持神有形体这一观念。其中最常用的术语就是舍金纳（Shechinah），其字面意思是"居住"。它指的是上帝在世界这个舞台上的显现，尽管他居住在遥远的天上。正如天上太阳的光芒照亮地上的每一角落一样，上帝的光辉在任何地方也能被感觉到（Sanh. 39a）。①

　　因而，舍金纳常常被描述为具有光的品性。针对《圣经》中"地就因他的荣耀发光"（《以西结书》43：2）一句，有这样的评述："这是舍金纳的脸"（ARN 2）；祭司的祝福辞"愿耶和华使他的脸光照你"（《民数记》6：25）被诠释为"愿神赐你舍金纳的光"（《大民数记》11：5）。

　　神的这种存在使上帝与人类产生了最亲近的联系，从而上帝甚至也能分享人类的哀伤。"人有难时，舍金纳会说什么呢？'我心沉重，我臂沉重。'神圣的王在恶人流血时尚且如此哀伤，那么好人流血时，他又会多么哀伤呢？"（Chag. 15b）

　　尽管舍金纳无处不在，然而在一些因人具有了神圣的品性而易与上帝在精神上趋于和谐的场所和环境中，人们才能更加深切地感受到上帝的真实性。尤其是鉴于有"又当为我造圣所，使我可以住在他们中间"（《出埃及记》25：8）这样一句圣训，因而，聚会的帐幕被认为是舍金纳显现得最真切的地方。圣幕的烛灯"在会幕中法柜的幔子外"（《利未记》24：3）燃烧，以便"向众生证明舍金纳居住在以色列人之内"（Shab. 22b）。构建圣所的目的是要营造一个上帝借此可以居身于其所造万物之中的媒介。对这一思想有很精彩的阐发："从神圣上帝创造宇宙的第一天起，他便渴望居住在低处的造物之中，不过他并未这样做。然而，当帐幕建成时，神圣的主让舍金纳居于其间，并且说：要记下来，世界是今天创造的。"（《大民数记》8：6）这似乎是说，在舍

43

_____

①　参见第10页。

金纳借建造圣所之机开始与人类住在一起之前，世界还不能说已经完完全全的存在了。

充溢太空的上帝何以要为自己选择一个地上的居所呢？对这一问题的回答是："当上帝对摩西说'为我造一个帐幕'时，摩西感到不解，并且喊道，'主的荣光充盈上下世界，却命我为他创造一个帐幕！'况且，摩西已经预见到了所罗门不仅要为上帝建造一个比圣幕更为宏大的圣殿，而且还要对上帝说，'神果真住在地上吗？看哪，天和天上的天，尚且不足你居住的，何况我们所建的这殿呢！'（《列王纪上》8：27）于是，摩西说，'所罗门建的圣殿比帐幕要大得多，他尚且如此说，而我不更应该这样说吗！'因此摩西说，'神住在至高隐秘处'（《诗篇》91：1）。然而，神圣的上帝对他说，'我与你想的不同。如果我有此意，我会在南北两端各置20块板，在西端置8块板①，于其间建造我的居所。还不止如此，我可以降临并能把我的舍金纳约束在一平方肘尺之内。'"（《大出埃及记》34：1）

凡圣殿所具备的品性，其他祈祷和研习的场所也同样具备，因为这些地方同样能使人心向往上帝。"何以能在圣堂中寻得上帝呢？《圣经》上说，'神站在权力者的会中'（《诗篇》82：1）。10个人聚在一起祈祷时，舍金纳何以会在他们中间呢？《圣经》上说，'神站在权力者的会中'②。三个人执行审判时，舍金纳何

---

① 这是建造帐幕所用的板块的数目，参见《出埃及记》26：18及以下诸节。

② 关于10个人构成会众一事，参见第302页。在犹太教圣堂中举行仪式时，最少法定人数为10个男子。

以会在他们中间呢？《圣经》上说，'在诸神中行审判'[1]（同上）。两人潜心研习《托拉》时，舍金纳何以在他们中间呢？《圣经》上说，'那时敬畏耶和华的彼此谈论[2]，耶和华侧耳而听'（《玛拉基书》3：16）。一个人埋头研读《托拉》时，舍金纳何以会与他同在呢？《圣经》上说，'凡记下我名的地方，我必到那里赐福给你'（《出埃及记》，20：24）。"（Ber. 6a）另外，还有拉比西缅·本·约该说的一句话："无论正直人去往何处，舍金纳与他同往。"（《大创世记》86：6）

正如祈祷和研习圣卷能增强人对舍金纳的感受力一样，罪恶则具有将其驱走的反作用，从而导致神的存在被感知不到。事实上，在罪恶之地神根本就不存在。拉比们训诫说，"于隐处犯罪者踩在了舍金纳的脚上"（Kid. 31a）；"傲慢无礼的人也许走不了四肘尺，因为大地上充满了上帝的荣耀"（同上）；如果某人让父母痛苦，上帝会说，"没跟他们居住在一起我是做对了，倘若我跟他们住在一起，我也会感到痛苦"（同上）。

"起初，舍金纳的处所是在低处。亚当犯罪后，它升到第一重天；该隐犯罪后，它升到了第二重天；到了以诺这一代[3]，它升到了第三重天；到了发洪水时，它升到了第四重天；到了建造巴别塔时，它升到了第五重天；所多玛人致使它升到了第六重天；

---

[1]　*Elohim* 意为"上帝或诸神"（God or gods），也有"法官"（judges）的意思。根据犹太教律法，一桩案子至少要由 3 名法官予以审理，参见第 304 页。

[2]　"彼此"表示至少两人；既然他们是"敬畏耶和华的"人，可以推测他们的谈话涉及《托拉》。

[3]　《创世记》4：26 被解释为"那时人因求告耶和华的名字而亵渎了神"，即偶像崇拜开始了。

亚伯拉罕时代的埃及人致使它升到了第七重天。与此相反，出现了七位正直的人并使它降了下来。亚伯拉罕使其降至第六重，以撒使其降至第五重，雅各使其降至第四重，利未使其降至第三重，柯哈特使其降至第二重，阿姆兰使其降至第一重，摩西使其自上而降到地面。"（《大创世记》19：7）拉比们用这种手法晓谕人们，正如邪恶之徒能把舍金纳从人的居所驱走一样，正直的人能使其福佑重归人间。

拉比们用来说明上帝与人亲近并对人施于影响的另一个概念是关于圣灵（*Ruach Hakodesh*）的。这一概念有时似乎与舍金纳相同，都表示神在世上的固有存在是受到世事影响的。例如：据说圣殿被毁之后韦斯巴芗皇帝曾将三船的犹太男女遣送到罗马的妓院去，然而在航行中这些人宁愿投海溺水身亡也不愿去接受被蹂躏的命运。故事的最后说，看到这一惨状，"圣灵哭泣着说，'我因这些事哭泣'（《耶利米哀歌》1：16）"（《大耶利米哀歌》1：45）。

圣灵更经常地则是被用来描述赋予人以特殊的才能。预言未来的本领，在有能力解释上帝的意志这一层意思上，就是圣灵的结果。[1] 人获得了圣灵也就具有了先知先觉。我们因此被告知："史前时代的人们[2] 因为能利用圣灵，所以给孩子取的名字昭示了未来要发生的事件，而我们这些不会利用圣灵的人只能仿照祖先给孩子命名。"（《大创世记》37：7）

---

[1] 参见第 121 及以下诸页。

[2] 《创世记》10 中列举的那些人。

以撒对于雅各还有另一个恩惠，"因为他借助于圣灵预见到了他的后裔将会被流放到异邦去"（《大创世记》75：8）。对雅各在吻拉结时为何哭泣（《创世记》29：11）这一问题的回答是，"他借助圣灵预见到他将不能埋葬在她的身边"（《大创世记》70：12）。"摩西借助于圣灵预见到以色列将遭到异族人的凌辱。"（p. Hor. 48c）

正如人的行为可以引来或驱走舍金纳一样，它对于圣灵也具有同样的功效。"凡为了遵行其律令的目的而攻读《托拉》者无愧于接受圣灵。"（《大利未记》35：7）"当撒母耳的儿子们改邪从善时，他们便无愧于圣灵了。"（《大民数记》10：5）与此相反，"以扫因其邪恶致使圣灵离开其父亲而去"（《大创世记》65：4）。

昭示神存在于世间的另一现象是 *Bath Kol*，其意思是"声音之女"（daughter of a voice）。它指的是将上帝的意志传达给人的那种超自然的方法，特别是在希伯来的先知们消逝之后。"当最后的先知哈该、撒迦利亚和玛拉基死后，圣灵便从以色列消失了，但是人们仍然通过'声音之女'来接受上帝传给的信息。"（Tosifta Sot. 13：2）例如："大祭司约查南 ① 听到了来自上帝的'声音之女'向他宣告说，那些去向安条克开战的年轻人们（即他的儿子们）已经打了胜仗。"（Sot. 33a）② "当所罗门不得不为谁是那个有

① 即犹地亚（Judea）国王约翰·海坎奴斯（John Hyrcanus），公元前135年~前105年在位。

② 约瑟福斯（Josephus）也讲述了同样的故事（《上古犹太史》第13卷，10：3）。

46

争议孩子的母亲作出裁断时，有个'声音之女'向他昭示说，'这妇人实在是他的母亲'（《列王纪上》3：27）。"（《大创世记》85：12）

"声音之女"同样还让人知晓上帝的情感和意向。有位拉比曾到某些残垣断壁处去祷告，在那里他听到"一个'声音之女'如吟叫的鸽子一般在泣喊，'啊，我的孩子们哪，我就是因为他们的罪孽才拆掉了我的房舍，烧毁了我的圣殿，并让他们流落异邦'"（Ber. 3a）。当拉比阿基巴在临难之时说出"神是唯一的"这句话时，"一个'声音之女'出现了并且宣称，'拉比阿基巴，你真幸福，因为你的灵魂是带着"唯一"这个词离开的！'"（同上，61b）

两个拉比学派之间旷日持久的争端据说是凭借"声音之女"而了结的。"沙迈学派和希勒尔学派争论了三年，各方都声称应依照自己一方的观点立法。一个'声音之女'出现了并宣称：'他们双方说的都是上帝的话，但是律法的裁定与希勒尔学派相一致。'"（Erub. 13b）

不过，遇到这类情况时，"声音之女"并不是永远被视为最终的裁决。有一次，拉比以利泽与其同事就律法问题发生了激烈的辩论。"拉比以利泽援引了一切可能的论据也未能使其同事心悦诚服。他于是对他们说：'如果律法与我的观点是一致的，愿这棵角豆树能作证明。'角豆树果然从其原地移动了100肘尺，而据另一些人说是400肘尺。他的同事们说，'角豆树不能提供任何证明。'他因此说，'如果律法与我的观点是一致的，愿这条水渠能作证明。'这时，水渠开始倒流。他们说，'水渠不能提供任何证明。'

他然后说，'如果律法与我的观点是一致的，愿这个学堂的墙壁作证明。'这时墙壁开始下降，马上就要倒塌。拉比约书亚对着墙训斥说，'研习《托拉》的人就律法问题展开辩论，与你们这些墙有何关系？'出于对拉比约书亚的敬重，墙便没有倒塌；出于对拉比以利泽的敬重，墙也没有再竖直，而是依然保持了倾斜状。拉比以利泽最后对同事们说，'如果律法与我的观点是一致的，让上天作证吧。'于是，一个'声音之女'出现了，并且宣称：'你们为何要反对以利泽，律法的裁定总是与他的观点一致。'拉比约书亚跳起来喊道：'不是在天上。'（《申命记》30：12）这是什么意思呢？拉比耶利米说：'因为《托拉》是在西奈山上传授的，所以我们对"声音之女"置之不理。'"（B. M. 59b）通过这种奇特的方式说明了这样一点：要正确理解《托拉》，只能依据理性本身。

人们引用了丰富的证据来说明《塔木德》视上帝完全是超自然的这一观点是多么站不住脚。尽管以色列的导师们不愿意把上帝与其所创造的宇宙混为一谈，尽管他们坚持认为上帝高居于芸芸众生之上，但是在他们看来，世界中充溢着无所不在的舍金纳。上帝在高于宇宙的同时也是宇宙的至魂。

3. 天使研究

按照《塔木德》中的想象，宇宙中居住着两类生灵——在上的天使（Elyonim）和在下的人类（Tachtonim）。即使拉比们的教义中大量涉及了天使，但关于天使的研究却并不是起源于他们。

作为君王的上帝在众多侍奉天使簇拥之下的这样一幅天庭图画在《圣经》中已有描绘[1]，天使作为至高无上的上帝的仆人在《圣经》的叙述中也屡有提及。

　　酷爱绚丽热闹情调的东方人不厌其详地描绘天上的情形，直到把天庭勾画得拥挤不堪。这种手法在《圣经》之后的文献——《次经》（Apocrypha）和《伪经》（Pseudepigrapha）中已初露端倪，而在《塔木德》和《米德拉什》中则登峰造极。

　　拉比们致力于天使研究其背后隐含的动机并非像人们有时所断言的那样是要在上帝和尘世之间创造某种媒介。前面关于神内在于世间这一主题的讨论已经证明这种媒介既没有必要存在，也没有地方存在。其真正的目的是要为上帝增光显荣。日常生活中人们看到他们的国君享有至高的荣耀和无上的尊崇。君主周围的陈设愈富丽，其左右随从愈众多，人们对他的尊崇和敬仰就愈甚。

48　　尽管犹太人的宗教要求他们敬重国王——见到异族的国王他们应该吟诵祝福："赞美你，主，我们的上帝，宇宙的王，你把荣耀赐予众生"，还应该起身到外面去向路过的国王致意（Ber. 58a）——但是，犹太人视世俗的国王不过是血肉之躯而已，如他们自己一样是终有一死的生灵。上帝乃王中之王，他是整个宇宙的君主。在犹太人的想象中，他们把"世俗的王权描绘成相似于天上的王权"（同上），只是其规格被无限地缩小了。作为如此巨大的王国的统治者，上帝为自己配备了为数众多的侍臣，以执行他的训谕。

　　因为天使有资格站立于荣耀宝座的近旁，所以他们必定比人

---

　　① 参见《列王纪上》22：19，《以赛亚书》6：1，《约伯记》1：6。

类愈加完美。但他们毕竟也是创造出来的。"天使是何时被创造出来的?"拉比约查南说是在第二天,因为《圣经》上写着,"在水中立楼阁的栋梁①……以风为使者,以火焰为仆役"(《诗篇》104:3起)。拉比查尼那说是在第五天,因为《圣经》上写着,"要有雀鸟飞在地面以上"(《创世记》1:20),以及"他(即撒拉弗)用两个翅膀飞翔"(《以赛亚书》6:2)。大家都认为他们不是在第一天里创造的,所以不能说:"米迦勒铺开了天的南端,加百列铺开了天的北端。"(《大创世记》1:3)

从哈德良皇帝与拉比约书亚·本·查南亚的谈话中可以发现关于天使之创造的另一观点。皇帝问:"你认为有一群侍奉的天使每天颂扬上帝不超过一次,并且上帝每天都要创造一群新的天使,他们对上帝唱完颂歌之后便消逝得无影无踪吗?""我是这样认为的。""他们去了何方呢?""回到了创造他们的地方。""他们是在何处创造的呢?""在火焰之河。"②"这火焰之火是何性质呢?""如约旦河一般,昼夜奔流不息。""它起源于何处呢?""它起源于上天的活物搬运上帝的圣座时流出的汗水。"(《大创世记》78:1)

对天使起源的这一理论颇有争议,并且人们还提出了一些别的理论。"上帝每说一句话便创造出一个天使;如《圣经》所说,'诸天藉耶和华的话*而造,万象③藉他口中的气而成'(《诗篇》33:6)。"

---

① 因为将水分开是在第二天(《创世记》1:6)。《诗篇》的作者把"上面的楼阁"无疑是作为天使们的居所,所以天使也必定是第二天创造的。

② 参见《但以理书》7:10。

* 原译为"命"。——译者

③ "万象"被解释为天使群体,并不是指日、月、星辰。

（Chag. 14a）另一观点则认为构成天使的元素与天本身是一样的，"天使一半是水，一半是火，有五只翼"（p. R. H. 58a）。

一般认为天使是永生的，并且自身不能繁衍（《大创世记》8：11）。但上帝有时将其中的一些毁灭，如果他们违抗上帝的意志（Sanh. 38b）。他们不需要物质上的营养（《大创世记》48：14），因为舍金纳的光辉维持其生存（《大出埃及记》32：4）。邪恶的冲动无法乱其性，这意味着他们不受人类激情的左右（《大创世记》48：11）。

人在三个方面与天使相类似："人与天使一样有智慧，与天使一样有竖直的躯体，与天使一样用神圣的语言（即希伯来语）交谈。"（Chag. 16a）在语言这一点上，据说天使们不懂阿拉姆语，只有通晓各种语文的加百列是例外。鉴于此，人们在祈求自己的所需时不应该使用阿拉姆语，因为天使们必须要把人们的祷告带回到上帝的宝座去（Sot. 33a）。有人认为在这一观点的背后有其实用的目的，即这是出于要把希伯来语至少作为祈祷的语言保存下来的愿望，虽然作为犹太人的日常语言它已经被阿拉姆语取而代之。

天使们被赋予了特殊的职责，这一点将在下面指出。其中的一位天使受命司管祷告。据说："当所有的礼拜场所完成了其仪式之后，受命司管祷告的天使把人们在所有的礼拜场所敬献的颂词收集起来，制成王冠，戴在上帝的头上。"（《大出埃及记》21：4）既然这是对经文"听祷告的主啊，凡有血气的都要来就你"（《诗篇》65：2）一句的阐释，那么其目的也就不可能是要把天使描绘成信徒与上帝之间的媒介。如此的观点与上帝同真诚呼求他的人亲近这一教义是直接矛盾的。在这段文字里我们必须看到这只不过是在"来就你"（*adécha*）一词玩的文字游戏而已，因为这一词的辅音可以读成（*édyecha*），意为你的彩饰。所提及的祷告无疑是对上帝的赞美，这些赞美在用希伯来语进行的仪式上占有显要的位置。 50

另一方面，人群中很可能滋生了一种乞灵于天使的做法。① 从拉比们借上帝之口说的话来看，这一做法为他们所不齿："人如有难，让他不要向米迦勒和加百列呼求，让他向我呼求，我会立即回答他。"（p. Ber. 13a）

《圣经》中直到《但以理书》才出现了有名字的天使，诸如：加百列（8：16，9：21）和被称为"天使长中的一位"（10：13）和"大君"（12：1）的米迦勒。这一事实使拉比们确信："天使名字的出现是在以色列摆脱了巴比伦统治之际。"（p. R. H. 56d）文中的"天使长中的一位"这一说法则使人相信天使群中有不同的等级。首先是四大天使，对应着《民数记》第2章中所描述的以色列军队中的四个军团。"正如神圣的上帝创造了四种风（即方向）和四种旗（以色列军旗）一样，他还创造了四个天使围绕在他宝座的四周——米迦勒、加百列、乌列和拉弗尔。米迦勒居右，对应着流便的营；乌列居左，对应着位于北边的但的营；加百列居中，对应着东边犹大以及摩西和亚伦的营；拉弗尔殿后，

---

① 这一点在希伯来语祈祷书中仍有迹可寻。在晚上睡觉前要诵读的祈祷词中出现了这样的话："以耶和华，以色列上帝的名义，愿米迦勒在我右边，加百列在我左边，乌列在我前面，拉弗尔在我后面，上帝在我上面。"（辛格版，第297页）

对应着位于西边的以法莲的营。"（《大民数记》2：10）

米迦勒与加百列是所有天使中最显要的两位，并经常作为共事者而一同被提及。在亚当的婚礼上，他们两位充任伴郎，而上帝则亲自担当了司仪（《大创世记》8：13），他们两位还协助埋葬了摩西（《大申命记》11：10）。在等级上，米迦勒甚至比加百列还更显赫（Ber. 4b）；并且，无论他出现于何地，总能看到舍金纳的荣光（《大出埃及记》2：5）。每个民族都有自己的护卫天使，米迦勒便是以色列的护卫使者。当邪恶天使撒玛勒（Samael）在上帝面前指控以色列时，他担当了以色列的辩护顾问（同上，18：5）。他把消息带给撒拉，说她将要生个儿子（B. M. 86b）。他曾是摩西的老师（《大申命记》11：10）。在民族的历史上，他常常证明自己是位可靠的保护者。他重创了西拿基立（Sennacherib）的军队（《大出埃及记》18：5）。他竭尽全力避免以色列人遭流放而向上帝乞求："看在他们中好人的份儿上，救救他们吧。"（Joma 77a）然而，人们的罪孽毕竟太深重了，当哈曼（Haman）策划灭绝波斯的犹太人时，米迦勒在天上保护了他们（《大以斯帖记》7：12）。

加百列多次担当上帝的信使。他是拜访过亚伯拉罕的三位天使之一，其使命是去推翻所多玛城（B. M. 86b）。他有意要把奉宁录王之命被投进火炉的亚伯拉罕拯救出来，但上帝说："宇宙中我是唯一的，而他也是同样的非凡；所以由唯一的我来拯救非凡的他更为适合。"（Pes. 118a）他救了他玛（Tamar），使其免于因不贞而被烧死（Sot. 10b）。他针对波提乏（Potiphar）的心怀叵测而保护了约瑟（同上，13b），并教会了他世界上的 70 种语言（同上，33a）。他狠狠地打击了法老女儿的那些试图劝阻她不要去拯救摩西的侍女们（同上，12b）。他还击打了摩西，以使他啼哭从而获得公主的同情（《大出埃及记》1：24）。根据传说，当法老依照其参事耶忒罗（Jethro）的建议对摩西进行检验以确定他是否命中注定要推翻其统治时，加百列再次救了他。国王在他面前摆上了煤和王冠；假如这孩子去抓王冠，他就被杀死了。孩子曾想去抓取王冠，但加百列把他的手推向了煤（同上，26）。

有一则与加百列有关的颇为奇特的传说："所罗门娶法老的女儿时，加百列从天上下凡并把一根芦苇插到海中，芦苇的周围聚起了一堵泥岸，就在它上面建起了罗马城。"（Sanh. 21b）其寓意似乎是说，由于所罗门的愚蠢，一个新的帝国应运而生，它注定要推翻以色列王国。

加百列就是以西结提到的那位天使（《以西结书》9：3及下节），他带着墨盒子，在耶路撒冷人的额头上画上记号使其免于一死（Shab. 55a）。他救了哈拿尼亚，米歇尔和亚撒利亚，使他们免于被烧死（Pes. 118a，b）。在亚哈随鲁（Ahasuerus）时代，他阻止了瓦实提（Vashti）尊国王之命去参加他的宴会，从而确保了以斯帖取而代之被选为王后；他还改写了国王编年史中关于末底改（Mordecai）在揭露谋害其生命的阴谋一事中起的作用，这次记录是由西姆晒（Shimshai）删除的（同上，16a）。

关于另外两个天使长的情况所知不多。拉弗尔，如他名字的含义一样，是司辖医术的大君。他与米迦勒和加百列曾一起去看望亚伯拉罕，其使命是去治愈这位元老因割礼而引起的不适（B. M. 86b）。乌列的意思是"上帝之光"，他是上帝的智慧赖以传播于人的媒介。"他的名字为何叫乌列？这是由于《托拉》《先知书》以及《圣著》（Hagiographa）的缘故，神圣的上帝借他们来赎罪，并把光明播向以色列。"（《大民数记》2：10）

　　每一种元素都被一位被指定为"大君"的天使司管。加百列掌管火（Pes. 118a），杰克米（Jurkemi）掌管冰雹（同上），利迪亚（Ridya）掌管雨（Taan. 25b），拉哈布（Rahab）掌管海，赖拉（Lilah）掌管夜（Sanh. 96a）以及受孕（Nid. 16b），而杜马（Dumah）则是死亡天使（Ber. 18b）。其余的大君都没有提到名字，如掌管世界的大君（Jeb. 16b）和掌管地狱的大君（Arach. 15b）。

　　后来的一些学者将"掌管世界的大君"认定为天使米塔特隆（Metatron）。这个名字可能是借自于拉丁语"米塔特"（*Metator*）一词，其意思为"先驱"，并且，他被认为在荒野中走在以色列人的前面（《出埃及记》23：20）。他一度肯定极受尊崇，因为曾特别提到不得向他做祷告这一点。"一位撒都该人"（Sadducee）对拉比艾地特（Idith）说："《圣经》上写着，'耶和华对摩西说，到主（Lord）这儿来！'（同上，24：1——新译）经文上本应写'到我（Me）这儿来！'拉比回答说，'说话的人是米塔特隆，他的名字与其主人的一样，因为《圣经》上写着，"他（即天使）是奉我名来的"（同上，23：21）。'撒都该人说，'既然这样，我们应向他祷告！'拉比回答说，'不行，因为下文中还说，"不要用他代我。"'① '既如此，《圣经》为什么接着说，"因为他必不赦免你们的过犯。"'拉比回答说，'我可以向你肯定地说，

---

①　这是人们对这句希伯来文的理解，尽管其字面意义为"不可惹他"。

我们甚至都没有认为他是一个先驱，因为《圣经》上写着，"你若不亲自和我同去，就不要把我们从这里领上去"（同上，33：15）。'"（Sanh. 38b）

异教徒认为米塔特隆与上帝相同这一点在别处也有所显露。在谈到背教者阿切尔 ① 升到天堂一事时，书上是这样说的："他看到米塔特隆得到允许，可以坐着记录以色列人的优点。阿切尔说，'我们曾受到教导说，在天上不能坐下，不能争执，不能有背 ②，也不能倦怠。难道天上有两个神吗？'"（Chag. 15a）

米塔特隆与上帝协同调教年轻人。上帝是在每天的最后三小时从事这项工作，而米塔特隆则是在其他的时候司管此事（A. Z. 3b）。

与米塔特隆成对的另一天使叫桑达尔丰（Sandalphon），这是一个希腊词，意思是"把兄弟"。天使中他的身材最高。"他站在地上，头顶到天上的活物。他高出于其他天使的程度相当于500年的旅程。他立于神车后面（《以西结书》1：15 及以下诸节），（用献上的祷告）为他的创造者编织王冠。"（Chag. 13b）

天使们构成了上帝的家人（*familia*），他们之间偶尔也失和，这就会干扰地上的安宁。鉴于此，拉比们在每日的祷告中总要添上这样一句："主啊，我们的上帝，愿您赐安宁于天上的家和地上的家。"（Ber. 16b）他们构成了天上的法庭，而上帝无论做什

---

①　参见第 28 页注释 ②。

②　天使没有背，却有四张脸，以便能随时看见上帝（参见《以西结书》1：6）。阿切尔在上帝面前，米塔特隆坐着，而其他的天使均站着，于是推理出米塔特隆或许也是一位神。

么都要先咨询他们。但是，最后的裁决却是掌握在上帝一人手中（p. Sanh. 18a）。就是这样，上帝在创造人时垂询了他们，并否决了他们的反对意见（《大创世记》8：4）。

天使这个群体是世界上主持正义的一股力量，尽管我们将会看到这个群体中也有邪恶的天使。有这样两种引人注目的说法，我们不妨予以考虑："当以色列人先说，'我们都必遵行'，然后又说，'我们都必听从'①时，来了60万侍奉天使。每位天使给每一个人戴上了两顶花冠，其中一顶是因为他们说了'我们都必遵行'，另一顶是因为他们说了'我们都必听从'。然而当他们因金牛犊而犯罪时，来了12万毁灭天使，抢走了花冠。"（Shab. 88a）"有两个侍奉天使在安息日的晚上陪伴一个人从圣堂回家——其中一个是善的，另一个是恶的。走进屋后，他们发现安息日的灯亮着，桌子和座椅都已准备停当，善的天使就大声喊，'愿上帝有意让下一个安息日也是如此'，恶的天使这时只好应答'阿门'。但如果屋内没有为安息日做好准备，恶天使就大声喊，'愿上帝有意让下一个安息日也是如此'，这时，善的天使也只好回答'阿门'。"（同上，119b）在这里，天使是神恩的延伸，以激励人类要持之以恒地忠诚于自己信仰上的责任。有时也确有教导说，每一个人总有两个天使陪伴着，以验证人们每日的品行（Chag. 16a），这只不过是要强调人所做的一切，哪怕是秘密的，都会记录下来而不利于他这一观点。

---

① 动词 Shama 既有"听见"（hear），又有"遵行"（obey）的含义。拉比们在取其第一种含义时，是在以色列人听到神的意志之前就答应去执行它这一点上进行发挥。

在《塔木德》和《米德拉什》中看不到关于堕落天使的叙述，而这类东西在《启示录》（Apocalyptic）时期文献中却十分显著。拉比时期文献中的邪恶天使只不过是杜撰出来借以表达神的愤怒而已，他们的职责就是去执行上帝对人类邪恶的惩罚。这一点在数处地方有明确的陈述。例如："上帝的所谓'缓怒'是什么意思呢？它的意思是避开愤怒。这可以比作一位国王拥有由凶猛士兵组成的两个军团。国王说，如果他们与我同住一城，遇有民众向我挑衅，我的兵士便挺身而出，对他们予以无情的打击。这样，在我派遣兵士出去远征时如果民众向我挑衅，不等我召回军队，他们就会让我息怒，而我则愿意接受他们的表示。同样，上帝说阿弗（Aph）和该玛（Chémah）是毁灭天使，我要把他们派遣到远处去。如果以色列的孩子让我发怒，在我召回他俩之前，人们就会悔罪，而我将会接受他们的悔罪。"（p. Taan. 65b）"当上帝对摩西说，'你起来，赶快下去'（《申命记》9：12）时，有五位毁灭天使听见了并打算加害于他。他们是阿弗、该玛、克策弗（Ketzeph）[①]、玛什特（破坏者）和米卡勒（消耗者）。"（《大申命记》3：11）

"邪恶天使撒玛勒是众魔之魁首"（《大申命记》11：10）——这帮邪恶天使及其首领便是按此确立的。撒旦乃是邪恶的化身，有句名言，"撒旦、邪恶冲动（*Jetzer Hara*）[②]以及死亡天使本为一体"（B. B. 16a）。这意思是说邪恶冲动是个人的内在力量而不是外来的影响。这也解释了上帝为什么允许撒旦恣意

---

① 这三个词都表示愤怒。

② 参见第88及以下诸页。

55　行事而不毁灭他。其理由是邪恶冲动乃人性中的基本因素，缺了它人类就会迅速灭绝，这一点后面还要讲到。

　　人应该时刻警惕去躲避撒旦的魔力。有位拉比曾建议东道主对宾客致祝福辞时应这样说："愿他财运亨通；愿撒旦对他的以及我们的劳作无能为力；愿从今到永远他和我们的心中不生恶念。"（Ber. 46a）

　　对人的忠告是："谁也不要向撒旦张开嘴"（同上，19a），即不要说撒旦的坏话以免遭到他报复。一位名叫皮里默（Pelimo）的人的奇特故事说明了这一点。"他过去曾天天声称，'撒旦眼里有支箭。'①一次，在赎罪日之夜，撒旦装扮成乞丐到他门前求助。皮里默给了他一块面包，撒旦说，'今天这样的日子，人人都呆在家里，我就该站在外面吗？'他把撒旦领进屋并把面包放在他面前。撒旦说，'今天人们都坐在桌前（预备斋戒），我就该这样一人站着吗？'主人又给了他座位让他坐下。看到他满身上是疖子和脓疮，举止又令人反感，皮里默对他说，'坐正点（注意举止）！'撒旦说，'给我只杯子。'给了他杯子后，他开始咳嗽并把痰吐进杯子。受到斥责后他就倒下去（假装）死了。主人听到有人叫喊：'皮里默杀人了！皮里默杀人了！'于是便逃走，藏到了壁橱里。撒旦跟着过来倒在他面前。看到皮里默手足无措的样子，撒旦现出原形，问他说：'你为什么那样说我？'②'那我应该怎样说你呢？'撒旦回答说：'你应该说，愿慈悲的主斥责撒旦。'"（Kid. 81a，b）

---

　　①　意即我蔑视撒旦。
　　②　即撒旦眼里有支箭。

因为撒旦在某一时刻只能处在一个地方，所以，他必定用许多密使来完成他的指令。如上面指出的那样，善天使陪伴正直的人，恶天使陪伴邪恶的人。所以有这样的忠告："如果你看到一个正直的人要去旅行，而且你又必须同他走同一条路，那么你应该比原计划提前或推后三天出发，这样你也许就可以与他同行，因为侍奉天使伴随这样的人；正如《圣经》所说，'因他要为你吩咐他的使者，在你行的一切道路上保护你'（《诗篇》91：11）。然而，假如一个邪恶的人要出门旅行，而你又不得不走同一条路，你应该比原计划提前或推后三天出发，以便避开与他同行，如《圣经》所说，'愿你派一个恶人辖制他，派一个对头（希伯来文作"撒旦"）站在他右边'（同上，109：6）。"（Tosifta Shab. 17：2）

撒旦从事三种勾当：引诱人，在上帝面前说人的坏话，执行死刑处罚（B. B. 16a）。他的引诱本领是出类拔萃的，他对第一始祖的所作所为便是他引诱别人之手法的绝好例证。《圣经》上说："以撒断奶的日子，亚伯拉罕设摆丰盛的筵席。"（《创世记》21：8）关于这一点《塔木德》说："撒旦在上帝面前说：'宇宙的君主，您仁慈地赐这位百岁老人以后代；而在他准备的盛筵上，他却没想到要献给你一只鸽子！'上帝回答说，'他做这一切不都是为了他的儿子吗？假如我要他把儿子奉献于我，他即刻就会服从。'"（Sanh. 89b）

这样一来，撒旦因为有责任对此进行验证，他便设法让验证失灵。"撒玛勒来看望我们的先祖亚伯拉罕，并对他说，'老头子，老头子，你莫非是疯了？你100岁了才得到的儿子，你要杀死他吗？''对，'亚伯拉罕说。'那么假如用更严厉的手段来考验你，

56

你也能忍受吗？'他回答说，'能，即使比这更严厉，我也能。''但是，明天他会对你说：凶手！你杀死自己的儿子是犯罪！'亚伯拉罕回答说，'即使这样，我也从命。'撒旦看到他拿亚伯拉罕没有办法，便又到以撒面前说，'不幸的孩子啊，你父亲就要杀死你了。'以撒回答说，'但是我服从。'撒旦又说，'你母亲为你裁制的新衣都要被你家的仇敌以实玛利占有了，你难道无动于衷吗？'尽管以撒并没有完全在意，他还是心有所动，所以《圣经》上说，'以撒对他父亲亚伯拉罕说，父亲哪'（《创世记》22：7）。'父亲'一词在这儿用了两次，表示以撒希望亚伯拉罕会满怀怜悯之心待他。"（《大创世记》56：4）

　　同样，制造金牛犊也是撒旦所为。《圣经》上有"百姓见摩西迟延（boshesh）不下山"（《出埃及记》32：1）一句。《塔木德》评论说："不要读 boshesh，应读作 baü shesh，'第六（小时）到来'。摩西登高后，他对以色列人说，'在 40 天结束后，第六个小时开始时，我将回来。'到 40 天结束时，撒旦来把世界搞乱了。他说，'你们的主人摩西呢？'百姓们回答，'他登上了高山。'他对百姓们说，'但是第六个小时已经过去了。'人们并不理他。他又说：'他死了。'人们还是不理他。于是，他便让人们看见了摩西的棺材。这时，百姓们对亚伦说，'至于摩西这个人出了什么事，我们不得而知。'"（Shab. 89a）

　　撒旦除了在地上为非作歹之外，还在上帝面前说人的坏话。据说，"撒旦专在危险的时刻说人的坏话"（P. Shab. 5b）。因而，"在孩子出生时，死亡天使（即撒旦）就诽谤母亲。在三种情况下撒旦被发现说人的坏话：当人住在不安全、可能倒塌的房子里时，当人独自行走时，当人在海上旅行时"（《大传道书》3：2）。

有这样的描述："以色列人离开埃及时，天使撒玛勒站起来说他们的坏话。他向上帝说，'宇宙的君主啊，他们一直崇拜偶像，你愿意为他们分开海水吗？'"（《大出埃及记》21：7）

在新年和赎罪日之间这 10 天的悔罪期里——这是以色列人为自己的罪孽寻求宽恕的时候——撒旦在进行诽谤方面尤其活跃。但上帝的仁慈使他拿以色列人无能为力。"新年时吹响羊角号（*Shofar*）使撒旦惊慌失措"（R. H. 16b）；"赎罪日这天撒旦无力反对（以色列人乞求宽恕）。*Ha-Satan*（撒旦）一词中的字母数值为 364，这意味着一年中的 364 天里撒旦有能力与人作对，但是在赎罪日他无此能力"（Joma 20a）。

最后，他是杀人的工具，并因此享有"死亡天使"的恶名。关于他的这一品性描述颇多。[①] 例如："当考拉（Korah）起来反对摩西时，死亡天使便来与以色列作对，并试图伤害他们。如果他得逞了，这个民族就被他毁灭了。"（《大民数记》5：7）但是摩西采取行动阻止了他。

拉比犹大王子给他儿子的忠告里有这样的内容："牛从池塘爬上岸时，不要站在他面前，因为撒旦在它的两角之间跳舞。"（Pes. 112b）就是说，这时牛更容易顶死人。另一位拉比的忠告是："城里有瘟疫时，不要走在路中间，因为死亡天使在路中间走。由于得到了（杀人的）许可，他堂而皇之地四处招摇。但如果城里是太平盛世，则不要沿边道走，因为死亡天使在没有获得许可的情

① 人死亡时他扮演的角色，参见第 74 页。

况下藏匿起来了。"（B. K. 60b）

抵抗撒旦的诱惑，解除死亡天使威胁的良方就是《托拉》。这一观点导致了如下的陈述："当以色列人站立在西奈山下高喊，'耶和华所吩咐的，我们都必遵行'（《出埃及记》24：7）时，上帝将死亡天使召来对他说，'虽然我命你辖管世界上的人类，但这些人不关你事，因为他们是我的孩子。'"（《大利未记》18：3）

尽管上面这些叙述可以充分地证明《塔木德》时期的拉比们对天使深信不疑，但也有证据表明当时人们也试图在削弱这种信念或淡化天使的重要程度。特别是有些拉比鼓励人们说，既然人敬畏上帝，那么人就比天使更加优越。这也就是下面这一陈述的要旨："亚当还在伊甸园（清白无罪）时，他总是仰身斜卧着，而两个侍奉天使则替他烤肉、筛酒。"（Sanh. 59b）类似的训导还有："正直的人比天使更伟大"（同上，93a），以及"如果一个人放弃了巫术，他便被领进天堂的一隅，这里连侍奉天使都不能进入"（Ned. 32a）。这种观点在下面这则陈述里表达得最为透彻："神圣的上帝在来世将要把正直人在天堂的居所建在侍奉天使们的居所之内。"（p. Shab. 8d）从而，他们与神座将靠得更近。

4. 以色列与其他民族

探讨了天上居住的生灵（Elyonim）之后，我们现在来考察一下居住于地上的生灵（Tachtonim）。拉比们依据《创世记》第10章中的谱系断定世界上居住着 70 个民族，他们所操的语言也是这个数目。

在犹太人为自己撰写的文献中看到以色列人被描述得出类拔 59
萃是很自然的。毫无疑问，世界的居民可以分为以色列人和其他民
族。以色列人是上帝的选民，这是一条基本原则。当然，这本是《圣
经》中的教义，但拉比们对此却进行了极为丰富的发挥。在《塔木德》
中，拉比们不厌其详地强调上帝和他的子民之间存在的亲密而又
独特的关系。

下面的这些引述不妨看作这一观点的典型："上帝对以色列
人说，我乃统治世上众生的上帝。但是，我的名字只与你们相关联。
不能称我为偶像崇拜者的上帝。应叫我以色列人的上帝。"（《大
出埃及记》29：4）"神圣的上帝将自己的伟名与以色列联系在一起。
这可以比作一位国王有一把打开小金库的钥匙。国王说，'假如
我不理会它，钥匙就会丢了。你们看，我要为它做一条链子，这
样假如它不见了，链子会告诉我它在哪儿。'同样，神圣的上帝说，
'如果我不管以色列人，异族人就会把他们吞掉。所以，我要把
我伟大的名字与他们联系在一起，从而他们能够永世长存。'"（p.
Taan. 65d）

最后的这节引述隐示了这一教义在拉比学说中占有如此重要
位置的原因。它起源于以色列经历了巨大危机的时期。圣殿被毁，
国家沦亡，人民飘零于异邦。在意志消沉之时，他们肯定觉得上
帝遗弃了他们。因此，无论在学堂还是在圣堂里会众们听到宽慰
人心的教诲说，以色列人仍然是上帝的子民，上帝对他们的保护
并未停息。

这类鼓舞人心的教导之一是这样说的："来看一看以色列人

在上帝面前多么受宠爱吧，因为无论他们流亡何处，舍金纳总与他们相伴。他们流亡到埃及时，舍金纳与他们在一起，如《圣经》所说，'你祖父在埃及法老家做仆的时候，我不是向他显现吗？'①（《撒母耳记上》2：27）他们流亡到巴比伦时，舍金纳与他们在一起，如《圣经》所说，'因你们的缘故我被送到（原文如此）巴比伦去'（《以赛亚书》43：14）。并且，在他们将来被救赎时，舍金纳也将与他们在一起，如《圣经》所说，'耶和华必将与被掳的子民一同返回'（《申命记》30：3——新译）。上面写的不是'耶和华将恢复'（the Lord will restore），而是'耶和华将与其返回'（the Lord will return with），这就是说，上帝将与他们一同归来。"（Meg. 29a）

　　同样的趋向可以从下面的阐释中看出来：当以色列人在红海上歌唱"耶和华是我的力量，我的诗歌"（《出埃及记》15：2）时，他们的意思是——这教义也适合于后来的年代——"你帮助并支持一切世人，但是对我却尤甚。世上的众生都赞美神圣的上帝，但是我的赞美却更令他动心。以色列人宣称，'以色列啊，你要听，耶和华我们的神是独一的主'（《申命记》6：4），圣灵则呼喊，'世上有何民能比你的以色列民呢？'（《历代志上》17：21）以色列人说，'众神（the mighty）之中谁能像你'（《出埃及记》15：11），圣灵则呼喊，'以色列啊，我是有福的。谁像你这蒙耶和华拯救的百姓呢？'（《申命记》33：29）以色列人说，'谁像耶和华我们的神，在我们求告他的时候？'（同上，4：7）圣灵则呼喊，'哪

① 希伯来词 galah 即可以指"显现"，也可以指"流亡"。

一大国的人有神与他们相近？'（同上）以色列人说，'你是他们力量的荣耀'（《诗篇》89：17），圣灵则呼喊，'以色列我必因你得荣耀'（《以赛亚书》49：3）"（Mech. to 15：2，36b）。

上帝与以色列人之间的关系是如此密切，以至于在地上对待以色列人的态度都能反映到天上的上帝那里。"凡反对以色列的人犹如反对神圣的上帝"（Mech. to 15：7；39a）；"凡帮助以色列的人犹如帮助上帝"（同上，39b）；"凡憎恨以色列的人犹如憎恨上帝"（Sifré Num. § 84；22b）。

然而，尽管以色列是上帝选中的民族，但这并不是要让以色列得到特殊的恩宠。从物质的角度看，这种被选中的结果不仅使以色列远远没有得到比其他民族更优越的地位，恰恰相反，以色列承担了更重的责任，遭受了更多的惩罚。"以色列人是天王的随从，他们的责任就是仿效天王。"（Sifra to 19：2）"因为上帝爱以色列，他才使其加倍受苦。"（《大出埃及记》1：1）"上帝赐予以色列三件厚礼，并且全都是凭借苦难这一媒介赐予的，它们是《托拉》、以色列的土地以及来世。"（Ber. 5a）

以色列人的主要职责是捍卫《托拉》这一神的启示。既然创造世界是为了让上帝的圣名通过《托拉》而获得荣耀，而且以色列要接受《托拉》，那么很自然，"上帝在创造宇宙之前就想到了以色列"（《大创世记》1：4）。"天和地只是因为以色列人的优点才创造的"（《大利未记》36：4），并且"正如没有风世界便不存在一样，没有以色列世界也不可能存在"（Taan. 3b）。这并不意味着自我颂扬，因为上面的这些说法只是把以色列作为《托拉》的捍卫者来看待，所以它们只不过陈述了一种精神事实。

选中以色列并不是随意而为。为了避免指责上帝偏爱，有这样一则传说：《托拉》曾被给予过所有的民族，但只有以色列同意接受。"为什么上帝选中了以色列？因为所有的民族都不承认《托拉》，并拒绝接受它；只有以色列选择了神圣的上帝和他的《托拉》。"（《大民数记》14：10）

这一观点在下面的传说中阐发得极为充分："当无处不在的上帝为了传《托拉》给以色列人而显现时，他不仅向以色列人显现，而且向所有的民族显现。他先到了以扫的子孙那里，并对他们说，'你们愿意接受《托拉》吗？'他们问上面写的是什么。上帝告诉他们，'你们不得杀人。"他们回答说，'宇宙的君主啊，我们祖先的本性就是杀人'；如《圣经》所说，"手却是以扫的手"（《创世记》27：22），并且他的父亲因此而许诺说，"你必倚刀剑度日"（同上，40）。'上帝又来到亚扪和摩押的子孙面前，对他们说，'你们愿意接受《托拉》吗？'他们问上面写的是什么。上帝回答说，'你们不得通奸。'他们对上帝说，'宇宙的君主啊，这个民族之所以存在就是因为不贞洁的行为。'[①] 上帝去找到以实玛利的子孙说，'你们愿意接受《托拉》吗？'他们问上面写的是什么。上帝回答，'你们不得偷窃。'他们说，'宇宙的君主啊，我们祖先正是依靠偷抢才得以生存；如《圣经》所说，"他为人必像野驴，他的手要攻打人"（同上，16：12）。'没有一个民族上帝不曾向他们展示过《托拉》，所以《圣经》才说，'耶和华啊，地上的君主都要称谢你，因为他们听到了你口中的言语'（《诗篇》

---

① 参见《创世记》19：36 及下节。

138：4）。甚至挪亚的子孙所接受的七条戒律[①] 他们都不愿保存，并且放弃而给予了以色列人。"（Sifré Deut. §343；142b）

如果没有任何一个民族来接受神的启示，创世的目的也就落空了，世界上全部的人口也就被抹掉了，因为人类存在的理由就是《托拉》。"这就像一个国王拥有一处果园，里面栽种着成行的无花果、葡萄、石榴和苹果树。他把果园托付给护园人管理后便离开了。过了些日子，国王回来检查果园，以确定护园人做了些什么。他发现园内荆棘丛生，于是他召来砍伐工打算把树木砍倒。然而，在荆棘之中他看到了一株美丽的玫瑰。国王采下一朵，闻了闻，那芬芳使他感到惬意。他于是说，'因为这株玫瑰的缘故，我要保留下整个果园。'同样，创造整个宇宙也只是因为《托拉》的缘故。过了 26 代之后，神圣的上帝来查看他的世界有什么变化。当看到世界上洪水滔滔，邪恶的人都被水荡涤殆尽时，上帝召来砍伐者意欲将世界毁灭。正如《圣经》所说，'洪水泛滥之时，耶和华坐着'（《诗篇》29：10）。但是，他看到了一朵玫瑰，即以色列。在他把'十诫'（Decalogue）传给他们时，他握住这朵玫瑰闻了闻，觉得芬芳怡人。当以色列人说，'耶和华所吩咐的，我们都必遵行'（《出埃及记》24：7）时，上帝说，'因为这朵玫瑰的缘故，我要留下整个果园；因为《托拉》和以色列的缘故，我要拯救整个世界。'"（《大利未记》23：3）

以色列人在从埃及出走之后，如果拒绝了神的启示，也会在荒野之中灭亡。神圣的上帝将西奈山像一个巨大的容器一样倒扣

[62]

----

① 参见第 65 页。

在他们的上方，并且宣称："倘若你们接受《托拉》，那很好；倘若不，那么这里就是你们的坟墓。"（Shab. 88a）

所以很显然，拉比们认为他们的人民之所以得到上帝特殊的对待，并不是因为具有非凡的和与生俱来的优越性；一旦放弃了《托拉》，这种特殊的地位也就终结了。况且，他们也并不把《托拉》视为他们的专有。恰恰相反，《托拉》注定是属于全人类的，所有的民族都接受《托拉》之时，便是圆满幸福之日。

这种祈愿产生了如下的一些说法："全能的上帝所说的每一句话都自动变成 70 种语言"（Shab. 88b），以及"摩西用 70 种语言阐释《托拉》（《大创世记》49：2）。从对"你们要守我的律例典章。人若遵行，就必因此活着"（《利未记》18：5）这句经文的诠释中可以看到这一思想的出色表述："何以能推理出即使是异族人只要遵行《托拉》也可与大祭司一样呢？就是从'人若遵行，就必因此活着'这句话里。同样，经文上还说，'这是人类的律法，主啊，上帝！'（《撒母耳记下》7：19）*《圣经》上写的不是'这是祭司，或利未，或以色列人的律法'，而是'人类的律法'。同样，《圣经》上写的不是'敞开城门，使祭司或利未，或以色列人得以进入'，而是'敞开城门，使守信义的民得以进入'（《以赛亚书》26：2）。进而，《圣经》上写的不是'这是耶和华的门，祭司或利未，或以色列人要进去'，而是写着'这是耶和华的门，义人要进去'（《诗篇》118：20）。同样，《圣经》上写的不是'祭司们啊，或利未，或以色列人啊，你们应当靠耶和华欢乐'，而是写着'义

---

* 钦定本英文《圣经》与汉译《圣经》中此句有异。——译者

人啊，你们应当靠耶和华欢乐'（同上，33：1）。《圣经》上写的不是'耶和华啊，求你善待那些祭司，或利未，或以色列人'，而是写着，'求你善待那些为善和心里正直的人'（同上，125：4）。因此，即使是异族人，只要他遵行《托拉》，也能与大祭司一般。"（Sifra to 18：5）

这一学说的普世主义给人的印象极为深刻；同时，它也与这样一种流行的观点格格不入，即拉比们的犹太教观念从根本上说是狭隘的，带有种族偏见的。甚至圣殿内的祭礼都是为了整个人类而设的。"在住棚节的第八天，献上了70头小牛，代表70个民族。世界上那些有所失而又不知失去了什么的人多么不幸啊；因为圣殿未毁时圣坛尚可为他们赎罪，可是现在谁来为他们赎罪呢？"（Suk. 55b）

另一方面，必须承认我们也确实遇到一些其精神与此大相径庭的格言。典型的例子有："异教徒研习《托拉》当死；如《圣经》所说，'摩西将《托拉》给予我们，这是给以色列大议会的遗产'（《申命记》33：4——新译）——这遗产是传给我们的，不是给他们的。"（Sanh. 59a）"摩西希求舍金纳与以色列同在，上帝同意了；正如《圣经》所说，'岂不是因你与我们同去？'（《出埃及记》33：16）摩西希求舍金纳不应与世上其他民族同在，上帝同意了；正如《圣经》所说，'使我和你的百姓与地上的万民有分别吗？（同上）'"（Ber. 7a）这类的说法极有可能是基督教的兴起所造成的，因为基督徒也研习《托拉》，并且声称神恩与他们同在。

拉比们理想中的宗教是上帝的王权泽及世上的一切民族，并且犹太人时常用这样的规定来提醒自己这一点："祝福如果不提到神的王权便根本不是祝福。"（Ber. 40b）这意思是说祝福的开头要先说，"祝福您主啊，我们的上帝，宇宙的王"。由此可以推理，对那些出于纯洁动机而渴望被接纳的异教徒，大门不可能是关闭的。

笃诚的皈依者受到欢迎和敬重。"皈依犹太教的人（与上帝）亲近，因为他们与以色列人有同样的称谓。以色列的孩子被称为'仆人'；如《圣经》所说，'因为以色列人都是我的仆人'（《利未记》25：55）。皈依者也被称为仆人，如《圣经》所说，'要爱耶和华的名，要做他的仆人'（《以赛亚书》56：6）。以色列人被称为祭司（ministers），如《圣经》所说，'你们倒要称为耶和华的祭司，人必称你们为我们神的仆役'（同上，61：6）。皈依者也被称为祭司，如《圣经》所说，'那些归顺上帝来侍奉（to minister）他的外邦人'（同上，56：6）。以色列的孩子被称为'朋友'，如《圣经》所说，'亚伯拉罕的后裔，我的朋友'（同上，41：8——新译），皈依者也被称为'朋友'，如《圣经》所说，'（上帝是）皈依者的朋友'（《申命记》10：18；）*。'契约'（covenant）一词的使用与以色列是相关联的，如《圣经》所说，'我的约（covenant）就在你们肉体上'（《创世记》17：13），对于皈依者也有类似的使用，如《圣经》所说，'持守我约（covenant）的人'（《以赛亚书》56：6）。'接纳'（acceptance）一词的使用是与以色列相关联的，如《圣经》所说，'使他们可以在耶和华面前蒙纳悦（accepted）'（《出埃及记》28：38），对于皈依

---

* 汉译《圣经》与钦定本英文《圣经》均无此句。——译者

者经文上说,'他们的燔祭和平安祭,在我坛上必蒙纳悦(accepted)'（《以赛亚书》56：7）。"（Mech. to 22：20；95a）在这方面,还有更多的材料来说明以色列人和皈依者被置于完全相同的地位。

关于"连他们在哈兰所得（gotten）① 的人口"（《创世记》12：5）这句经文,拉比们有这样的评论："亚伯拉罕在男人中创造了皈依者,撒拉在女人中创造了皈依者。无论谁将异教徒带近（上帝）并使之皈依,就如同创造了他一般。"（《大创世记》39：14）有位拉比甚至宣称："上帝将以色列人放逐于诸邦,其目的无非就是要让皈依者加入他们的行列。"（Pes. 87b）

另一段文字则表达了一种与此相左的观点,"皈依者对以色列人来说就如疮痛一般可厌"（Jeb. 47b）；但是,这一观点产生于一个以色列人经历了异邦人对这个民族群体构成侵犯和威胁的年代。因而,对于可能的皈依者审查得格外谨慎,对于他们的动机也甄别得特别认真。接纳皈依的仪式如下所述："当皈依者来被接纳时要问他：'你皈依是出于什么目的呢？你难道不知道以色列人正在受灾难,遭迫害,被奴役,蒙困扰,受惩罚吗？'假如他回答说,'我知道,且我不配（分担他们的苦难）',便接纳他并教他一些次要或稍为重要的戒律以及违反这些戒律应受的惩罚。人们告诉他,'你必须明白,在你迈出这一步之前你曾食用过禁吃的脂肪,并且亵渎了安息日而没有受到惩罚；但是自此以后,如果你再这样做必受严惩。'在告诉他违反了戒律要受惩罚的同时也告诉他遵守这些戒律要受到的奖赏。他被告知：'你必须知道来世是为正直人保存的,

① 希伯来原文的字面意思是"创造"（made）。

眼下以色列人既不能享受充裕的好处，也不能承受大量的惩罚。'
但是，人们不可过分地将他推之门外。如果他能接受，便为他施行
割礼。等他愈合后，便立即为他举行浸礼 ①，两位圣徒站在他旁边，
教导他一些次要或稍为重要的戒律。等他浸泡完毕从水中出来时，
他就完完全全地成了以色列人。"（Jeb. 47a，b）

　　为皈依者辩护的人中最杰出的当推希勒尔。他的格言是："要
做亚伦的弟子，爱和睦，求和睦，爱同胞，并将他们引向《托拉》。"
（Aboth 1：12）有一则故事说，有个异教徒来找沙迈，请求接纳
他皈依，其条件是在他单脚站立时教给他《托拉》。拉比沙迈用
手中的棍子把他赶走了。然后他来找希勒尔，并提出了同样的请求，
希勒尔对他说："己所不欲，勿施于人。这就是《托拉》的全部，
其余的只不过是评述而已，去学吧。"（Shab. 31a）

　　对于那些不愿意皈依犹太教的异教徒们，拉比们提出一套道
德准则，称为挪亚子孙之七戒。它包括这样一些律条："做事公道，
不得亵渎圣名，禁止偶像崇拜，禁止不道德行为，不得杀人，不
得抢劫，不得从活的动物身上撕下肢翼。"（Sanh. 56a）依据这
些戒律，凭借自己正直的行为，他们便能获得神的赞许。《圣经》
上"公义使邦国高举，罪恶是人民的羞辱"（《箴言》14：34）
这句话的前半句适用于以色列人，后半句适用于异族人。因为"羞
辱"（*chésed*）一词隐指"虔诚"，上面这句话于是被解释为：即
66　使异教徒们虔诚的行为也是罪恶，因为他们的动机是不纯净的。
这一解释受到拉比约查南·本·撒该的反对，他说，"正如赎罪

---

　　①　在专门用于仪式的容器内。

祭可以为以色列赎罪一样，正直也可以为世上的众人赎罪"（B. B. 10b）。上帝的裁判是如此的公正，"他依照异教徒中的最优秀者来评判他们"（p. R. H. 57a）。

《塔木德》中偶尔出现的那些描述非犹太人时的严厉语言常常是出自于这样一种信念，即"异教徒沉溺于放荡的生活"（Jeb. 98a）。拉比们憎恶他们在其周围所看到的劣行，同时也感激他们自己的宗教所赐予他们的崇高理想。在离开研习所时要说的一条祷告是这样的："感谢您主啊，我的上帝，我父辈的上帝，让我置身于研习所和教堂的人群之中，而不是让我置身于那些热衷于剧场和马戏的人群之中；因为在我努力承袭乐园之时，他们却奔向毁灭的深渊。"（p. Ber. 7d）

有些尖刻的语言是在极端恼怒的情况下说出来的。在这类话中最受指责的有这样一句："异教徒中最好的也要杀死！蛇中最好的也要打碎其脑袋。"（Mech. 14：7；27a）但是不要忘记说出这话的是拉比西缅·本·约该，他曾经历了残酷的哈德良迫害，目睹了他尊敬的师长拉比阿基巴在罗马人手里受尽凌辱的情形，而他本人则被迫与儿子一起藏匿于山洞之中达13年之久，以逃避其民族的压迫者。他的话表达了他个人的情绪，然而，引用这些话来阐明《塔木德》的道德准则却是非常不公正的。

从下面摘录的这节文字中可以清楚地看出，反对异教徒乃是出于道德上的原因，而不是出于种族上的原因："拉比以利泽宣称，'异教徒不得分享来世，如《圣经》所说，"恶人，就是忘记神的外邦人，都必归到阴间"（《诗篇》9：17）；"恶人"指的是以色列之中的恶人。"'拉比约书亚对他说，'假如经文中写的是"恶人及所有外邦人必归阴间"，并到此为止，那么我便同意你的观点。然而，经文上又添上了"忘记神的"这几个字。这就是说，外邦人中必定有可以分享来世的正直人。'"（Tosifta Sanh. 13：2）因此，一切民族中的正直人都将获得来世的幸福是拉比犹太教中所公认的观念。①

---

① 参见第 369 页。

第三章　人的教义

1. 人类

人是按照上帝的形象创造的这一点是拉比们人的教义之本原。在这一方面，人的卓越品性高出于其他一切生物，并代表着上帝创世的顶点。"人是被宠爱的，因为他是按上帝的形象创造的，然而，人是按上帝的形象创造的这一点是通过一种特殊的爱才让人知道的；如《圣经》所说，'因为神造人是照自己的形象造的'（《创世记》9：6）。"（Aboth 3：18）

这一事实使得人类在宇宙大系中占据了至关重要的位置。"一个人就等同于全部的创世"（ARN 31）。"人首先是以个体被创造出来的，这样做是要教导人们无论谁毁灭了一条生命[①]，《圣经》便视其为毁掉了整个世界；无论谁拯救了一条生命，《圣经》便视其为拯救了整个世界。"（Sanh. 4：5）

不仅如此，既然人是照神的形象创造的，他们在处理人际关系时必须把这一点牢记在心。对人类的冒犯事实上就是对上帝的

[①] 这是最初的措辞，后来它被窜改为"一个以色列灵魂"，从而破坏了这一教义的普遍性。

冒犯。拉比阿基巴声称，《圣经》上"却要爱人如己"（《利未记》19：18）这句话是《托拉》的基本原则，并由此推引出了这样的教义："你们不应说因为我被轻贱，让我的同胞也一起被轻贱吧；因为我遭诅咒，让我的同胞也一起遭诅咒吧。拉比坦库玛（Tanchuma）说，假如你们如此行事，你们要知道你们轻贱了谁，因为'神造人是照自己的形象造的'。"（《大创世记》24：7）

　　在强调人与上帝有亲缘关系的同时，拉比们还同样地强调他们之间的天壤之别。假如人的一部分具有神性，那么他们的另一部分则是尘俗的。"凡天上创造的生灵，他们的灵与肉都来自天上，凡地上创造的生灵，他们的灵与肉都来自地下；而人则是例外，他的灵魂来自天上，他的肉体来自地下。因此，如果一个人遵奉《托拉》，并按其天父的意志行事，他便像天上的生灵，如经文所说，'我曾说，你们是神，都是至高者的儿子'（《诗篇》82：6）。但是，倘若他不遵奉《托拉》，不执行其天父的意志，他便像地下的生灵；如经文上所说，'然而你们要死，与世人一样'（同上，7）。"（Sifré Deut. §306；132a）

　　还有另一种方式来描述人的这一双重本性："人类在四个方面像上面的生灵，在四个方面像下面的生灵。与动物一样，人吃喝、繁衍、解脱并死亡；与侍奉天使一样，人能站立、会语言、有智慧、看得见[1]。"（《创世记》8：11）*

　　创造人类的目的是要给人一个颂扬宇宙创造者的机会。"从

---

　　① 意思是人前面有眼，而不像动物眼长在两边。
　　* 似应为《大创世记》。——译者

创世之初，对上帝的颂扬只是来自于水；如《圣经》所说，'胜过诸水的声响，海洋的大浪'（《诗篇》93：4）。诸水在颂扬什么呢？'耶和华在高处大有能力。'神圣的上帝说，'他们这些没有嘴也没有语言的水尚能如此赞美我，如果我创造了人，那将会受到多么高的赞美啊！'"（《大创世记》5：1）

所以，生活也必须从这样的角度去理解和度过。"死人不能赞美耶和华"（《诗篇》115：17）这句经文被解释为是针对这一道德而发的。"一个人只要生命不息都应潜心研习《托拉》和戒律；因为，人死后可免于受《托拉》和戒律的约束，上帝也不再得到他的赞美。"（Shab. 30a）

为了追求物质上的占有而辛劳一生是毫无意义的，因为这种财富的价值只是昙花一现的。下面这则阐明同一真理的寓言同样也出现在伊索的作品中："这可以比作一只狐狸找到了一个四面有墙的葡萄园。墙上只有一个洞，狐狸想钻进去，却又办不到，怎么办呢？它于是三天不进食，直到饿得很瘦，然后才从小洞钻进去。在园内它尽情享用，当然又长胖了。等它想出来时，它又钻不出来了。所以他只好又饿了三天，直到变瘦了才得以出来。出来后，狐狸回头看了看说，'葡萄园啊，你和你的果实对我有什么用？里面的一切既美丽又可爱，但你有何益呢？我进去时什么样子，出来时还是什么样子。'世界也是一样。人来到世上时，他的手紧紧握着似乎是说，'一切都是我的，我要得到一切。'当他离开世界时，他的手张开了，仿佛是说，'从这个世界上我一无所获'。"（《大传道书》5：14）

人在其一生所能够获得，也应该努力去积累的是高尚的品德。

这样的财富即使在人死后也能保持其价值。"在人离去的时刻，能陪伴他的不是金银珠宝，而是《托拉》和善行；如《圣经》所说，'你行走，他必引导你，你躺卧，他必保守你，你睡醒，他必与你谈论'（《箴言》6：22）——'你行走，他必引导你'——这是指今世；'你躺卧，他必保守你'——这是指死后；'你睡醒，他必与你谈论'——这是指来世。"（Aboth 6：9）

据说，生活在1世纪并皈依了犹太教的亚地亚本（Adiabene）国王摩诺巴苏（Monobazus）在灾荒时把其财富都施于穷人。当亲戚们责备他糟蹋钱财时，他回答说："我的祖先聚财是为下，我聚财是为上；他们把财富聚在暴力肆虐的地方，我把财聚在暴力无能为力的地方；他们聚的财富不生果实，我聚的财富生生不息；他们聚积的是钱财，我聚积的是灵魂；他们聚财是为了别人，我聚财是为自身的善；他们把财富聚在今世，我把财富聚在来世。"（Tosifta Peah 4：18）

为了敦促人要有作为，不要荒废了易逝的岁月，"人生今日驻，明日走"的思想曾不止一次被提及。《圣经》上"我们在世的日子如影儿，不能长存"（《历代志上》29：15）这句话隐含了如下的道理："但愿生命能如墙壁或树木的影子，但它却只如飞鸟的影子。"（《大创世记》96：2）同样的观点还有如下的表述："岁月短促，任务重大，劳者懒散，奖赏丰厚，家长迫切。"（Aboth 2：20）

既然潜心于《托拉》和从事善行能让生命更充实和丰富，那么反过来，某些过失则剥夺生命的美好并使人损寿。"邪恶的眼睛（即嫉妒），邪恶的嗜好（即放纵）以及对同胞的憎恨使人离开世界。"（同上，16）同一教义的另一形式是："嫉妒、贪婪和欲望将人

从世上带走。"（同上，4：28）

尽管拉比们在谈话中不厌其详地讨论了人的精神本质，然而，他们并没有漠视肉体的价值和重要性。身体是上帝的杰作，它证明了上帝无限的美德和无穷的智慧。每一个人都是一个与众不同的个体这一点正说明了这种美德和智慧所能创造的奇迹。"这昭示了至高无上的万王之王的伟大，因为人用同一模具铸就的许多硬币都相似，而神圣的主用第一个人的模具所造就的每一个人却都彼此不同。为什么没有相同的脸呢？是为了不让人看到华美的宅宇或漂亮的女人时声称为自己所有。人在三个方面区别于他的同胞——声音、相貌和心灵。声音相貌上的不同是为了维护道德，心灵上的不同是因为强盗和暴徒之故。"（Sanh. 38a）[1]

另一段文字把人描述成宇宙的缩影。"上帝在宇宙中创造的一切，他都创造在了人的身上。"（ARN 31）关于这一观点有大量的细节描述，例如：毛发对应着森林，口唇对应着墙壁，牙齿对应着门，脖子对应着塔楼，手指对应着钉子，等等。

下面这段文字中包含了拉比们关于婴儿出生之前以及出生时的一些看法："孩子在母亲的子宫内是什么样子呢？就像一本合而未读的书。它的双手放在两边的太阳穴上，两臂关节放在双膝上，两脚后跟放在臀上，头置于两膝之间。口是闭合的，而肚脐是张开的。它从母亲的饮食中汲取营养，但是它不进行排泄，以免置母亲于死地。当它刚刚显露于世间的空气之中时，原来闭合的（即口）张开了，原来张开的（即肚脐）闭合了；要不然，孩子连一

---

[1]　如果人人心灵相同，强盗便会知道善良的人钱财藏于何处，从而去掠夺别人。

个小时也不能生存。孩子的头上点亮一盏灯，这样它可以从世界的一端看到另一端；如《圣经》所说，'那时他的灯照在我头上，我藉他的光行过黑暗'（《约伯记》29：3）。不要为此而大惊小怪，因为人可以睡在此地而看到西班牙的梦幻。这是人类所经历的最幸福的日子。此后，把全部的《托拉》传授给孩子；不过，当孩子进入世间的空气之中时，一个天使会过来击打它的口，使其忘记一切。直到将誓言给予孩子之后，它才完全从母体降生出来。这誓言就是：要正直不要邪恶；即使大家都说你正直，你也要自认为是邪恶之人；要知道上帝是纯洁的，他的祭司是纯洁的，他赋予你的灵魂是纯洁的。如果你能保持它的纯洁，很好；如果不能，我就要将其拿走。"（Nid. 30b）

　　人体的解剖是这样被描述的："人体有248块肢节（包括肢节的组成部分）。脚上有30块，即每个脚趾6块；脚踝有10块；小腿有2块；膝盖有5块；大腿有1块；胯骨有3块；肋骨有11块；手掌有30块，即每个手指6块；前臂有2块；肘部有2块；大臂有1块；肩部有4块；身体的每侧各有101块。另外，脊柱上有18块脊骨；头上有9块；颈上有8块；胸部有6块；生殖器有5块。"（Ohaloth 1：8）

　　人体精妙绝伦的构造不仅令拉比们感到惊异，也让他们赞叹不已。"气囊只要用一根针刺一下气就跑光了，然而人身上有那么多孔，吸进的气却跑不掉。"（《大创世记》1：3）"上帝为人创造的脸其大小只相当于手指伸展开的尺寸，但却包容了互不相犯的数种水源。眼里流出的水是咸的；耳里流出的水带油性；鼻子里流出的水有恶味；口里流出的水是甜的。为什么眼泪是咸的呢？

因为人如果因丧亲而不停地哭泣就会哭瞎了眼睛，但由于眼泪是咸的（它能使眼睛难受），人便不哭了。为什么耳内的水有油性呢？因为人听到坏消息时，若耳朵留住了这消息，它便会萦绕于心，人就会死去。由于耳内的水是油性的，消息便从这耳进，从那耳出去了。为什么鼻涕有恶味呢？因为一个人嗅进了不好的气味，倘若不是有恶味的鼻涕保护他，他就会死去。为什么唾液是甜的呢？因为有时人吃了讨厌的东西会呕吐，倘若唾液不是甜的，人的灵魂就不会归来了。"（《大民数记》18：22）"看，上帝赋予了人这么多奇迹，而人却一无所知。假如人吃了一块坚硬的面包，它会把肠道划伤；然而，神圣的上帝在人咽喉的中间造了一只泉眼，以便让面包（湿润后）安全地下去。"（《大出埃及记》24：1） 72

很显然，拉比们渴望用其有限的生理学知识去说明人体每一器官的每一功能都是上帝为了人的幸福和长寿而设计的。他们还相信某些情感和功效是由人体的不同部位管辖的。"肾脏激发思想，心脏影响智力，舌头发音，气管发声，肺吸收各种液体，肝脏产生愤怒，胆汁滴于肝上平息怒气，脾脏让人发出笑声，大肠磨碎食物，胃诱人入睡，鼻子将人唤醒。假如诱人入睡的器官也将人唤醒，或者将人唤醒的器官也诱人入睡，那么人就枯萎了。假如这两者同时诱人入睡和将人唤醒，那么人即刻就死去了。"（Ber. 61a，b）

从道德行为的角度看，身体的部位是如此分类的："人有六种器官为其服务，其中三种在人的控制之下，另外三种则不受人控制。这后三种是眼、耳、鼻。人能看到他不愿看的事物，听到他不愿听的声音，嗅到他不愿嗅的气味。人可以控制的器官是口、手、足。如果愿意，人即可以诵读《托拉》也可以满嘴脏话。至于手，只要人愿意，它可以行善，也可以偷盗或杀人。而脚呢，如果人愿意，它可去剧院和马戏场，也可以去祷告和学习的地方。"（《大创世记》67：3）

莎士比亚关于生命的七个阶段在《米德拉什》中已经预见到了："《传道书》中所提到的七种虚空①正对应着人生经历的七种境界。一岁时人被安放在有盖的床上，大家抱他、吻他，宛如国王一般。两三岁时，他在污水沟处拱来拱去，像头小猪。10岁时，蹦蹦跳跳如顽童。20岁时，打扮求偶像烈马。结婚后像一头驴（身负重任）。做了父亲，为儿女谋生计胆大如狗。最后衰老（弯腰驼背）形同猢狲。"（《大传道书》1：2）

73　　《先贤篇》（*Aboth*）用不同的观点对此进行了另一种划分："6岁时学习《圣经》；10岁时学习《密释纳》；13岁履行戒律②；15岁学习《塔木德》；18岁婚配；20岁谋生③；30岁进入盛年；40岁领悟；50岁深思；60岁进入老年；70岁两鬓斑白；80岁是非凡的恩赐④；90岁因年衰而躬背；100岁虽生犹死。"（5：24）

死亡被认为是罪恶所致，没有罪恶的人必然是永生的。"有罪必有死。"（Shab. 55a）"侍奉的天使问上帝，'你为何处死亚当？'上帝回答，'我给他定了一条很轻的律法，但他却违反了'。"（Shab.

---

①　"虚空"（vanity）一词在《传道书》1：2中出现了5次，其中两次是复数形式，这意味着至少是两种，所以总数是7种。

②　到这年纪人成为"戒律之子"（Bar Mitzvah），并被接纳为社团的成员。

③　其意思欠明确，有人将其译为"追求（正直）"。

④　参见《诗篇》90：10。

55b）"假如有人对你说，如果亚当不去吃禁果，那么他就能永生了，你要回答说，事实上以利亚正是如此。"（《大利未记》27：4）

上帝在宇宙中创造的最厉害而又无法征服的东西就是死亡。"世界上有10种厉害的东西被创造了出来：山厉害，但铁能够毁坏它；铁厉害，但火能够熔化它；火厉害，但水能够扑灭它；水厉害，但云能够托起它；云厉害，但风能够吹散它；风厉害，但身体能携带它（呼吸）；身体厉害，但恐惧能摧毁它；恐惧厉害，但酒能驱走它；酒厉害，但睡眠能化解它；然而，死亡比这一切都厉害。"（B. B. 10a）

死亡据认为有各种伪装，并且是以多种形式出现的。"世界上创造出了903种不同类型的死亡，如《圣经》所说，'死亡的事（issues① of death）'（《诗篇》68：20）。最痛苦的死亡是哮吼，最轻松的死亡是死亡之吻（the kiss of death）。哮吼有如陷在羊毛团中的刺，总是在向后撕②。有人则说，死亡如运河入口处的漩涡。死亡之吻犹如将一根毛发从牛奶中取出。"③（Ber. 8a）

死亡的具体过程是这样被描述的："当一个人的末日来临时，死亡天使来带走他的灵魂（Neshamah）。灵魂就像充满血的静脉一样在全身遍布着许多细小的分支。死亡天使抓住血脉的顶端，把灵魂抽取出来。对于善良的人，他轻轻地抽，如同从奶中取出一根毛发；对于恶人，则如同运河入口处的漩涡一样猛烈；用别

———————

①　"issues"一词的希伯来语是 *totzaoth*，这个词在数字上的含义是903。

②　就是说当人试图将刺向外拔出时，同样哮吼也把喉膜撕裂。

③　比喻死亡之轻易。亚伦（《民数记》33：38）和摩西（《申命记》34：5）据说是遵着耶和华的吩咐（字面意义为耶和华之口）而死去的，这被解释为死于上帝之吻（B. B. 17a）。

人的话说，就像从羊毛团中取出一根向后撕扯的刺一样。抽取完毕，人也就死了。这时灵魂出窍，停留在死者的鼻尖上，直到身体朽腐。身体朽腐之后，灵魂便对上帝呼喊，'宇宙的主啊，要把我引向何方？'这时，（天使）杜马（Dumah）便把它带到诸精灵（spirits）所在的死亡法庭。如果这个人一生正直，便会对他喊，'为这位正直的人清理出一个地方。'他于是一步步前行，直到看见舍金纳。"（《诗篇》11：7 的《米德拉什》51b，52a）

对死亡的过程还有另一种描述："他们说死亡天使浑身有眼。病人临死时，他手持一把出鞘的剑立于病人的枕头上方，剑上悬着一滴胆汁。病人看到他时会因恐惶而张开嘴，天使便让胆汁落入他的口中。因此，人就死了。这也是尸体发出恶臭，死人脸色苍白的原因。"（A. Z. 20b）

那个时代的人们从人死去的情形来寻找某些预兆。"在笑声中死去是吉兆，在哭声中死去是凶兆；面朝上死去是吉兆，面朝下则是凶兆；死去时面对着别人是吉兆，面对墙壁则是凶兆；死去时脸色苍白是凶兆，脸色红润则是吉兆；在安息日前夜死去是吉兆，在安息日终了时死去则是凶兆；在赎罪日前夜死去是凶兆，在赎罪日终了时死去则是吉兆；死于腹部疾患是吉兆，因为大多数正直的人都死于这类疾患①。"（Keth. 103b）

拉比们试图尽可能地减少人们对于生命终结的恐惧。他们强调说，死亡完全是一种自然过程。关于"生有时，死有时"（《传道书》

---

① 这种疾患由于令人非常痛苦，所以被认为能够赎罪；同时，这种疼痛有上吐下泻的症状，也能影响到人的道德，从而使人净化。参见第 106 页。

3：2），《米德拉什》对这句经文的评论是，"从诞生的那一刻起，就存在着死亡的可能性"；他们劝诫人们，"死去的前一天要忏悔"（Shab. 153a），意思是说随时都要忏悔，因为人在哪一天死是无从知道的。正如我们在前面已经看到的那样，死亡甚至被列在上帝所创造的"甚好"的事物之中。

死亡的时刻是由上帝决定的，谁也不能斗胆预见神的诰命。自杀是受到深恶痛绝的行为，并且作为滔天大罪受到谴责。对《圣经》上"流你们血，害你们命的，我必讨他的罪"（《创世记》9：5）这句话，拉比们的解释是，"这句话也包括勒死自己的人"（《大创世记》34：13），即没有流血的死亡。关于这一问题，我们注意到有如下的议论："人不可以自己伤害自己，而某些权威则认为这是可以的。但考虑到《圣经》上'流你们的血，害你们的命（字义为灵魂）的，我必讨他的罪'这一句，情形就不一样了，因为这句经文被解释为指的是自裁。"（B. K. 91b）这意思是说自我伤害一旦以自杀而终结，所有的导师们都认为是应该禁止的。

被罗马人活活烧死的查尼那·本·特拉地昂（Channina b. Teradyon）以身殉道的实践比起理论来要更加感动人心。罗马人用一卷《托拉》把他的身体包扎起来，周围放上浸了水的羊毛团，以延长他的痛苦。他的门徒向他呼喊："张开嘴，让火向内烧（以求速死）。"他回答说："谁赐予的（灵魂），最好还是由谁来带走，任何人自己也不能去伤害它。"（A. Z. 18a）①

---

① 约瑟福斯也持同样的观点："自我伤害的人其灵魂被纳入到冥府的最幽暗处，并且天父上帝要惩罚那些自戕其身心者的后代。因此，上帝憎恶自杀，并且英明的立法者也惩处自杀。"（《犹太战争》第3卷，8：5）

　　在对《圣经》上"人死的日子胜过人生的日子"(《传道书》7：1)
这一句的阐释中，我们看到了对生和死这一问题明智而又健全的
观点："人生时，大家欢乐；人死时，举家悲哀。但事情不该这样。
76 恰恰相反，人生时大家不应欢乐，因为谁也不知道他的命运和事
业将会如何，他是正直还是邪恶，他是好还是坏。从另一方面看，
人死去时如果其名声很好，且又是安详地离开了世界，这才是应
该欢乐的时刻。就像两条在海上航行的船，一条出航，一条归航。
人们只为出航的船欢呼，却不为归航的船欢呼。站在旁边的一位
智者对人们说，'我的心情跟你们正相反。船出航你们不该高兴，
因为谁也不知道它的命运将会如何，它将经历怎样的惊涛骇浪和
狂风暴雨；然而当船回到港湾时，大家都应该为其安全返航而高
兴。'"(《大传道书》，同上)

2. 灵魂

　　人因被赋予了灵魂而与上帝类似。人因为拥有这一类似上帝
的特性所以与上帝有亲缘并且比其他的生物更加优越。前面已经
指出，拉比们认为人具有双重品性。"他的灵魂来自天上，他的
肉体来自地下。"(Sifré Deut. §306；132a)。拉比们将人的肉
体描述为"灵魂的鞘"(Sanh. 108a)。他们教导说灵魂与肉体的
关系正如上帝与宇宙的关系一样。①

　　人生的质量取决于每一个人为保持灵魂纯洁不遭玷污而付出

---

① 参见第 6 页。

了多少心血。对于"灵仍归于赐灵的神"（《传道书》12：7）这句经文有一则精彩的阐述："把灵魂归还上帝，正如上帝赐你以纯洁的灵魂，你也要还上帝一个纯洁的灵魂。就像一位国王将华丽的衣服分发给他的奴隶，聪明的奴隶把衣服叠好，存放在箱内，愚蠢的奴隶穿上去干活。后来，国王要索回衣服，聪明的人把衣服干干净净的归还，愚蠢的人还回的衣服则是污秽狼藉。国王对聪明的奴隶表示满意，对愚蠢的奴隶则大发雷霆。对于前者，国王命令他们将衣服返还国库后各自平安回家。而对于愚蠢的奴隶，国王命令他们将衣服送去洗涤并把他们监禁起来。同样，对于正直的人，上帝说，'他们得享平安。素行正直的，各人在床上安歇'（《以赛亚书》57：2）；关于他们的灵魂，上帝说，'你的性命却在耶和华你的神那里蒙保护'（《撒母耳记上》25：29）；关于邪恶之徒的肉体，上帝说，'恶人必不得平安'（《以赛亚书》48：22）；至于他们的灵魂，上帝则说，'你仇敌的性命，耶和华必抛去，如用机弦甩石一样'（《撒母耳上》25：29）。"（Shab. 152b）

我们得知："灵魂有五种称谓：*Néphesh*, *Ruach*, *Neshamah*, *Jechidah*, 以及 *Chayyah*。*Néphesh* 是血，如经文所说，'因为血是生命（*néphesh*）'（《申命记》12：23）。*Ruach* 可以升起或降落；如经文所说，'谁知道人的灵（*ruach*）是往上升？'（《传道书》3：21）*Neshamah*[①] 是气质。*Chayyah* 之所以有这样的称谓，是因为肢体都要死亡而它却生存。*Jechidah*，即唯一，它的意思是人身上的肢体都是成双的，而灵魂却独一无二。"（《大创世记》14：9）

---

① 这个词还有另一种解释，参见第74页。

这些称谓中的前三个在拉比文献中被普遍地使用，然而要准确地界定它们之间的差异却不容易。既然 *Néphesh* 与血相认同，所以它包含了活力的意思，并且它既可用之于动物，也可用之于人类。例如有这么一句话："每一滴血都能补血，靠近血的一切亦能恢复血。"（Ber. 44b）这句话的意思是一切有活力的动物或鱼类，人吃了之后都能增强人的活力，而靠近具有活力的器官的那些部位则尤其如此。因而，人死亡时 *Néphesh* 也就终止了。

Ruach 和 *Néphesh* 这两个词似乎可以互相替代，都指的是人类所独有的灵魂。它是人体中不死的部分，是上帝吹入人体内的"气息"（breath）[①]。

对于人的胚胎是在哪一刻被赋予了灵魂这一问题，据说《密释纳》的编纂者拉比犹大曾与他的罗马朋友安东尼（Antoninus）[②]有过讨论。"安东尼问拉比犹大说：'灵魂是在何时注入到人体之内呢？是在受孕时，还是在胚胎形成时呢？'拉比说，'是在胚胎形成时。'另一位问，'那么，一块肉怎么可能不用盐处理而保持不腐坏呢？[③]所以，肯定是在受孕的那一刻注入了灵魂。'拉比犹大说，'安东尼的话让我受益不浅，并且他的观点有《圣经》作证："你也眷顾[④]保全我的心灵"（《约伯记》10：12）。'"（Sanh. 91b）

---

①　这是其字面意义。

②　《塔木德》中经常把他们作为好友而相提并论。安东尼通常被认为就是马克·奥勒利乌斯（Marcus Aurelius），但是克劳斯（S. Krauss）教授则持有异议，并认为他应该是马克·奥勒利乌斯的著名将领兼犹地亚国的庇护人阿维第乌斯·加西乌斯（Avidius Cassius）。

③　胚胎如不赐予灵魂怎么能存在而不腐坏呢？

④　希伯来语中也用这个词表示受孕。

《塔木德》认为灵魂是先于肉体而存在的。"尚未创造的灵魂囤积在七重天之上"（Chag. 12b），这指的是那些有待于与肉体结合并尚未降生的灵魂。人们普遍认为只有这些尚未出生的灵魂全都于世间具形存在之后，弥赛亚时代才会到来。直到 Guph 里的灵魂都终结了，大卫的儿子（即弥赛亚）才会到来（Jeb. 62a）。Guph 乃是天上的库房，灵魂在这里等待去附着肉体的时刻。

灵魂是人的精神力量，它使人高于动物，它启动人的心智，它让人能择善拒恶。因为安息日也是生活中一股使人超凡脱俗的力量；所以我们看到了这样的教诲："在安息日的前夜人被赐予一副额外的灵魂，安息日结束时，这个灵魂便被带走。"（Taan. 27b）这意思是说，恰当地守奉这个圣日可以使灵魂的威力更大，并能增强其在身体中的能量。

只有当人认真对待这一珍贵的赐予时，神的意志才可以触及他的生活。所以才规定人们每天早晨起床后首先应该这样祷告："我的上帝啊，你赐我以纯洁的灵魂。你在我身上创造了它，你将要从我身上取走它，但是，还将在来世归还于我。我将感谢你，主啊，我以及我父辈的上帝，万世之君，众魂之主。赞美你，主啊，你把灵魂赐予无生命的肉体。"（Ber. 60b）

3. 虔信与祈祷

人在精神上所具备的资质导致了人与上帝之间的亲缘关系，这一关系使得人有责任去证明自己享有这一天赋是当之无愧的。假如把人按照神的形象来创造是赋予他的一种荣耀，那么，与这一荣耀相适应的则是人因此有责任在生活中去赢得其创造者的赞许。

那么，人应该怎样做呢？下面这句话提供了答案："上帝的宝座面前有七种品质：虔信、正直、公平、善良、慈悲、真实，以及和睦。"（ARN 37）这些代表了至高的美德，而将虔信放在首位则是要表明它乃是人与上帝全部关系赖以存在的基本原则。"授予摩西的戒律共有 613 条——其中 365 条是禁止某些行为的，对应着公历年的天数；248 条是鼓励某些行为的，对应着人的肢节数。大卫来后，将戒律减少为 11 条，这些在《诗篇》第 15 章中有所罗列。以赛亚来后，将其减少为六条，如《圣经》所说，'行事公义，说话正直，憎恶欺压的财利，摆手不受贿赂，塞耳不听流血的话，闭眼不看邪恶的事'（《以赛亚书》33：15）。弥迦来将其减为三条，如《圣经》所说，'主向你所要的是什么呢？只要你行公义，好怜悯，存谦卑的心，与你的神同行'（《弥迦书》6：8）。以赛亚进而将其减少到两条，如《圣经》所说，'耶和华如此说，你们当守公平，行公义'（《以赛亚书》56：1）。最后，哈巴谷来了，将戒律减少为一条，如《圣经》所说，'唯义人因信得生'（《哈巴谷书》2：4）。"（Mak. 24a）

圣哲们指出，虔信不仅是《圣经》中的英雄们，同时也是以色列人所以与众不同的品性，他们并且赖此获得了上帝特殊的恩宠。"以色列人以极大的虔信信奉一呼而令世界创生的上帝。为褒奖这一虔信，圣灵①便停落在他们身上，于是他们吟诵了一首歌；如《圣经》所说，'（他们）又信服他和他的仆人摩西'（《出埃及记》

___

① 意为灵感，参见第 121 及以下诸页。

14：31），此后经文紧接着说，'那时，摩西和以色列人向耶和华唱歌。'同样，你们看到我们的父辈亚伯拉罕只是凭借虔信这一美德才得到了这个世界和来世；如《圣经》所说，'亚伯兰*信耶和华，耶和华就以此为他的义'（《创世记》15：6）。文中还引用了其他的例证，其结构就是：'凡虔信地接受哪怕一条戒律的人都有资格接受圣灵'。"（Mech. to 14：31，33b）

上帝为了以色列人的缘故而授给摩西许多戒令，其目的就是要将虔信注入到人们心中。有两个鲜明的事例就是被如此解释的。《出埃及记》17：11描述了摩西在与亚玛力的争斗中把手举起的情形。有人问，"摩西的手能否让以色列人获胜并打灭亚玛力的威风？摩西一直把双手指向天空，而以色列人则只是目不转睛地盯着摩西看，并且相信是上帝命摩西这样做的。神圣的上帝便为了他们而让奇迹出现了。铜蛇的制造（《民数记》21：8）也与此相似。铜蛇的形象究竟是能杀人呢，还是能救命呢？然而，以色列人注视着铜蛇并且笃信让摩西这样做的上帝，于是神圣的上帝拯救了他们。"（Mech. to 17：11，54a）

我们知道，在以色列"虔信的人"是极受尊敬的。在任何时候和任何情况下，他们对上帝的信念都是毫无保留的。"自从圣殿被毁之后，虔信的人就不存在了。"（Sot. 9：12）对于这一点人们痛感惋惜。从如下的讨论中可以理解这种虔信的含义："其篮子里尚存一片面包的人如果说，'我明天吃什么呢？'这种人便是不够虔信的人。"（Sot. 48b）

---

*　即亚伯拉罕。——译者

《塔木德》中记载着两个人的逸事，他们均以对上帝怀有坚定不移的信念而特别杰出。第一位叫甘锁的那胡（Nahum of Gamzo）[1]。下面的故事解释了他名字的由来："他为什么叫甘锁的那胡呢？因为，无论出什么事他总是说，'这也（*gam zo*）是好的。'有一次，打算给皇帝送份礼品的拉比们在讨论派谁去送礼。最后他们决定了，说，'咱们还是派那胡这位甘锁的人去吧，因为他惯于遇上奇迹。'于是，他们便派他带上礼物上路了。途中他歇宿在一个小店，半夜里另一些投宿者取走了他包中的物品后又给他装满了尘灰。到了目的地打开包裹后他才发现里面装满了尘灰。'犹太人在嘲弄我！'皇帝大吼一声，并命令处死那胡。他还是说了一句'这也是好的。'这时，以利亚[2]以皇帝侍从的身份出现了，说，'或许这些尘灰是他们的长老亚伯拉罕骨灰的一部分，他把尘灰撒向敌人就都变成刀，他把短发撒向敌人就都变成箭。'当时碰巧有一个省他们无法征服。他们试了一下这些尘灰，便征服了那个省。皇帝于是把那胡带到他的国库，给他的包里装满了宝石和珍珠，并隆重地送他回去了。又走到那家小店时，那些投宿者问他，'你给皇帝带去了什么，让他如此敬重你？'他回答说，'我只是带去了我从这儿带走的东西而已。'于是，那帮人也给皇帝送去了一些尘灰，然而经过验证尘灰并未变成刀和箭，那些人便被处死了。"（Taan. 21a）

81

---

[1]　《历代志下》28：18 中提到一个城邑叫瑾锁（Gimzo），也许那胡事实上是以此地命名的。

[2]　《圣经》中以利亚没有死，在《塔木德》的故事中，他常常在危急的关头以救危神灵的身份出现。

另一则例子谈到了拉比阿基巴："人应该养成说这样一句话的习惯：'无论仁慈的上帝做什么都是为了至善。'拉比阿基巴行路的途中来到一个镇上，他向人求宿时被拒之门外。因此他说，'仁慈的上帝做的一切都为了至善。'然后，他去野外过夜，身边只有一只公鸡、一头驴和一盏灯①。一阵风吹了灯，来了只猫吃掉了公鸡，又来了头狮子吃掉了驴。然而，他还是说，'仁慈上帝做的一切都是为了至善。'就在那天晚上，一伙强盗洗劫了那个村镇。他于是对镇上的居民说，'我不是告诉过你们，无论上帝做什么都是为了至善吗？'"（Ber. 60b）

《密释纳》确立了这样的规则："人有责任为邪恶的人祷告，甚至就像为善良的人祷告一样。"（Ber. 9：5）

虔信最真实地表现在祷告活动中，因为只有笃信上帝并笃信上帝愿意善待众生的人才会祈求上帝。这并不是说祷告只是表明有求于上帝，祷告按其最高尚的意义讲是被创造者与其造物主之间内心深处的亲密交流。正因为这样，它才既让上帝满意，又令人类受益。甚至还有这样的说法，"神圣的上帝渴望听见正直人的祷告。为什么把正直人的祷告比作铁锹②呢？因为，正如铁锹把东西从一地移到另一地一样，正直人的祷告能把上帝的愤怒变为仁慈"（Jeb. 64a）。

祷告欲让上帝听见，就不仅必须是真诚的，而且做祷告的人还必须无愧于让上帝来答复他的请求。"遵行上帝旨意并在祈祷

---

① 公鸡在早晨唤醒他，驴让他骑，灯供他夜读之用。

② 这个词的希伯来文是 éter，同样这几个字母还构成了一个意为"祷告"的词根。

时心向上帝者，上帝听得见他。"（《大出埃及记》21：3）"心中惧怕上帝的人，他的话上帝听得见。"（Ber. 6b）但是，谁也不能因自认不配得到上帝的答复而不去祷告；祷告应持之以恒。"假如一个人祷告而没有得到答复，他应该不停地重复祷告。"（同上，32b）拉比们进一步忠告人们，"即使利剑放到了脖子上，也不应该对神的仁慈感到绝望"（同上，10a）——在生命的最后时刻也不应放弃希望。

祷告时人们不应只想到自己，还应该想到同胞们的需要。"有能力替邻人祷告而不去这样做就是犯罪，如《圣经》所说，'至于我，断不停止为你们祷告，以致得罪耶和华'（《撒母耳记上》12：23）。"（Ber. 12b）"无论是谁，只要他在自己有同样的需求时也替其同胞祷告，他将首先得到上帝的答复。"（B. K. 92a）

在那个时代，外出旅行是危险的举动，有位拉比撰写了一则祷告词供人们在启程外出时诵说："愿主，我的上帝，在平安中陪伴我，在平安中引导我，在平安中支持我，拯救我免遭敌人伏击，祝福我的劳动，让我在你们眼里以及在所有看到我的人的眼里成为宽厚、和善、慈爱的人。赞美你，正在倾听我祷告的主。"然而，他的一位同事不同意这种措辞并评论说："祷告时应把自己与群体联系起来。人应怎样祷告呢？应说，'愿主，我们的上帝，在平安中陪伴我们'等等。"（Ber. 29b 及以下）这是公认的关于祷告的观点，因此，在教堂内的礼拜仪式上第一人称单数的使用是不多见的。

下面的评论强调了祷告的重要性："祷告比献祭更重要。祷告比善行更重要，因为论善行没人能比得上我们的先师摩西，而摩西只是凭借祷告才得到了上帝的回答；如《圣经》所说，'你不要向我再提这事'（《申命记》3：26），然后又说，'你且上毗斯迦山顶上去'（同上，27）。"（Ber. 32b）由此可以推出摩西的祷告使他获得了在临终之前看看这片应许之地的许可。

真诚的祷告不仅仅是口唇的运动，它必须发自内心。"祷告时如果心不捧在手中上帝是听不见的，如《圣经》所说，'我们当诚心向天上的神举手祷告'（《耶利米哀歌》3：41）"（Taan. 8a）——也就是说，我们在祷告中不仅要举起手，还要敞开心。《塔木德》对祷告的界定既简洁又恰如其分："经文说，'爱耶和华，你们的神，尽心尽性侍奉他'（《申命记》11：13）——尽心侍奉指什么？祷告。"（Taan. 2b）

拉比们强烈地告诫人们，祷告时的举止须毕恭毕敬。"祷告的人必须心向上天"（Ber. 31a）；祷告者在做祷告时须眼朝下，心向上（Jeb. 105b）。"祷告者必须想象舍金纳就在上方，如经文所说，'我将耶和华常摆在我面前'（《诗篇》16：8）"（Sanh. 22a）。"祷告时应知道你站立在谁的面前"（Ber. 28b）。"祷告时出声的人不够虔诚；祷告时抬高嗓门的人是假先知"（同上，24b），因为他们与那些"大声求告"（《列王纪上》18：28）的巴力神的先知相类似。

《塔木德》中的一则逸事生动地说明了这些劝诫："从前有位虔诚的人在河边祷告，一位贵族路过时跟他招呼，他却没有反应。这位贵族等他祷告完毕后说，'废物！我跟你打招呼你为何不理睬？假如我砍下了你的头，有谁来向我追索你的血债呢？'他回答说，'听了我的解释你就会满意了。'然后他接着说，'假如你站在世上的一位国王面前，你的朋友向你打招呼，你会理睬他吗？'我不会。''你理睬了他，他们会拿你怎样？''他们会砍下我的头来。'祷告的人于是说，'我们可否以小推大：既然你站在一位今日生明日死的尘俗国王面前尚且如此，那么我站在永恒的上帝面前不更应该这样吗？'贵族即刻平息了怒火，虔诚的人于是平安地回家去了。"（Ber. 32b 及以下）

除了人们因个人的需求而进行的私下祷告之外，还有一种个人也应该参加的集体祈祷活动。下面的说法强调了这类祈祷活动的重要性，"祷告只有在犹太圣堂内上帝才能听得到"（Ber. 6a）。"假如一个人经常去圣堂而某天却缺席了，上帝会过问此事，如经文所说，'你们中间谁是敬畏耶和华，听从他仆人之话的，这个人行在黑暗中，没有亮光？'（《以赛亚书》50：10）。如果他缺席是去履行宗教上的义务，他将有亮光；如果他缺席是因为尘俗的事务，他将没有亮光。'当倚靠耶和华的名'（同上），为什么不给他亮光呢？因为他本应倚靠神的名，但却没有这样做。上帝进入圣堂如发现不是法定的十人，上帝会即刻发怒，如《圣经》所说，'我来的时候，为何无人呢？我呼唤的时候，为何无人答应呢？'（同上，2）①"（Ber. 6b）法定人数问题是如此的重要，以至于有一次"拉比以利泽走进圣堂发现不足十人，便释放了他的一个奴隶以凑足数目"（同上，47b）②。

---

① 教堂中不足法定十人时，礼拜仪式的某些部分包括对会众的答复都会被取消（因此，"无人答应"）。

② 参见第 201 页。

　　关于圣堂内礼拜仪式这一主题还有更进一步的教诲："自己镇上有圣堂而不去祷告的人被称为'恶邻';如《圣经》所说,'耶和华如此说:一切恶邻,就是占据我使百姓以色列所承受产业的'(《耶利米书》12:14)。不仅如此,这样的人会招致本人及其儿子遭流放,如《圣经》所说,'我要将他们拔出本地,又要将犹大家从他们中间拔出来'(同上)。有人告诉住在巴勒斯坦的拉比约查南说:'在巴比伦发现了一些老者。'他吃惊地说,'《圣经》上写着,"使你们和你们的子孙的日子在地上得以增多"(《申命记》11:21)——这是指在以色列的地上,而不是在以色列之外!'当人们告诉他说这些老者一早一晚都要到圣堂去时,他说,'他们之所以长寿正是多亏了这一点。'这正像拉比约书亚·本·利未对其儿子们说的话,'早起床,晚睡觉,去圣堂,这样才可以长寿。'"(Ber. 8a)

　　尽管有位拉比认为"祷告的多就会得到答复"(p. Ber. 7b),但一般的观点认为祷告的长短与其功效无关,"有位信徒曾走下来站在壁龛前①,当着拉比以利泽的面无端地延长了祷告的时间。信徒们便对拉比说,'师长啊,瞧他多啰唆!'拉比回答说,'难道他比我们的先师摩西还啰唆吗?《圣经》上说他曾祷告了四十昼夜'(《申命记》9:25)。还有一次,一位信徒走下来站在壁龛前,当着拉比以利泽的面无端地缩短了祷告的时间。信徒们对

85

----

　　①　壁龛是圣堂东墙上放置《托拉》经卷的地方。在过去的圣堂中,读经者的桌子就放在壁龛前面,而不是像现在这样放在圣堂的中央。"走下来站在壁龛前"指的是在集体祷告时担当领诵者。

拉比说，'瞧他多么简省！'拉比回答说，'难道他比我们的先师摩西还简省吗？'因为《圣经》上写着，'（摩西哀求耶和华说）神啊，求你医治她！'（《民数记》12∶13）"（Ber. 34a）

祈祷时对上帝进行夸张的颂扬乃是愚蠢之举这一观点，同样给我们留下深刻的印象。"某人走下来站到壁龛前，当着拉比查尼那的面说，'上帝啊，你是至大的，你大有能力，你大而可畏，你宽厚，你强大，你受敬畏，你有力，你威猛，你恒常，你受敬仰。'拉比卡尼那等他讲完后对他说，'这些形容词有什么用？就是我们所用的三个形容词"至大，大有能力，大而可畏"，要不是我们的先师摩西在《托拉》中用过（《申命记》10∶17）以及大议会的人在礼拜仪式上予以确认①，我们都不应该用，而你却说了那么多！'就好比一位国王拥有上百万件金器，而人们却在颂扬他拥有上百万件银器；难道这不是污辱吗？"（Ber. 33b）怀着要"计数"的目的去刻意延长祷告，以期用长度博得上帝的答复被指责为愚蠢之举，因为这种企盼是注定要落空的（同上，32b）。

尽管拉比们赞赏人们去参加每日法定的三次礼拜仪式②，但他们却很注意要求人们不要让祷告流于刻板敷衍。他们倡导的原则是："祷告时，不要视祷告为预定的任务（kéba），而要把它当作向上帝祈求宽厚和仁慈来看"（Aboth 2∶18）。kéba 一词的含义在《塔木德》中有所讨论，其定义也是多种多样："它包括任何认为祷告是负担的人；任何不用祈求的语言默诵祷告的人；任何

---

① 据认为是这个大议会的人编定了圣堂上礼拜仪式的诵词（Meg. 17b）。

② 传统上认为此三次仪式起源于犹太人的三位始祖（Ber. 26b）。

不能使之有所增益的人。"（Ber. 29b）其他的忠告还有："心神 ₈₆
不定的人不得祷告"（Erub. 65a）；"（祷告之前）人应反躬自省，
如果他能正其心（而向着上帝），他可以祷告，否则他不得祷告"
（Ber. 30b）。

《塔木德》时期的一些拉比创作了为数不少的祷告词，这些
祷告词成为了圣堂中仪式的一部分。例如："愿我们的主上帝乐
意赐给我们长寿，赐给我们安定的生活，美好的生活，幸福的生
活，富足的生活，健康的生活，畏惧犯罪的生活，免受耻辱的生活，
繁荣尊贵的生活。在这种生活中，我们爱《托拉》，我们畏上帝；
在这种生活中，你满足我们求善的欲望。"（Ber. 16b）

"我们的上帝啊，我成形之前一文不值，现在我虽已具形骸，
但仍如未成形一般。我生为尘土，死了尤甚。你看，我站立于你
面前形同一只装满耻辱与混乱的器皿。主啊，我的上帝，愿你使
我不再犯罪，祈求你以无边的仁慈洗除我已犯之罪，但不要让我
受折磨，遭病痛。"（Ber. 17a）这一句已经成为在赎罪日要说的
忏悔的一部分。

"我的上帝啊，求你让我出言谨慎，不说邪恶狡诈的语言；
对那些诅骂我的人，让我的灵魂听而不见，让我的灵魂视一切诅
咒为尘土。把我的心敞开去面对《托拉》，让我的灵魂去追求你
的律令。让我免于灾祸，免于邪恶的冲动，免受邪恶女人以及世
界上一切邪恶之事的诱惑。倘若有人暗算我，求你使其意图即刻
落空，并挫败他的计谋。主啊，我的支柱，我的救星，请接受我
口中的语言和我心中的反省吧。"（同上）

遇到危险时要诵说的一则简短祷告是这样的："在天上施行

你的意志；赐地下畏惧你的人以安宁的心灵，并使其做你眼中的善事。赞美你，倾听祷告的上帝。"（同上，29b）

在法定的仪式结束时，一位拉比总要祷告说："主啊，我们以及我们父辈的上帝，愿你接受我们的祈求，别让他人心中憎恨我们，也别让我们心中憎恨他人；别让他人心中嫉妒我们，也别让我们心中嫉妒他人。愿你的《托拉》占据我们心中的每一天，愿你把我们的话作为祈求接纳。"另一位拉比对此又作了如下的补充："让我们的心在敬畏你名中联合起来，让我们远离你所恨的，靠近你所爱的；为了你的名字，公正地对待我们吧。"（p. Ber. 7d）

早上醒来时要做的祷告是："感谢主让死者复活。① 主啊，在你面前我曾有罪孽。愿主，我的上帝接受我的祈求，赐我以善良的心，赐我以幸运，赐我以好的欲念，赐我以益友，赐我以美名，赐我以大度的双眼，赐我以宽阔的胸襟，赐我恭顺的心灵。愿你的圣名不因我们而遭亵渎，愿我们不被同胞所耻笑。愿我们的命运不（因罪孽而）被你断送，愿我们的祈望不会变成绝望。愿我们能自给自足而不仰赖别人，因为他们的馈赠虽然微薄，但我们蒙受的耻辱却很大。让我们与遵行你旨意的人共享《托拉》。恳求你在我们有生之日从速重建你的圣殿和城邑。"（同上）

作为最后的说明，这儿再举一例："主啊，我们以及我们父辈的上帝，愿你接受我们的祈求，砸开套在我们心灵的邪恶枷锁，因为你创造我们是为了行你的旨意，我们将义无反顾地这样做。这是你的意愿，也是我们的意愿；但是，是什么妨碍我们这样做呢？

---

① 睡眠被认为是死亡的第六部分（Ber. 57b）。

是生面里的酵母 [①]。你知道我们没有能力来抵御它，主啊，我们以及我们父辈的上帝，愿你接受我们的祈求，使其离开我们并将其征服，以便我们能以至纯的心灵像履行自己的意志一般去履行你的旨意。"（同上）

这些引文足以说明拉比们认为祷告比单纯地祈求物质上的需要更加高尚。虽然并不忽视物质生活的要求，但他们却是把祷告用作享受与上帝亲情的媒介和完善人性中至纯至高品质的手段。祷告这一活动是拉比们增强其灵魂力量的精神活动，其目的是要让灵魂成为他们生活的主导力量，成为肉体的主宰。

4. 两种冲动

88

上面引用的一些祷告中曾提到"邪恶冲动"既是驱使人们作恶的力量，也是人类禀赋中追求正直生活的巨大障碍。它被称为"生面里的酵母"——即人性中诱发邪恶的助剂，如不对其压抑，它便压倒善的本能而导致恶行。

每一个人身上都有两种冲动——作恶的冲动和行善的冲动，这一观点在拉比的道德观念中占有显著的地位。因为必须要从《圣经》中找到这一信条的注脚，于是拉比们进行了这样的推理："《圣经》上'神用地上的尘土创人'（《创世记》2：7）这一句中的 *wajjitzer*（神创造）一词中有两个字母 *j*，这是为什么呢？

---

① 即邪恶的冲动，见下节的阐述。

神圣的上帝创造了两种冲动①，一种是善的，一种是恶的。"（Ber. 61a）

一个人的品性取决于他的哪一种冲动占了上风。"善的冲动决定人正直，如《圣经》所说，'我内心受伤'②（《诗篇》109：22）。恶的冲动决定人邪恶，如《圣经》所说，'恶人的罪过在他心里说：我眼中不怕神'（同上，36：1）。两种冲动决定人善恶参半。"（Ber. 61b）

对《传道书》9：14开始的一段经文所作的近乎寓言般的解释也把两种冲动的观点融进了这段文字之中："'有一小城'指的是身体；'其中人数稀少'是指人的肢节；'有大君主来攻击'是指邪恶冲动；'修筑营垒'指的是罪恶；'城中有一个贫穷的智慧人'指的是善的冲动；'他用智慧救了那城'指的是悔悟和善行；'却没有人记念那穷人'是因为邪恶冲动占上风时，善的冲动被遗忘了。"（Ned. 32b）

对《传道书》4：13也有类似的解释："'贫穷而有智慧的少年人，胜过老不肯纳谏的愚昧王'，这其中的前半句指的是善的冲动；为什么将其称之为少年人呢？因为直到人长到13岁时它才依附于人身。为什么说它贫穷呢？因为没有人愿意倾听它。为什么说它有智慧呢？因为它教人走正路。而其后半句则指的是邪恶冲动。为什么将其称之为王呢？因为人人都听它的话。为什么说

---

① 希伯来语中"冲动"一词是 *Jetzer*，因此两个字母 *J* 被认为是指 *Jetzer Tob*（善的冲动）和 *Jetzer Hara*（恶的冲动）。

② 在战胜邪恶冲动时受伤。

它年老呢？因为从人的少年直到人老去它都依附于人。为什么说它愚蠢呢？因为它教人走邪路。"（《大传道书》，同上）

根据这一段的内容，恶的冲动是人类与生俱有的，而善的冲动则是人到了 13 岁可以为自己的行为负责时[①]才显示出来的。因此，善的冲动是与道德意识相一致的。这一观点在下面的文字里得到了清楚的表述："恶的冲动比善的冲动年长 13 岁。孩子从母体一出生它就存在了；它与人一起长大并陪伴人的一生。它开始亵渎安息日，杀人并且堕落，但是人（体内）却无力抵御它。过了 13 年之后，善的冲动降生了。如果人再亵渎安息日，善的冲动便警示他，'废物！《圣经》上说，"凡干犯这日的，必要把他治死"（《出埃及记》31：14）'。如果他意欲杀人，善的冲动便警示他，'废物！《圣经》上说，"凡流人血的，他的血也必被人所流"（《创世记》9：6）'。如果他要行为堕落，善的冲动便警示他，'废物！《圣经》上说，"奸夫淫妇都必治死"（《利未记》20：10）'。当一个人纵情声色，去沉溺于不道德行为时，他全身的器官都屈从于他，因为恶的冲动支配着全部的 248 种肢节。而当一个去积德行善时，他全身的器官便觉得痛苦，因为它们都在邪恶冲动的支配之下，而善的冲动则像一位囚徒；如《圣经》所说，'这个人是从监牢中出来做王'（《传道书》4：14）——这指的是善的冲动。"（ARN 16）

安东尼曾与拉比犹大讨论过恶的冲动究竟何时依附人身的问题，其结论如上面所述就是：恶的冲动形成于人出生之时。"安东

[①] 参见第 73 页注释 ②。

尼问拉比犹大，'恶的冲动是从哪一刻开始影响人呢——是从胚
胎成形之时，还是从婴儿降生之际呢？'拉比回答说，'是从胚
胎成形之时。'对方则反驳说，'那么，它就应该在母体内乱踢一气，
然后自作主张地降生了！'拉比犹大于是说，'安东尼的话对我
很有教益，并且也得到了《圣经》的证实："罪就伏在门前"（《创
世记》4：7）——即母体的开启之门'。"（San. 91b）

有种观点认为邪恶冲动位于人体的某一生理器官上。"邪恶冲
动像苍蝇一样居于心脏的两个入口之间。人有两肾，其一敦促善行，
其一诱发恶端。有可能是善的居右侧，恶的居左侧；因为《圣经》
上说，'智慧的人心居右，愚昧的人心居左'（《传道书》10：2）。"
（Ber. 61a）

另一种观点认为，邪恶冲动是一种遇到机会便挟制人的外来
力量。认为撒旦就是邪恶冲动[1]的学说前面已经引述过了。其行为
是这样被描述的："邪恶冲动不是沿着边道而是从路的中央走。
当它看到有人目送秋波，理梳头发并且走起路来风度翩翩时[2]，它
便说，'这个人归我'。"（《大创世记》22：6）

然而，普遍的观点认为邪恶冲动只不过是人类的一种禀性，
它产生于自然的本能，尤其是性欲，因为从本质上说它并不是坏的，
因为上帝所创造的只是好的东西。它邪恶只是因为它易于被滥用。
从人们对"神看着一切所造的都甚好"（《创世记》1：31）这句
经文中"甚好"一词的解释中，我们可以清楚地看出这一点。这

---

[1]　参见第 54 页。

[2]　以引起女人的注意。

个词被解释为既指善的冲动，亦指恶的冲动。于是有人问，"难道邪恶冲动也甚好吗？"其回答是："倘若没有这种冲动，人便不会建房舍，娶妻室，生儿女，干事业了。"（《大创世记》9：7）

因此，这种冲动尽管终归要作恶，但却是人的本性之一，并且这也确实赋予了人类一个弃恶从善的机会。因为，没有了它，人便没有作恶的可能，从而善也就没有意义了。由此得以推演出："动物没有邪恶冲动"（ARN 16），因为它们没有道德观念。这一观点也为如下的说法作了注脚："来吧，让我们感谢我们祖先的功绩；因为要不是他们犯罪，我们便无缘降临人世间。"（A. Z. 5a）在这里"犯罪"肯定应理解为受到邪恶冲动的影响；这一冲动的结果之所以被称为"功绩"是因为它使种族得以延绵不绝。与此相似的是，对于"你要尽心爱耶和华，你的神"（《申命记》6：5）这句经文有如下的评述："用两种冲动去爱——善的冲动和恶的冲动。"（Sifré Deut. § 32；73a）即邪恶冲动也可以利用来敬奉上帝并且作为表达对上帝之爱的手段。

它之所以被称为邪恶，人之所以必须时常提防其诱惑，是因为它引诱人去做坏事。"邪恶冲动在今世将人引向歧途，在来世则作不利于人的证词。"（Suk. 52b）"人常常有心去施舍穷人，但是人体内的邪恶冲动说，'何必施舍别人而减少自己的财产呢？财产宁给子孙，莫予路人。'然而，善的冲动却敦促人去施舍。"（《大出埃及记》36：3）"邪恶冲动很强大，因为甚至其创造者都称它为邪恶；如《圣经》所说，'人从小时心里怀着恶念①'（《创世记》

---

① 希伯来原文为 Jetzer，意为"冲动"。

8：21）"（Kid. 30b）。《圣经》说，"在你当中不可有别的神。"
（《诗篇》81：9）"人身上别的神是什么？就是邪恶冲动。"（Shab.
105b）

　　来自这一冲动的潜在危险是如果不在早期对其进行扼制，它
可能会愈演愈烈。这一思想在几则格言中表述得颇为生动。"邪
恶冲动起初像游丝，最终如绳索。"（Suk. 52a）"邪恶冲动起初
似路人，继而像房客，最终如主人。"（同上，52b）"邪恶冲动
始甜终苦。"（p. Shab. 14c）"邪恶冲动的手段是：今天它让人
做点微不足道的事，明天它让人做严重一点的事，最后它让人去
奉敬偶像，人于是就听从了。"（Shab. 105b）这意味着它最终诱
导人们放弃侍奉上帝所必须做到的安分守己。

　　正直人与邪恶人的差异是这样被定义的："邪恶的人受心（即
邪恶冲动）的控制，然而正直的人却控制自己的心。"（《大创世记》
34：10）谁有力量？对这一问题的回答是："能征服自己冲动的人。"
（Aboth 4：1）

　　拉比们对这一根深蒂固的本能所具有的肆虐力量有清醒的认
识。他们宣称："邪恶冲动能使 70 甚至 80 岁的人堕落"（《大
创世记》54：1）；他们问，"既然人的诞生恰恰是邪恶冲动的结
果，那么人又如何能远离自身内的这种冲动呢？"（ARN 16）然
而，人必须去抗击并征服这种冲动，其手段就是凭借慎思明辨来
抵御它。"人须时常以善的冲动去抵御恶的冲动，如果人能征服它，
很好；如不能，人应潜心研习《托拉》。如果这样能使他获胜，很好；
如不能，应让他诵读晚上的祷告。如果他征服了它，很好；如没有，
就让他在死去之日自我反省。"（Ber. 5a）同样含义的陈述还有：

"上帝对以色列人说，孩子们，我创造了邪恶冲动，我也创造了《托拉》去制服它；如果你们潜心研习《托拉》，你们就不会受其所困。"（Kid. 30b）"假如这一可恶的东西遇见你们，要把它拖到《圣经》研习所去。"（同上）"幸运的以色列人！在他们研习《托拉》和从事善举时，他们扼制住了邪恶冲动，而未被邪恶冲动所扼制。"（A. Z. 5b）

《塔木德》并不满足于仅仅教导人们去追求一个难以实现的理想，它也正视生活的现实。假如一个人竭尽全力去抵抗邪恶的冲动却没有成功，那他应该怎么办呢？回答是："假如一个人看到自己的邪恶冲动占了上风，应让他到一个陌生的地方，穿上黑色的衣服①，去做他内心想做的事。但是，他不应该公开地亵渎神名。"（Chag. 16a）这肯定不是说偷偷犯罪是允许的，因为这样做上帝不会知道。任何这种解释都是不成立的，因为在同一段文字里有如下郑重的警告："私下作孽犹如动舍金纳的脚一般。"上帝无处不在，而秘密作恶实际上就是不承认上帝无处不在，这是拉比们所公认的信条。这儿其真正的动机是说：如果一个人屈从于自己的邪恶本能，就不要让他在其罪恶之上再增添个人的羞辱；因为这种羞辱也会亵渎神名。公开犯罪与秘密犯罪的区别将在后面作进一步讨论。②

既然邪恶冲动是上帝为了人类的延续这一特定的目的而创造的，那么很自然，在这一目的不再适用③的未来国度里，邪恶冲动

---

①　作为哀悼的标志；这或许会达到令其清醒的目的。

②　参见第 102 及下页。

③　参见第 365 页。

也就不再需要了。于是便有了这样的学说："在来世，上帝将当着好人和恶人的面把邪恶冲动带来杀掉。在正直人看来，它壮如大山；在邪恶人看来，它形同毫发。这两种人都将哭泣。正直的人会哭着说，'我们何以有能力征服了这样一座大山？'邪恶的人会哭着说：'我们何以连一根毫发都征服不了？'"（Suk. 52a）

5. 自由意志

既然邪恶冲动是人性中固有且不可分离的一部分，那么人能摆脱犯罪的命运吗？对这一问题拉比们给予了断然肯定的回答。人性中这一种族赖以延续的因素乃是受制于人的。"假如冲动诱你做出轻浮的举止，你要用《托拉》上的话去涤除它。假如你说它并不受制于你，我（上帝）曾在《圣经》中对你说过，'它必恋慕你，你却要制伏它'（《创世记》4：7）"（《大创世记》22：6）。

在约瑟福斯的记述中法利赛人尤为注重自由意志的学说。"当他们说一切都是命中注定时，他们并未剥夺人们去做自己认为正确行为的自由；因为他们认为上帝乐于让命运的支配与人的意志交汇在一起，这样人既可行善，也可作恶。"（《上古犹太史》第18卷，1：3）

这一主张——正如下面的文字所阐明的那样——在《塔木德》中得到了翔实的论证。"受命负责孕育之事的天使是赖拉（Lailah）。他取了一滴精液放在上帝面前，问上帝说，'宇宙的君主啊，让这一滴变成什么呢？是让它成为一个强者呢，还是弱者呢？是成为智者呢，还是愚者呢？是成为富者呢，还是穷者呢？'但是却没有提及是成为恶者还是善者。"（Nid. 16b）有一则常被引用的格言这样说："一切都在上天手中，除了对上天的惧怕之外"（Ber. 33b），这意思是说尽管上帝决定每个人的命运，但在人生的道德品质方面却有所保留。

选择权留给了每一个人这一观点在对经文"看哪，我今日将祝福与诅咒的话都陈明在你面前"（《申命记》11：26）的评述中阐发得非常透彻。"既然有了一句类似的经文'看哪，我今日将生与福，死与祸，陈明在你面前'（同上，30：15），为什么还要说这句话呢？这是因为以色列人或许借此会说，'既然上帝将两条路——生路和死路陈明在我们面前，那么我们可以走自己喜欢的路。'因此，才教导人们说，'你要检选生命，使你和你的后裔都得存活'（同上，19）。这就像一个人坐在岔路口，面前伸出两条路。其中一条开始时平坦，但尽头却荆棘丛生；另一条开始时荆棘丛生，但后面却很平坦。他时常告诫行人们说，'你看这条路开始时很平坦，头两三步走着很舒服，但到了尽头会遇到荆棘遍地；你再看另一条，开始的头两三步你走在荆棘中，但到了最后你会走上一条坦途。'摩西也以类似的口吻对以色列人说，'你看到邪恶的人不可一世；他们在世上得势两三天，但最终会被消灭掉。你看到正直的人遭殃；他们在世上受难两三天，但最终他们会有欢乐的时刻。'"（Sifré Deut. § 53；86a）对于经文"那人已经与我们相似，能知道善恶"（《创世记》3：22）也有与此相似的评论："无所不在的上帝将两条路摆在他的面前——生路和死路；但他却为自己选择了后者。"（《大创世记》21：5）

整个人类为什么起源于一人？对这一问题的解释颇有意味：

"这是因正直人与邪恶人之缘故。是为了让正直的人不至于说，'我们是善良祖先的后裔。'恶人也不至于说，'我们是邪恶祖先的后裔。'"（Sanh. 38a）。这其中的寓意是无论正直的人还是邪恶的人都不应把遗传的影响当作决定其禀性的借口。

拉比们很欣赏与自由意志相关的哲学问题，但他们不愿意让这一问题制约了人有能力控制其行为这一信念。他们无意去试图解决上帝的预知与自由意志之间的关系问题，但是他们却提出了如下的见解作为现实生活的准则："一切都被（上帝）预见，但选择的自由赋予了人类。"（Aboth 3：19）

然而上帝也确实进行一定程度的干预。也就是说，当人作出选择后，无论是好的还是坏的，上帝均给人以机会去坚持自己的选择。好人受到鼓励去做好人，坏人受到鼓励去做坏人。"人欲行其路，便可得引导。"（Mak. 10b）"如果一个人去败坏自己，便会为他提供路径；如果他要去净化自己，便为他提供协助。"（Shab. 104a）"如果一个人轻微地败坏了自己，他们（即上帝）则大大地败坏他；如果他从下面败坏自己，他们则从上面败坏他；如果他在今世败坏自己，他们则在来世败坏他；如果一个人只是轻微地圣化了自己，他们则使他大大地圣化；如果他从下面圣化了自己，他们则从上面使其圣化；如果他在今世圣化了自己，他们则在来世使其圣化。"（Joma 39a）"如果一个人倾听了一条戒律，他们便使他听到多条；但如果他忘记了一条戒律；他们便使他忘记多条。"（Mech. to 15：26，46a）

由此可见，人的意志不受束缚这一信念是拉比道德的基础。人的生活品质是由他自己的欲望所塑就的。如果他愿意，他可以

滥用生活所赋予他的机遇；但是在任何情况下都不能认为人必定
会滥用这些机遇。邪恶冲动无时不在诱惑人；但是，如果人堕落了，
责任在他自己，也只能在他自己。

6. 罪恶

据《塔木德》记述，"沙迈学派与希勒尔学派在下面这一点
上各持己见达两年半之久：后者认为人假如没有被创造出来，世
界会更美好；而前者则认为世界因创造了人才更美好。表决的结
果是，多数人都认为倘若人没有被创造会更好；但是，人既然已
被创造出来了，就让他检讨自己（过去）的行为。另一种说法是：
让他查验自己（现在）的行为。"（Erub. 13b）

这一争论的根源是大家所公认的观点：人在根本上是有罪的，
因而一生中注定要干出许多招致上帝谴责的事。我们已经看到，
邪恶冲动是人性中能够被驯服的一部分，然而，经常却是它驾驭
并使人堕落。

至于人是否有可能完美无瑕，拉比文献的回答是彼此矛盾的。
一方面有人宣称："犹太人的第一始祖就没有不义的行为或罪孽"
（Mech. to 16：10，48a）；然而，另一位拉比则说，"假如上帝
对亚伯拉罕、以撒、雅各进行评判的话，他们也经不住上帝的指
责"（Arach. 17a）。同样，我们还看到这样的说法："有四个人
只是由于大蛇（它引诱了夏娃）的主意而死去了。他们是雅各的
儿子便雅悯（Benjamin）、摩西的父亲阿姆兰（Amram）、大卫
的父亲耶西（Jesse）以及大卫的儿子基利押（Kileab）。"（Shab.

55b）这意思是说他们并无罪恶，因而也就不应该死亡。另一位拉比则在其门徒们赞颂他一生无罪恶时（Sanh. 101a）引述了下面的经文来表达与此相左的观点，"时常行善而不犯罪的义人，世上实在没有"（《传道书》7：20）。

96　　　　这种观点上的不一致涉及到《塔木德》是否主张原罪学说，即人类是否继承了其始祖的罪愆，因而在本质上是堕落的。前面已经阐明，拉比们是赞成伊甸园内的罪愆影响了所有的后代这一观点的。这是任何生灵都注定要死亡的直接原因。同样，他们还相信金牛犊的罪愆也留下了后患并影响了人类从此的命运。"金牛犊的罪恶在人类的每一代都留下了痕迹。"（p. Taan. 68c）

　　然而，这种观念与人类继承罪恶的学说还是相去甚远的。人类可能会因其祖先的过错所造成的后果而心负重责；但是塔木德时代的拉比们并不承认人人都犯了一种其本人没有直接责任的罪。承认这一点就与自由意志的学说发生了不一致。

　　《塔木德》中有为数不少的言论可供引证来证明人在本质上是无罪的。譬如：其中就有"一个尚未体验何为罪恶的一岁孩童"（Joma 22b）这样的说法。从《圣经》上"生有时，死有时"（《传道书》3：2）这句经文中人们得到了这样的启示："死时如生时的人才是幸福的，因为生时他无罪恶，愿死时他也无罪恶。"（p. Ber. 4d）在这里，人的一生不受玷污不仅被认为是可能的，而且事实上被当作人类应当追求的理想生活来看待。人们从"尘土仍旧归于地，灵仍归于天"（《传道书》12：7）这句经文中推演出了相似的劝诫——"还一个纯洁的灵魂给上帝，如他赐予你时一般。"（Shab. 152b）

　　拉比们认为罪恶就是对上帝不折不扣的反叛。上帝将其意志显示在了《托拉》之中，对其中任何一条律法的抗拒就是犯罪。顺从《托拉》就是美德；漠视《托拉》便是罪恶。这一态度在下面的文字里表述得十分清晰："人不应该说，我不可能吃猪肉；我不可能与乱伦的人为伍。（他应该说），我有可能去干这种事；但是看到天父为我定下如此的律条，我能这样做么？"（Sifra to 20：26）人不做违禁的事如果是出于没有欲望去做，这并不是美德。欲望本应存在，但是却应该受到抑制，因为它是违禁的。

　　所以，在理论上罪恶并无轻重之分，任何一种冒犯都是对神意的忤逆；不过在实践中还是有所区别的。三种罪被列为穷凶极恶的滔天大罪。据说在 2 世纪初哈德良对犹太人迫害时期，罗马的暴政以死刑相威胁来限制宗教活动的自由；拉比们为此召开了一个会议来研究处于迫害之下的犹太人应如何履行自己的宗教责任。得出的结论是："就《托拉》中所提到的禁律而言，如果一个人被告知说：'你要去触犯，否则就杀死你。'他可以去触犯而保全性命，但偶像崇拜、淫荡和杀人不在此例。"（Sanh. 74a）人宁死也不得犯这些罪。

　　在这三条罪恶上又添上了一条其性质特别严重的罪恶，即诽谤。"有四种罪恶，一经犯下，其惩罚在今世处理，其死刑留待来世执行。这四种罪恶是：偶像崇拜、淫荡、杀人和诽谤。偶像崇拜的严重程度相当于其余的全部加在一起。何以这样说呢？因为《圣经》上说，'那个人总要剪除，他的罪孽要归到他身上'（《民数记》15：31）。为什么要说'他的罪孽要归到他身上'呢？这是要让人们知晓，那个人的灵魂虽（从今世）剪除了，但其罪

97

恶仍留在灵魂的身上。关于淫荡一事何以这样说呢？因为《圣经》上说，'我怎能作这大恶，得罪神呢'（《创世记》39：9）关于杀人一事何以这样说呢？因为《圣经》上说，'该隐对耶和华说，我的罪太大无法宽恕'（原文如此，同上，4：13）。关于诽谤一事是如何说的呢？'凡油滑的嘴唇和夸大的舌头，耶和华必剪除'（《诗篇》12：3）。"（p. Peah 15d）

这些罪恶的严重性在《塔木德》中常有涉及。偶像崇拜被列为诸罪之首是因为它必定导致对神的启示的否定，从而破坏了宗教以及道德这个完整体系的基础。"凡承认偶像崇拜者不仅否定了十戒，也否定了授予摩西、先知们以及始祖们的律法；凡摒斥偶像崇拜者便承认了全部的《托拉》。"（Sifré Num. 111，32a）"凡先知命你去做的，即使触犯《托拉》，你也要听从，但偶像崇拜除外；即使他让太阳在中天停住不动，也不能听从他。"（Sanh. 90a）

《塔木德》要求人们遵从严格的性道德准则。通奸者实际上就是无神者的观点来自于"奸夫等候黄昏，说：'必无眼能见我'"（《约伯记》24：15）这句经文。"他说的不是'必无人能见我'，而是'必无眼能见我'，即无论地上的眼还是天上的眼都看不见他。"（《大民数记》9：1）即使只在眼睛中表现出色欲也被认为是淫荡的行为。"不仅肉体犯罪者称之为奸夫，以目行淫者也当如是称。"（《大利未记》23：12）

为了维护风化，人们受到严厉的告诫不得去从事任何可能拨撩情欲的行为。因而便有了这样的规劝："不要与女人过多地闲聊，这也适用于自己的妻子，邻居的妻子就更不待说。所以先哲们说，凡与女人闲聊过多者，自身招致灾祸，荒疏《托拉》的修习，并终将投身地狱。"（Aboth 1：5）"男人在路上断不可跟在女人身后走，哪怕自己的妻子也不行。男人如果在桥上遇见女人，应站在一侧让她过去；凡跟在女人身后过河的与来世无缘，向女人付钱时凡亲手把钱数到女人手中以图注视她面容的人逃脱不掉地狱的惩罚，即使他拥有《托拉》和善行如摩西一般。男人宁可跟在狮子身后走，也不得跟在女人身后走。"（Ber. 61a）"戏谑和轻浮引人走向淫荡。"（Aboth 3：17）

不检点的语言同样受到严厉的谴责。"凡使用淫秽语言者，即使他有 70 年可资称颂的良好记录，这也会变成不良记录。说脏话者其地狱加深；这甚至也适用于听见脏话而不表示反对者。"（Shab. 33a）"为什么人的指头形同栓塞？是为了让人听到不良语言时用来堵塞耳朵。"（Keth. 5b）

第三条大罪——杀人——作为触犯上帝的行为而受到谴责，它毁掉的是照着上帝的形象创造出来的人。"十诫是如何传授的？其中五条刻在一块石板上，另五条刻在另一块石板上。一块上刻着，'我是耶和华你们的神'，另一块相应地刻着，'不可杀人'。由此可以推出：如果谁杀了人，《圣经》便迁罪于他，如同他毁掉了上帝的形象一样。"（Mech. to 20：17，70b）"有个人曾经来到拉巴面前说：'我镇上的头领命我去杀掉某个人，如果我拒绝，他就要杀死我。'拉巴对他说，'被处死也不要去杀人；你认为你的血比那人的更红吗？也许他的血比你的血还红呢。'"（Pes. 25b）

遇到下列情况时杀人被认为是情有可原的："倘若有人要杀你，你要先下手把他杀死。"（Sanh. 72a）"如果异教徒们对一群人（即以色列人）说，'交出一人来让我们杀死，否则便把你们统统杀死'，他们必须全部赴难也不能交出其中的一个。从另一方面说，假如异教徒们指名要他们之中的一个，他们则必须交出他来；因为，既然这个人和全体都会被杀死，他们必须交出他来，而不能一同去死。"（Tosifta Terumoth 7：20）

仇恨也受到严厉的指责，因为它可能导致凶杀。"刻骨的仇恨与偶像崇拜、淫荡和杀人这三种罪恶是一样的，并且第二圣殿被毁就是仇恨所致。"（Joma 9b）"不可心里恨你的弟兄"（《利未记》19：17）这一戒律是这样被解释的："人们也许会认为不打人、不骂人就够了，所以《圣经》中加上了'心里'两个字，以表示这里指的是心中的仇恨。"（Arach. 16b）下面的评述阐明了上帝是多么厌恶仇恨："由于建筑巴别塔的人彼此相亲，所以上帝无意把他们从这个世界上毁掉，而只是让他们四散各方；然而，对于彼此仇恨的所多玛人，上帝将其从今世和来世都抹掉了。"（ARN 12）

第四种大罪是诽谤。对这一恶端有一条耐人寻味的短语来表示，即第三根舌头（lishan telitaë）。之所以这样称谓是因为"诽谤能杀死三个人：说者、听者和被谈及者"（Arach. 15b）。对犯有这种罪的人谴责的语言最为严厉。"诽谤别人就等于否定了基本原则（即上帝的存在）"；"诽谤者当用石击死"；"神圣的上帝对这种人的评论是，我不能与他在世上共存"；"诽谤者其罪恶增大如偶像崇拜、淫荡和杀人三种罪一般"（同上）；"传播诽谤者，倾听诽谤者以及作伪证加害同胞者当扔给狗吃掉"（Pes. 118a）。对拉比以利泽"珍视邻居的名誉如珍视自己的一般"（Aboth 11：15）这句格言有如下的发挥："正如一个人尊重自己的荣誉一样，

他也要尊重其邻居的荣誉。正如一个人不希望自己的名声遭到诽100
谤一样，他也决不应该图谋去诽谤其邻居的名声。"（ARN 15）

拉比们常常提醒人们注意不要误用人的语言禀赋。拉比们知
晓舌头是多么难以驾驭，正是出于这一原因他们才宣称，上帝赋
予人舌头是让其受到特别制约的。"神圣的上帝对舌头说，人的
所有肢体都是竖直的，而你却是平卧的；他们都在体外，而你却
在体内。况且，我还用两壁把你围拢——一壁是骨，一壁是肉。"
（Arach. 15b）

说话滔滔不绝遭到反对。"语言是银，沉默是金"这则谚语在《塔
木德》中的说法是："语言的价值是一个塞拉（*sela*）①，沉默的价
值是两个"（Meg. 18a）；"沉默医百病"（同上）；"沉默对聪
明人有好处；对愚蠢人则更有好处"（Pes. 99a）；"我一生都在聪
明人中间长大，使我受益最大的就是沉默"（Aboth 1：17）。

撒谎等同于行窃，并且是最严重的行窃。"贼有七类，第一
类就是（依靠撒谎）窃取其同胞思想的人。"（Tosifta B. K. 7：
8）另一种说法是："撒谎之徒们得不到舍金纳的光顾。"（Sot.
42a）从这一方面看，撒谎的人与窃贼、伪君子以及诽谤者是一丘
之貉。"支吾其词的人与偶像崇拜者相类。"（Sanh. 92a）"上
帝憎恶口是心非的人。"（Pes. 113b）"对撒谎者的惩罚是即使
他说真话也不要相信他。"（Sanh. 89b）"对孩子也不应食言，
因为这会教孩子虚假。"（Suk. 46b）

与误用语言相关联的罪恶是虚伪。"胸怀虚伪的人招上帝对

---

① 硬币名。

世界发怒，其祷告上帝听不到，连母体中的胎儿都诅咒他，这种人将坠入地狱。沉耽于伪善的民众如污秽一样招人厌恶，并终将遭到流放。"（Sot. 41b 及以下）

《塔木德》将法利赛人分为七类，并且嘲弄了那些有伪善表现的人："示克米（*shichmi*）法利赛人举止像示剑（Shechem）①；尼克比（*nikpi*）法利赛人走路脚碰脚②；基在（*kizai*）法利赛人血洒墙壁③；'杵槌'法利赛人走起路来脑袋垂着如臼中的杵槌；还有整天唠叨'我应尽的责任是什么'的法利赛人；爱（上帝）的法利赛人和怕（上帝）的法利赛人。"（Sot. 22b）

遭到严词抨击的另一罪恶是不诚实。在这一点上有一则严厉的教诲，其意思说：当人来到天上的法庭陈述自己的一生时，问他的第一问题是："你做生意诚实吗？"（Shab. 31a）掠夺同胞一分钱无异于谋财害命（B. K. 119a）。"你们看抢劫是多么严重的暴行；因为大洪水时期的那一代人虽然犯下了各种罪恶，然而直到他们动手去抢劫，他们才遭上厄运；如《圣经》所说，'地上满了他们的强暴，我要把他们和地一并毁灭'（《创世记》6：13）。"（Sanh. 108a）"染指于抢劫的人可以向上帝祈求，但上帝不会答复他。"（《大出埃及记》22：3）"假如一个人偷了些麦子，磨成面粉，

---

① 他出于不高尚的动机同意施行割礼（《创世记》34）。巴勒斯坦《塔木德》对此有不同的解释："他把其宗教责任扛在肩（*shechem*）上。"（p. Ber. 14b）

② 他走路的样子显得过分的谦恭。巴勒斯坦《塔木德》解释说："这位法利赛人说，'给我点时间，好让我去履行宗教义务。'"

③ 为了躲避看见妇女而把脸撞在墙上。巴勒斯坦《塔木德》将其解释为"刁钻的法利赛人"，即先行善，然后作恶，唆使人彼此争斗。

揉成面团，烤成面包，并且分出些生面来①，他应该诵说什么样的祝福呢？这种人根本就不能诵说祝福，因为他亵渎了神。"（B. K. 94a）"贼的同伙与贼无异"（p. Sanh. 19b），并且"从贼处行窃你便能尝到做贼的滋味"（Ber. 5b）——那也是偷窃。窝赃比行窃尤甚的观点在一则谚语中表达得颇为新颖："老鼠不是贼，鼠洞才是贼；因为，如果没有老鼠，鼠洞有何用？"（Arach. 30a）

还有许多的罪恶在《塔木德》中受到了鞭挞，不过，已经引用的这些例子已足以说明这样一个观点，即对同胞做事不端就是对上帝的冒犯。它比违背了那些只是牵涉人与上帝之间关系的戒律更为严重，因而在获得宽恕之前必将招致更为严厉的惩处。"在赎罪日人可以就其犯的过错向上帝赎罪；至于人与人之间所犯下的过错，在赎罪日无法赎罪，除非冒犯者能令其同胞满意。"（Joma 8：9）只有自省和悔悟是不够的，还必须作出补偿。

万恶之首是招致别人作恶。"让别人去犯罪比杀死他尤为恶劣；因为杀人只不过是把人从今世除掉，但让人去犯罪却把他从来世也除掉了。"（Sifré Deut. §252；120a）"既不会吃，又不会喝，也不会闻的树木倘若用其做成崇拜的偶像，《托拉》尚且责令将其焚毁（《申命记》12：3），因为人会因其而失足；那么，致使其同胞从生命之路滑向死亡之途的人不是更应当根除吗！"（Sanh. 55a）相反，"凡令其同胞遵奉戒律的，其功德犹如使其创生"（同上，99b）。

102

---

① 如《民数记》15：21记述，分出些生面来，将其烤熟并诵说祝福词的习俗，即使在圣殿被毁之后仍流传了下来。

私下作恶与公开作恶之间有一条重要的界限。一种观点认为前者更为严重，因为它事实上否认了上帝的存在和无处不在。"犯罪者的心态是这样的：他们认为神圣的上帝看不到他们的行为。"（《大民数记》9：1）对此的警告是，"如果一个人秘密地犯了罪，上帝会将其公之于众"（Sot. 3a）。另一种观点则认为公开犯罪是更恶劣的行为，这一点可以从人们对"所以你们要守我的律例、典章。人若遵行，就必因此活着"（《利未记》18：5）这句经文的阐释看得出来——拉比以实玛利过去常说，"经文上是'必因此活着'，而不是因此而死去。你们何以认为一个人为了活命而可以私下崇拜偶像呢？因为经文说，'必因此活着'。那么，人（为了活命）也许可以公开崇拜偶像了！所以《圣经》宣称，'你们不可亵渎我的圣名'（同上，22：32）"（或见 Sifra）。

在这种情况下，公开犯罪之所以被视为更为严重是因为它可能会导致其他的人起而效尤，特别是当作恶者身为其社团中的头面人物时。而他之所以被允许私下犯罪则是因为上帝理解他这样做是出于被迫，而不是由于他自认为其所作行为会神不知、天不晓。但是，公开的作恶则会亵渎圣名，并造成最严重的罪行，即导致别人犯罪。

与邪恶冲动一样，罪恶也必须在其初期予以扼制，否则，它便演变成为难以改易的积习。下面这一说法从心理学上看是有其道理的："倘若一个人犯罪后又重复犯罪，这种罪恶他就以为是允许的了。"（Joma 86b）一次犯罪能导致又一次犯罪。"要遵行律例，即使它微不足道，要远离恶端；因为律例连着律例，恶端连着恶端；遵行律例的报偿是再次遵行，作恶的报偿是再次作恶。"（Aboth 4：

2）这一思想得到了下面更为充分的发挥："倘若一个人践踏了一条微不足道的律例，他终将践踏更为重要的律例。如果他违犯了'要爱人如己'（《利未记》19：18），他继而就要违犯'不可心里恨你的兄弟'（同上，17）；此后就是'不可报仇，也不可埋怨你本国的人民'（同上，18）；再后就要违犯'使你的兄弟与你同住'（同上，25：36）；直至最终发展到杀人。"（Sifré Deut. §187；108b）"单纯为了遵行律例而遵行了一条律例的人[①]，不要为此而过分高兴，因为许多遵行律例的行为会因此而相继而来；违犯了一条律例的人不要担心，许多的冒犯行为接踵而至。"（Sifré Num. §112；33a）反过来也是一样："如果一个人在第一次和第二次身临罪孽而不犯，他便具有了对罪恶的免疫能力。"（Joma 38b）

作恶只能产生于自我失控。所以有这样的教诲："如果不是疯狂的念头进入了身体，人不会去犯罪。"（Sot. 3a）所以，一切能导致自制力削弱的情况都必须避免。在据说是以利亚给予某位拉比的忠告里曾提及了两种犯罪的动因："不要发怒，你就不会犯罪；不要酗酒，你就不会犯罪。"（Ber. 29b）

拉比犹大王子和他的儿子伽玛列提出了一些防范犯罪的重要措施。第一条是："对三件事进行反思，你们就不会陷入罪恶的控制之下；要知道你的上方是什么——是一只明察的眼睛，一只倾听的耳朵，还有一本记录你们全部行为的册子。"第二条是："把研习《托拉》与从事世务结合起来是非常好的，因为从事这两者

---

① *Lishmah*，即并非想要得到奖赏，参见第 139 页。

所需要付出的劳动能使人忘掉犯罪。只研习《托拉》而不从事工作最终必将一事无成，并将会招致犯罪。"（Aboth 2：1及下节）

这就是拉比们正确的生活哲学。大脑专于高尚的思考，双手勤于诚实的劳动。这样便既没有余暇也没有欲念去行恶了。

104

7. 忏悔与赎罪

既然上帝创造的人具有邪恶冲动，人又因此很容易犯罪，那么正义便要求也应给人类一种解毒的药剂去拯救他们。如果邪恶是人易患的疾病，那么就有必要让他具有愈病的手段。这手段就是忏悔。

所以，拉比们宣称忏悔是上帝甚至在世界形成之前就已经设计好了的事物之一便非常合乎逻辑了。"宇宙出现之前，七件事物已经创造出来了。它们是：《托拉》、忏悔、天堂、地狱、神座、圣殿和弥赛亚的名字。"（Pes. 54a）因为世界是创造来让人居住的，所以，必须把世界装备得能让人接受。《托拉》指出了人类要过健全的生活所应遵循的准则。但是，还必须要作些安排以原谅人类偏离了完美，这便要由所列出的其他事物来负责了。

忏悔被放在了首位，因为没有忏悔人类就被淹没在邪恶的洪水之中而无法长久存在。忏悔不仅能阻挡邪恶的洪水，它还能化解邪恶从而让蒙受了罪恶玷污的生活柳暗花明："大哉忏悔，它达及神座；大哉忏悔，它带来（弥赛亚的）救赎；大哉忏悔，它延人寿命。"（Joma 86a及以下）"忏悔者是至纯至善的人都不能比及的。"（Ber. 34b）"忏悔比一切都伟大。"（《大民数

记》2：24）"在今世，忏悔行善一小时胜过来世一生！"（Aboth
4：22）

　　既然上帝，如《圣经》所说，并不是要把恶人置之死地而后快，
而是乐于让邪恶者弃恶从善（《以西结书》33：11），那么很自然，
上帝盼望人能忏悔，并愿意帮助人这样做。"人的品性与上帝的
不一样。人被征服时，他哀伤；神被征服时①，他高兴。《以西结书》
中的话'在四面的翅膀以下有人的手'（1：8）指的是上帝伸出
于天上活物的翅膀之下来接纳忏悔者的手（Pes. 119a）。神圣的
上帝对以色列人说，我的儿子们，只要你们向我打开细如针孔的
忏悔之缝，我就向你们打开宽可走车的大门（《大雅歌》5：2）。
祷告之门时开时闭，但忏悔之门却无时不开。如大海纳百川一样，
上帝之手对忏悔者总是张开的。"（《大申命记》2：12）

　　尽管人们很自然会想到，《塔木德》所关注的主要是以色列人，
但是关于忏悔的学说却并不是排外的，它面向任何愿意这样做的
人。《塔木德》上说，"神圣的上帝注视着世上不同的人民，希
望他们忏悔并来到他的翼下"（《大民数记》10：1）；还说，"神
圣的上帝吩咐世界上不同的人民去忏悔，以便他能把人们带到其
翼下"（《大雅歌》6：1）。

　　在圣殿遭毁坏，赎罪的典仪终止之后，忏悔作为赎罪的手段，
其重要性自然得到了加强。赎罪日的功效也是如此。拉比们宣称，
即使在祭典当行之时，如果祭仪要让上帝接受，先进行忏悔是十分
必要的。关于这一点，有明确的教诲："如果不忏悔，无论是赎罪祭，

---

① 其愤怒因人忏悔而消去，并变成慈悲。

犯律祭，死亡，还是赎罪日都不能赎罪。"（Tosifta Joma 5：9）当祭仪不能继续举行时，需要提醒人们赎罪的希望一点也没有受到影响，因此，人们被告知："如果一个人忏悔，那么他就好像是去了耶路撒冷，建造了圣殿，竖起了祭坛并献上了《托拉》中列出的所有祭品一般。为什么这样说呢？它来自于《圣经》上'神所要的祭，就是忧伤的灵'（《诗篇》51：17）。"（《大利未记》7：2）"我并不要你们的祭品和牺牲，我只要（忏悔的）语言；如《圣经》所说，'当归向耶和华，用言语祷告他'（《何西阿书》14：2）。"（《大出埃及记》38：4）

关于这一主题，有一段重要的文字这样说，"智慧（即《圣著》）被问道，犯罪者该当什么惩罚？回答是，'祸患追赶罪人'（《箴言》13：21）。《先知书》中在被问及同样的问题时回答说，'犯罪的他必死亡'（《以西结书》18：4）。《托拉》[①]被问及同样的问题时回答说，让他带犯律祭来，他就被宽恕了；如《圣经》说，'燔祭便蒙纳悦，为他赎罪'（《利未记》1：4）。当拿这问题去问神圣的上帝时，他回答说，让他忏悔，他便被宽恕了；因为《圣经》上写着，'耶和华是善良正直的，所以他必指示罪人走正路'（《诗篇》25：8）。"（p. Mak. 31d）

我们不应该认为在这里上帝的回答和《圣经》上三部分的回答之间有矛盾。这种不一致对拉比们来说是不可想象的，因为他们认为这些神圣的文字是神意的表达。所以上面的文字只是罗列

------

① 　《圣著》（Hagiograph）、《先知书》（Prophets）和《托拉》（即《摩西五经》）是希伯来《圣经》的三个部分。

了犯罪的人赎其罪行的不同手段而已，其中最重要的是忏悔。它描述了犹太宗教为赎罪所勾画出的程式，而其中的每一项都应予以考虑。

根据《圣经》上属于"智慧"这一部分的文献，赎罪通过"祸患"得到了保障，祸患在这里应理解为受难。有这样一些陈述来说明这一观点："有些惩戒能涤除人的一切罪恶。"（Ber. 5a）"凡显露罪孽征兆者须把这些惩戒视为赎罪的圣坛。"（同上，5b）"与幸福相比，人在苦难时更应该欢欣；因为，如果一个人终生幸福，这说明他也许犯过的罪尚未被宽恕；但是通过受难所宽恕了的罪便被宽恕了。灾难是好事；因为，正如牺礼能保障蒙纳悦一样，灾难也保障蒙纳悦，况且，牺礼只牵涉到钱财，而灾难触及到肉体。"（Sifré Deut. §32；73b）

这一思想一种颇为有趣的发挥就是相信肠道的疾患可以导致道德乃至肉体的净化。"过去上了年纪的虔诚的人常常在去世之前二十天左右患肠道疾病，以便彻底净身，从而才可能纯洁地进入来世。"（Semachoth 3：10）"三种人不会看到地狱的脸：遭过贫穷的人，患过肠疾的人，受过罗马暴政涂炭的人。"（Erub. 41b）他们遭受的困苦就是对他们恶行的惩罚，品尝了痛苦，他们也就净化了。

《先知书》给的回答提到了死亡。这也是赎罪的手段，并且对罪大恶极的人是行之有效的。"如果一个人因失职而去忏悔，他只有得到宽恕才能离开。如果一个人因犯禁而去忏悔，他的忏悔被搁置起来，直到赎罪日他才得以赎罪。如果一个人犯了该当（由上帝之手）将其逐出教会或该当由法庭处死的罪行后而忏悔，

107

无论其忏悔还是赎罪日都被搁置一边，只有苦难才能涤除他的罪。但是，犯了亵渎神名罪的人，忏悔不能使其等候处理，赎罪日不能给予其宽恕，灾难不能将其罪恶涤除，而这一切都应等待死亡来超度他。"（Joma 86a）

甚至死也不能令其赎罪，除非在死亡之前先忏悔。"死亡，赎罪日和忏悔一同赎罪。"（Joma 8：8）《民数记》15：13 上说："因他藐视耶和华的言语，违背耶和华的命令，那人总要剪除，他的罪孽要归到他身上。"对这句话的评注是："死亡者在死亡时其罪得赎；但是，对于这个人来说，'他的罪孽要归到他身上'。倘若他忏悔，也是如此吗？所以《圣经》指出，'他的罪孽要归到他身上'，也就是说，他忏悔后罪就不归他身了。"（Sifré Num. § 112；33a）由此得出的推论就是忏悔清除了罪孽。罪犯赴刑时被规劝要说出这样的忏悔，"愿我的死赎我所有的罪"（Sanh. 6：2）。

《托拉》给的回答指的是赎罪祭品，除了在塔木德时代的初期曾有过之外，这已经成为往事。在大众的心中，圣堂仪式已将其取而代之而成为洗涤罪恶的至高无上的手段。其影响力是拉比时期犹太教的一条原则。"轻微的犯罪，无论是作为还是不作为，忏悔便可赎罪；对于不严重的犯罪，忏悔能使其搁置，等赎罪日一到便可赎罪。"（Joma 8：8）"如果犯的是作为的罪，即使不忏悔，赎罪日也可赎罪，但如果犯的是不作为的罪，只有忏悔才可赎罪。"（p. Joma 45b）对于某些罪孽，赎罪日可以自动赎罪，而不必进行忏悔便可得到宽恕这一观点是极不寻常的。要之，与此相反的警告也说得明白无误："凡说'我欲犯罪，而且赎罪日会使我赎罪'的人，赎罪日必不赎其罪。"（Joma 8：9）

赎罪日引人注目的一个特征是其严格的斋戒。甚至宗教领袖们也把斋戒作为一种苦行而予以重视。据说，某位拉比在斋戒日总是这样祷告：“宇宙的主啊！你知道，圣殿未毁时，有人犯了罪并送来了祭品，祭司们只是呈献了脂肪和血，这个人便赎罪了。然而，现在我正守斋禁食，我的脂肪和血都消尽了，愿主把我已消尽的脂肪和血看作已敬献到你面前的圣坛上，并降恩于我。”(Ber. 17a) 从斋戒日的习俗中可以看到一个更为超然的观点。“会众的长老劝诫信徒们说：‘兄弟们，关于尼尼微人，《圣经》没有说，“神看见他们披着麻布行斋戒”，而是说，“神察看他们的行为，见他们离开恶道”’（《约拿书》3：10）。”（Taan. 2：1）

如果没有改过的行为与之相伴，无论多少祷告和忏悔都不能保证一个人的罪恶蒙赎。这在《塔木德》教义中是十分明确的。“如果一个人犯了罪，也为此做了忏悔，但却不去改正自己的行为，这样的人像什么呢？像手持一条肮脏爬虫的人。即使他跳进全世界的水中，也洗不干净。但是，只要他把爬虫扔到一边，仅要 40 习亚①的水，他立即就能洗干净，如《圣经》所说，‘承认离弃罪过的，必蒙怜恤’（《箴言》28：13）。”（Taan. 16a）

现在我们来看看神的回答，即忏悔是洗清人罪恶的最终途径，但忏悔必须是笃诚的。“凡是说‘我要犯罪，忏悔；再犯罪，再忏悔’的人，不配得到忏悔的能力。”（Joma 8：9）良心很微妙，一旦误用便会错乱。忏悔必须出自于由衷的悔恨。“犯了罪而满怀羞愧的人，他所有的罪孽便会被宽恕”（Ber. 12b）；作为罪恶

---

　① 习亚(*seah*)是计量单位，40习亚是举行仪式时供洁净用的特殊浴盆的最小容量。

蒙赎的手段，"一次心灵的责打（即自责）胜过许多的鞭笞"（同上，7a）。为了证明心诚，忏悔的语言必须要伴随着善良的行动。"忏悔和善行，保人平安"（Shab. 32a）；"忏悔和善行是提防惩罚的盾牌"（Aboth 4：13）；"三件事可以消除邪恶：祷告、慈善和忏悔"（《大创世记》44：12）。真诚悔罪的标准是："犯罪的诱惑一来再来，而他却将其抵御。"（Joma 86b）

109　　下面的话表达了亡羊补牢、犹未为晚的思想："如果一个一生恶贯满盈的人临终时忏悔了，那么，（上帝）便不再记念他的邪恶"（Kid. 40b）；但是，在后面我们将看到，忏悔的行为不应拖延，以免发生死亡而使忏悔成为不可能。

　　死亡之后还能忏悔吗？对这一问题的回答有些分歧。一种观点是，降到地狱去的罪人，就忏悔的功效讲，已经"像一支离弦而去的箭"（Tanchuma to Deut. 32：1）。另一方面，《米德拉什》对《传道书》1：15"弯曲的不能变直，缺少的不能足数"这句话的解释却表达了不同的观点：在今世，（道德上）弯曲的人可以变直，（善行）缺少的人可以足数；但是在来世，弯曲的人不能变直，缺少的人不能足数。假设今世上有两个邪恶的同伙，一个生前已早做忏悔，而另一个却没这样做。前者因其忏悔的行为而能侧身于正直的人之间。与邪恶之徒为伴的后者看到其同伴后大喊，"我真不幸啊，这里太不公道了！我们俩生前都是一样的，我们一样地偷，一样地抢，一样地作恶。而为什么他与好人相伴，我却与恶人为伍？"他们（天使们）回答说："蠢货！你死后的两三天内极其可鄙，人们不是用棺材体面地埋葬你，而是用绳索把你的尸体拖到墓地。你的同伙目睹了你的耻

辱，发誓要弃恶从善。他像正直的人一样忏悔，其结果就是他得
到了荣誉和好人中的一席之地。你同样也曾有忏悔的机会。假如
你当时忏悔了，那你也会很好。"这个人于是对天使们说："请
允许我去忏悔吧。"他们回答说："蠢货！你难道不知这里的世
界就像是安息日，而你来自的那个世界则像安息日前夜吗？一
个人如果不在安息日的前夜把饭准备好，在安息日他吃什么呢？
你难道不知你来自的世界像陆地，而这个世界像大海吗？一个人
如果不在陆地把饭准备好，到了海上他吃什么呢？你难道不知这
个世界像沙漠，而你来自的世界像良田吗？一个人如果不在良田
上把饭准备好，到了沙漠他吃什么呢？"他痛苦地啮咬着自己的
肉说："请允许我观看一下我同伴的荣光。"他们对此回答说：
"蠢货！万能的上帝指令我等不得让善人跟恶人站在一起，也不　110
得让纯洁的人跟肮脏的人站在一起。"他于是由于绝望而撕衣服，
扯头发。

　　尽管直到临死之前进行忏悔都是可以的，但是人为地推迟忏
悔却是不明智的。拉比以利泽说："要在你们死去的前一天忏悔。"
他的门徒问他："那么，人能知道在哪一天死吗？"他回答说："所
以人就更有理由在今天就忏悔，免得明天就死去；这样，他全部
的日子就是在忏悔中度过的了。"（Shab. 153a）

8. 奖与惩

　　公正既然是上帝的品质之一，那么，他必然以公正来对待自
己创造的生灵。正直的人因其忠诚于神的意志应受到奖赏，邪恶

的人因叛逆应受到惩罚，在由一位公正的法官治理的宇宙中，这自然是人们所期待的。如果生活的现实与这一结论不符合，则必须要有一个解释来调和明显的不公正现象与上帝肯定事事公正这一信念之间的差异。

当一位拉比大胆地将《圣经》上的一句话解释为上帝并不受公平原则的约束，并可以随心所欲时，他受到了严厉的驳斥。拉比帕波斯（Pappos）对"只是他心志已定，谁能使他转意呢？他心里所愿的，就行出来"（《约伯记》23：13）这句经文的解释是：他独自裁决来到这世上的人，谁也不能质疑他的决定。拉比阿基巴对他说，"够了，帕波斯！"帕波斯于是问他，"那么，你又如何解释这句经文呢？"他回答说，"我们不可以质疑一呼而让世界出现的上帝所做出的决定；他是依照事实进行裁决的，并且一切决定都恪守公正。"（Mech. to 14：29，33a）

拉比阿基巴学说的一个鲜明特色就是坚持认为上帝乃以公正待人。他的一则格言论及了这个问题，并且使用了日常的商业语言把它阐发得非常透彻："一切都是凭信誉赊给人。大家都面对着同一张网；店门敞开着，店主提供赊欠，账本开着，取了东西记个账就行，无论是谁都可以来借购。但是，收款的人每天定期去索款，不论人们是否满意；他们索款时有据可依。裁决是按照真实作出的，盛筵上的一切都已备好。"（Aboth 3：20）最后这句话的意思是，有罪的人受到惩罚之后便被接纳去参加在来世为正直的人准备的盛筵。①

――――――――――――

① 参见第 385 及下页。

　　在讨论《诗篇》36：6"你的公义好像高山，你的判断如同深渊"这句经文时，他也持有同样的观点："拉比以实玛利说，因为从'高山'（即西奈山）上得到并接受了《托拉》的正直人有高尚的德行，你要给他们公义，直到公义如高山一般；但是对拒绝了从高山上给予他们《托拉》的恶人，你要将他们驱到'深渊'（即地狱）去。拉比阿基巴说，这两种人上帝都要把他们驱到深渊去。他将正直的人驱向深渊是要惩罚他们在今世做的那些为数不多的恶事，以便在来世赐予他们心灵的安宁和奖赏；他赐予恶人心灵的安宁并奖赏他们在今世可能做过的那些为数不多的善行，以便在来世惩罚他们（的恶行）。"（《大创世记》33：1）

　　在神对人的管理中，正义必须是主宰。根据这一理论，人有责任相信上帝是按其善行奖赏好人，据其恶端惩罚坏人。这确实也是《塔木德》的基本理论。"无罪不会受罚"（Shab. 55a）是一种普遍的信念，并有不同形式的表达。"遵行一条戒律的人得到一个辩护人，做下一条罪孽的人得到一个控告人"（Aboth 4：13）；"神圣的上帝做的一切裁决都是建立在因果报应基础上的"（Sanh. 90a）。

　　拉比们在关于《圣经》的叙述中发现了涉及惩罚和奖赏的确证。说明惩罚的例证有这样一些："我根据埃及人要毁灭以色列的计划来裁决他们。他们计划用水毁掉以色列，我将不用别的而只用水来惩罚他们"（Mech. to 14：26，32b）。"参孙见色而动心，所以菲利士人挖出了他的双眼。押沙龙称颂自己的头发，所以因头发而被逮住。"（Sot. 1：8）

　　两则关于拉比的例证不妨引在这里："希勒尔看到水面上漂　112

着一个头颅 ①，他对头颅说，'因为你溺死了别人，他们所以溺死了你，溺死你的人最终也要被溺死'（Aboth 2：7）。"一则极端的例子是关于像圣人一样的甘锁的那胡 ②。如果可信的话，这则例子生动地显示了因果报应的信念是多么根深蒂固。

据说甘锁的那胡双目失明，四肢断去，浑身长满水泡，因此，他座椅的腿放在一盆水中，以免蚂蚁爬到他身上去。有一次，他的座椅放在一座破旧的房子里，他的门徒打算把他搬出去。他对门徒们说，"先把家具清理出去，最后再搬座椅，因为，只要我的座椅在房子里，你们放心，房子就不会倒坍。"他们搬出了家具，然后又搬出了座椅，随即，房子就倒坍了。③ 他的门徒问他，"既然你是至善的人，为什么还遭受这诸多的苦难呢？"他回答说，"这都怪我自己。有一次我去岳父家，带了三头驴，驮着些东西：一头驮着食物，一头驮着饮料，一头驮着各种山珍海味。碰巧遇到一个人，他对我喊，'拉比，给我点东西吃。'我说，'等我从驴上下来。'我下来后，回头一看，他已经死了。我俯到他身上说，'我这双眼睛没有可怜你，愿它们瞎了吧；我这双手没有可怜你，愿它们被截断吧；我这双腿没有可怜你，愿它们被切去吧。'我的心中还是不安，于是我又说，'让我的身上长满水泡吧。'"门徒们说，"看到你这样我们很悲伤！"他回答说，"如果你们看不到我这样，我才伤悲呢！"（Taan. 21a）

---

① 估计他知道头颅是谁的。

② 参见第 80 页。

③ 这表明他是怎样的一位圣人并使下面的文字显得尤为动人。

至于因果报应而受到奖赏的例子，我们得知"约瑟在迦南，葬了他的父亲，所以他的尸骨也理当葬在那儿"（Sot. 1：9）。对《圣经》上"日间，耶和华在云柱中领他们的路"（《出埃及记》13：21）这一句有如下的陈述："这是要教育人们，一个人是依其行止而受到奖惩的。亚伯拉罕在路上陪伴了侍奉的天使（《创世记》18：16），于是上帝在荒野陪伴他的后裔达40年之久。亚伯拉罕说了句，'我再拿一点饼来'（同上，5），于是上帝普降吗哪40年。亚伯拉罕说了句，'容我拿点水来'（同上，4），于是上帝让井涌出水来，供他的后裔在荒野中饮用（《民数记》21：17及下节）。《圣经》上说，'亚伯拉罕又跑到牛群里'（《创世记》18：7），于是上帝赶来鹌鹑供他的后裔享用（《民数记》11：31）。亚伯拉罕说了句，'在树下歇息歇息'（《创世记》18：4），于是上帝为他的后裔展开七层祥云，如《圣经》所说，'他铺张云彩当遮盖，夜间使火光照'（《诗篇》105：39）。《圣经》上叙述亚伯拉罕'自己在树下站在旁边'（《创世记》18：8），于是上帝在埃及保护他的后裔使其免受瘟疫的袭击。"（或见 Mech. 25a）

因果报应律看起来是如此的确定不移，以至于许多拉比宣称某些罪恶必定要招致某些惩罚。"世上有七种惩罚针对着七种大罪。如果有人交了税赋，而另一些人不交，便会因干旱出现饥荒。有人便会挨饿，而另外的人则会有饭吃。如果他们一致决定都不交税赋，便会发生因丧乱和干旱出现的饥馑。如果他们进而决定不交生面饼①，便会发生灭绝性的饥馑。瘟疫便会来执行这些在《托

---

① 参见第101页注释②（即本书第199页注释①）。

拉》中曾警示过，并且是因为触犯关于第七年出产的果实(《利未记》25：1及以下诸节）的律法而招致的死刑；然而，这些死刑的执行却不是人间法庭司管的范围。延误公正，违逆公正并且曲解《托拉》者当用剑诛。发空誓、亵渎神名者当遭猛兽荼毒。偶像崇拜，道德败坏，杀人及漠视土地安息年者当遭监禁（同上）。"（Aboth 5：11）

　　下面的文字也表达了同样的观点："（以色列）妇女因三种罪而死于难产：忽视了分居期，忽视了祭献生面和忽视了点燃安息日的灯。"（Shab. 2：6）"发生瘟疫有七种原因：诽谤、杀戮、发空誓、淫荡、傲慢、抢劫和妒嫉。"（Arach. 16a）"发空誓和言不由衷的誓言，亵渎上帝的圣名，以及玷污安息日等罪孽招致野兽繁殖从而使牛羊遭灾，人口减少，道路毁弃。"（Shab. 33a）

　　但是，无论拉比们多么笃信上帝的公正，他们仍无法逃避现实生活中遇到的问题。好人不得好报是十分显而易见的现象，倒是他们常常遭受极度的苦难。同样，人们也没有看到上帝对恶人明显地表示出愤怒，没有看到上帝的不满通过令他们受苦遭难得到证明。恰恰相反，幸福似乎总向恶人微笑，并且他们繁荣昌盛。对于这种现象是不可能视而不见的，必须使其与神的统治体系相适应。试图去寻求一个答案的努力散见于整个拉比文献中，但是并没有提供一个公认的结论。我们在下面将会看到，处理这个问题的方式是各种各样的。

　　尤其是在圣殿遭毁和故国沦丧前后的关键时期，宗教领袖们不得不考虑上帝行为的合理性。不信上帝的罗马人的胜利让人们迷惑不解。一位拉比这样劝诫人们也并不是没有正当理由："受惩罚时不要放弃了信念。"（Aboth 1：7）下面的这则传说反映了当时人们游移不定的精神状态："摩西升到天上看到（尚未出生的）拉比阿基巴对《托拉》在作精辟的讲解，便对上帝说，'你已经让我看到了他的学问，现在让我看看对他的奖赏吧。'上帝让他回头看，摩西转身看到阿基巴的肉正在市场上被出售①。摩西对上帝说，'宇宙的君主啊！他有如此的学问，而这就是对他的奖赏吗！'上帝回答说，'安静！我就是这么想的'。"（Men. 29b）这则传说似乎是要表明这个问题是人类所不能理解的。在这些人类不能理喻的事件上，上帝的决心是如此的坚定，人只能屈从。有一位拉比曾大胆地宣称——如果下面就是他的话的确切含义②——"要解释恶人的昌盛和义人的苦难，我们无能为力。"（Aboth 4：19）

对摩西向上帝作的"求你将你的道指示我"（《出埃及记》33：13）这句请求的含义所展开的议论是涉及上面问题的一段引人注目的文字："摩西对上帝说，'宇宙的主啊！为什么有的正直人享富足，而有的正直人却遭苦难？为什么有的邪恶人享富足，而有的邪恶人却遭苦难？'上帝回答说，'摩西，享富足的正直人是正直人的儿子；遭苦难的正直人是邪恶人的儿子；享富足的邪恶人是正直人的儿子；遭苦难的邪恶人是邪恶人的儿子。'"

"但事情并非如此，因为，你瞧，《圣经》上写着，'必追讨他的罪自父及子'（同上，34：7），并且也写着，'不可因父杀子'（《申

---

① 他在罗马人手中殉难。

② 其希伯来文的字面意义是："它不在我们手中，昌盛也不在我们手中"，等等。许多学者倾向于将其译为："我们（一般人）享受不到昌盛"或者"我们没有能力规定坏人或好人的命运"，那在上帝的能力之内。

命记》24：16）。我们把这些经文对照一下发现并没有矛盾；因
为前者指的是那些步其父辈后尘的孩子，而后者指的是那些未步其
父辈后尘的孩子。不过，我们可以设想上帝是这样回答摩西的：'享
富足的正直人其正直完美无缺；遭苦难的正直人其正直并不完美；
享富足的邪恶人其邪恶并非彻头彻尾；遭苦难的邪恶人其邪恶乃
彻头彻尾。'拉比迈尔宣称：'当上帝说"我要恩待谁，就恩待谁"
（《出埃及记》33：19）'时，他的意思是：尽管那人可能不配；
同样，'要怜悯谁，就怜悯谁'的意思也是尽管那人可能不配。"
（Ber. 7a）

　　在这里我们看到对待这一问题的方法是不一样的。拉比迈尔
认为其阐释超出了人类智力所能领悟的范围。上帝是按自己的智
慧行事的，而他的智慧是人所不能理解的。在第一次提到的结论中，
我们遇到了这样的理论，祖先的功劳（Zachuth Aboth）可以在某
种程度上缓解有罪的后裔该受的惩罚。这一观念在犹太人的心目
中根深蒂固，并时常出现在犹太教堂的圣餐仪式上。只需引证《塔
木德》上的一个例子就够了。"亚伯拉罕对上帝说，宇宙的君主
啊！你知道当你命令我献上以撒时，我本有可能回答你说，昨天
你还向我保证说，'从以撒生的，才要称为你的后裔'（《创世记》
21：12），而现在你却要命令我，'把他献为燔祭'（同上，22：2）。
但是我远没这样做，而是抑制着自己的情感执行了你的命令。因此，
主啊，我的上帝，你能否同意当有一天我儿子以撒的后裔遭难并无
人替他们说话时，你会保护他们。"（p. Taan. 65d）

　　尽管，祈求的人在对上帝的祷告中可以利用其祖先的功劳作
为借口，但是，却不能利用它去帮助解决事关邪恶的问题。这主

要是因为它有悖于罪责自负的观点。我们从下面的谈论中便发现了这种反对意见："摩西说，'必追讨他的罪自父及子'。但是，以西结来到把它给否了，说，'犯罪的他必死亡'（18：4）。"（Mak. 24a）每个人都为自己的行为负责。

好人受苦是因为他并非纯粹的好、坏人得势是因为他并非纯粹的坏这一变通的说法倒是更容易为人所接受。拉比们并不认为世上的生活其本身是圆满的。死亡并不是人们存在的终结，坟墓的那边还有另一种生活。只有将今生和来世这两个阶段的生活结合起来，才能悟透神意。

对《申命记》32：4"诚实无伪的神，又公义，又正直"这一句的阐释就是这种观点的很好例证："正直的人在今世所遵奉的每一条微不足道的戒律，'诚实的神'都要在来世予以奖赐。同样，邪恶的人在今世所遵奉的每一条微不足道的律戒，神都要在今世予以奖赐。邪恶的人在今世犯下的每一条微不足道的罪恶，'无伪的'神都要在来世对其施以惩罚，正直的人在今世犯下的每一条微不足道的罪恶，神都要在今世施以惩罚。至于'又公义，又正直'——据说，人死时，他的所作所为都要摆在他面前，并告诉他，'你在某时某地做了这件事'。他要承认自己的罪责并被责令签字画押，如《圣经》所说，'他封住各人的手'（《约伯记》37：7）。不仅如此，他还要承认对他的裁决是公正的，并且要说，'你对我的裁决是公正的'，如《圣经》所说，'你责备我的时候显为公义；判断我的时候显为清正'（《诗篇》51：4）。"（Taan. 11a）

"在今世上可以把正直的人比作什么呢？比作一棵树，树的整体立于干净的地方，但是它的枝桠伸到不洁的地方。枝桠被修

剪之后，整棵树就位于干净的地方了。同理，上帝在今世降灾难

117　于正直的人是为了让他们能获得来世，如《圣经》所说，'你起
初虽然微小，终久必甚发达'（《约伯记》8：7）。在今世可以
把邪恶的人比作什么呢？比作一棵树。树的整体立于不洁的地方，
但是它的枝桠伸到干净的地方。枝桠被修剪之后，整棵树就位于
不洁的地方了。同理，上帝在今世赐福于邪恶的人是为了放逐他们，
并将他们驱赶到（地狱的）最底层；如《圣经》所说，'有一条
路人以为正，至终成为死亡之路'（《箴言》14：12）。"（Kid.
40b）

　　"《托拉》中记载的每一条戒律其奖赏的付诸实现都离不开
未来的生活。在孝敬父母方面，《圣经》是这样写的，'使你得福，
并使你的日子在地上得以长久'（《申命记》5：16）。在涉及释
放母鸟时，《圣经》上写着，'这样你就可以享福，日子得以长久'
（同上，22：7）。注意，有一个人，他父亲让他爬到一座塔顶上
去给他取上面的鸽子。他爬上去，放了母鸟，取下了雏鸟。然而，
他返回时却掉下来摔死了。[①] 他的福气和长久的日子又何在呢？但
是，'使你得福'的意思存在于一切都好的世界；'使你的日子
在地上得以长久'的意思存在于岁月无尽的世界。"（Kid. 39b）

　　下面的这则逸事对这一理论做了颇为有趣的说明："拉比卡尼
那的妻子对丈夫说，'祈求一下，也许在来世里留给正直人的好事
能现在先给你一些'。他开始祷告，一根金桌子腿便扔到了他面前。

---

　　① 这一事件据说击碎了以利沙·本·阿布亚（Elisha b. Abuyah）的信仰，并使其
变成了不信上帝的人（p. Chag. 77b）。

他于是想到（在来世里）所有的人都会在有三条腿的金桌子上用餐，而他的餐桌则只有两条腿。（听到这话）他的妻子便让他祈祷把桌子腿再收回去。他又祈祷，于是桌子腿便被收回了。"（Taan. 25a）很明显，拉比们认为一个人不能两个世界的好事都占尽，用他们的话说就是不能"在两张桌子上用餐"。

让正直的人在今世受苦难乃是有意为之。这一理论有一则颇为离奇的发挥：上帝因恶人的罪孽而降下惩罚时，它先落到了好人的头上。这表明，当犯罪的后果对人产生影响时，无辜的人不仅必须被牵涉在内，他们所要经受的随之而来的苦难甚至还要烈于有罪的人。"不存在恶人，世上就不会有惩罚，惩罚只是拿好人先开刀，如《圣经》所说，'若点火焚烧荆棘，以致将别人堆积的禾捆都烧尽了'（《出埃及记》22：6）。火（即惩罚）起于何时？起于发现了荆棘（即罪恶）的时候。并且它只是拿好人（以禾捆为代表）先开刀的，如《圣经》所说，'以致将别人堆积的禾捆都烧尽了'。《圣经》上说的不是'将要（在荆棘之后）被烧尽'，而是'都烧尽了'。它们是先被烧尽的。《圣经》上'你们谁也不可出自己的房门，直到早晨。因为耶和华要巡行击杀埃及人'（同上，12：22及下节）。这句话意图何在呢？既然死亡天使被赐予了毁灭的权力，他便不分善恶一律击杀。这还不够，他先拿好人开刀，如《圣经》所说，'我从你中间将义人和恶人一并剪除'（《以西结书》21：3）。"（B. K. 60a）义人先被提到。

有时我们发现这样的提法，即好人替坏人受苦。例如，"如果一代人中有正直的人，那么，他们就会因恶人的罪孽而受惩罚。

如果没有正直的人，那么，小学生 ① 就会因这代人的罪孽而受苦"
（Shab. 33b）。为什么叙述了有关纯红母牛的律例（《民数记》
19：1）之后，紧接着讲述米利暗的死（同上，20：1）？在这个
问题中甚至都产生了代人赎罪的思想。对这问题的回答是，"正
如纯红母牛可以赎罪一样，正直人的死亡同样可以赎罪"（M. K.
28a）。其他具有同样观点的章句还有："摩西问上帝，'是否终
将有一天，以色列人将既没有圣幕又没有圣殿呢？'那他们（赎
罪时）怎么办呢？上帝回答说，'我将从他们中挑选一义人，作为
他们的抵押，然后我将赎他们的罪'。"（《大出埃及记》35：4）
在金牛犊事件中，当摩西对上帝说，"求你从你所写的册上涂抹
我的名"（《出埃及记》32：32）时，他要奉献出自己的生命去
赎他的人民的罪（Sot. 14a）。

　　邪恶的问题从另一角度遭到了抨击，抨击的方式是既不承认
今世的苦难是上帝蓄意进行的惩罚，也不承认苦难是上帝不满的
证据。恰恰相反，它们表达了上帝的爱，其目的是为了仁慈。《圣
119 经》上"神看着一切所造的都甚好"（《创世记》1：31）被认为
指的是苦难。"那么说，苦难是好的吗？对，因为借助于苦难人
才得以到达来世。"（《大创世记》9：8）"什么样的路将人引
向来世呢？答案是，苦难之路。"（Mech. to 20：23，73a）"凡
今世遭苦难而欣喜者能拯救世人。"（Taan. 8a）

　　苦难乃是神表示爱意这一观点是这样表达出来的："假如一
个人看到苦难临头，应让他检点自己的行为；如《圣经》所说，'我

---

① 他们当然是无辜的。

们当深深考察自己的行为，再归向耶和华'（《耶利米哀歌》3：
40）。如果他检点了自己的行为却没有找到原因，这应归咎于他
对于《托拉》的漠视；如《圣经》所说，'耶和华啊，你所管教，
用律法所教训的人是有福的'（《诗篇》94：12）。如果将其归
咎于漠视《托拉》却找不到任何理由，那么对他的惩戒必定是爱
的惩戒；如《圣经》所说，'因为耶和华所爱的，他必责备'（《箴
言》3：12）。"（Ber. 5a）

那么，为什么正直的人要遭受苦难呢？有人作出了这样的回
答："陶匠对有裂痕的容器不予检验，因为，只需敲击一次，陶
器就破了；但是，假如他检验好的容器，他敲击多少次都不会把
容器打破。同理，上帝并不考验邪恶的人，而是考验正直的人，
如《圣经》所说，'耶和华试验义人'（《诗篇》11：5），以及'神
要试验亚伯拉罕'（《创世记》22：1）。譬如：一个人有两头牛，
一头强壮，另一头弱小。他应让哪一头负重呢？当然是壮的那头。
同样，上帝试验正直的人。"（《大创世记》32：3）

依据这一把受难视为高尚的观点，人们便从"你们不可为自
己做金银的神像"（《出埃及记》20：23）这句经文中读出了一
则美好的教诲："不要像异教徒对待他们的神那样来待我。他们
幸福时赞美自己的神，受罚时诅咒自己的神。如果我给你们幸福，
你们要感谢我；如果我给你们苦难，你们也要感谢我。"（或见
Mech. 72b）这就是拉比律法的立足点："一个人有责任为恶人祈祷，
甚至就像为好人祈祷一样；如《圣经》所说，'你要用你全部的心，
用你全部的灵魂，用你全部的力量去爱主，你的上帝'（《申命记》
6：5——新译）——所谓'用你全部的心'，就是用你的两种冲动，

善的冲动和恶的冲动；所谓'用你全部的灵魂'，就是哪怕上帝把我的灵魂带走；所谓'用你全部的力量'，就是用你全部的财富。'用你全部的力量'的另一解释是：你要用上帝所给予你的一切手段向上帝谢恩。"（Ber. 9：5）

　　尽管奖与惩的教义，如我们所看到的那样，在《塔木德》的教义中占有显著的地位，但是，它也不止一次地劝诫人们尊崇上帝必须要没有私虑，守奉律法必须出于纯洁的动机。这一问题将在后面予以更充分的讨论①，在这里，不妨引用两节文字："甚喜爱他命令的，这人便为有福"（《诗篇》112：1）——是喜爱他的命令，不是喜爱因遵命而获得的奖赏（A. Z. 19a）。"不要学那些以得到奖赏为条件去侍奉主人的奴仆；要学那些无条件侍奉主人的奴仆；要畏惧上天。"（Aboth 1：3）

---

① 参见第149及以下诸页。

第四章　启示

1. 预言

对于《塔木德》中所包含的根植于希伯来《圣经》之中的宗教道德理论体系来说，预言的真实性是不言自明的。拉比学说的基础就是上帝通过被称为"先知"的代言人昭示其意志。

预言的能力并不是上帝随意赋予几个人的某种本领，而是杰出的智力和心灵修养到了出神入化的程度。这一后世的犹太哲学家们颇为欣赏的理论，在《塔木德》中已露端倪。它甚至已经详细地列出了最终要具备预言的禀赋所应经历的阶段："热情通向干净，干净通向圣洁，圣洁通向自律，自律通向神圣，神圣通向谦恭，谦恭通向避恶，避恶通向崇高，崇高通向圣灵。"（Sot. 9：15）

除了这些道德上的品质之外，其他的条件也是必不可少的。"神圣的上帝只让其舍金纳降于富有、聪慧和恭顺的人身上。"（Ned. 38a）"神圣的上帝只让其舍金纳降于聪慧、强壮、富有和高大的人身上。"（Shab. 92a）① 况且，在道德上稍一失足便导致预言禀

---

① 犹太哲学家摩西·迈蒙尼德（12 世纪）按拉比特有的理解来解释这句话。"富有"意思是满足，"强壮"意思是能自控（Aboth 4：1）。参见他的《伦理八章》（*The Eight Chapters*），第 80 页。其目的有可能是说即使外表也应令人肃然起敬，而必须富有是因为这会使人有不依赖于别人的感觉。

赋或永久或暂时的毁弃。"如果一个先知举止傲慢，他的预言能力便离他而去；如果他怒气冲冲，也同样离他而去。"（Pes. 66b）

　　既然以色列是存放神的启示的地方，那么这个民族的人很自然被挑选作为神的信使，当然这也并不是非他们莫属。"有七位先知为异教徒作过预言：巴兰以及他的父亲，约伯以及他的四位朋友。"（B. B. 15b）上帝的不偏不倚要求他也要从异教徒中指定代言人。122《米德拉什》对经文"他是磐石，他的作为完全，他所行的无不公平"（《申命记》32：4）的评述是："神圣的上帝并没有给世上的各族人在来世留下口实，以便让他们抱怨说，'你疏远我们'。上帝怎么做的呢？就像他为以色列人设立国王、聪明人和先知一样，他同样也为其他的民族设立了这一切。就像他给了以色列人摩西一样，他给了异教徒们巴兰。"（《大民数记》20：1）

　　然而，人们决不认为异教徒的先知与希伯来先知其感悟能力是在同一个水平上。后者其层次更高得自于其预言禀赋相应的更高。因为《圣经》上有"神来在梦中对亚比米勒说"（《创世记》20：3），所以由此可以推出："神圣的上帝只是在人们习惯上告别的时刻才向异教徒显灵。以色列的先知与异教民族的先知有何不同呢？这好比一位国王和他的朋友一起在房间中，他们中间隔了一层帘子。当国王想与其朋友交谈时，他便把帘子掀开（他用这种方式与以色列先知说话）；但是当他与异教徒的先知说话时，他不把帘子揭开，而是在帘子后面对他们讲。譬如，某位国王有一妻一妾。前者的房里他公开地去，而对于后者他却要秘密地造访。同理，神圣的上帝与异教先知交流时只用若隐若现的语言，但他与以色列先知交流时，用的是完整的语言，爱的语言，神圣的语言，

天使赞美上帝使用的语言。"（《大创世记》52∶5）

异教民族中出现的先知为何如此之少，以及他们为何都停息了活动，《塔木德》中也有探讨。"注意以色列人的先知与异教徒先知的差别。以色列人的先知警示人们不要犯罪；如《圣经》所说，'人子啊，我立你作守望的人'（《以西结书》3∶17）；但是，来自他族的先知（即巴兰）却用放荡来将其同胞从世界上毁灭；不仅如此，以色列的先知对本族人和外族人都极富同情心，如耶利米所说，'我心腹为摩押哀鸣如箫'（《耶利米书》48∶36），并且以西结被告知，'人子啊，要为推罗作起哀歌'（《以西结书》27∶2）。而这个凶残的家伙，却要无缘无故地试图根除整个民族（即以色列）。正因为这样，《圣经》中有专门关于巴兰的一节，其目的是要告诉我们神圣的上帝为什么使圣灵离开异教民族，因为他们中间出了这样一个人，上帝并且目睹了他的所作所为。"（《大民数记》20∶1）

在希伯来先知中，摩西是出类拔萃、卓尔不群的。"摩西与其他的先知区别何在呢？后者隔着九层窗看，而摩西只隔一层。他人是透过雾蒙蒙的窗看，而摩西是透过明亮的窗看。"（《大利未记》1∶14）[1] 因此，他对神的旨意的领悟就比别人能更近一层。上帝授予他的启示是所有后来的先知们赖以汲取的源泉。"先知们在此后的年代里要预知的一切，他们都是得自于西奈山。"（《大出埃及记》28∶6）"摩西既说出了别的先知的话，也说出了自己

---

[1]　人与上帝之间必定有介质。这种介质是为先知们而存在的，并被称为 *specularia*（窗格）。在摩西与上帝之间，这一介质减少到最低限度。

的话，凡预言的人只不过是表述了摩西预言的精义而已。"（同上，42：8）

由此可以推出，后来的先知所说的一切都不可能与摩西的文字有矛盾，也不可能使之增加或减少。"有48位先知和7位女先知为以色列预言，他们既没有减缩也没有增加《托拉》中的内容，除了关于在普珥节要读《以斯帖记》的律法。"（Meg. 14a）①48这个数目包括犹太三始祖和《圣经》中其他杰出的人物。7位女先知是撒拉、米利暗、底波拉、哈拿、亚比该、赫尔达和以斯帖。

另一种主张大大地扩展了以色列人中具有先知灵感者的数目。"以色列人中出了许多先知，其数目为离开埃及时人数②的两倍。只有后代需要的预言记录了下来，不需要的均未记载。"（Meg. 14a）

见之于《圣经》中的先知，除了摩西之外，其灵感程度甚至都被认为是不一样的。"圣灵是依程度而降临于先知身上的。有的人只能预言一本书，别的人能预言两本书。比利（Beeri）只预言了两句话，因为不够写成一本书，所以便包含在了《以赛亚书》中（8：19及下节）。"（《大利未记》15：2）一种观点认为何西阿是同龄人中最伟大的先知。"在一个时期内有四位先知进行了预言，何西阿、以赛亚、阿摩司以及弥迦，其中何西阿最为出色。"（Pes. 87a）另一观点把这一荣誉赋予了以赛亚。"所有其他的先

---

① 这一节日是纪念波斯的犹太人从哈曼（Haman）手中逃亡这一事件的。所有犹太教的律法都可追溯到摩西时代的立法，但是每年必须吟诵《以斯帖记》这条规定，明显是后来加上的。

② 数目为60万。

知们都是从彼此之间获得预言，而以赛亚则是直接得自于上帝。"（《大利未记》10：2）他比以西结更高明这一点是如此描述的："以西结所预知的一切以赛亚都预知到了；不过，以西结像什么呢？像个盯着国王看的乡巴佬。以赛亚像什么呢？像个盯着国王看的城里人。"①（Chag. 13b）

一般认为，第一座圣殿被毁以后，预言能力就其特定的含义来说也随之停息了，尽管在流放时期它还存在于几个人的身上。"后面的先知哈该、撒迦利亚和玛拉基去世以后，圣灵便离以色列而去了。"（Sanh. 11a）另一位拉比谈论说："从圣殿被毁的那天起，先知们的预言禀赋便被拿走，而给了贤人。"（B. B. 12a）这一说法表明了《托拉》从摩西时代到《塔木德》时期之间的承续环节。②

有一则较为逆耳的评述说："从圣殿被毁的那天起，先知们预言的能力便被拿走，而给了傻瓜和孩子。"（B. B. 12b）。这话的背后也许包含着宗教上的攻讦，因为约瑟福斯告诉我们说，不时地有人站出来声称自己是先知或者是上帝指定的以色列人的救星。③

希伯来预言至高无上的内容是呼吁走上歧路的男男女女们迷途知返，回归上帝。"所有的先知都只能预言弥赛亚和悔罪者的日子。"（Ber. 34b）必须依照这个意思来理解下面这一颇为怪异的学说："终有一天要废除《先知书》和《圣著》，但不能废除《托

---

① 以西结因不太熟悉神的异象，因此用了数章来对此进行描述（第1、8、10章），而以赛亚仅描述了一次（第6章），因为他常见到神的异象。

② 参见本书"导论"第 xxxvi 页。

③ 《上古犹太史》第20卷，5：1和8：6。

拉》。"（p. Meg. 70d）当人人都遵行律法时，先知们的规劝便
成为不必，因为这种规劝是为一个罪恶的世界而设的，不适合将
要由弥赛亚创立的那个完美的纪元。

　　当这一幸福的时代到来时，专门的先知将成为多余还有另一
原因。既然所有的人其心智和道德已臻于完美，他们就已经达到
了具备预言禀赋的境界。"神圣的上帝说，在今世只有某些个人
被赋予了预言的能力，但在来世所有的以色列人将都是先知；如《圣
经》所说，'以后，我要将我的灵浇灌凡有血气的。你们的儿女
要说预言，你们的老年人要做异梦，少年人要见异像'（《约珥书》
2：28）。"（《大民数记》15：25）

2. 《托拉》

　　《塔木德》是根植于希伯来《圣经》之中的，这一点读者肯
定已经明确地看到了。几乎每一种观点，每一句话都可在《圣经》
中找到注脚。几乎每一种陈述的后面都有"如《圣经》所说"或"如《圣
经》上写的"这样的文字。其教义和学说构成了《塔木德》的拉
比们不承认他们是犹太思想的创始人。他们只愿承认他们是包含
在《圣经》中的神的启示这一取之不竭、用之不尽的矿藏的发掘者，
并且把原本隐藏在深处的珍宝展示了出来。

　　因而，研习圣卷，对其品味沉思，并从中获取尽可能多的精
华便不仅是犹太人崇高的荣誉，而且是他们至上的责任。如果不
了解《托拉》在拉比们生活中所占的地位和他们对其的态度，任
何要理解和评价他们学说的努力都是不可能的。

也许，探讨这一问题的最好方法是将《密释纳》中《先贤篇》（*Pirké Aboth*）内对《托拉》的评述列在一起来观察。其言论保存于斯的先师们生活的年代在公元前 2 世纪和公元 2 世纪末之间。他们是《塔木德》的先行者，他们的努力促进了对《托拉》的潜心研究，其结果便是拉比文献的产生。一部分摘录前面已经引用过，但为了让读者理解其整体累积在一起的效果，在这里又把它们引用了。

"摩西在西奈山接到《托拉》，把它传给约书亚；约书亚传给众长老；众长老传给众先知；众先知传给大议会众成员。他们说了三句话：审慎裁判，多招门徒，保卫《托拉》。"（1：1）[①]

"义人西蒙[②]是大议会最后的幸存者之一。他过去常说，世界的基础有三：《托拉》，神的崇拜，人的善行。"（1：2）

126

"让你的房子成为《托拉》中智者的会堂，你坐于他们脚的尘土中，饮用他们说的话如饥渴一般。"（1：4）

"凡沉溺于跟女人闲聊者，必降灾于自己，荒疏对《托拉》的研习，并终将进入地狱。"（1：5）

"为自己找一位《托拉》老师，找一位伴侣，并且依照德行判断别人。"（1：6）

"要师法亚伦，爱和睦，追和睦，爱同胞并让他们靠近《托拉》。"（1：12）

"不增长知识者，其知识就减少；不学习《托拉》者理应去死，

---

① 关于这一段，参见"导论"，第 xxxvii 页。
② 关于这人是谁，参见"导论"，第 xxxviii 页。

将《托拉》应用于俗务者将一事无成。"（1：13）

"研习《托拉》要定期。"（1：15）

"最好是把研习《托拉》与从事某种世俗的职业结合起来，因为从事这两者需要付出的劳动能使人忘掉罪恶。只研习《托拉》而不劳动终将一事无成并成为犯罪的起因。"（2：2）

"头脑空空的人不可能惧怕犯罪，（对《托拉》）无知的人不可能虔诚，厚颜无耻的人不会学习，性情暴躁的人难为人师，沉溺于俗务的人不可能（在《托拉》方面）变得聪明。"（2：6）

"愈学《托拉》，生命愈久长……《托拉》学到了手的人便在来世获得了永生。"（2：8）

"如果你从《托拉》中学到了许多，不要把功劳归于自己，因为你是为此而被创造的。"（2：9）

"要使自己具备学习《托拉》的资格，因为这种资格不是生来就有的，让你们一切所作所为都是为了上天。"（2：17）

"学习《托拉》要谨慎，要知道如何回答不信上帝的人；还要知道你在为谁劳动，谁是你的东家，谁付给你劳动的报酬。"（2：19）

"把工作全部做完虽不是你的责任，但你也不能随便地弃而不做。如果你从《托拉》中学到了很多，你便能得到很多的报偿；你的东家便会言而有信，付给你劳动的报酬；你要知道给予正直人的报酬是在来世。"（2：21）

127　　"假如两人坐到一起而不谈《托拉》，他们就是亵慢的人，对于这种人，《圣经》上说，'（圣洁的人）不坐亵慢人的座位'（《诗篇》1：1）；但如果两个人坐到一起谈论《托拉》，神便驻留在他们中间，如《圣经》所说，'那时，敬畏耶和华的彼此谈论，耶和华侧耳而听，且有纪念册在他面前，记录那敬畏耶和华、思念他的名的人'（《玛拉基书》3：16）。这样，《圣经》使我得以能够在涉及两个人时做出这一推理：那么，何以能推理出即使一个人孜孜不倦地研习《托拉》上帝也要奖赏他呢？因为《圣经》上说，'虽然他独处默想，但是他却得到它（即奖赏）'（《耶利米哀歌》3：27）*。"（3：3）

"假如三人同席而不谈《托拉》，这三人有如吃了供奉死物的祭品；对于这种人《圣经》说，'因为各席上满了呕吐的污秽；（他们的心中）没有神在'（原文如此，《以赛亚书》28：8）。但如果三人同席并谈论《托拉》，这三人便犹如在神的桌上就餐；对此，《圣经》上的这一句可以适用，'他对我说：这是耶和华面前的桌子'（《以西结书》41：22）。"（3：4）

"接受《托拉》约束的人，加在其身上的帝王束缚以及尘俗的牵累便会被搬掉；挣脱《托拉》约束的人，帝王的束缚和尘俗的牵累便加于其身。"（3：6）

"当10个人坐到一起潜心研习《托拉》时，舍金纳便与他们同在，如《圣经》所说，'神站在虔诚者的会中'（《诗篇》82：1）从哪里可以看出这也适用于五个人呢？《圣经》上说，'他在地上创建了队列'（《阿摩司书》9：6——新译）。从哪里可以看出这也适用于三个人呢？《圣经》上说，'（他）在诸法官中行审判'（《诗篇》82：1——新译）。从哪里可以看出这也适用于两个人呢？《圣经》上说，'那时敬畏耶和华的彼此谈论，耶和华侧耳而听'（《玛

---

① 应为《耶利米哀歌》3：28，译文为新译。——译者

拉基书》3：16）。从哪里可以看出这也适用于一个人呢？《圣经》
上说，'凡记下我名的地方，我必到那里赐福给你'（《出埃及记》
20：24）。"（3：7）

"如果一个人在路上学习（《托拉》）时，中止了学习，说'那
棵树多美，那片地多美！'《圣经》视这种人为放弃了生命。"（3：9）

"忘记了所学的人，《圣经》视他为放弃了生命，如《圣经》所说，
'你只要谨慎，殷勤保守你的心灵，免得忘记你亲眼所看见的事'
（《申命记》4：9）。这样，也许有人会认为如果所学内容太难，
其后果也是相同的。为了防止出现如此的推理，《圣经》说，'又
免得你一生这事离开你的口'（同上）。因此，一个人只有故意
的，并为了特定的目的在心里放弃了学业时，才是有罪的。"（3：
10）

"先对罪恶产生惧怕而后有智慧（即《托拉》的知识）者，
其智慧能长久；先有智慧而后才惧怕罪恶者，其智慧不会长久。
劳动超过其智慧者，其智慧能长久；智慧超过其劳动者，其智慧
不能长久。"（3：11起）

"以色列是受宠爱的，因为他们被赐予了所盼望的契约（即《托
拉》）；然而，是通过一种特殊的爱才让他们知道世界赖以被创造
的这部契约是属于他们的，如《圣经》所说，'因我给你们的是好
教训，不可离弃我的法则'（《箴言》4：2）。"（3：18）

"没有《托拉》便不会有得体的言行；没有得体的言行便不
会有《托拉》。没有智慧，便不会敬畏上帝；不敬畏上帝，便不
会有智慧。没有知识，便不能理解；不能理解，便没有知识。没
有膳食，便不会有《托拉》，没有《托拉》，便不会有膳食。"（3：

21）

"关于禽类祭品和妇女洁身的律法是至关重要的律法；天文学和几何学是智慧的末流。"（3：23）①

"为了教别人而学习（《托拉》）的人将被赐予学习和传授的本领；但是，为了实践而学习的人不仅得到学习和传授的本领，还将得到遵行和实践的本领。"（4：6）

"不得将《托拉》用作骄人的皇冠或淘金的铁铲。希勒尔也曾常常这样说，'将《托拉》应用于俗务者将一事无成。'由此你们不妨得出结论，凡从《托拉》的文句中谋求利益者是自掘坟墓。" 129（4：7）②

"敬《托拉》者，众人敬；轻《托拉》者，众人轻。"（4：8）

"穷困时遵行《托拉》者，终将得富庶；富有时漠视《托拉》者，终将遭穷困。"（4：11）

"要疏于世俗的名利，专于《托拉》的钻研。假如荒疏了《托拉》，由此便招致许多的后果；但如果致力于《托拉》，上帝将给你丰富的报偿。"（4：12）

"学习《托拉》要审慎，因为学习中的一个错误也可能会铸成大罪。"（4：16）

"有三种荣誉：《托拉》，祭司和忠诚；但是，一个好的名誉胜过这一切。"（4：17）

---

① 这句格言的目的是说《托拉》中那些明显的小事也是头等重要的，而世俗的科学则是次等重要的。

② 在塔木德时期以及后来的好几百年里，除了教授学童的职业教师外，教师都是名誉上的，并且都是通过体力劳动来谋生。

"要走向《托拉》，不要说《托拉》会追随你；因为，在那里你的同伴将确保你拥有它，不要过分依赖你自己的理解。"（4：18）

"参加圣卷研习所的人表现出四种品质：只去而不实践的人因为去而得到奖赏；实践但是不去的人因为实践而得到奖赏；不仅去而且也实践的人是圣人；不去也不实践的人是恶人。"（5：17）

"五岁学习《圣经》，十岁学习《密释纳》，十五岁学习《塔木德》。"（5：24）

"《托拉》应反复研读，因为它包罗一切；要对它反思，直到老去也要孜孜不倦；学《托拉》不得心神不安。这是最好的准则。"（5：25）

《先贤篇》第 6 章是本篇增添的一章，被称为"论《托拉》的获得"，实际上整个这一章都牵涉到我们的主题。

"致力于《托拉》而无他图的人功德无量，不仅如此，整个世界都对其感恩戴德。他被称作朋友，他受人爱戴，他爱上帝，也爱人类。这赋予他敦厚与尊崇，使他成为公正、虔诚、正直和守信的人，使他远罪恶，近善端。世界因他而享有了谋略，知识，悟性和力量，如《圣经》所说，'我有谋略和真知识，我乃聪明，我有能力'（《箴言》8：14）。《托拉》还赋予他治权和明察秋毫的判断力；《托拉》的奥秘向他打开；他像一股永不枯竭的泉水，又像一条奔腾不息的河流；他变得谦恭，能忍受苦难，并宽容别人的侮辱；这使他伟大并高于一切。"（6：1）

"每天都有一个来自西奈山的'声音之女'宣称：人类轻蔑《托拉》当受难，因为凡不潜心于《托拉》的人据说都为神所指责。《圣经》还说，'是神的工作，字是神写的，刻在板上'（《出埃及记》

32：16）——不要读 *charuth*（刻），要读 *cheruth*（自由），因为只有致力于《托拉》的人才是自由的。凡致力于《托拉》者将被升起；如《圣经》所说，'从玛他拿到拿哈列，从拿哈列到巴末'①（《民数记》21：19）。"（6：2）

　　"这就是研习《托拉》的恰当方式。你必须吃有盐的面包，你必须适量地饮水，你必须在地上睡眠并且一边辛劳地生活一边致力于《托拉》。如果你这样做，'你要享福，事情顺利'（《诗篇》128：2）——享福在今生，顺利在来世。"（6：4）

　　"《托拉》较之祭司的头衔或王权都更胜一筹，这是考虑到拥有王权需要具备 30 种资格，充任祭司需要具有 24 种资格，而获得《托拉》需要具备 48 种资格。这些资格是：朗读，吐字清晰，理解和心领神会，敬畏，尊崇，愉悦，谦卑，奉敬圣人，与同事合群并与门徒讨论，沉静，通晓《圣经》和《密释纳》，经商有度，与社会交往，睡眠，交谈，有笑声，能忍耐，心地善良，信赖智者，摒弃淫荡，有自知之明，满足于自己所应得到的，言语谨慎并不贪功，被人爱戴，爱上帝，爱人类，热爱正义的事业，崇尚刚直并且直言不讳，不贪名誉，不卖弄学识，也不喜好自作主张，与同胞分担压力，从正面评价别人，将别人引向真理和平安，安心学习，善问善答，倾听别人的话并（通过自我反思）对所听到的有所增益，抱着传授的目的去学习，抱着实践的目的去学习，令师长更聪明，专心听老师讲学，并以说话者的名义对事物提出报告。"（6：6）

131

————————

　　①　这些地名被赋予了普通词汇的含义：玛他拿意思是"赠品"，拿哈列意思是"上帝的恩赐"，巴末意思是"高处"。因此，这句经文的含义是：接受"赠品"（《托拉》）的人便得到了上帝的恩赐，并升到高处。

"大哉《托拉》，它把生命赋予在今世和来世实践它的人。"
（6：7）

"拉比约西·本·基斯玛（José b. Kisma）说，我有一次在路上走，碰到一个人向我致意，我也向他致意。他问我，'拉比，你从哪里来？'我告诉他，'我来自一个有圣人和律法学家的大城。'他于是对我说，'如果你愿意在我们的地方住下来，我愿意给你千千万万的金币和宝石珍珠。'我告诉他说，'即使你把全世界的金银珠宝都给我，我也不会住在任何地方，除了《托拉》的家乡；以色列王大卫的手在《诗篇》中是这样写的，"你口中的律法与我有益，胜于千万的金银"（119：72）；不仅如此，人在离去时，银子、金子、宝石、珍珠都不能带走，陪伴他的只有《托拉》和善行。'"
（6：9）

"神圣的上帝在他的宇宙中创造了五种东西专属于他自己，即《托拉》、天和地、亚伯拉罕、以色列和圣殿。我们如何知道《托拉》是这样的？因为《圣经》上写着，'在耶和华造化的起头，在太初创造万物之先，就有了我'（《箴言》8：22）。"（6：10）[①]

仅仅出自于一种文献的这些陈述雄辩地说明了在塔木德时期犹太人的生活中《托拉》占有何等重要的地位。它不仅是犹太人生活的支柱，而且被认为是宇宙间秩序唯一可靠的基础。若没有《托拉》道德便会沦丧，而正是由于这个原因，《托拉》肯定是一直就存在的，甚至先于世界的创造。"若不是《托拉》，天和地便

---

① 《先贤篇》的两种带有注释的英语善本是泰勒的《犹太先辈述言》（*Sayings of the Jewish Fathers*）（1897年第2版）和 R. T. 赫福特的《先贤篇》（1925年）。

不能持久；如《圣经》所说，'若不是我立的约（即《托拉》），
我便不会安排白日黑夜（原文如此），和天地的定例'（《耶利米书》　132
33：25）。"（Pes. 68b）《托拉》先在的另一理由是："从上帝
的方式你们可以看到，上帝把他珍爱的放在优先的位置，因为他
珍爱《托拉》甚于他所造的其他一切，所以他先创造了《托拉》①；
如《圣经》所说，'在耶和华造化的起头，在太初创造万物之先，
就有了我'。"（Sifré Deut. § 37；76a）

　　一种观点认为，"《托拉》先于创世两千年"（《大创世记》
8：2）；然而，另一种意见则认为，"创世之前 974 代，《托拉》
便已写就，并存放于神圣的上帝胸中"（ARN 31）②。

　　世界的秩序依赖于《托拉》这一思想是如此表述的："上帝
对所造的万物提出条件说，如果以色列人接受《托拉》，你们便
能长久，否则，我将让你们复归于混沌。"（Shab. 88a）只有在《托
拉》的氛围之中，人类才能过上健康、道德的生活，这一思想来
自于《圣经》上"你造人如海中的鱼"（《哈巴谷书》1：14）。
"为什么将人比作鱼呢？这是要告诉你们，正如鱼一旦到了岸上
就立刻死亡一样，人一旦脱离了《托拉》的文字也立刻死亡。"
（A. Z. 3b）

　　在拉比阿基巴的一则比喻中，这一思想尤其适用于以色列人。
"邪恶的政府（指罗马）曾命令以色列人不得继续埋头于《托拉》

---

①　参见第 28 及下页。

②　这一计算是根据经文"他所吩咐的话（即《托拉》）直到千代"（《诗篇》105：8）。
神启发生于摩西时代，这距亚当是 26 代；因此，在创世之前，《托拉》肯定已存在了
974 代（《大创世记》28：4）。

之中。帕波斯·本·犹大看到拉比阿基巴聚众研读《托拉》便对他说，'阿基巴，你难道不惧怕暴政？'他回答说，'我给你讲个寓言，这件事可以比作什么呢？比作一只狐狸在河边走看到一群鱼结伴迁移。狐狸对鱼说，"你们在逃避什么？"它们回答说，"逃避人类撒下的网。"狐狸于是说，"希望你们乐意到陆地上来，我们住在一起，甚至我的父亲也同你们的父亲住在一起。"鱼回答说，"你不就是人们说的最刁钻的动物吗？你并不聪明，其实是个傻瓜。因为，我们倘若在生命元素的水中还惧怕的话，那么在死亡元素的地上又将如何呢？"所以这件事也是一样——现在，我们坐在这儿研读《托拉》，上面写着，"因为那是他的生命，你的日子长久也在乎他"（《申命记》30：20），我们尚且有如此的苦难，那么，如果我们离弃了它，我们的苦难不是更多吗！'"（Ber. 61b）

　　《托拉》所具有的生命力是一个被反复强调的主题。"（这就是）摩西在以色列人面前所陈明的律法"（《申命记》4：44）——如果一个人（凭借其对律例的诚实）而问心无愧，那么，《托拉》便成为生命的万有灵丹；如果一个人不配《托拉》，那么，它便成为能置他于死地的毒药（Joma 72b）。它是治百病的良药。"如果一个人旅途无伴，就让他投入到《托拉》中去；如《圣经》所说，'因为这要做你头上的华冠①'（《箴言》1：9）。如果他头疼，让他投入到《托拉》中去，如《圣经》所说，'你头上的'（同上）。如果他的喉咙疼，让他投入到《托拉》中去；如《圣经》所说，

---

①　希伯来词 levayah 既有"陪伴"又有"华冠"的意思。

'你项上的项链'（同上）。如果他胃肠疼痛，让他投入到《托拉》中去，如《圣经》所说，'这便医治你的肚脐'（同上，3：8）。如果他骨骼疼痛，让他投入到《托拉》中去，如《圣经》所说，'滋润你的百骨'（同上）。如果他周身疼痛，让他投入到《托拉》中去，如《圣经》所说，'又医得了全体的良药'（同上，4：22）。"（Erub. 54a）

反映了神意的《托拉》一切都是完美无缺的。《圣经》上"看守无花果树的，必吃树上的果子"（《箴言》27：18）这句话是什么意思呢？为什么将《托拉》比作无花果呢？所有的果实都有无用的部分。枣有核，葡萄有籽，石榴有皮，然而，无花果全部都可以吃，同样，《托拉》中的话没有一句是无用的（Salkut）。

下面的文字对《托拉》及其无与伦比的完美作了尤为生动的颂扬："《托拉》的话如水，如油，如蜜，如奶。如水——'你们一切干渴的都当就近水来'（《以赛亚书》，55：1）。像水从世界的一端延伸到世界的另一端一样，《托拉》从世界的一端延伸到另一端。像水为世界的生命之源一样，《托拉》也是世界的生命之源。像水自天而降一样，《托拉》也自天而降。像水滋润灵魂一样，《托拉》也滋润灵魂。像水能洗去污秽一样，《托拉》也能使（道德上）不洁者净化。像水能净身一样，《托拉》也能（在肉体上）净身。像水一滴滴降下汇成百川一样，《托拉》也是如此——一个人今日学得一条律法，明日学得两条律法，直至成为知识的源泉，长流不息。水并不是好东西，除非人渴了，同样《托拉》对人也无益，除非人思慕它。像水往低处流一样，《托拉》也摒弃高傲的心，萦恋恭顺的人。像水在金银器皿中不能保持新

鲜，而只能在最粗糙的陶器中才能久存一样，《托拉》也只能长
存于使自己如陶罐一样的卑贱者中。对于水，再伟大的人也不会
羞于对位卑者说，'给我点水喝'，《托拉》的话也是一样，再
伟大的人也不应羞于对位卑者说，'教给我一章，一句或一字'。
像水一样，如果一个人不会游泳，他可能最终要淹死；一个人如
果不通晓《托拉》并作出相关的决定，他也同样会被淹没。"

"倘若你争辩说，像水在瓶中会滞浊一样，《托拉》上的话
也会滞浊，那就将其比之为酒。像酒愈陈愈好一样，《托拉》的
话知之愈久，助益愈丰。倘若你争辩说，像水不能愉悦心灵一样，《托
拉》的话也不能，那就将其比之为酒。像酒能使心灵愉悦一样，《托
拉》的话也能愉悦心灵。倘若你争辩说，像酒有时会损神伤身一样，
《托拉》的话也会有害；那就将其比之为油。像油能安神益身一样，
《托拉》的话也会为身心带来舒泰。倘若你争辩说，油初尝苦涩，
最终才味美，《托拉》的话也是一样；那就将其比之为蜜和奶。
像它们一样，《托拉》的话也是甘美的。倘若你争辩说，像蜜中
有蜂蜡（口味不好）一样，《托拉》的话中或许也有可厌的东西；
那就将其比之为奶。像奶是纯净的一样，《托拉》的话也是纯净
的。倘若你争辩说，像奶淡而无味一样，《托拉》的话也平淡无奇；
那就将其比之为蜜和奶的混合。像这两者混在一起不可能对身体
有害一样，《托拉》的话也决不会有害。"（《大雅歌》1：2）

既然《托拉》是完美无缺的，很自然，它已经不能再好了。
因此，上帝决不会用另一部启示去替代它。犹太教的这条原则是
从经文"不是在天上"（《申命记》30：12）这一句推导出来的。
135 它被阐释为："也就是你们不得说将要出现另一位摩西，带给我

们另一部来自天上的《托拉》，我已经告诉你们'不是在天上'，也就是说天上什么也没有留下。"（《大申命记》8：6）

3. 研读《托拉》

显而易见，如果《托拉》应该成为生活的准则和引导，首先要了解它，然后它才能行使这种影响。因此，研读《托拉》就是犹太人至高无上的责任，并且上升为重要的宗教义务。当然，研读《托拉》其本身就是侍奉上帝。对"爱耶和华你们的神，尽心尽性侍奉他"（《申命记》11：13）这句经文有这样的评论："'侍奉'的意思就是研读《托拉》。"（Sifré Deut. §41；80a）

拉比们对人们有义务去潜心研读《托拉》作了不厌其烦的阐述。下面的几段文字可以认为是《塔木德》中大量例证的典型代表："对有些事情是没有限制的：收割庄稼时的田角（《利未记》23：22），地里的初熟之物（《出埃及记》23：19），在三个朝拜节日应奉献的祭品（《申命记》16：16及下节），行善以及研读《托拉》。有些事情可以在今生享受其果实，在来世承蒙其福佑，它们是：敬父母、行善事、促和睦以及学《托拉》，而学《托拉》能抵得过其余的全部加在一起。"（Peah 1：1）

学习的重要性压倒一切是基于这样的事实：对上帝的律法先知才能后行。正因为这样，任何事情都不得干扰了学习。在哈德良迫害期间，颁布了一些条例禁止犹太人举行宗教仪式和研习《托拉》。于是，在利达（Lydda）召开了一次犹太人大会，辩论的问题之一就是知和行哪一项更重要。"拉比塔丰说，行更重要。拉

比阿基巴说，知更重要。其他的拉比们同意他的观点，都说，知
更重要是因为先有知才能行。"（Kid. 40b）从经文"你们……可
以学习，谨守遵行"（《申命记》5：1）中，人们也解读出了同
样的思想。既然先提到的是学习，这就表明："遵行依赖学习，
而不是学习依赖遵行。因而，荒疏学习受到的惩罚要比不遵律例
更为严厉。"（Sifré Deut. §41；79a）

136　　　　有一位导师说："研习《托拉》比重建圣殿都重要。"（Meg.
16b）另一位则劝诫人们说："人即使在生死攸关之际也不应该离
开研习所和《托拉》的话。"（Shab. 83b）下面的对话清楚地说
明了这种研习其本质是多么引人入胜："有位拉比问：'既然我已
学完了全部的《托拉》，我可以学习希腊哲学吗？'回答者引用
了经文'这律法书不可离开你的口，总要昼夜思想'（《约书亚记》1：
8），并且补充说，'你去查看一下什么时间既非夜又非昼，然后
用这个时间去攻读希腊哲学吧。'"（Men. 99b）

　　　　无论因什么借口放弃了学习都是不能宽宥的，下面这段文字
对此作了有力的说明："一个穷人、一个富人还有一个恶人来到
了天上的法庭。穷人先被问，你为什么不致力于研读《托拉》呢？
假如他回答他遭受贫困，并且为生计而劳神，便会对他说，'难
道你比希勒尔还穷吗？'据说长老希勒尔每天的劳动只能赚取半
个第纳尔；但是，他花去一半给研习所的守门人以便能入内，用
所剩的钱养家糊口。有一次，他没有活干，分文未挣，门人不让
其入内。于是，他爬上去坐在窗外旁听什玛亚（Shemayah）和亚
布塔林（Abtalion）阐释上帝的话。传说那一天正是隆冬的一个安
息日前夜，大雪纷飞。拂晓时，什玛亚对亚布塔林说，'喂，通

常房间里很明亮，可是今天却很暗，也许是阴天。'他们向上一看，发现了一个人形。他们走到外面发现他身上盖着厚厚的一层雪。这两人帮他下来，替他洗浴并为他揉搓，然后把他安顿在炉火前，说：'这个人配得上为他守安息日。'

"又问富人，'你为什么不致力于研读《托拉》呢？'假如他回答说他很富有，并且为自己的财富而担心，便会对他说，'你难道比拉比以利沙·本·卡松（Eleazar b. Charsom）还富有吗？据说他的父亲曾留给他一千座城池和一支一千艘船只的船队；然而，每天他都肩背一袋面粉，走城串省去学习《托拉》。'有一次，他的仆人（这些人不认识他）抓了他去做苦力。他对他们说，'我求你们放了我，让我去学《托拉》。'他们说，'以拉比以利沙·本·卡松的生命起誓，我们不会让你走。'尽管这些人是他的奴仆，但他从未见过他们，因为他只是昼夜地坐着醉心于研读《托拉》。

"然后问恶人，'你为什么不致力于研读《托拉》呢？'假如他回答说，他相貌英俊，所以总为情欲所累，便要问他，'你难道比约瑟还英俊吗？据说波提乏（Potiphar）的妻子天天都引诱义人约瑟。为了他，这个女人早上、晚上都不穿同样的服饰。尽管她以送他坐牢、毁他容貌和让他失明相要挟，尽管她试图用重金贿赂他，他都不为所动。'就这样，希勒尔责备了那个穷人，拉比以利沙·本·卡松责备了那个富人，约瑟责备了那个恶人。"
（Joma 35b）

如果一个人应将其全部的时间和精力专注于研习《托拉》，那还有什么必要去谋划生计呢？在对经文"使你们可以收藏五谷"（《申命记》11：14）研讨时涉及到了这个问题："这句话要告

137

诉我们什么呢？既然《圣经》上写着'这律法书不可离开你的口，总要昼夜思想'（《约书亚记》1：8），就可以认为这些话要按其字面的意义来理解。因此，《圣经》教导说，'使你们可以收藏五谷'，也就是说，同时从事一项世俗的职业。这是拉比以实玛利说的。拉比西缅·本·约该（Simeon b. Jochai）说，人们在耕作的季节可以耕作，播种的季节可以播种，收获的季节可以收获，脱粒的季节可以脱粒，有风的时辰可以扬场——这对《托拉》会有何影响呢？但是，当以色列人履行上帝的意志时，他们的工作由别的人来做，如《圣经》所说，'外人必起来牧放你们的羊群'（《以赛亚书》61：5）；当以色列人不在履行上帝的意志时，他们的工作则必须由自己来做，如《圣经》所说，'使你们可以收藏五谷'。不仅如此，别人的工作也要由他们来做，如《圣经》所说，'你必侍奉你的仇敌'（《申命记》28：48）。亚拜（Abbai）说，许多人遵循了拉比以实玛利的教诲，并且证明是灵验的，但遵循了拉比西缅·本·约该教诲的人并没有发现也灵验。亚拜于是对门徒说，我请求你们在每年的第一个月（Nisan）和第七个月（Tishri）[①]不要来我这里，这样，整个一年你们就不必为生计而操心了。"（Ber. 35b）

谋生的权利不应完全为学习所剥夺，这是拉比们普遍接受的观点。两者兼顾得当是最为理想的选择，走任何一种极端都应避免。因而，一方面有这样的论述："看吧，后世这几代与先前那几代

---

① 每年的第一个月和第七个月分别对应着公历 3~4 月间和 9~10 月间，这是谷类成熟和葡萄榨汁的时候。这两个月集中精力地劳动，一年中其余的时间就可以无忧无虑地投入到学习中去了。

迥异。先前的人研习《托拉》是根本，劳作只是偶尔为之，所以，两者俱昌隆；而后来这几代，劳作是根本，《托拉》只是偶尔为之，所以两者俱荒废"（同上）。然而，公元 2 世纪的一位拉比则声称："我把尘俗事务搁置一边，而专教我儿子《托拉》。《托拉》的果实今生可以享用，其根本则留在来世。尘俗的事务恰恰相反：人病了，老了或受苦痛时，便无法工作，只好饿死。《托拉》则不同；人年少时，它使其免于罪孽，人老后，它使其充满希望。"（Kid. 4：14）

毫无疑问，许多人以后者为楷模，为了研习《托拉》而不顾生计。正因为如此，才有劝人们对研习《托拉》的人要慷慨款待的教义。这种道义是从某些《圣经》经文中推导出来，这里不妨引其一例："耶和华（因为约柜）赐福给俄别以东和他全家"（《撒母耳记下》6：11 及下节）。我们难道不能在这儿进行更为充分的推理吗？不会吃不会喝的约柜，俄别以东只不过把它扫了扫，为它洒了点水，尚能使他得到福佑，那么，款待智者的门徒，给他吃喝，让他分享财富的人不是能获得更多的赐福吗（Ber. 63b）？假如一个富有的人把研读《托拉》的学子招为女婿，从而让他无忧无虑地献身于求知中去，这种行为被认为是功德无量（同上，34b）。

学习的责任必须放在优先的地位，这甚至比处理社团的事务更重要。"当研习《托拉》的人牵涉许多事务时，其学习就受到干扰。置身于社团事务中的人其学习就被忘掉了。"（《大出埃及记》6：2）还有这样的说法："上帝每天都为三种人而哭泣：能投身于《托拉》而没这样做的人；不具备研读《托拉》的智商却去攻读的人；社团专横的统治者。"（Chag. 5b）

　　《先贤篇》劝诫人们不要为了自我炫耀的目的去学习《托拉》。为学习而学习（Lishmah），学习须心地纯洁，不图功利的观点在这一篇中也经常出现。"《圣经》上'他舌上有仁慈的法则（《托拉》）'（《箴言》31：26）这一句是什么意思呢？是不是说，既有一部仁慈的《托拉》，又有一部不仁慈的《托拉》呢？为《托拉》而学习《托拉》时，它就是仁慈的，为了别的目的而学习它时，它就不是仁慈的。"（Suk. 49b）"如果一个人为研习《托拉》而研习《托拉》，那么《托拉》便成为他生命的万应灵丹；但如果他为了别的目的而研习《托拉》，《托拉》就变成他致命的毒药。"（Taan. 7a）从《圣经》上"且爱耶和华你的神，听从他的话，专靠他"（《申命记》30：20）这一句得出来的教诲更加明白无误："人不应说，'我要学习《圣经》，从而人们会说我博学；我要学习《密释纳》，从而人们会称我为拉比；我要教别人，从而人们会称我为学园的教授。'学习要出于爱。这样，荣誉最终会自动而来"（Ned. 62a）。

　　对许多人来说这毕竟是可望而不可即的，所以，通常采取的准则是："让人们总是埋头于《托拉》和律法之中，即使其目的并不单纯是为了《托拉》，因为人们由此会逐渐地为了《托拉》而学习《托拉》。"（Naz. 23b）一位受到这一思想激发的拉比曾天天这样祈祷："愿主，我们的上帝，赐平安于天上的家庭和地上的家庭，赐平安于埋头研习你《托拉》的学子，无论他们投身于《托拉》是为了《托拉》本身，还是出于别的目的，愿你让他们为了《托拉》而投身其中。"（Ber. 16b 及以下）

　　毕其一生去获取《托拉》知识的人其品德固然伟大，通过讲授去传播知识的人其品德则更为高尚。"学者像什么呢？像装有芬芳油膏的瓶子。打开盖后，芳香就散发出来；盖上盖后，芳香就散不出来。"（A. Z. 35b）"学了《托拉》而不教人者如沙漠中的桂木。"（R. H. 23a）"教朋友的儿子《托拉》的人其恩犹如生父。"（Sanh. 19b）并且，经文"也要殷勤教训你的儿女"（《申命记》6: 7）这一句也适用于同传授者的儿女一样的孩子（Sifré Deut. §34；74a）。

　　教师这一角色的重要性在下面这则故事里得到了极好的说明："拉布（Rab）来到一个地方后，便宣布斋戒，因为那里正闹旱荒。会众的首领主持了这一仪典，当他说出'上帝使风吹起'时，风立刻吹了起来；当他说'上帝使雨降落时'，雨立刻降下来！拉布对他说，'你有什么特异的本领呢？'他回答，'我是一个初级教师，穷人的孩子和富人的孩子我都完全一样地教。如果有谁付不起学费，我不会放在心上；另外，我有一方鱼塘，当我发现哪个学生荒疏学业时，我就给他鱼吃，吸引他按时来学习。'"[1]（Taan. 24a）

　　尽管学习和传授的价值是无与伦比的，然而，致力于这一伟大工作的人却不应该有任何非分的傲慢。在上帝的眼里，他们无非是劳动者而已。与体力劳动并无不同。著名的雅比尼[2]学园里的拉比有段话说得十分精彩："我是上帝创造的，我的邻居也是如此；我的工作在城里，他的工作在野外；我早起去做我的事，他也早起去做他的事；正如他的工作不比我的优越一样，我的工作也不比他的优越。然而，也许你会说我做的事是伟大的，他做的是渺小的！

---

[1]　关于教师地位的进一步阐述，参见第175及下页。

[2]　参见本书"导论"，第xlii页。

我们都知道，一个人做多做少并不重要，只要他的心是朝向上天。"
（Ber. 17a）

学习《托拉》其本身并不是目的，对这一点进行强调尤为重要。通过学习获得的知识能赋予人正确生活的本领。"凡专心研习《托拉》的人，《托拉》给他光明；凡不专心研习《托拉》，对其无知的人，就要迷路。这好比一个人站在黑暗之中。当他举步向前时，他碰在石头上绊倒；他碰到水沟会掉下去，头会撞在地上。他为什么会这样呢？因为他手中没有灯。对《托拉》的话无所知的人就是这样。一碰到罪孽，他便失足，于是死去。因为他不了解《托拉》，所以他要去犯罪。如《圣经》所说，'恶人的道好像幽暗，自己不知因什么跌倒'（《箴言》4：19）。相反，潜心研习《托拉》的人到处都有光明。就好比一个人虽站在黑暗中，手中却有灯。他看见了石头，因此不会绊倒；他看见了水沟，因此不会掉下去，因为他手中有灯。如《圣经》所说，'你的话是我脚前的灯，是我路上的光'（《诗篇》119：105）"（《大出埃及记》36：3）。

4. 成文《托拉》

形诸文字的神的启示包括 24 卷书 ①。我们是从如下的陈述中得到的这个数字："正如一位新娘佩戴着 24 种首饰，如果缺了一件，

---

① 约瑟福斯（c. Apion 1：8）提到了 22 部书，但是，他把某些书合并起来，而这些书在《塔木德》中列举时是分开的。

整体就没有价值了。因此，智者的门徒有责任通晓《圣经》的 24 部书；如果缺了一部，整体就没有价值了。"（《大雅歌》4：11）"某位拉比在去见老师之前，总要把课程预演 24 遍，这正好是《摩西五经》、《先知书》和《圣著》的总数。"（Taan. 8a）

在上面这例引文中，我们看到《圣经》分成了三部分：《摩西五经》（常常被称为《托拉》）、《先知书》和《圣著》。后面这两部分有时被称为传说（*Kabbalah*）（R. H. 7a）。

《摩西五经》由五部书构成。人们就为什么数目是"五"提出了两条理由。"光"这个字眼在《创世记》1：3~1：5 中出现了五次，对应着《摩西五经》的五部分。"神说：要有光"对应着上帝忙于创造宇宙的《创世记》这一章。"就有了光"这一句对应着《出埃及记》，在这一章中，以色列人于黑暗中见到光明。"神看光是好的"这一句对应着《利未记》，这一章包含着大量的律法。"就把光暗分开了"这一句对应着《民数记》，在这一章中，上帝把离开埃及的人与注定要进入应许之地者区分开来。"神称光为昼"这一句对应着《申命记》，这一章讲的是各种律法（《大创世记》3：5）。另一种说法则认为，五部书对应着手上的五指（《大民数记》14：10）。

上面提到的《摩西五经》是后来的先知们获得灵感的源泉。传说"《托拉》（指《摩西五经》）最初是分卷给的"（Git. 60a），因此，它是作为一部连续并彼此衔接的书而颁布的。

至于《先知书》，传统的观点认为他们的顺序是：《约书亚书》《士师记》《撒母耳记》《列王纪》《耶利米书》《以西结书》《以赛亚书》和十二《小先知书》。既然《何西阿书》在时间上先于

142

其余的，如《圣经》所说，"耶和华初次与何西阿说话"（1：2），（因此，在后来的先知中他应该排在第一位）。但上帝初次说的话是对何西阿讲的吗？从摩西到何西阿之间难道没有几位先知吗？拉比约查南说："这意思是说他是在这个时期进行预言的四位先知中的第一个，即何西阿、以赛亚、阿摩司以及弥迦。"鉴于此，《何西阿书》应该排在首位（即先于《耶利米书》）。只是因为他的预言是与《哈该书》《撒迦利亚书》《玛拉基书》一同记录下来的，而他们又都是最后的先知，所以才把他与他们放在一起。那么，就让他的预言自成一书而放在首位吧！因为其篇幅不大，它本来也许会失传。既然《以赛亚书》先于《耶利米书》和《以西结书》，它本应排在首位！但是，因为《列王纪》是以圣殿被毁结束的，《耶利米书》涉及的完全是圣殿被毁的事，《以西结书》始于圣殿被毁，终于安慰的预言，而《以赛亚书》涉及的全是安慰的事，所以，我们的顺序是圣殿被毁的内容相接，安慰的内容相依（B. B. 14b）。①

　　《圣著》各卷的顺序是：《路得记》《诗篇》《约伯记》《箴言》《传道书》《雅歌》《耶利米哀歌》《但以理书》《以斯帖记》《以斯拉记》《历代志》（同上）。② 我们注意到这一清单没有提到《尼希米记》，它包括在《以斯拉记》中；而它的名字之所以

---

　　① 希伯来《圣经》并不是按这样均称的顺序排列的，《以赛亚书》放在了《耶利米书》之前。

　　② 这并不是希伯来《圣经》的顺序，它的顺序是：《诗篇》《箴言》《约伯记》《雅歌》《路得记》《耶利米哀歌》《传道书》《以斯帖记》《但以理书》《以斯拉记》《尼希米记》和《历代志》。

没有得到被列入《圣经》正经篇目的荣幸，是"因为他考虑了自己的利益，如《圣经》所说，'神啊，施恩与我'（《尼希米记》5：19）"。另一原因是，他对其前任有所非议，如《圣经》上说，"在我以前的省长，加重百姓的担子，索要粮食和酒，并银子40舍客勒。"（同上，15）（Sanh. 93b）

　　关于各卷的作者是这样说的："摩西写了自己的卷以及关于巴兰（Balaam）的部分（《民数记》23及下章）和《约伯记》，约书亚写了他自己的卷和《申命记》的后八节（叙述摩西的死）。撒母耳写了自己的卷、《士师记》和《路得记》。大卫与十位长老合写了《诗篇》，即亚当（《诗篇》139）、麦基洗德（110）、亚伯拉罕①（89）、摩西（90~100）、希幔（88）、耶杜顿（39，62，77）、亚萨（50，78~83），以及考拉的三个儿子（42~49，84及下章，87及下章）。耶利米写了自己的书卷、《列王纪》和《耶利米哀歌》。希西家与他的同事写了②《以赛亚书》《箴言》《雅歌》和《传道书》。大议会的人写了《以西结书》《十二先知书》《但以理书》和《以斯帖记》。以斯拉写了自己的卷并在《历代志》谱系中写到自己的生年，尼希米则将其续写完毕。"（B. B. 14b 及以下）

　　关于《圣经》正经篇目的排定，说法不一。有一处说："起初，他们抽掉了《箴言》《雅歌》和《传道书》，因为这几卷讲到了

──────────

①　他与伊桑（Ethan）为一人。

②　这肯定指的是编纂，因为最后的三卷是所罗门写的。

143

寓言①，不属于《圣经》。它们一直被排除在外，直到大议会的人来对其进行了'神圣意义上的'解释。"（ARN 1）根据这一观点《圣经》正经的篇目最迟是在公元前 3 世纪确定的；然而，有充分的证据证明在此后的 500 年间《圣经》某些篇目的位置尚不确定。

　　下面这段文字表明了直到公元 1 世纪末时某些篇目的不确定状态："全部的《圣经》沾染了圣手。②拉比犹大说，《雅歌》染了圣手，至于《传道书》就不一定了。拉比约西说，《传道书》未染圣手，但是《雅歌》就不一定了。拉比西缅说，《传道书》是沙迈学派宽容的结果，也是希勒尔学派严苛的结果。③拉比西缅·本·阿赛（Simeon b. Azzai）说，72 位长老在他们任命以利沙·本·亚撒利亚（Eleazar b. Azariah）为学园领袖的那一天曾说过，《雅歌》和《传道书》沾染了圣手。拉比阿基巴说，但愿上帝不让这样的事发生！以色列从来没有人争辩说《雅歌》未染圣手，因为整个世界都不配以色列得到它的那一天。全部《圣经》都是神圣的，而《雅歌》则是圣中之圣。如果有任何争论的话，这指的是《传道书》。"（Jad. 3：5）

144　　阿基巴所谓的《雅歌》在《圣经》正经中的地位从未受到过质疑这一点是没有充分证据的。《塔木德》上记载："拉比迈尔说，《传道书》未染圣手，《雅歌》也还有疑问。拉比约西说，《雅歌》未染圣手，《传道书》也还有疑问！"（Meg. 7a）。争论的焦点

---

① 就是说它们是世俗的作品。

② 这一表述指的是所提到的事物属于神圣的范畴。参见第 239 页。

③ 希勒尔学派的人与沙迈学派的人相比较通常采取更为宽容的态度。但是，据说在三个问题上，前者的态度更为严苛，其中之一就是认为《传道书》不是《圣经》正经。

是这两卷书究竟是受到了神的启示还是尘俗的作品。至于《雅歌》，问题就是它究竟是爱情牧歌还是讲述上帝与以色列关系的寓言，后一种看法占了上风。"《雅歌》沾染了圣手，因为它是圣灵说的。《传道书》未染圣手，因为他是所罗门（本人）的智慧。"（Tosifta Jad. 2：14）

　　《传道书》所遇到的困难缘于其显而易见的前后不一致。"圣人们曾试图将《传道书》抽掉，因为它的陈述是自相矛盾的。他们为什么没有这样做呢？因为它的开头和结尾都使用了《托拉》的话。它以《托拉》的话开头，因为上面写着，'人一切的劳碌，就是他在日光之下的劳碌，有什么益处呢？'（1：3）据拉比雅乃（Jannai）学派的解释，这句话的意思是：从太阳之下的忙碌中，人不能得益，但是，从太阳之前的存在即《托拉》中，人确实能得益。它以《托拉》的话结尾，因为上面写着，'这些事都已听见了。总意就是敬畏神，谨守他的诫命，这是人所当尽的'（12：13）。最后这些话是什么意思呢？意思就是整个世界是为它，即《托拉》而创造的。"（Shab. 30b）

　　《圣著》中另一卷曾一度不甚确定的书是《箴言》。"他们也曾试图将《箴言》抽掉，因为它的陈述是自相矛盾的。他们为何没这样做呢？他们说，我们不是通过研究《传道书》而发现了不该将其排除在外的理由吗？我们在这儿也认真地探究一下。这卷书如何自相矛盾呢？其中一节写着，'不要照愚昧人的愚妄话回答他（26：4）'。紧接着下一节说，'要照愚昧人的愚妄话回等他'，这并不矛盾，其中一句涉及的是《托拉》的话，另一句涉及的则是尘俗的事。"（Shab. 30b）最后的结论是："圣灵降于所罗门，于是他作了三卷书：《箴言》《雅歌》以及《传道书》。"

（《大雅歌》1：1）

同样，对《以斯帖记》是不是未经授权而加进了《圣经》也提
145　出了疑问；然而，它最终得到认可"是圣灵写的"（Meg. 7a）。
值得注意的是某些拉比并不认为《约伯记》是历史的记载；我们
看到有这样的陈述，"约伯从未存在过，《约伯记》是寓言"（B.
B. 15a）。

另一卷因是否应包括在《圣经》正经之内而引起争议的书是
《以西结书》。似乎曾经有两种反对的根据。首先，某些段落，
特别是牵涉到圣殿祭典的段落明显地与《摩西五经》不一致；但
是，它们都被成功地进行了协调。"不要忘卡南亚·本·希西家
（Chananyah b. Hezekiah）① 的功德，因为，要不是他，《以西结
书》就会因其陈述与《托拉》相矛盾而被抽掉了。他做了什么呢？
人们给他送去了 300 迈（measure）的油（供挑灯夜读用），他便
在阁楼上研究直到他使那些段落不相矛盾为止。"（Shab. 13b）

另一种反对意见表现在下面的引证中："正巧有个孩子在他
老师家里习读《以西结书》，正学到 *Chashmal*②。突然，火从
Chashmal 喷出，把孩子吞没了。因此，他们希望将《以西结书》
抽掉；然而，查南亚·本·希西家对他说，'如果这个孩子是聪明的，
那么大家都聪明吗？'"（Chag. 13a）他的意思是这个男孩是非
同寻常的，没有多少人会学他的榜样，去探究像 *Chashmal* 这样深

---

① 这位拉比生活在公元 1 世纪初期。
② 《以西结书》1：27 中将这个词译为 amber（汉译本《圣经》将其译为"精金"——
译者），《塔木德》将其解释为"一群火焰天使"。

奥的问题。无疑，我们在这里可以感觉到人们担心研究《以西结书》中某些神秘的章节可能导致宗教信仰的动摇。

就哪些书应包括在《圣经》正经之内最终达成一致之后，人们提出了强烈的警告以防止增加已确定的数目。"神圣的上帝说，'我为你们撰写了24卷书；当心，不要增添数目。'为什么呢？'著书多，没有穷尽。'（《传道书》12：12）凡所读经文不是出自这24卷书的人，哪怕只读了一句，他就好像是读了'外书'一般。当心著书太多（加进《圣经》里），这样做的人来世里没有份儿。"（《大民数记》14：4）

《托拉》是上帝传授的，这一学说是普遍认可的。"凡称《托拉》不是来自天上者，来世里没有份儿。"（Sanh. 10：1）特别是涉及到《摩西五经》时，人们认为其中的内容上帝是逐字逐句传授的。"'因他藐视耶和华的语言'（《民数记》15：31）——这指的是声称《托拉》不是来自天上的人，甚至还指那些虽然承认它是来自天上，但却认为其中一句不是上帝所说，而是摩西擅自说出的人。"（Sanh. 99a）然而，人们在进行阐释时享有极大的自由，并没有限制人们从似乎大相迥异的字面含义中悟到富有创造性的旨趣。《圣经》说："'我的话岂不又像能打碎磐石的大锤吗？'（《耶利米书》23：29）——像大锤能打出无数的火星一样，《圣经》的文句也能产生多种的诠释。"（Sanh. 34a）

5. 口传《托拉》

对于拉比们来说，一项基本的原则是承认有一部与成文《托拉》

146

并存的，一代一代口传下来的《托拉》。据称，这部口传《托拉》与成文《托拉》一样，也可追溯到西奈山上的启示，如果不是细节上，那么至少在原则上是如此的。在《摩西五经》上并无记载的 42 条律法，《塔木德》将其描述为"在西奈山上赐予摩西的律法"。口传《托拉》中其余的部分在《圣经》中都有暗示并且都可以凭借某些诠释手段从《圣经》中引申出来。

有口传《托拉》存世这一主张遭到了撒都该人①的激烈反对，因而使得拉比们对其重要性和合法性给予了特别的强调。于是，我们便有了这样的一些申述："《圣经》上'我要将石板并我所写的律法和诫命赐给你，使你可以教训百姓'（《出埃及记》24：12）这一句是什么意思呢？'石板'即十诫；'律法'即《摩西五经》；'诫命'即《密释纳》；'我所写的'即《先知书》和《圣著》；'使你可以教训百姓'即《革马拉》。这句话是说，所有这些都是在西奈山上赐给摩西的。"（Ber. 5a）"神圣的上帝显圣于西奈山山巅，将《托拉》赐予以色列时，他是按照顺序赐给摩西的——《圣经》《密释纳》《塔木德》《阿嘎嗒》（Haggadah）。"（《大出埃及记》47：1）拉比们甚至断言，"神圣的上帝因为口传《托拉》的缘故与以色列人立下契约；如《圣经》所说，'因为我是按这话②与你和以色列人立约'（《出埃及记》34：27）。"（Git. 60b）

147　　在与非犹太人讨论犹太教时也提到了双重启示的存在。例如，

---

① 参见本书"导论"，第 xxxix 页。
② 即口头的话，不是书面文字。

"罗马总督库塔（Quietus）问拉比伽玛列，'赐给了以色列人几部《托拉》？'他回答，'两部——一部是书写的，另一部是口传的。'"（Sifré Deut.§351；145a）这也出现在了希勒尔与那个未来皈依者的故事里，并且无意中阐述了口传作为释经手段所具有的功效。

"从前有一位异教徒来找沙迈并问他，'你们有几部《托拉》？'他回答说，'两部——成文的和口传的。'那人说，'说到成文《托拉》，我相信你；至于口传《托拉》，我不相信。收下我让我皈依吧，但条件是你只教我前者。'沙迈驳斥了他，并毫不客气地把他赶了出去。他带着同样的请求来找希勒尔，希勒尔收下了他。第一天，他依照正确的顺序教他字母表，第二天，他按倒的顺序教他。异教徒对他说，'昨天你教的不一样！'希勒尔回答说，'学习字母你不是要依靠我吗？同样，解释《托拉》你也必须依靠我'。"（Shab. 31a）

　　然而，有什么必要用两种形式来传授《托拉》呢？对这一问题所给的答案是："上帝给了以色列两部《托拉》，一部成文，一部口传。成文《托拉》包含613条诫命，上帝把成文《托拉》给他们是让他们胸怀律法，以便能获得功德。上帝赐予他们口传《托拉》是要让他们有别于其他民族。这一部不是用文字形式赐予的；这样，以实玛利人（Ishmaelites）便不能像他们伪造成文《托拉》那样去伪造它，然后声称他们是以色列人。"（《大民数记》14：10）我们必须要察觉到"以实玛利人"是中世纪时人们为了逃避审查而使用的一个代名词。显而易见，它指的是基督教徒。既然教会采用了希伯来《圣经》，它便不再是犹太人的独家所有。因此，并不为教会所承认的口传《托拉》就让生活在基督教氛围中的犹太人得以保住自己的与众不同。

　　下面的一段文字提供了另外一种解释："《圣经》说，'你要将这些话写上'（《出埃及记》34: 27），还说，'因为我是按这话'（同上）[1]。这应怎么解释呢？《托拉》的话凡是书面的都不得口头引述，凡口传的话都不得形诸文字。拉比以实玛利学派的人解释说，'你要将这些话写上'——这意思是：这些话你应写上，但你决不能把口传的诫命写下来。"（Git. 60b）

148

　　从反对将口传《托拉》形诸文字之中，我们可以看到它的一个重要作用。成文《托拉》的律令是永久的，也是不可更改的；只有当形势使其无法履行时——如圣殿被毁，祭典无法举行以及人民被掳，耕地法不能推行——它们才被暂时地搁置起来，直到能重新履行。而口传《托拉》，因为未形诸文字而处于一种灵活的状态，倒可以使成文的律例随时代形势的变迁而得以变通。换言之，口传《托拉》避免了社团的宗教立法因缺乏发展而一成不变。

　　从下面的援引中我们可以清楚地看到这一点："假如《托拉》是以固定的形式赐予的，那便无处立足了[2]。经常提到的这句'上帝对摩西说'是什么意思呢？摩西对上帝说，'宇宙的主！告诉我关于各种律法最后的裁决是什么。'上帝回答说，'必须服从多数。如果多数宣称一件事是允许的，那它就是允许的，如果多数人说这事应禁止，那它就是不允许的；这样，《托拉》才会被解释为有 49 点赞成和 49 点反对。'"（p. Sanh. 22a）

---

①　希伯来原文的字面意思是"因为我是按口头的话"。
②　一句成语，意思是这样的姿势是无法忍受的。

鉴于此，每一代的宗教领袖们通过口传《托拉》便获得了根据临时的形势制定律法的权力。这一重要的原则是根据一则有趣的解释引申出来的："《圣经》上写着，'耶和华就差遣耶路巴力、比但、耶弗他'（《撒母耳记上》12：11），上面还进一步写着，'在他的祭司中有摩西和亚伦，在求告他名的人中有撒母耳'（《诗篇》99：6）。《圣经》让世界上最不重要的三个人与世界上最重要的三个人具有同等的分量，其目的是说耶路巴力、比但和耶弗他在各自那一代人中其重要性较之于摩西、亚伦和撒母耳在各自的那代人中是一样的。这说明当一个社团中最重要的人物被任命为其领袖时，他便被当作最杰出的人物来看待。《圣经》上还说，'去见祭司利未人，并当时的审判官'（《申命记》17：9）。你能想到一个人会去见与他不同时代的审判官吗？这意思就是：你只能去见一个同时代的权威，如经文所说，'不要说，先前的日子强过如今的日子，是什么缘故呢？'（《传道书》7：10）"（R. H. 25a，b）

依照这样的观点，下面的陈述就容易理解了："甚至一位出色的学生注定要当着其老师的面去传授的东西都已经在西奈山上对摩西说了。"（p. Peah 17a）拉比们所收获的教义来自于启示之初播下的那粒种子。

6.《托拉》的履行

《塔木德》的基本目的是为犹太民族提供一套教义，它不仅仅是一种学说，而且应是生活各方面的指南。它创造了犹太人行动与生存的世界。从《摩西五经》中的 613 条律法这些根上长出了一株枝桠繁茂的树,其果实为愿意享用它的人们提供了每日的精神营养。

经常有人批评《塔木德》将犹太人套进了律法的锁链之中,束缚了他们的手脚,使其失去了自由的意识和灵性。这不过是外行人的看法,并且从《塔木德》自身也找不到任何的证明。相反,它为快乐和爱的精神提供了结论性的证明,正是这种精神激励了那些将自己规范于"《托拉》的束缚"之下的人们。

"神圣的上帝乐于让以色列人获得荣誉,因此,他为他们扩大了《托拉》和律法,如《圣经》所说,'耶和华因自己公义的缘故,喜欢使律法为大、为尊'(《以赛亚书》42:21)。"(Mak. 3:16)这段引文是人们在某些安息日在犹太圣堂宣读《先贤篇》中的章节时从祈祷书上添进去的,它以赞赏的口吻归纳了拉比们对《托拉》规范下的生活所持的态度。这样的生活根本不被当作束缚看待,而被视为一种殊荣和上帝恩宠的象征,并应当报之以爱和感激。对《诗篇》中"我何等爱慕你的律法"(《诗篇》119:97)这一句,有如下的评论:"所罗门说,'她如可爱的麀鹿'(《箴言》5:19)——《托拉》就是这样,人人都爱它;凡爱《托拉》者除生活之外便无所爱。大卫用这样的话表达了他对《托拉》的爱:'啊,我是何等地爱你的《托拉》。'无论我走到哪儿,它都与我同在;我睡眠时,它陪伴着我。我从未放弃过它,哪怕是一丝一毫;因为我从未放弃过它,所以它不是我的负担,而是我歌唱的源泉,如《圣经》所说,'我在世寄居,素来以你的律例为诗歌'(《诗篇》119:54)。"(或见《米德拉什》249b)

《塔木德》中的这些颂词成了每日宗教仪式的一部分，并且反映了对待《托拉》的真实情感："感谢你，主啊，我们的上帝，宇宙的王。你用你的律法使我们圣洁，命我们致力于《托拉》的内容。因而，我们祈求你，主，我们的上帝，让我们口中，让你的子民，全体以色列人的口中，说出悦耳的《托拉》，从而让我们与我们的孩子，以及你的子民，全体以色列人的孩子都知道你的圣名并且都致力于你的《托拉》。感谢你，主啊，你把《托拉》教给你的子民，以色列人。感谢你，主啊，我们的上帝，宇宙的王，你于万邦之中，选中了我们并将你的《托拉》赐给我们。感谢你，主啊，赐给了我们《托拉》。"（Ber. 11b）

一条行动的准则是："因爱而遵行（律法）比因怕而遵行它们的人更伟大。"（Sot. 31a）爱《托拉》的表现之一就是在它的周围竖起一道"藩篱"以保护它免遭践踏。因此，对人们提出的建议是，人在履行宗教戒律时，不应只满足于准确地做到了守法所要求的一切，而应该毫不含糊地保证责任已经履行。"这可以比作什么呢？比作一位看守果园的人。如果他在外面看守，整个果园都能得到保护；如果他在里面看守，只有他面前的得到保护，他身后的便无法保护"（Jeb. 21a）。为了说明这一点，有一条涉及到日历上圣日的规则，称之为"借用非神圣去加强神圣"（R. H. 9a）。这就是说，在安息日或节日实际开始之前便停下手中的工作，以免无意中触犯了神圣的日子。

另一个例子也说明了这种保护宗教责任不受侵犯的愿望。"圣哲们为他们的话造了一道'藩篱'，以防止任何人晚上从田野里出来说，'我要回家，先吃点，喝点，然后祷告。'他可能抵不住睡意，结果一睡睡到天明。所以，一个人从田里出来，最好先去犹太教圣堂。如果他习惯于读《圣经》，就让他读；如果他习惯于学习更深的学问，就让他学，然后让他祈祷；做完这些之后，他应吃饭并且感恩，凡在这一方面触犯了圣哲所言的人都该死。"（Ber. 4b）

另一条显示对《托拉》要忠诚的原则被称为"润色律法"（*Hiddur Mitzvah*），即履行律法时，除了按其严格的条文做之外，还要使之润色增辉，以便在一个人财力所允许的范围内使律法得到最好的履行。这一理论是建立在《出埃及记》15：2"这是我的神，我要美化（原文如此）他"这一句的基础上，它被诠释为："用《托拉》的律法美化你自己。在神面前造一座美好的棚（《利未记》23：42），拿美好的棕树上的枝子（同上，40），新年要吹美好的角（同上，24），做上美好的缀子（《民数记》15：38），还有为向上帝表示敬意而用最好的墨，用最好的笔，由最胜任的写家写成，并包在最纯洁的绢中的一轴《托拉》（Shab. 133b）。因此，遵行犹太教律例决不能敷衍搪塞，而应该投进热情和爱。另一方面，人们也意识到这种敬奉上帝的愿望可能会因过分而有害。譬如说，它可能会导致贫穷。有鉴于此，便定下了这样的规则，润色律法只可以超出其价值的三分之一。"（B. K. 9b）也就是说，为了使律法"润色生辉"，只可以在其平均的成本上再加上三分之一。

这就是履行《托拉》时应采取的态度。它不是压迫之下的奴役，而是对上帝的一种心情愉快的侍奉，它能导致自己的生活神圣化。事实上，《托拉》的全部目的就是使人的存在得到净化和升华。经文"耶和华的话是炼净的"（《诗篇》18：30）这句话用来佐证如下理论：“制定律法只是为了使人类净化。譬如说，动物的脖子是从前面切断还是从后面切断①与上帝何干呢？但是，上帝颁定律法的目的是人的净化。”（《大创世记》44：1）

有一整套的律例其目的是提醒人们神无所不在，并使人心每时每刻都向着上帝。这其中主要的是固定在门框上的门框圣卷（*Mezuzah*），衣服边上的缀子和手臂以及额头上的经文护符匣。关于这些，有如下的陈述：“以色列人是被宠爱的，因为神圣的上帝将其围绕在律法之中。他们的额头和手臂上有经文护符匣，他们的衣服上有缀子，他们的门框上有圣卷；对此，大卫曾说，‘我因你公义的典章，一天七次赞美你’（《诗篇》119：164）。”（Men. 43b）下面将对各项依次进行简要的讨论。

“又要写在你房屋的门框上，并你的城门上”（《申命记》6：9），对这句律令的照本宣科的执行就是门框圣卷。其传统的形式包括将一张写有《申命记》6：4~6：8 和 11：13~11：21 这几部分内容的羊皮纸放于一只匣子中，并将其挂在从进屋方向看右侧的门框上。从外面可以看到 *Shaddai*（万能者）的字样。这样做的最初目的，如前所述，是要不断地提醒犹太人即使是生活在隐秘的家中，他们也处于上帝无所不见的视线之内，并离不开上帝的恩典。②所以说，“凡额头和手臂上佩有经文护符匣，以及门上挂有经卷的

152

---

① 宰杀供食用，参见第 237 及下页。

② 约瑟福斯对此的解释是：“他们还要把上帝给予他们的主要的祝福写在门上，佩在手臂上；还要把所能展示上帝的力量和对他们善意的任何东西写在额头和手臂上，以便使上帝乐于赐福于他们的意愿在他们身上随处可见。”（《上古犹太史》第 4 卷，8：13）

人不太可能会犯罪。"（Men. 43b）

　　不过，在普通人的心目中门框经卷成了确保人们能得到神之庇护的护身符。有两则逸事清楚地说明了这一点。"（帕提亚的）阿他班王（King Artaban）送给拉比犹大圣徒一颗极有价值的珍珠，并请求他也回赠一件同等价值的东西。他于是回赠了一件门框经卷。国王对他说，'我给你的是无价之宝，而你却给我一件所值甚微的东西！'他回答说，'你所谓有价值的东西与我认为有价值的东西完全不一样。你给了我一件我必须保护的东西，但我给你的东西却在你睡眠时会保护你。'"（p. Peah 15d）

　　另一则故事牵涉到昂克劳（Onkelos），即阿基拉斯，他是皈依了犹太教的罗马皇室成员。国王听说他皈依的事后先后派兵去逮捕他，但这些兵士听了他的话也为之所动而皈依了犹太教。最后，国王严格命令其士兵不得与他交谈，便将他逮捕了。故事接着说："当他们离开房子时，他看了看门框上的经卷，把手放在上面对他们说，'我告诉你们这是什么。世界上的通例是尘世上的国王坐在房子里，由他的仆人从外面保护他。而对于神圣的上帝来说，则是他的仆人在房子里，由他从外面保护他们，如《圣经》所说，"你出你入，耶和华要保护你，从今时直到永远"（《诗篇》121：8）'。"（A. Z. 11a）

　　泰菲林（Tephillin）或者说经文护符匣是由两个有带子的皮制盒子组成，每个盒子里面装着写有下列《圣经》经文的羊皮纸：《出埃及记》8：1~10，11~16；《申命记》6：4~9，11：13~21。履行这一律令的传统方法是："也要系在手上为记号，戴在额上为经文。"（《申命记》6：8）其目的是要使《托拉》的律例成为生活的约束和引导，从而让犹太教的理想规范人的思想，指导人的行为。这一点可以从一则描述《塔木德》时期一位叫作拉巴（Rabbah）的圣哲的故事中看出来。"亚拜（Abbai）坐在拉巴面前，发现他非常高兴。他对拉巴说，《圣经》上写着，'又当存战兢而快乐'（《诗篇》2：11）。他回答说，'我已放下经文护符了。'"（Ber. 30b）通过这一反驳，他暗示说，因为白天他曾经佩戴着经文护符匣，所以，它们会使他头脑清醒，从而不会超过了必要的度。律条"不可带着（原文如此）耶和华你神的名"（《出埃及记》20：7）是这样被诠释的："不要佩上经文护符，带着上帝的名字，然后再去犯罪。"（Pesikta，111b）

衣服缝子的目的在经文中是这样描述的："你们佩戴这缝子，好叫你们看见就记念遵行耶和华一切的命令。"（《民数记》15：39）对此，《塔木德》是这样评论的："这条法令与所有的律例相当，因为看到便能记念起，记念起便会遵行。"（Men. 43b）所引证的例子提到一个人因受到了他衣服上缝子的提醒而被从不道德的行为中救了出来（同上，44a）。所以才有这样的教诲："凡对律令刻意认真的人配得上舍金纳的光临。"（同上，43b）"经文上写的不是'好叫你们看见它们'，而是'好叫你们看见（他）'[1]，这要表达的就是凡履行了涉及到缝子的律法的人被认为已经见到了神的显现，因为蓝色的缝线与大海的颜色相似，而海的颜色又与天空的颜色相似，因而也就与荣耀宝座（Throne of Glory）相

---

[1]　希伯来原文中这个后缀既可指"它"也可指"他"。为了说教的目的而采用了后者。

154　似。"①（Sifré Num. 115，34b）这意思就是说在理想的基础上佩戴缝子能净化人的生活，从而使人与上帝的交流更密切。

在这里我们还看到，人们赋予了这些宗教仪式某些具有迷信色彩的保护力量。不佩戴缝子，以及不在门框上挂经卷会导致自己的孩子中有人死亡（Shab. 32b）；反过来，"凡认真遵行关于缝子的律法的人配得上让2800位仆人侍奉他，如《圣经》所说，'万军之耶和华如此说：在那些日子，必有10个人从列国方言中出来，拉住一个犹太人的衣襟，说：我们要与你同去，因为我们听见神与你们同在了'（《撒迦利亚书》8：23）。"（同上）②

可以说明拉比们对《圣经》中的律令是如何进行发挥的最为引人注目的例子也许就是安息日。虽然《圣经》只是笼统地规定在这一天不能从事任何形式的劳动，然而，《塔木德》中有整整一章专门探究什么样的劳动会或者不会对安息日造成亵渎。被禁止的行为归纳为39大类："播种、耕耘、收获、打捆、脱粒、扬场、筛选、磨面、筛糠、揉面、烤制；剪羊毛、漂白、梳毛、染色、纺毛、整纱、接两股纱、织两股纱、（整纱中）分两股纱、打结、拆结、缝两趟针、为缝两趟针而撕开，猎鹿、杀鹿、剥皮、腌肉、加工皮、刮毛、切块、写出两个字母，为写两个字母而擦掉字迹，建设、拆除、点火、灭火，用锤子打击、把物品从一处转移到另一处。"（Shab. 7：2）

---

① 参见《以西结书》1：25。（中文版《以西结书》1：26。——译者）

② 2800这个数字是这样得来的。一共有70个国家，因每个国家出来10人，共700人。700人各拉住衣襟4个角的一角，因此，还要把这个数字乘以4。

　　这一分类中的每一项都涉及到各种各样的界定问题，并且在回答某一特定的行为是否属于某一范畴的问题时，会造成没完没了的争论。仅举一例进行说明。最后提及的一项引起两种探讨。第一种讨论了什么样的转移行为践踏了圣日。《安息日》篇的第一章对这一主题进行了讨论。《密释纳》的第一章说："将物品（从一处到另一处）转移的行为有两种，这些可以扩展为四种影响当事人的内在行为和四种影响当事人的外在行为。何以如此呢？譬如，有一个乞丐站在门外，而户主站在门内。乞丐伸进手去把某件东西放在户主的手中或从他的手中拿去某件东西，在这种情况下，乞丐因违犯安息日的律法而有罪，而户主却没有罪过。假如户主伸出手去把某种东西放到乞丐的手中或从他的手中拿起某件东西并把它带到房中，这样户主便有罪而乞丐则是无辜的。如果乞丐把手伸进来，户主从其手中拿去什么东西或者把什么东西放进他手中，那么，双方都无罪。如果户主伸出手去，乞丐从中拿去或者放进什么东西，然后户主再将该物拿进屋去，那么双方都有罪。"从这个例子可以看出这一问题被拉比们弄得多么复杂。

　　第二个问题涉及什么样的行为在安息日是理应禁止的累赘之举。例如，关于妇女的衣服上什么是得体的装饰，什么是不必要的累赘就有一条裁定。"安息日妇女外出时可以梳辫子，不论辫子是自己的头发、别的女人的头发抑或动物的毛发做成的；可以佩戴额饰或其他种类的头饰；可以在（自己家的）[①]庭院内戴发网和假的卷发；可以戴护耳、穿鞋衬或佩戴任何以卫生为目的的衬

155

---

　　① 即在私下的场合，但是她不得到大街上去。

垫；可以口含一粒胡椒或盐或任何她习惯含在口中的东西，其前提是不得在安息日这天将其放入口中，并且如果它掉了出来，她不得再换上一粒。如果是假牙或是金牙，拉比犹大认为可以允许，而圣哲们则认为应禁止。"（Shab. 6：5）

这是为数众多的有关安息日的法律中典型的例证，并且它似乎也为人们常常提出的如下批评提供了证据，即由于拉比们的诡辩，这一圣日对犹太人来说变成了沉重的精神负担，并且它的欢乐与灵性被剥夺殆尽。然而，事实却是凡体验了这些严峻律令的人不仅没有感受到这所谓的摧残人的负担，而且还愉快地声称安息日是轻松、美好、神圣的。

一位拉比创作了一则供在安息日前夜诵说的简短祷告词："主啊，我们的上帝，我们的君王，你出于对你的子民以色列人的爱，你出于对与你立约的孩子们的仁慈，主啊，我们的上帝，你才赐给了我们这个饱含着爱的神圣的第七日。"（Tosifta Ber. 3：11）只有认为安息日幸福快乐的人才能说出这样的话，并且这也确是人们对安息日的看法。对经文"使你们知道我耶和华是叫你们成为圣的"（《出埃及记》31：13），我们看到了这样的评述："神圣的上帝对摩西说，我的宝库中有一件珍贵的礼物，称之为安息日，我想把它赐给以色列人，你去告诉他们吧。"（Shab. 10b）

在守安息日上，也没有丝毫的严厉可言。故去的亲属被埋葬以后，公开的悼念活动要持续一周，在安息日这种活动要停下来。在这方面，最为人称道的一句经文是"称安息日为可喜乐的"（《以赛亚书》58：13）。据此，人们被建议在家中应点上一盏灯（Shab. 25b），穿上最好的衣服(同上，113a)，并且准备下丰盛的三餐(同上，

117b）。为使安息日增加荣耀而出手大方被认为是值得称道的行为，人们并且因此而得到保证说，"凡借钱给安息日的人将得到丰厚的回报"（同上，119a）。有一则故事，讲一位拉比在安息日去拜访他的同事时，看到面前的餐桌上摆满了丰盛的菜肴，于是问主人，"你是知道我要来才如此慷慨地备饭吗？"主人回答说，"难道你应受到我比对安息日还要高的礼遇吗？"（同上）对安息日尊崇的习俗导致了人们对"我虽然黑，但是秀美"（《雅歌》1：5）这句话的利用："我（以色列人）在工作日虽黑，但是在安息日却秀美。"（或见《米德拉什》）

两位拉比对此表现出了极富爱意的虔诚。据说："拉比查尼那总是穿上最好的衣服，在星期五太阳就要落山时高呼：'来吧，让我去拜见沙巴特（安息日）王后。'拉比雅乃则总是在安息日前夜穿上他最好的衣服说：'进来吧！啊，新娘子！进来吧！啊，新娘子！'"（Shab. 119a）

守安息日的意图是要使生活神圣化。"《圣经》上'所以你们要守安息日，以为圣日'（《出埃及记》31：14）这句话是说安息日使以色列更为神圣。"（或见 Mech 104a）正如我们已经看到的，人们普遍相信圣日能使尊崇它的人获得"一副额外的灵魂"[1]。

同一个故事的两种不同说法表明了安息日给人们的生活带来的特殊风味。"皇帝问拉比约书亚·本·查南亚，'为什么安息日这一天食物的味道这么好？'他回答说，'我们有一种香料叫

---

[1]　参见第 78 页。

157　沙巴特（Sabbath）①，我们把它添加到食品中便产生了香味。'
皇帝要求给他一些这种香料；拉比告诉他说，'只有守安息日的
人才能得到。'"（Shab. 119a）"拉比犹大在安息日款待安东尼，
上的菜肴都是凉的。② 安东尼吃得很开心。另一次，在某个工作日
拉比犹大又款待安东尼，上的菜肴都是热的。安东尼说，'上一
次你招待我的菜肴我更喜欢。'主人说，'这次的菜肴缺一种香料。'
他于是问，'国王的库府中难道还缺什么吗？'拉比回答说，'这
些菜肴中缺少沙巴特，你们难道有沙巴特吗？'"（《大创世记》
11：4）

　　如果说《塔木德》对《圣经》律令不厌其详的阐述中最引人
注意的例子莫过于安息日的话，在本章就要结束时，我们不妨探
寻一下如此举足轻重的《圣经》立法在情势使其无法履行时该如
何。圣殿及其典仪在犹太人的生活中其作用至关重要，《塔木德》
用了诸多的篇幅对其进行描述。对拉比们来说这些献祭仪典是神
颁布的，那么，圣殿不复存在了之后，他们的态度又如何呢？

　　这一问题的答案在关于拉比约查南·本·撒该（Jochanan b.
Zakkai）及其弟子拉比约书亚的故事中作了最好的说明。"有一次，
他们两人正要离开耶路撒冷，后者看着被毁的圣殿，喊道，'我
们多么不幸！以色列得以赎罪的地方成了废墟！'拉比约查南对
他说，'孩子，别灰心。我们还有同样有效验的赎罪方式，这就

---

　　①　希伯来语中"茴香"一词是 *Shebeth*，它与希伯来语中"安息日"一词 *Shabath*
的辅音相同。这一点使这两个故事更有意义。

　　②　安息日禁止动炊，因此食物必须提前备好。

是做善事。' "（ARN 4）同样，上帝也被描述为曾经宣称："与你们举行的献祭相比，我更喜欢公义和正直。"（p. Ber. 4b）据描述，上帝对大卫说的另一句话是："我看你潜心研习一天《托拉》比献给我一千件燔祭品更好，这样的祭品你的儿子所罗门将会在祭坛上献给我。"（Shab. 30a）

《塔木德》在犹太人身上所获得的最伟大的成就是使他们感到圣殿的终结并不意味着他们宗教的终结。损失尽管惨重，走近上帝的道路依然畅通。除了施慈善、行公义、学《托拉》之外，还有做祈祷，这被称为甚至"比献祭更伟大"（Ber. 32b）。在"我们就把嘴唇的祭代替牛犊献上"（《何西阿书》14：2）这一句经文的基础上，产生了这样的教义："什么可以替代我们过去曾献给你的牛犊呢？我们的嘴唇和我们献给你的祈祷。"（Pesikta 165b）

本章只是试图对拉比们关于《托拉》的理论作一提纲挈领式的评述。任何较为完整的探讨将需要一部完整的书方能胜任。① 用现代的宗教观念来看待这一问题是不恰当的。只有在拉比们自己界定的前提下，才能对这个问题作出恰如其分的评价，并且唯一公正的检验是其实用与否。通过他们对《托拉》的解释，他们得以能够使犹太教在祭典终止、国破家丧之后继续存在下去，而他们的对手撒都该人却退出了历史的舞台。保存以色列宗教是他们的目的，而这一目的的实现就是他们所需要的用以证明他们的教义乃是真理的一切。

---

① 兹向读者推荐赫福德（R. T. Herford）所著的《法利赛人》（*The Pharisees*，1924），这一问题在该书中有精彩的论述。

159

第五章　家庭生活

1. 妇女

犹太社会生活的基础是家庭，因而《塔木德》总是十分注意保持家庭的纯洁和稳定。由于意识到妇女在家庭生活中所扮演角色的重要性，《塔木德》赋予她们极有尊严的地位。尤其当我们考虑到同一时代其他民族妇女的命运时，《塔木德》给予妇女的尊崇便产生了强烈的反差。妇女从未被视为低男人一等。妇女活动的范围虽与男人不同，但其对社团幸福的重要性却毫不逊色于男人。

恶意的批评者对于下面这句格言给予了过分的关注："男人每天要为三件事而感谢主：主使他成为以色列人，主没让他做女人，主没让他当乡下佬。"（Men. 43b）① 研究一下上下文，我们可以清楚地看到其隐含的动机无非是因获得了履行拉比律法的殊荣而表示感谢之情。在这一方面男人要承担更大的责任，因为考虑到妇女在家庭中的责任，她们被免除了一种宗教义务。律法上的裁

---

① 祈祷书中的祝福词是："主没让我成为异教徒、奴隶、女人。"对于没有让男人成为乡下佬的感谢是这样被解释的："乡下佬不可能惧怕罪恶。"（Aboth 2：6）

定是："妇女免予执行以'你们要'（Thou shalt）① 行文的律法，如何遵行这一点要依具体的时间而定。"（Kid. 1：7）譬如，在住棚节（Festival of Tabernacles）期间应住在茅棚内或是应佩戴经文护符匣的律令对妇女来说并不是必须履行的。除了这个例外，《塔木德》并不承认在宗教责任上不同性别之间有任何差异。其基本的原则来自于经文"你在百姓面前所要立的典章是这样的"（《出埃及记》21：1），"在牵涉到《托拉》的一切律法时，《圣经》把男人和女人放在平等的地位上"（B. K. 15a）。

妇女终日忙碌的生活妨碍她研习更为高深的关于《托拉》的学问，但事实上，如果妇女利用其影响力让自己的丈夫和儿子致力于这些学问的获得，那么，她就应该受到赞扬。"妇女如何获得荣誉呢？通过把儿子送到犹太教圣堂去学习《托拉》，把丈夫送到拉比学院去进行研究。"（Ber. 17a）

160

下面这段文字有力地说明了妇女对于她丈夫的生活具有何等举足轻重的作用："据说有位虔诚的男人娶了一位虔诚的女人，因为没有孩子，他们离婚了。这男人又娶了一个邪恶的女人，这女人使他也成了恶人，那位妇女又嫁给了一个邪恶的男人，却使他变成了一位正直的人。所以说一切全取决于女人。"（《大创世记》17：7）

有一则赞美妇女的故事说："一位皇帝② 对拉比伽玛列说，'你

---

① 但是以"你们不要"（Thou shalt not）行文的律法没有免除。

② 有的文本上说是位"异教徒"，但后面的文字"给我派个官员来"说明这个人占据显要的地位。

的上帝是贼，因为《圣经》上写着，"耶和华神使他沉睡，他就睡了；于是取下他的一条肋骨。"（《创世记》2：21）'拉比的女儿对父亲说，'你别管，让我来回答他。'她于是对皇帝说，'给我派个官员来（调查一桩案子）。'皇帝问，'出了什么事？'她回答说，'夜里贼闯进了房子，偷了我们的一只银罐子，但是却留下了一只金罐子。'皇帝听了后喊道，'但愿这样的贼天天来光顾我。'她于是反驳说，'那么，第一个男人只是失去了一根肋骨，却得到了一位侍奉他的女人，这不是一件极好的事情吗？'"（Sanh. 39a）

至于为什么选用肋骨来创造女人，我们看到这样的解释："上帝斟酌了一下该用男人的哪一部分创造女人。他说，我不能用头部来创造她，以免她傲慢地昂起头；不能用眼睛创造她，以免她过于好奇；不能用耳朵创造她，以免她偷听；不能用嘴创造她，以免她滔滔不绝；不能用心脏创造她，以免她太妒嫉；不能用手创造她，以免她占有欲过强；也不能用脚创造她，以免她四处闲荡；而应该用身体上隐藏的一部分创造她，以便让她谦恭。"（《大创世记》18：2）

然而很显然，神的理想并没有实现，因为，我们看到拉比们认为妇女恰恰具有上帝试图避免的缺点。

"女人身上有四种品质：她们贪吃、偷听、懒惰、妒嫉。她们还爱发脾气，唠叨不休。"（同上45：5）至于最后提到的这一特点，说得还相当不客气："世界上话的多寡分成十份，女人占了九份，男人占了一份。"（Kid. 49b）女人懒惰的观点演化成了一个成语："睡着了篮子掉下来"（Sanh. 7a）；但是我们也听到过相反的说法，

"女人不会闲坐在家里"（p. Keth. 30a）。

对于妇女的智力，众说纷纭。一种观点说，"女人头脑简单"
（Shab. 33b），另一种则说，"女人应待在家里，让男人到市上
去向别的男人学智慧"（《大创世记》18：1）。与这种观点相对
立的是一句明白无误的宣言，"上帝赋予女人的智慧比赋予男人的
多"（Nid. 45b）。一些流行的谚语证明妇女通常都是身怀才智并
且似乎能于不经意中做好自己的工作。有两则谚语说明这一点："女
人说话时却能纺线"和"鹅走路时低着头，但是眼睛却在四下里看"
（Meg. 14b）。女人的温情也同样得到了承认："女人有同情心。"
（同上）

拉比们对妇女喜欢时髦和注重个人形象这一点也有所注意。
"女人渴望得到的东西是装饰品。"（Keth. 65a）"女人唯一所
想的就是美丽。如果男人要讨妻子欢心，就让他用亚麻做的服饰
装扮她。"（同上，59b）下面这段文字提供了更多的细节："女
人这样打扮自己：用眼圈粉涂眼睛，做卷发，把脸染得透红。拉
比基斯达（Chisda）的妻子常常为其儿媳妇化妆。拉比胡那·本·基
尼那（Huna b. Chinnena）有一次坐在拉比基斯达的面前并且（看
见了这事）说，'年轻女人这样做还可以允许，上了年纪的就不
行了。'他回答说，'上帝都允许你的母亲和祖母这样做，即使
是她站在了坟墓的边缘。谚语说得好，女人六十似六岁，听见鼓
乐跑着追。'"（M. K. 9b）

妇女对神秘法术的偏好使她们受到指责，这一点也得到了其他
民族一些现代作者的认同。在《塔木德》中我们看到了这样的断言，
"女人沉溺于巫术"（Joma 83b）；"女人越多，巫术越盛"（Aboth 2:

8）；"大多数女人有巫术倾向"（Sanh. 67a），正因为如此，《圣经》
上"行巫术的女人，不可容她存活"（《出埃及记》22：18）这
句律令用的是阴性词。

2. 婚姻与离婚

结婚并且抚养家庭是一条宗教律令，事实上，这也是上帝向
人颁布的全部律令中的第一条（《创世记》1：28），《塔木德》
也强调了这一观点。"不结婚的人生活中没有快乐，没有幸福，
没有好事"（Jeb. 62b）；"未婚的男人并不是完全意义上的人，
如《圣经》所说，'并且造男造女。神赐福给他们，称他们为人'
（《创世记》5：2）。"（同上，63a）妻子意味着家，因此说，"男
人的家是他的妻子"（Joma 1：1），还有"拉比约西说，我从不
称妻子为妻子，而是称她'我的家'"（Shab. 118b）。

早婚受到鼓励。男性的婚龄建议在18岁（Aboth 5：24）。"当
你的手还放在儿子们的脖子上时 ①——从16岁到22岁，或者据
另一种观点，从18岁到24岁——让他们结婚。"（Kid. 30a）
据说，"神圣的上帝注视着每个男人直到20岁，期待他去结婚，
如果到了20岁还不结婚，上帝便诅咒他"（同上，29b）。草
率的婚姻受到责难，假如一个男人不能养活妻子。从《申命记》
20：5～7这些段落中，《塔木德》引申出了这样的教义："《托
拉》告诉人们做事情的正确顺序：男人应先建造房舍，然后种

_____

① 在他们还在你的约束之下时。

植葡萄园，然后结婚。"（Sot. 44a）娶妻是如此的重要，以至于"一个人为了结婚的目的可以卖掉一卷《托拉》"（Meg. 27a），可以允许做这笔生意的唯一的另外一个理由是求学。为了金钱而结婚受到了强烈的谴责，"凡为了女人的钱而娶她的人其孩子会让人丢脸"（Kid. 70a）。双亲缺乏爱情将影响到后代的品行。

对于女孩子来说，《塔木德》主张父亲有责任趁女儿年轻给他定下婚事。经文"不可辱没你的女儿，使她为娼妓"（《利未记》19：29）适用于"女儿适合婚嫁，却延误她婚事的人"（Sanh. 76a）。女孩子到 12 岁半才被认为够了年龄，尽管她一过 12 岁生日①就不再是未成年人。根据《塔木德》律法，"在女儿未成年时，禁止父亲将她嫁出去，直到她长大成人并且说，我愿意嫁给某某"（Kid. 41a）。假如父亲在女儿未成年时把她嫁了出去，她到了 12 岁时，可以退婚并可不必履行离婚手续而取消婚约。

人们普遍相信，婚姻不仅是上天安排的，而且早在人出生之前婚姻就已经注定了。"胎儿成形之前 40 天，天使'声音之女'会宣布，这个人将要娶某某的女儿为妻。"（Sot. 2a）关于这一信念的一则传统故事说："有位罗马的女士问一位拉比，'神圣的上帝用了几天创造了宇宙？'他回答说，'用了六天。''那么，从那之后直到现在上帝一直在做什么呢？''他一直在撮合婚姻。''这就是他的职业吗？这件事我也能做。我拥有许多男女奴隶，用不了一会儿，我就能让他们成双成对。'拉比对她说，'你

―――――――――――

① 男孩子进入成年的年龄比女孩子晚一年。

看着容易，但对上帝来说，这比分开红海还要难。'他说完就走了。这位女士做了什么呢？她召来了一千名男奴隶和一千名女奴隶，命他们站成行，然后宣布谁该娶谁。仅仅用了一个晚上，她就为这些人都安排好了婚姻。第二天，他们来到她面前，一个打裂了额头，一个打出了眼珠，另一个打断了腿。她问他们，'你们怎么了？'一位女奴说，'我不要他。'另一位男的说，'我不要她。'她于是立即派人去找来那位拉比，对他说，'没有神能像你们的上帝，你们的《托拉》真实可信。你告诉我的确实不错。'"（《大创世记》68：4）

  尽管如此，《塔木德》还是对选择妻子提出了明智的忠告。它提示人们，为了现实的目的，人在这方面还是可以自由地选择。例如，年龄悬殊极不受到赞成。前面曾援引的《利未记》中的经文也适用于"把自己的女儿嫁给老头子的人"（Sanh. 76a）。还有一种类似的说法是，"'渴而饮酒；上帝必不饶恕他'（《申命记》29：19及下节——新译），《圣经》上这句话指的是把女儿嫁给上了年纪的人，或娶上了年纪的人为妻的人"（同上，76b）。关于如果哥哥死时没有留下孩子，弟弟有义务娶他的遗孀这一点，《圣经》宣称，"本城的长老就要招那人来问他"（《申命记》25：8）。《塔木德》对此评论说："这条教义是说长老们给他一些合适的建议。'娶一个比你自己小得多的人有何意义？'或者'娶一个比你自己大得多的人有何意义？'去娶一个与你年纪相仿的人，不要把不和带到家中。"（Jeb. 101b）

164 所以，在作出选择时应谨慎行事。《塔木德》的忠告是"挑选妻子时别匆忙"（同上，63a）。与东方国家流行的习俗不同，拉比的律法声称："不先见面就娶一个女人为妻是不允许的，以免日后他发现这女人有令人不快的地方或者她变得令人讨厌。"（Kid. 41a）从下面这则忠告我们还可以看出，优生的原则也没有被忽视："身材高的男人不得娶身材高的女人，以免他们的孩子长成瘦高条儿。身材矮的男人不得娶身材矮的女人，以免他们的孩子长成侏儒。漂亮的男人不得娶漂亮的女人，以免他们的孩子过分漂亮。皮肤黑的男人不得娶皮肤黑的女人，以免他们的孩子长得过黑。"（Bech. 45b）另一条建议是，"选择妻子时向下迈一步"（Jeb. 63a），因为娶一个社会地位比自己高的女人可能会导致自己被她或者她的亲属看不起。

因为婚姻的目的是要养育一个家庭，还因为婚姻的理想是要培养儿子们精于《托拉》，所以对遗传学的相信使人们产生了强烈的愿望去娶一个学者的女儿为妻。"为了能娶到博学之士的女儿，男人应该卖掉一切，这是因为将来万一他死了，或者被流放，他可以确信自己的孩子将会有学问；不要让他娶一个愚昧人的女儿，因为一旦他死去或者被流放，他的孩子将会无知。为了能娶学者的女儿或者把女儿嫁给学者的儿子，男人应该卖掉他所拥有的一切，这就像把藤本的葡萄与藤本的葡萄嫁接在一起，这样做是恰当的。但不要让他娶愚昧人的女儿，因为这就像把藤本的葡萄与木本的浆果嫁接在一起，既难看，也不能接受。"（Pes. 49a）

《塔木德》反复教诲人们，美满的婚姻是至高无上的。婚姻常常被称为 Kiddushin，它包含"圣洁"的意思。这样称谓婚姻是因为"丈夫视妻子为献给圣所的物品，禁止世人亵渎"（Kid. 2b）。这暗示双方都应绝对的贞洁。"家中的不道德，犹如菜上的虫子"（Sot. 3b）这句话既适用于丈夫，也适用于妻子。有一则谚语说，"男的如长大的南瓜，女的如小南瓜"（同上，10a），意思是丈夫的不忠会助长妻子的不忠。

有一个有趣的说法，其大意是："当丈夫和妻子高尚时，舍金纳与他们同在；当他们不高尚时，大火吞没他们。"（同上，17a）这样说是基于如下的事实：希伯来语"丈夫"一词是 *ish*，"妻子"是 *ishah*，这两个词构成了一个变移单词，意思是上帝（*Jah*）和火（*esh*）。其他一些倡导高质量家庭生活的说法还有："爱妻子如爱自己者，敬妻子胜过敬自己者，将儿女们引向正路。在他们一旦成年就为其安排婚姻者，就是下面这句经文所说的人：'你必知道你帐棚平安。'（《约伯记》5：24）"（Jeb. 62b）"敬你的妻子，因为这样你才能丰富自己。男人要时刻注意给予妻子应得的尊敬，因为家中的一切幸福都有赖于妻子。"（B. M. 59a）"男人花在吃喝上的钱应该只占其财力的一部分，花在衣着上的钱不要超过了其财力，宠爱妻子和养育孩子花的钱应超出他的财力，因为他们依赖于他，而他依赖于上帝。"（Chul. 84b）

丈夫和妻子要彼此视为生活的伴侣。因此，一则谚语劝人们说："如果你的妻子矮小，你要弯下腰跟她说话"（B. M. 59a），这就是说，男人不应该认为自己高人一等而不与妻子商量事务。在同一段文字中有截然不同的观点，这也是事实，"听妇人言的人进地狱"，但这是从阿哈布（Ahab）这个极端的例子得出的结论，此人听了杰泽贝尔（Jezebel）的话而伤了自己。

尤其是在圣殿尚存的塔木德时期之初，婚姻的安排不乏浪漫。

有一条记载告诉我们："以色列人最快活的日子莫过于 *Ab*[①] 的第十五天和赎罪日，在这两天，耶路撒冷的儿子们来到外面，身着借来的白衣服，这样做是为了不让自己没有衣服的人难为情。耶路撒冷的女儿们也会出来，在葡萄园一边跳舞，一边高喊：'年轻人，抬起头看看，你要选谁做妻子。不要重美貌，要重家庭。'"（Taan. 4：8）

　　男人主要的爱通常是给予他的第一位妻子。因而有这样的说法："如果丈夫在世时，他的第一位妻子死了，这就好像他在世时圣殿被毁了。如果一个人在世时，他的妻子死了，他的世界就黯然无光了。"（Sanh. 22a）"假如男人第一位妻子死了之后再娶，他记着前妻的品行。"（Ber. 32b）

　　《塔木德》与《圣经》一样，对一夫多妻持认可但不鼓励的态度。关于这一问题，从《塔木德》中可以找到不同的观点，"男人愿意娶多少妻子就可以娶多少"（Jeb. 65a），一位权威这样说。而另一位则声称，"不能超过四位"（同上，44a）[②]。还有一位拉比则坚持认为："男人要想再娶一位妻子，而原配想要离婚的话，必须先行离婚。"（同上，65a）大祭司（High Priest）只允许娶一位妻子（Joma 13a），在这一点上意见是一致的。尽管普通大众中间毫无疑问盛行一夫多妻，但是，是否有拉比也这样做过并无任何记载。事实上，有一则故事表明这一习俗是多么遭人憎恶。

166

---

　　① *Ab* 是希伯来历法的第五个月。书中所提到的这一天是便雅悯（Beniamin）部落与其他部落和解的传统庆典。参见《士师记》21。

　　② 这是穆罕默德（Mohammad）的观点，见《可兰经》4：3。

"拉比犹大王子的儿子离开妻子在外学习了 12 年，回来时他的妻子已经不能生育了。知道这事后，他的父亲说，'我们怎么办呢？如果把她休了，外人会说这位虔诚的女人白等了 12 年。如果再娶一位妻子，外人会说其中一位是他的妻子，另一位是他的妓女！'他于是为她祈祷，她又恢复了生育能力。"（Keth. 62b）

尽管处处小心，但是夫妻有时还是发现彼此不合适，在这方面有一则久说不厌的妙语被保存了下来。"在巴勒斯坦，男人娶妻后，人们总要问他是贤还是恶。"（Jeb. 63b）这个问题的要旨在下面的两句经文中："得着贤妻的是得着好处"（《箴言》18：22）和"我得知有此等妇人，比死还苦"（《传道书》7：26）。并不是所有的妻子都尽如人意，这一点有下面的评论作证："有恶妻者是见不到地狱的人之一种"（Erub. 41b）[1]。"为妻所制者过的是非人的生活"（Betzah 32b）。"在那些虽哭喊而无人听的人中就有被妻子管制的人"（B. M. 75b）。

根据《塔木德》的律法，如果丈夫和妻子希望离异，解除婚姻并不难。"不好的妻子对其丈夫来说犹如麻风病。怎么治疗呢？让丈夫与她离婚就治好了这麻风病。"（Jeb. 63b）《塔木德》甚至宣称，"如果男人有坏妻子，他有宗教上的责任与她离婚"（同上）。

在公元 1 世纪，沙迈学派和希勒尔学派对于《申命记》24：1持有相左的看法，这节经文允许男人把妻子打发走，"若娶妻以后，见她有什么不合理的事，不喜悦她"。"不合理的事"这个词组

---

① 因为他们已通过极度的痛苦涤净了今世的罪孽。

的字面意思是"毫无遮掩"。沙迈学派对此的解释是，"男人不可休妻，除非是发现她不忠[①]。而希勒尔学派则将其理解为"任何不合理的事"，并且声称："即使妻子做坏了饭[②]，男人也可以休她。"对于"不喜悦她"这一句，拉比阿基巴论证说，"如果他发现另一个女人更美丽，他甚至也可以休妻。"（Git. 9：10）希勒尔学派更为宽松的观点占了上风，并作为法律而被采纳。

拉比们承袭了《圣经》中的家长制，根据这一制度，丈夫行使绝对的权威。这也就解释了《塔木德》中一条从未受到质疑的裁定："不论女方同意与否均可与她离婚，但要与男方离婚必须得到他的同意。"（Jeb. 14：1）因为婚姻的解除手续包括由丈夫或亲自或通过委托的代理向妻子递交一份离婚字据（称为 *Get*），这就意味着，事实上只有丈夫可以与妻子离婚，妻子却不能与丈夫离婚。这样的程序必然剥夺妇女的权利这一事实人们也认识到了，并且还制定了某些保护性措施，对此后面将进行讨论。

《塔木德》律法宣称，"如女人通奸，必须与之离婚。"（Keth. 3：5）除此之外，婚姻的解除虽然被认可却受不到赞许。有一则很有分量的陈述说："凡与第一位妻子离婚者，圣坛也为她落泪，如《圣经》所说，'你又行了一件这样的事，使前妻叹息哭泣的眼泪遮盖

---

① 这一解释与《马太福音》19：9 所陈述的律法巧合。

② 有些学者认为这是一种委婉语，指的是不贞之外的不体面行为。这一词组在《塔木德》中必定有其比喻的含义。但是犹太评论家们在这段中是严格按其字面含义来理解的。这一主题在 R. T. 赫福德所著的《〈塔木德〉与〈米德拉什〉中的基督教》（*Christianity in Talmud and Midrash*）一书中有所涉及（第 57 及以下诸页）。约瑟福斯也证实了离婚的自由，并支持希勒尔学派的观点："无论何种原因（许多这类原因男人也发生），愿与其妻离婚者，可书面写下保证，永不与她继续同居。"（《上古犹太史》第 4 卷，8：23）

耶和华的坛……因耶和华在你和你幼年所娶的妻中间作见证，你却以诡诈待她。'（《玛拉基书》2：13 及下节）"（Git. 90b）对经文"他恨休妻"（《玛拉基书》2：16——新译），一位拉比评述说，"如果你恨（妻子），就休掉她"；然而，另一位拉比则解释为："遭人恨的是休妻的人"。设想后者涉及的是第一个妻子，而前者涉及的是第二个妻子，这两种说法便取得一致了（Git. 90b）。

　　防止草率离婚的手段之一是要支付妻子有权得到的婚姻财产（Kethubah）。所以，经文"主将我交在我所不能抵挡的人手中"（《耶利米哀歌》1：14）适用于"在婚姻财产名下欠前妻一大笔钱财的人"（Jeb. 63b）。但是如果妻子的行为造成丑闻，丈夫则可以与之离婚而不必支付婚姻财产。"与下列的女人解除婚约而不必支付婚姻财产：违反了犹太律法的女人，如不把头部遮起而公开露面的女人①，在大街上纺毛或与各种男人交谈的女人，当着丈夫的面责骂其儿女的女人，嗓门大、在家里说话邻居能听见的女人。"（Keth. 7：6）

　　鉴于婚姻的目的是要养育一个家庭，所以，妻子不育便会使这一目的无法实现。因此规定："如果一个人娶了一位妻子，等待了10 年之后她仍未生育，则不能允许丈夫继续不履行（生子传宗的）义务。他与妻子离婚后，女方可以再嫁，第二个丈夫也要等待她 10年。如果她小产，10 年的期限应从小产之日算起。"（Jeb. 6：6）

　　精神失常不仅不能作为离婚的理由，而且还是离婚的障碍。"妻子精神失常，丈夫不得与之离婚；丈夫精神失常，不能与妻子离婚。"

---

　　①　结婚时新娘子要把头发盖起来，暴露头发被认为是不谦恭的行为。

（同上，14∶1）不允许与患精神病的妻子离婚的理由是，一旦失去了保护人，她可能会成为心术不正之徒的猎物。精神失常的丈夫之所以不能与妻子离婚是因为递交离婚字据必须是意识清醒的行为。

尽管如已经指出的那样，在理论上只有男人才可以终止婚姻，然而事实却并非如此。《塔木德》律法宣称："法庭将向丈夫施加压力，直到他说'我愿意与妻子离婚'"（Arach 5∶6）。实行这样强制措施的情形有下列几种：拒绝完婚（Keth. 8∶5），阳痿（Ned 11∶12），无力或不愿意抚养妻子（Keth. 77a）。"如果男人发誓不与其妻子同房，沙迈学派给他两个星期的时间，希勒尔学派给他一个星期的时间"（Keth. 5∶6），如果这段时间到期时，他仍然不收回成命与妻子恢复同居，便强迫他与妻子离婚。妻子也可以用发誓不与其丈夫亲近的方式把自己从令人厌恶的婚姻中解脱出来。丈夫有权否决妻子的誓言，但如果她坚持离婚，丈夫则与之离婚而不支付婚姻财产（同上，63b）。

如果丈夫患有令人厌恶的疾病或者从事令人反感的工作，妻子也可提出离婚。"如果丈夫有了污点，法庭不会强迫他与妻子离婚。拉比西缅·本·伽玛列说，如果是小的污点，这话对，但如果是大的污点，他则被迫离婚。在下列情况下，他们强迫他让妻子解脱：如果他患严重的麻风或染上息肉病，如果他是收集狗粪的人①，或是炼铜工或鞣皮工，不管这是婚前发生的，还是婚后出现的。拉

169

———————

① 狗粪用于制革业。

比迈尔在提到这些情况时宣称，即使丈夫曾与她定下协议 [1]，她也有权申诉说，'我原以为我能忍受，但现在我发现我受不了。'圣哲们认为（如果曾有协议）妻子有义务忍受，除非是麻风，因为性交将对丈夫产生有害的影响。"（Keth. 7：9 及下节）

遗弃不构成离婚的理由，无论丈夫多长时间杳无音信。只有确凿地证实丈夫已经死亡，才可允许妻子改嫁。在这一方面，有一个重要的妥协。必须有两个证据才能确立一项事实 [2] 的法律在这里有所松动，一项可靠的证据便可对已经假定的丈夫死亡予以确认（Jeb. 88a）。在某些情况下，如果妻子不愿意随丈夫迁移，她也可以从婚姻中解脱出来。"假如丈夫要去巴勒斯坦而她拒绝前往，他们强迫她去；如果她坚持不去，丈夫与之离婚，并且她得不到婚姻财产。假如妻子要去巴勒斯坦而丈夫拒绝前往，丈夫必须与妻子离婚并支付婚姻财产。假如妻子想离开巴勒斯坦，而他不想走，他们强迫妻子别走，如果她拒绝了，丈夫与之离婚，并且她得不到婚姻财产。假如丈夫想离开巴勒斯坦而她却不想走，他们强迫丈夫别走，如果他拒绝了，他必须与妻子离婚并支付婚姻财产。"（Keth. 110b）

总体上看，离婚的法律并不是对妇女十分不利这一结论似乎是公正的。尽管婚姻的解除很容易，但并不意味着这种便利受到了滥用。在塔木德时期反复强调也确实存在的理想的婚姻生活，或许再加之于人们知道不幸的婚姻必要时可以并不困难地将其解除，这些都有助于将犹太人的婚姻关系的标准提升到高水平。

---

①   在结婚时她同意不持异议。

②   参见第 308 页。

3. 孩子

东方人对孩子尤其是对儿子的强烈渴望在《塔木德》中也有反映。这一观念通过一个文字游戏表达了出来：孩子（*banim*）是建设者（*bonim*），他们不仅建设家庭的未来，还建设社团的未来（Ber. 64a）。"无子嗣虽生犹死"（《大创世记》71：6），因为这样的人未能履行他应尽的也是最重要的义务，人死名也就不存了。有意不要孩子被作为严重的罪孽而遭到谴责，这一点也许能从以赛亚和希西家传说中的一次会见中看得出来。当时希西家这位国王正重病卧床。"阿摩司的儿子，先知以赛亚来到他面前说，'上帝说过，"你当留遗命与你的家，因为你必死不能活了"（《以赛亚书》38：1）。''你必死不能活了'是什么意思呢？——意思是在这个世界'你必死'，在来世'你不能活了'。国王问，'为什么惩罚如此严厉呢？'他回答说，'因为你没有履行要有后代的义务。'希西家对他说，'这是因为在圣灵的帮助下我已预见到我会有不肖之子。'[①] 以赛亚回答说，'上帝的秘密与你何干？你应该履行上帝的指令，而让神圣的上帝去做他愿意做的事'"（Ber. 10a）。

在怀孕有可能对母亲造成危险的情况下，采取避孕措施不仅是允许的，而且还得到倡导。关于这方面的律法说："有三类女人应采取避孕措施：未成年者、孕妇和哺乳的母亲；未成年者是

---

① 这里是影射玛纳西（Manasseh），拉比们常常谴责他是最邪恶的国王之一。

171 以防怀孕会造成致命的后果，孕妇是以防流产，哺乳的母亲是以防她怀孕后，过早断奶造成婴儿死亡。"（Jeb. 12b）

拉比迈尔与其两个儿子的催人泪下的故事极好地说明了人们对待孩子的态度。"说也巧，安息日下午，当拉比在研习所授课时，他的两个儿子在家中死了。孩子的母亲把他们安放在床上，并用床单把他们覆盖起来。安息日结束时，拉比回到家中，问起孩子在什么地方。他的妻子对他说，'我想问你个问题。从前，有个人来到我们家，把一件珍贵的物品托我照管，现在他想要回去。我是给他还是不给呢？'他回答说，'承诺的东西当然应物还其主！'这时她说，'没征得你的同意，我已经还给他了。'她于是拉起丈夫的手，把他领到上房，从两具尸体上揭下了床单。拉比看到这一切后，痛哭流涕；妻子便对丈夫说，'你不是告诉我接受委托替人保管的东西，人家要时应归还人家吗？"赏赐的是耶和华，收取的也是耶和华；耶和华的名是应当称颂的"（《约伯记》1：21）'"（Jalkut Prov. 964）。

这则故事不仅表明对神的意志应绝对服从，它还显示出孩子被认为是来自上帝的一笔珍贵的借贷，理应用爱心和虔诚去保护它。

儿子是如何以及为什么比女儿更受宠爱这一点在许多章节中有所反映。例如，对于经文"亚伯拉罕年纪老迈，向来在一切事上耶和华都赐福给他"（《创世记》24：1）有这样的解释："'在一切事上'是什么意思？一位拉比回答说，意思是他没有女儿。另一位拉比则更勇敢地回答，意思是他有个女儿。"（B. B. 16b）一位拉比的妻子生了个女儿，拉比非常沮丧。他的父亲为了让他高兴便说，"世界上又多了人口。"然而，另一位拉比却对他说，

"你父亲的安慰之词很空洞；因为虽有一句拉比格言说，没有男女，世界便不存在，但是孩子是儿子的人才是幸福的，孩子是女儿的人是不幸的。"（同上）

儿子之所以更受宠爱是因为人老了儿子是依靠，并且儿子可以实现父母望子成为著名学者的雄心。《塔木德》中保存下来的出自于便西拉（Ben Sira）的一段引文解释了人们为什么不愿意要女儿："书上说，对父亲来说女儿是无用的财富。父亲由于为女儿操心而夜不能寐；年少时，怕她被引诱；长大了，怕她走邪路；当嫁时，怕她找不到丈夫；结婚后，怕她没有孩子；老了，又怕她行巫术。"（Sanh. 100b）①对颂辞"愿耶和赐福给你，保护你"（《民数记》6：24）的解释也包含了同样的思想："赐福给你让你得子，保护你免生女儿，因为女儿需要精心看护。"（《大民数记》11：5）

人把其主要的爱给了孩子，在感情上对待子女比对待父母更亲这一事实演化成了一句成语："父亲爱自己的孩子，孩子爱他们的孩子。"（Sot. 49a）对年幼者的幸福给予适当的关怀，尤其是对于孤儿予以照料，是备受称赞的行为。"经文说，'常行公义的，这人便为有福'（《诗篇》106：3），这指的是孩子年幼时细心养育他们的人。另一位拉比宣称，这指的是在自己家中将孤儿抚养成人并为之操办婚姻的人。"（Keth. 50a）

在怎样对待孩子合适，怎样不合适的问题上给父亲提出了一些有益的忠告。雅各对约瑟溺爱而造成的恶劣后果引出了这样的

①　引文出自于《便西拉智训》（Ecclus 42：9及下节）。《塔木德》中的文字与希腊文本有几处不同，但基本思想是一样的。

172

忠告，"对孩子不可偏心"（Shab. 10b）。在对孩子过分宠爱而有错不纠与严厉苛责之间，拉比们建议取其中庸才是上策。"对孩子如不惩罚，他终将彻底堕落"（《大出埃及记》1：1），但是对已经长大成人的孩子则不应严厉责打（M. K. 17a）。另一方面，"人不应过分吓唬孩子"（Git. 6b）。对待孩子和女人的恰当的方式是"恩威并施"（Semachoth 2：6）。

有些例子被记录了下来，其中的一例是因威胁要施加惩罚而导致了一个男孩子自杀。鉴于这种原因，产生了如下的倡议："人决不应威胁孩子，而应该要么立即惩罚他，要么什么也别说。"（同上）另一条建议在另一不同的场合已经引用过了，它是这样说的："一个人决不可以许诺给孩子什么东西却不去兑现，因为这是教孩子撒谎。"（Suk. 46b）并且，因为孩子习惯于重述在家中听到的话，有一则谚语提醒父母在孩子面前说话要谨慎："孩子在街上说的话出自他爸爸和妈妈的嘴。"（同上，56b）

173

4. 教育

父母担负的主要责任是培养孩子作为以色列这个群体的成员去生活。其目标是要把他们锤炼成延绵不断的链条中牢不可破的环节，从而使先辈们留下来的宗教遗产得以完好无损地传给后代。要实现这一理想必不可少的一点就是要把《托拉》的知识灌输给他们。"也要殷勤教训你的儿女"（《申命记》6：7）这条律令被看得很重，并被包括在了每天早晚的祷词中。

这一责任的重要性在《塔木德》中曾多处提及。"用《托拉》

抚养孩子的人能享用今世的果实，同时把资本留到来世。"（Shab.
127a）"有儿攻读《托拉》者恰似永生。"（《大创世记》49：4）"凡
教授儿子《托拉》者《圣经》使其得到它，恰如从何烈山得到它一般，
如经文所说，'如总要传给你的子子孙孙'（《申命记》4：9），
经文接着还说，'你在何烈山站在耶和华你的神面前的那日'（同
上，10）"（Ber. 21b）。

　　教育之所以被赋予了非凡的价值，其原因之一是出于对学问
本身的热爱。一则流行的谚语说："如果你获得了知识，你还缺
什么呢？如果你缺乏知识，你又获得了什么呢？"（《大利未记》1：
6）。然而，更深一层的则是意识到群体的生存依赖于知识的传播。
下面这些格言中对于教育重要性的表述，其力度是任何语言难以
企及的："经文说，'不可难为我受膏的人，也不可恶待我的先
知'（《历代志上》16：22）——'我受膏的人'就是学童，'我
的先知'就是学者。""世界只是因为学童的呼吸而存在。""即
使是为了重建圣殿，也不应中断了对孩子的教育"，"没有学童
的城市将遭毁灭"（Shab. 119b）。

　　某部古老的布道书中有一则极有意义的传说："世界没有哲
学家能比得上波尔（Beor）的儿子巴兰（Balaam）和迦达拉的俄
诺摩斯（Oenomaos of Gadara）。所有的异教徒聚在后者的身边对
他说，'告诉我们如何才能战胜以色列人。'他回答说，'到他
们的犹太教圣堂和学校去，如果你听到孩子们背诵功课的喧闹声，
那么你不可能压倒他们；因为他们的先祖（以撒）曾对他们保证
说，"声音是雅各的声音，手却是以扫的手"（《创世记》27：
22）。'意思是如果在圣堂中听到了雅各的声音，那么以扫的手

便没有力量了。"（《大创世记》65：20）

　　对孩子施教的强烈欲望导致了学校的设立。最初要创立学校
系统的设想显然是西缅·本·什塔（Simeon b. Shetach）于公元前
1 世纪的前期提出来的；然而，系统的规划则是约书亚·本·迦玛
拉（Joshua b. Gamala）于圣殿被毁之前几年实施的。"永远不要
忘记一个叫约书亚·本·迦玛拉的人，因为要不是他，《托拉》
便被以色列人忘掉了。起初，孩子是由父亲教授的，这样孤儿便
没人教了。后来决定应在耶路撒冷任命一些教师，由（住在城外的）
父亲把孩子带去受教育，但是，孤儿还是得不到教育。于是决定
在每个区域都委派一些（高等教育的）教师，让 16 岁和 17 岁的
男孩子跟从他们学习；然而，这样有时发生老师对学生发怒，学
生反抗并弃学的情形。最后，约书亚·本·迦玛拉来了，并且确
定在各郡和各城市都委派教师，将六七岁的儿童置于它们的管教
之下。"（B. B. 21a）

　　这也许是任何一个国家实行全民教育的最早记载。随着时间的
演变，这一出色的制度似乎有所退化，因为我们发现有位拉比声称：
"耶路撒冷之所以被毁坏是因为人们把送孩子去学校不放在心上。"
（Shab. 119b）他这样大声疾呼与其说是陈述一件历史的事实，倒
不如说是要让与他同时代的父母们清楚地认识到不利用学校去教
育孩子有多么危险。并不是所有的父母都如此不负责任，我们也
读到有一位拉比"不送孩子去学校决不用早餐"（Kid. 30a）。

　　公元 3 世纪，一位叫作基亚（Chiyya）的拉比为重新唤起人
们对基础教育的兴趣而做了大量的工作。他说："我工作的目的
是要以色列人不要忘了《托拉》。我怎么做呢？我纺亚麻、织网，

然后去捕鹿。我用鹿肉养育孤儿，把鹿皮做成纸卷，复制一份《摩西五经》。我到一个地方，把《摩西五经》教给五个孩子，把《密释纳》的六卷（Six Orders）教给六个孩子①；然后我告诉他们，'在我回来之前你们要互相教《摩西五经》和《密释纳》。'用这种方法，我保存了《托拉》，使之免于被以色列人遗忘。"（B. M. 85b）有强烈的欲望要把知识传授给孩子，而不论其父母的境况如何，这一点是值得注意的。贫穷的孩子肯定没有被忽视。事实上，有这样一种说法，"要注意穷人家的孩子，因为《托拉》来自他们。"（Ned. 81a）

　　根据约书亚·本·迦玛拉的学制，入学的年龄是六岁或者七岁。在《先贤篇》中，启蒙的年龄是五岁（5：24）。但是《塔木德》中有这样的倡导："六岁以下的孩子我们不接纳入学；从六岁以上我们才收下并像喂牛一样（用《托拉》）喂他。"（B. B. 21a）所有的权威都一致认为，教育必须及早开始，并且只有"年少时的学习"才能留下不能磨灭的印象。一位拉比在这个问题上表达了自己的看法："如果一个人从小学起，他可以比作什么呢？比作把字写在清洁的纸上。如果一个人老了才学，他可以比作什么呢？比作把字写在有污渍的纸上。"（Aboth 4：25）论及这一问题的另一条陈述是："如果人年少时学习《托拉》，《托拉》的话便溶进他的血液，并从他的口中清晰地表达出来。如果他老了学习《托拉》，《托拉》的话就溶不进他的血液之中，因而也

---

　　① 他把《摩西五经》或《密释纳》的一部分教给一个孩子，这样每个孩子可以把自己学会的教给别人，用这种方法，大家都学到了完整的内容。

就不能从其口中清晰地表达出来。正如谚语所说的，'口中不想要，年老了又能获得什么呢？'"（ARN 24）

《塔木德》中的证据倾向于使人相信，在当时学校很普及，学生也很多。公元2世纪的一位拉比证实，"在贝撒城①有400所犹太教圣堂，每所圣堂有400名初级教师，每位教师有400名学生"（Git. 58a）；3世纪的一位拉比告诉我们，"在耶路撒冷有394处法庭和同样数目的犹太教圣堂、研习所和初等学校"（Keth. 105a）。这些数字当然是夸张了，但它们却说明了教育机构的繁荣景况。

教师这一职业具有最为显赫的地位，并且教师受到极高的尊重。在某些问题上，犹太律法赋予教师的地位甚至高于父母，"因为，父母只是把孩子带进今世的生活，而老师则把他带进来世的生活（B. M. 2：11）。有一则故事讲的是三位拉比被派去检查巴勒斯坦的教育状况。"他们来到一个没有教师的地方，对居民们说，'把保卫这座城市的人带来。'他们便把军队卫兵带来。拉比们大声说，'这些人不是城市的保卫者，而是城市的破坏者！''那么，谁是城市的保护者呢？'拉比们回答说，'是教师。'"（p. Chag. 76c）因为他们是犹太教城堡的护卫，所以才有这样的告诫："惧怕你的师长，要像惧怕上天一样。"（Aboth 4：15）

教师在道德和信仰上应具备最高的资格。先知所描述的理想的标准适用于教师，"祭司的嘴里当存知识，人也当由他口中寻

---

① 在这个城中，巴尔·柯赫巴（Bar Kochba）对罗马人进行了最后一次艰苦卓绝但却不成功的反抗。

求律法，因为他是万军之耶和华的使者"（《玛拉基书》2：7）。对这句经文的评论是，"如果教师像主的使者，便可听他讲《托拉》；如果不像，则不可听他讲《托拉》"（M. K. 17a）。有耐心非常重要，因为"脾气急躁的人不能为人师"（Aboth 2：6）。

有一位权威特别偏爱年长的教师。"师从年轻人犹如什么呢？犹如吃不熟的葡萄，从酒瓮里喝酒。师从长者犹如什么呢？犹如吃成熟的葡萄，喝陈年老酒。"（Aboth 4：26）然而，他的一位同事却对此作了机智的反驳："不要看瓶子如何，要看里面装着什么。新瓶可能装着陈酒，旧瓶也许连新酒都没装。"（同上，27）

《塔木德》向我们提供了一些有关当时采用的教学方法的情况。要想对每个孩子进行有效的督导，提倡对班级的规模实行限制。"每位教师教管的小学生不得超过 25 人。如果是 50 人，则必须增加一名教师；如果是 40 人，则应由一名高年级的学生做教师的助手。"（B. B. 21a）教师说话啰唆不受赞许。"教师对学生永远要使用简洁的语言。"（Pes. 3b）尽管学生有教科书用，也练习书法，但教学材料价高且稀有，因此，学习意味着通过不断的背诵而牢记在心。"教师必须不断地重复课程直到学生学会"（Erub. 54b）；对学生来说，"如果他学习《托拉》而不反复习诵，他就像一个种而不收的人"（Sanh. 99a）。"重复 100 次的就跟重复 101 次的人不一样。"（Chag. 9b）

作为帮助记忆的一种手段，学生被建议要大声朗读。据说有位教师曾告诉学生，"张开嘴学习《圣经》，张开嘴学习《密释纳》，这样才能学到手"（Erub. 54a）。在这同一段文字里讲到了有一位学生上课从不出声地读，结果三年之后把学过的东西全忘掉了。

　　《塔木德》中有一段文字十分引人注目，它告诉我们怎样教婴儿希伯来字母表。为了帮助记忆并使学习更引人入胜，教师让单词和字母联系起来；然而，最重要的手段还是把字母用作宗教和道德教育的媒介。这样的授课值得全部引述在下面：

　　"据描述，孩子们现在走进研习所内所要背诵的东西在嫩（Nun）的儿子约书亚时代甚至都没有听说过。A 和 B 是'获得理解'这几个单词的首字母；G 和 D 是'善待穷人'这几个词的首字母。为什么 G 的脚弯向 D 呢？因为，这是善良的人跟着穷人走路的样子。为什么 D 的脚弯向 G 呢？这表明穷人把手伸向帮助他的人。为什么 D 的脸从 G 转开呢？这是教人们施善时要偷偷进行以免让接受的人羞愧。H 和 V 意味着神圣上帝的名字。Z，CH，T，Y，K，L①——如果你（对待穷人）这样行事，神圣的上帝将支持你，对你仁慈，让你得益，赐你居所，并在来世为你做一顶花冠。有一个开着的 M 和闭合的 M②，这是说某些学说是可以理喻的，而别的则不可。有一个弯曲的 N 和笔直的 N，这暗示如果一个人被（苦难）压弯了腰时仍然笃信上帝，那么他平时也是虔诚的。S 和 A③ 代表两个单词，其意思是'帮助穷人'，而据另一种解释，其意思是'施记忆术'以帮助在学习《托拉》时将其记住④。有一个弯曲的 P 和笔直的 P，分别指张开的嘴和闭着的嘴。有一个弯曲的 TZ 和笔直的 TZ，意思是如果一个人被（苦难）压弯了腰时仍然是

178

---

　　① 　这些中的每一个字母分别出现在后面词组的中心词中。

　　② 　当提到一个字母有两种形式时，其中一种指的是它作为单词最后的辅音时的形式。

　　③ 　这是一个喉音，英语中没有与之相对应的。

　　④ 　这种记忆术其实是在《塔木德》中发现的，包括一串关键词和字母。

正直的，那么他平时也是正直的。K 是'神圣'一词的首字母，R
是'邪恶'一词的首字母。为什么 K 的脸部与 R 背离呢？神圣的
上帝说，'我不想看见邪恶之人。'为什么 K 的脚朝向 R？神圣
的上帝说，'如果恶人悔罪，我将为他们戴上与我自己一样的花冠。'
为什么 K 的腿是分离的？因为，如果恶人悔罪，他们可以从开口
处进入（上帝的处所）。SH 是'谬误'的首字母，TH 是'真理'
的尾字母。为什么'谬误'（shéker）一词中包括三个在字母表中
挨着的字母，而'真理'（ameth）由字母表中开头，中间和末尾
的字母组成？因为谬误司空见惯，而真理却并不常有。为什么"谬
误"一词落在一点上而"真理"一词却位于牢固的基础上 ①？这是
要教育人们真理站得住脚，而谬误却站不住。"（Shab. 104a）

　　初级学校的主要目的是教小学生们希伯来语和《摩西五经》。
我们得知，在学习《摩西五经》时，首先要学的是《利未记》，
作出这种选择的理由是这样说的："为什么让孩子从《利未记》
开始而不是从《创世记》呢？神圣的上帝说，因为孩子是纯洁的，
祭礼也是纯洁的＊，就让纯洁的人先来致力于纯洁的事吧。"（《大
利未记》7：3）

　　在是否应学习希腊语问题上意见有分歧。只要一涉及希腊思
想，几乎众口一词地反对。一位拉比的言词十分激烈，"让孩子
学希腊哲学的人天打雷轰"（B. K. 82b）。之所以有这种态度是
因为希腊哲学能使致力于研究它的人乱了根性。有位拉比告诉我

---

　　①　这是就这两个词的字母形状而言。

　　＊　《利未记》的内容有相当一部分涉及到祭礼等事宜。——译者

们说："我父亲的学校中有 1000 名学童，其中 500 名学习《托拉》，500 名学习希腊哲学；后者中间除了我跟我侄子以外，一个也没有剩下。"（同上，83a）然而，人们承认希腊语言跟希腊哲学应有所区别（同上）。有些教师对前者给予了很高的称赞。对挪亚的颂辞"愿神使雅弗扩张，使他住在闪的帐棚里"（《创世记》9：27）是这样阐释的："使雅弗的话（即希腊语）在闪的帐棚里。"（Meg. 9b）另一方面，当有人问一位拉比人们是否可以教自己的儿子希腊语时，他告诉他说，他可以这样做，如果他能找到既不属于白天也不属于夜晚的时间，并援引了《约书亚书》1：8 的经文作注脚；然而，他的一位同事却声称，"人可以教他的女儿希腊语，因为对她来说这是一种成就"（p. Peah 15c）。

学生被分为四类。"有四种品性的学生：理解快遗忘也快的人，这种人其所得消逝于其所失之中；理解有困难却也难以忘怀的人，这种人其所失消逝于其所得之中；理解得快并且难于遗忘的人，这种人是好人；理解有困难且遗忘又快的人，这种人是恶人。"（Aboth 5：15）另一种描述是："坐在圣哲面前的人有四种类型：他们分别像海绵、漏斗、滤网、筛子。海绵把一切都吸收；漏斗从一头进从另一头走；滤网让酒过去而留下酒糟；筛子筛掉麸糠而留下精面。"（同上，18）

女孩子在《塔木德》教育体系中的地位是一个尚需探讨的问题。在这一问题上，我们发现人们持有截然不同的观点。一位教师说，"一个人有义务让自己的女儿学习《托拉》"；然而，紧接着我们就看到了相反的观点，"凡教女儿《托拉》的人犹如教她淫秽"（Sot. 3：4）。必须承认，这后一种观点更普遍，也多被采纳。

譬如，人们注意到在经文"也要教训你们的儿女"（《申命记》11：19）中，希伯来原文在字面上指的是"你们的儿子"，这样就把其女儿排除在外了（Kid. 30a）。有一位拉比声称，"宁可把《托拉》烧掉也不能传授给女人"（p. Sot. 19a），并且我们得知，当有位妇女问某拉比一个关于金牛犊的问题时，这位拉比对他说："女人除了使用纺锤之外，一无所知。"（Joma 66b）

可能的看法是，这些陈述所指的应该是我们称为高等教育的学习。如上所述[①]，妇女同男人一样承担着一切的宗教责任，只有一种例外。因此，她们应该受到与男人同样多——假如不是同样全面——的教育。在那个时代，妇女唯一的活动范围就是家，并且人们害怕对家的照料将会受到削弱，如果她把时间和精力花在学习上。

但是，也许还可以提出其他一些不同意妇女从事高等学习的理由。以色列的宗教领袖们对发生在希腊和罗马的事是知道的，在那里妇女受到的教育使她们得以与男人交往密切，从而导致了道德沦丧。从上面引用的关于"淫秽"的说法中或许可以感觉到他们对类似后果的恐惧心理。况且，拉比们对基督教世界当时的情形无疑也有所意识，在这个世界中，妇女受宗教狂热的驱使而甘心过独身生活。在婚姻被视为神圣使命的犹太社团中，这种情形只能使得人们感到惊恐不已。《塔木德》把某些人斥为"世界的破坏者"，这其中就有"法利赛女人"（Sot. 3：4），即虔诚到走火入魔的女人。拉比们对妇女深入地探究《托拉》的知识采

180

---

① 参见第159页。

取如此抵触的态度，似乎很有可能是为了抵制这类倾向。

5. 孝道

孝敬父母是一项宗教义务，《塔木德》将其置于至关重要的地位。它也是一条只要遵行便可以使人今世享用其果实，来世保留其根本的律法（Peah 1：1）。"《圣经》将敬奉父母与敬奉无所不在的上帝放在同等的地位，经文说，'当孝敬父母'（《出埃及记》20：12），还说，'你要以财物尊荣耶和华'（《箴言》3：9）。《圣经》同样还把对父母的敬畏（即敬奉）与对上帝的敬畏放在同等的位置，经文说，'你们各人都当畏惧母亲和父亲'（《利未记》19：3——新译），还说，'你要敬畏耶和华你的神'（《申命记》6：13）。"（Kid. 30b）

从以上两段经文得出的教义是对父母应尽的义务甚至比对上帝应尽的义务还要严格。"孝敬父母的律法举足轻重，因为神圣的上帝认为这比敬奉他自己还要重要。《圣经》上写着，'当孝敬父母'，还写着，'你要以财物尊荣耶和华'。你用什么敬奉上帝呢？用上帝赐予你的东西，诸如：当你遵行了涉及到遗忘的庄稼捆、田角、税捐、施舍穷人等的律法时，上帝所赐予你的东西。如果你有履行这些律法的财力，那就这样做；但如果你贫穷，你便没有义务这样做。至于孝敬父母，则没有这样的条件。无论你是否有财力，你必须履行这一律法，即使你不得不挨门挨户地乞讨。"（p. Peah 15d）

至少在一个方面对上帝的敬奉超过了对父母的敬奉，这就是当敬奉父母需要违抗神的律令时。"人们有可能认为即使父亲命令儿子亵渎自己或者捡到东西不物归原主，他也应该听从，所以，才有这样的经文教导人们，'你们各人都当畏惧母亲和父亲也要守我的安息日'（《利未记》19：3——新译），你们大家都应敬奉我。"（Jeb. 6a）

在上文中使用了两个不同的词汇，即畏惧和敬奉。它们是这样定义的："畏惧指的是不得站在父亲的地方，不得占他的座位，不得反驳他的话和不得对抗他的意见。敬奉指的是为他提供吃、喝、穿、住，并帮助他出出进进。"（Kid. 31b）

在第五条律令中先提到了父亲，但是在《利未记》19：3中则先提到了母亲。为了解释这一差异，拉比们依据人对其双亲的心理态度，提出了一种理论。"上帝了解到儿子对母亲比对父亲可能更孝敬，因为母亲能用慈祥的话赢得儿子的心。鉴于此，上帝在关于敬奉父母的律法中给父亲以优先的地位。上帝还了解到儿子对父亲比对母亲可能更惧怕，因为父亲教他《托拉》。鉴于此，上帝在关于惧怕父母的律法中给母亲以优先地位。"（同上，30b及以下）

其结论就是，在孝道方面父母处于平等的地位。然而，依据《塔木德》律法，假如儿子对父母双方的义务发生了冲突，他必须优先考虑父亲。有人问一位拉比，"如果我父亲向我要水喝，我母亲也提出同样的请求，我应该先侍奉谁呢？"他回答说："先把母亲放在一边，去侍奉你的父亲，因为你和母亲都有敬奉他的义务。"（Kid. 31a）

敬奉父母的家庭能得到上帝的光临以表示恩宠。"当一个人

182　敬奉父母时，上帝说，'我犹如住在他们中间一样，并且我感到荣幸。'当一个人让父母伤心时，上帝说，'没跟他们住在一起，我是做对了；因为，如果跟他们住在一起，我也会伤心。'"（同上，30b 及以下）

即使父亲激怒了儿子，儿子也应克制而不得做出任何不敬的行为。有人问一位拉比，"孝敬父母应以什么为限度呢？"他回答说："假如父亲当着儿子的面把一钱包的钱扔进海里，儿子也决不能羞辱父亲。"（同上，32a）《塔木德》还提到了儿子必须表示其尊敬的另一个特例："如果一个人看到父亲正在违犯《托拉》的律法，他不能说，'父亲，你在冒犯《托拉》'，他应该说，'父亲，《托拉》上是这样写的'。对此，有一条反对意见认为即使儿子这样说，父亲也会感到痛苦。所以，人们推荐了另一种形式的表达方法，即'父亲，《托拉》上有这么一句经文'"（同上），以便让父亲自己得出结论。

对父亲不仅要实实在在地孝敬，而且孝敬的行为还必须是出于正确的心态。《塔木德》称："有一个人用肥的禽肉供养其父亲却下了地狱，而另一个让他父亲在磨坊里磨面却进了天堂。这是怎么回事呢？在前者的故事中，父亲问儿子'孩子，你是从哪儿弄到的禽肉？'儿子回答说：'老家伙，吃你的，别吱声，因为狗都是安安静静吃东西！'在后者的故事中，儿子正在磨坊里磨面，这时来了一道国王的命令要招募磨面工。他于是对父亲说：'你在这里顶替我干活，我去给国王磨面，这样如果有什么污辱由我来承担；需要挨打时也最好由我来受。'"（p. Peah 15c）

有些拉比以对母亲崇高的敬意而著称。这其中据说有一位"当听到母亲脚步声时，总是要高喊，'我站立于神的面前'"（Kid.
31b）。有数则故事讲到了拉比塔丰。据他说，"每当母亲要下床
去，他便跪下来以便让母亲踏在他身上；他母亲用这样的方式下
床。"（同上）"安息日他母亲下床到院子里去散步，结果鞋掉了。
于是他把手放在母亲的脚下让她踩着回到床前。有一次他病了，
圣哲们来看望他。他母亲对这些人说，'替我儿子塔丰祈祷吧，
他对我的孝敬超出了我应当接受的。'他们问他都做了什么，
母亲向他们讲述了那件事。他们说，'这样的事即使他做了一千
次，《托拉》上关于孝敬父母的律法他履行了也不到一半。'"（p.
Peah 15c）

　　关于这一主题的几则最精彩的故事发生在一个非犹太人的身
上。当有人问一位拉比，"孝敬父母的限度是什么呢？"他回答说：
"去看看阿斯迦伦（Ascalon）的某个异教徒是怎么做的，他叫达
玛（Dama），是尼希那（Nethinah）的儿子。有一次，圣哲们去
他家买大祭司法衣上用的珠宝，他可以获利60万（有人说是80万），
但因为钥匙放在他父亲的枕头底下，而他父亲正在睡觉，儿子便
没有打搅父亲。第二年神圣的上帝让一只纯红色的母牛①降生在他
的牛群之中以示奖赏。以色列的圣哲们找他想买这头牛。他对他
们说，'我知道，如果我索价要世界上所有的钱，你们也愿意支付；
但是，我只要因为孝敬父亲而损失的那么多。'"（Kid. 31a）

　　"他的母亲很显然精神上有缺陷，并且在公开场合对待儿子
的举止有时很令人难堪，然而他却以极大的忍耐承受它。"他是

---

① 　参见《民数记》19。纯红的母牛很稀有，因而被视为十分珍贵。

183

市政府参议会的议长。有一次，他母亲当着所有参议的面朝他的脸上一记重揍，并且用来打他的鞋子也掉到了地上。他捡起鞋子，又递给母亲，以便不让母亲弯腰去捡。"（p. Peah 15c）"另一次，他身着绣金的丝袍与某些罗马的贵族同坐。她走来扯他的袍子，打他的头，啐他的脸，但他并没有让母亲蒙羞。"（Kid. 31a）

父母死后也要对他们表示孝道。"人在父亲生前和死后都应孝敬他。父亲去世后，如果儿子要引用父亲的话，他不该说，'我父亲曾这样说'，而应该说，'我的父亲，我的导师曾这样说，愿我能替他的死赎罪'①。这样说适于他死后的 12 个月里；在此之后，他应该说，'对他的怀念是为了永生的幸福'"（同上，31b）。

---

① 意思是愿他因为罪孽而应受的苦难降临到我身上。人们相信通常人死之后 12 个月内便可赎清罪行（参见第 378 页），因此过了这段时间之后，应该改变说法，否则就会使人想到死者前愆深重，赎罪超过了正常的期限。

第六章　社会生活

184

1. 个人与社会

　　人不应独往独来，而应作为社会的成员去生活。作为人类整体的一员，人在与自己的同胞相处方面担负着许多的责任。一个人的生活不是他可以随心所欲支配的个人之事。他的行为会影响到他的邻居，正如他们的行为也会影响他一样。《圣经》上"一人犯罪，你就要向全会众发怒吗？"（《民数记》16：22）这句话所引出的一则寓言把这一真理阐述得淋漓尽致："这正如一群人同在一条船上，其中一人拿一把钻在身下开始钻洞。别的旅客对他说，'你这是干什么？'他回答说，'我在自己的座位下面打洞与你们何干？'他们驳斥他说，'但是水会进来把我们大家都淹死！'"（《大利未记》4：6）

　　希勒尔在他的一句名言中把个人对社会应该采取的态度作了极好的归纳："我不为己，谁为我？我只为己，我算什么？"（Aboth 1：14）首先，人必须依靠自己，而不应仰赖别人。虽然向贫穷的人施舍是备受称颂的行为，但想要成为别人施舍的对象却是极其可厌的。人们受到这样的规劝："宁可把安息日过得如普通的一天（在饮食方面）^①，也不要向别人求助。"（Shab. 118a）关于这一点的另一说法是："在大街上宰杀卖肉为生^②，不要说'我是大人物，干这种活儿有失身份'。"（Pes. 113a）属于拉比时代早期的"饭后感恩祷告"中有一段文字包含了这样的祈求："我们祈求你，主，我们的上帝，别让我们有求于血肉（指人）的馈赠或者借贷；我们只要你那充盈、张开、神圣和富裕的大手来帮助我们，这样，我们才不至于永世感到羞惭和惶恐。"^③

反映这一思想的其他一些说法还有："寄人篱下的人，其世界是黑暗的，其生活不是真正的生活。"（Betz. 32b）"人自食其力，才心安理得；即使靠父母或儿女养活，心也不安。那么靠外人养活就更不必说了。"（ARN 31）"拥有一份是自己的比拥有九份是别人的能让人更高兴。"（B. M. 38a）"《圣经》上说，'（鸽子）嘴里叼着一个新拧下来的橄榄叶子'（《创世记》8：11）。鸽子对上帝说，'我宁可食用如橄榄一样苦涩的食物而依赖于您，也不愿食用甜蜜的食物而有求于人'（Erub. 18b）"。"经文'下流人在世人中升高（*kerum*）'（《诗篇》12：8）是什么意思呢？当一个人站立起来需要同类的帮助时，他的脸就如 *kerum* 一样发生变化。什么是 *kerum* 呢？在沿海的城镇里有一种鸟叫作 *kerum*^④，阳光照耀时，这种鸟变得五颜六色。需要同类帮助的人恰如被判处两种刑罚，即火刑和水刑。"（Ber. 6b）

---

① 安息日这天的饮食应非同寻常，参见第 156 页。

② 这是典型的下等职业。

③ 见辛格版《钦定日用祈祷书》，第 281 页。

④ *kerum* 一词无疑与希腊语 *chroma*（颜色）有关。有人认为这指的是天堂鸟。

　　尽管自立是一种美德，但崇尚自立却不能极端到相信个人可以与其同类割断联系的程度。"我只为己，我算什么？"因为生活已变得更为复杂，人的需求是如此之多，因而人必须要意识到他的舒适离不开别人的劳动。一位拉比作过这样的反思："亚当付出了多大的劳动才得到了面包吃！他耕耘、播种、收割、垛捆、脱粒、扬场、选穗、筛面、揉面、烘烤，然后才能吃，而我早晨起床后却发现这一切都做好了。亚当付出了多大的劳动才有了衣穿！他剪毛、洗毛、梳毛、纺毛、编织，然后才有衣穿，而我早晨起来却发现这一切都做好了。所有的工匠们云集于我的面前，因而我起床后发现一切都出现在我面前。"（Ber. 58a）

　　卑贱者的劳动促进了富人的幸福，意识到这一点足以能消除阶级之间的鸿沟。当时的一则谚语说："身之不存，头将焉附？"（《大创世记》100：9）它强调了所有阶级都是互相依赖的这一真理。另一则谚语则指出个人的命运与整体的命运是拴在一起的："房子倒了，窗子遭殃。"（《大出埃及记》26：2）

　　如果个人，无论其地位有多高，能认识到他的劳动是为社会服务的，有害的阶级自豪感便可以避免。雅比尼学园（Academy at Jabneh）的拉比们把这一观点阐述得非常精彩："我是上帝创造的，我的邻居也是上帝创造的；我在城里工作，他在田里工作；我早起去劳动，他也早起去劳动；正如他的劳动并不比我的更伟大，我的劳动也不比他的更伟大。然而，也许你们会说，我做大事业，他干小事情！我们都知道，只要一个人心向着上帝，他做多做少并不重要。"（Ber. 17a）

　　下面的故事反映了真正的拉比精神。据说，有一个叫西缅的人来自司支宁（Sichnin）村，以挖井为业。有一次他对拉比约查南·本·撒该说，"我同你一样伟大。"拉比问，"何以如此呢？""因为我的工作与你的工作对社会一样重要。当你让人们使用祭典上净化心灵的水时，这水就是我为他们提供的。"（《大传道书》4：17）表达得更加铿锵有力的要数对经文"耶和华是我的牧者"（《诗篇》23：1）所作的评论："世界上再没有比放牧更为卑贱的劳动了。牧人拿着牧棍、背着行囊奔波终生，然而大卫却称神圣的上帝为牧者！"（或见《米德拉什》）

　　与世隔绝的生活是没有意义的。这一举足轻重的真理是由画圈子的周尼（Choni）[①] 这位《塔木德》中的瑞普·凡·温克尔（Rip van Winkle）发现的。关于他的故事说："这位正直的人终其一生都在为经文'当耶和华将那些被掳的带回锡安的时候，我们好像做梦的人'（《诗篇》126：1）而忧心。他发问说，'70年[②] 能如梦一般过去吗？'有一天，他在路上走时看到一个人正在栽一棵角豆树，便问，'既然角豆树70年才结果，你怎么能保证活那么长久去享用果实呢？'他回答说，'我发现世界上角豆树很多；正如我的先辈为我栽下了它们，我也要为我的后代栽下这树。'周尼于是坐下来，吃了饭，就睡着了。当他睡着时，他的周围形成了一个洞穴，人们便看不到他，这样他睡了70年。醒来时，他看到有人正在从同一棵树上采摘角豆吃。他问他，'你知道是谁

187

――――――――――――――

　　① 　他是著名的苦行僧，干旱时人们求他祈雨，因此，他便画上个圈子并宣称谁也不得走出圈子，直到上帝降下雨来（Taan. 23a）。参见第277页。据说他名字的本义并不是"画圈人"（这是后来传说的意思），而是"盖房顶者"，这是他的职业。

　　② 　这是做囚房的时间。

栽的这棵角豆树吗？'那人回答说，'是我爷爷。'周尼感慨地说，'70年确实恍如一梦！'于是他回到家里去问画圈者周尼的儿子是否依然活着。人们告诉他，他的儿子已经不在了，但他的孙子还活着。他对人们说，'我是周尼。'但人们并不相信他。他到了学园，在那里听到拉比们说，'我们现在的学习与画圈者周尼那时一样清晰；因为过去他一走进学园，便能解决学者们所有的困难。'他对拉比们说，'我是周尼'，但他们不相信他，也没有给他应有的尊重。他因此向上帝祈祷（希望让他死去），他于是就死了。这样便有了谚语：'要么结成伙伴，要么死去。'"（Taan. 23a）

对伙伴关系的希求是从这句经文推出来的："两个人总比一个人好。"（《传道书》4：9）"所以说，人应交友以便能跟他一起读《圣经》，一起研习《密释纳》，一块吃饭，一同饮酒，并向他吐露心曲。"（Sifré Deut. §305；129b）合作和互助在生活中是至关重要的，正如一则谚语所说："如果你愿意把重物抬起，那我也愿意；但是如果你不愿意，我也不愿意。"（B. K. 92b）

在这一方面经常涉及到的另一观点是要遵行既定的习俗。希勒尔的忠告是"不要将自己与社会隔绝"（Aboth 2：15），也就是说不要热衷于求异。"人的心灵应总是与其同类合拍。"（Keth. 17a）有条谚语也提出了类似的忠告，"进一座城就应该遵行城里的律法"（《大创世记》48：14）。这一点在《圣经》上得到了有趣的印证，"人不应背离既定的习俗；注意，摩西上山后并不吃饭（《出埃及记》34：28），侍奉天使降到地上时却享用食物（《创世记》18：8）"（B. M. 86b）。

人类是由不同类型的人组成的，有的人品德高尚，有的人恰恰相反，这一点是得到公认的。"人有四类。凡是说我的就是我的，你的就是你的的人，其品质居中；有人说这样的品性如所多玛的品性一般。凡是说我的就是你的，你的就是我的的人是乡下粗人。凡是说我的就是你的，你的也是你的的人，是圣人。凡是说我的是我的，你的也是我的的人，是恶人。"（Aboth 5：13）

人所能获取的最大的财富是来自别人的尊重。有三种花冠：《托拉》、祭司和忠诚，然而好的名声超过这一切。"（同上，4：17）"一个人该走什么样的正道？应该自己觉得体面，又能赢得别人的敬重。"（同上，2：1）"什么人能受到敬重？敬重别人的人。"（同上，4：1）

有好的人缘被认为是上帝赞许的品性。"同伴喜欢的人，上帝也喜欢；同伴不喜欢的人，上帝也不喜欢。"（同上，3：13）这是典型的拉比语言，它表明在拉比们心中，宗教并不仅仅关心人与其创造者的关系，还关心人与其邻居的关系。

其他宣讲这同一理论的文字还有："在《托拉》、《先知书》和《圣著》中，我们看到人在履行对其同胞的责任时必须完全像履行对上帝的责任一样。《托拉》是怎么说的呢？'向耶和华和以色列才为无罪'（《民数记》32：22）。《先知书》是怎么说的呢？'大能者神耶和华，他是知道的。以色列人也必知道'（《约书亚记》22：22）[①]。《圣著》是怎么说的呢？'这样，你必在神和世人面前蒙恩宠'（《箴言》3：4）。"（p. Shek，47c）

---

① 被指控为建造神坛进行偶像崇拜的这两个半部落急于要证明他们对待兄弟以及对待上帝的行为是有道理的。

对《以赛亚书》3：10中的文字是这样理解的，"你们要论义人说，他是好人"，并且暗示了如下的思想："这么说义人还有好人和坏人之分吗？对上帝和同胞好的人是好的义人；对上帝好而对同胞不好的人是坏的义人。经文'邪恶的坏人必遭难'（原文如此，同上，11）这一句也是一样——这么说既有邪恶的坏人，也有不邪恶的坏人吗？对上帝和同胞都坏的人是邪恶的坏人；对上帝坏但对其同胞并不坏的人不是邪恶的坏人。"（Kid. 40a）

《塔木德》规定了这样一些普遍的行为准则："服从上司，善待有求于你的人，愉快地接待一切人"（Aboth 3：16）；还有"回答别人要用能排解怒气的柔声细语，与兄弟、亲属、一切人，甚至大街上的异教徒增进和睦，这样才能在上天蒙宠爱，在地下受喜欢，在同胞中被接纳"（Ber. 17a）。

人们被严格要求忠诚于国家。"要为政府的利益而祈祷，因为要不是出于对政府的敬畏，人就会活生生地吞掉彼此。"（Aboth 3：2）《塔木德》对此是这样解释的："经文上说'你为何使人如海中的鱼'（《哈巴谷书》1：14）——海中的鱼是大的吃小的，人也是如此。要不是因为畏惧政府，大的将会吞噬掉小的。"（A. Z. 4a）

拉比们显然相信，凡称职的统治者所居之位必得到神的认可。上帝自己所称颂的三件事之一就是"好的领袖"。在拉比们看来，上帝同样有这样的表示，即统治者的任命必须得到大众的批准。"不先征求社会的意见，我们不能为大众任命统治者，如《圣经》所说，'乌利的儿子比撒列，耶和华已经题他的名字召他。'（《出埃及记》35：30）神圣的上帝问摩西，'你能接受比撒列吗？'他回答说，'宇

宙的君主啊！如果你认为他是可以接受的，那我不更认为如此吗！'
上帝对他说，'不过你还是应去告诉人们。'他于是去问以色列人，
'你们能接受比撒列吗？'人们回答说，'如果神圣的上帝和你都
能接受他，我们就更能接受他！'"（Ber. 55a）

　　《塔木德》甚至宣称，"甚至看管水井的人也是上天任命的"
（B. B. 91b）。既然如此，我们对这样的评论也就可以理解了，"凡
在一个国王面前厚颜无耻的人就如在神面前厚颜无耻一样"（《大
创世记》94：9），以及"反抗王权的人犯死罪"（Sanh. 49a）。《圣
经》中杰出人物的行为佐证了这一教义。"你们应该永远怀有对
王室的尊重，如《圣经》所说，'你这一切臣仆都要俯伏来见我'
（《出埃及记》11：8）。出于对国王的尊重，摩西没有说，'你（法
老）要俯伏来见我。'从以利亚的行为也可以看出这一点。他束上腰，
奔在了亚哈的车前（《列王纪上》18：46）。"（Zeb. 102a）

　　与这条原则相一致，我们看到了这样的律法："见到以色列
国王时应该说：'感谢你，主，我们的上帝，宇宙的君主。你把
你的荣耀赐给了敬畏你的人'；而见到其他民族的国王时则应说，
'感谢你……你把你的荣耀赐给了你创造的生灵'。人总应发奋
努力，争取会见以色列的国王；不仅以色列的国王，而且还有其
他民族的国王，因为，如果这个人品德高尚，他便能（在弥赛亚
时代）区分以色列国王和其他民族的国王。"（Ber. 58a）

　　下面这句话浓缩了犹太人在处理与国家的关系时应遵守的基本
行为准则，"地域之法便是法"（B. K. 113a）。对那些生活在异国，
受不同于自己民族的律法管辖的人来说，这是指导性的原则。甚至
犹太律法也应与该国家的法律相适应，只要这不违背《托拉》的基

本原则。在下面这段文字中包含了对这一原则清晰的描述："《圣经》说，'我劝你遵守王的命令，即指神起誓'（《传道书》8：2）。上帝对以色列说，我恳求你们，如果政府颁布严苛的律法，在任何强加于你们的事情上都不要反抗；要'遵守王的命令'。然而，如果政府责令你们放弃《托拉》和律法，不要服从。要对它说，'我愿意按你们的意愿遵行国王的法律；但"指神起誓，不要离开王[*]的面前"（同上，3）'；因为，他们这不是要你不守律法，而是迫使你离弃神圣的上帝。"（Tanchuma Noach 10）

尽管要求人们遵从统治者，但《塔木德》坚定地告诫人们不应向他们献媚邀宠。"热爱劳动，憎恶权贵，不求上宠"（Aboth 1：10），其理由是"要提防当权者，因为这种人不是为了私利不会亲近于人；为了自己的好处时，他们貌似朋友，人有危难时，他们离你而去"（同上，2：3）。

另一条忠告是，"宁为狮尾，不做狐头"（同上，4：20），这意思是说，宁在品德高尚的同伴中做卑微的一员，也不要去与低下的人为伍，以希求在他们中间出人头地。事实上，我们看到人们一再强调人应该力避大出风头，拒受显赫之位。据《塔木德》说，能使人损寿的事之一就是"趾高气扬。为什么约瑟先于他的兄弟而死？^① 因为他趾高气扬"（Ber. 55a）。所以说，"弄权者为权所埋葬"（Joma 86b），权威其实乃是奴役（Hor. 10a，b）。

191

---

　　* 指上帝。——译者

　　① 这是从《出埃及记》1：6 推出来的："约瑟死了，（然后）是他所有的兄弟。"（新译）

这样说的目的并不是要诱导人们逃避担当职务的责任，而是要抨击出于个人野心去谋取职务的欲望。下面的这则格言把这一思想表述得十分恰当："在无人的地方，要尽力去做人。"（Aboth 2: 6）《塔木德》对此的评论是："由此可以推出，在有人的地方，不要去做人。"（Ber. 63a）这意思就是说，当需要为社会做事情时，不要自我表现，出头露面；但是，如果工作被别人忽略了，你自己要担当起来。重要的是去完成这种工作不能出于私利。"凡致力于社会事务的人都应以上天的名义行事，这样他们父辈的功绩才能与他们同在，他们的正直才能长存。而至于你（上帝将会说），我认为你应受到巨大的奖赏，恰如这一切功绩都是你本人做出的。"（Aboth 2：2）

2. 劳动

工作是人的责任，不仅仅是为了谋生，同时也是为保障社会秩序而贡献自己的一份力量。虽然，如我们前面看到的，研习《托拉》作为最受尊敬的职业而备受赞扬，但拉比们也足够现实，明白假如所有的人都永远献身于如此理想化的追求之中，世界就不存在了。所以，我们读到了这样的格言："最好是把研习《托拉》和世俗的职业结合起来，因为从事这二者所需要付出的劳动能使人忘掉罪恶。只研习《托拉》而不工作终将一事无成，并将成为罪恶的起因。"（Aboth 2：2）

普通人在这两者之间应掌握的最佳平衡是："如果一个人早上学习两段律法，晚上学习两段律法，而在白天投入到工作中去，这就相当于他遵行了全部的《托拉》。"（Tanchama Beshallach

20）对逃逸现世的工作，而完全投身于精神反思的隐士生活，拉比们是反对的。这一点从下面的引述中我们也许可以窥到一斑："享用自己劳动果实的人胜过敬畏上帝的人；因为对于敬畏上帝的人，《圣经》说，'敬畏耶和华，这人便有福'（《诗篇》112：1），但对于享用自己劳动果实的人，《圣经》却说，'你要吃劳碌得来的，你要享福，事情顺利'（同上，128：2）——'你要享福'，这是谈今世；'事情顺利'，这是说来世，对于敬畏上帝的人，《圣经》上没有写'事情顺利'。"（Ber. 8a）

劳动享有尊严的观点贯穿于整个《塔木德》文献之中。"劳动是伟大的，因为它为劳动者带来荣誉"（Ned. 49b）是这一主题的基调。这是必然的，因为劳动是上帝为人类所规划的一个重要部分。对拉比格言"热爱劳动"（Aboth 1：10）这一条，有如此的说教："甚至亚当都是在劳动了之后才尝到了食物；如《圣经》所说，'耶和华神将那人安置在伊甸园，使他修理看守'（《创世记》2：15）；然后，上帝说，'园中各样树上的果子，你可以随意吃'（同上，16）。神圣的上帝甚至只是在以色列人劳动了之后，才降神灵于他们；如《圣经》所说，'又当为我造圣所，使我可以住在他们中间'（《出埃及记》25：8）。如果一个人没有工作，他应干什么呢？如果他有荒芜的庭院或者田地，就让他去料理；如《圣经》所说，'六日要劳碌做你一切的工'（同上，20：9）。为什么要添上'做你一切的工'这几个字呢？① 这就是要将让庭院或田地荒芜的人包

---

① 《圣经》不存在重复，这是拉比对《圣经》诠释中的不言自明之理。因此"劳碌"（labour）肯定指的是为谋生而从事的一般工作，而"工"（work）则指的是我们称之为业余的工作。

括在内，从而让他们去料理这些事务。只有闲散才能使人死亡。"
（ARN 11）

有这样一则传说："当上帝对亚当说，'地必须给你长出荆棘和蒺藜来'（《创世记》3：18）时，亚当的眼中充满了泪水。他对上帝说，'宇宙的主啊！难道我要同我的驴同槽进食吗？'然而当上帝补充说，'你必流汗满面才得糊口'（同上，19）时，他才立即放下心来。"（Pes. 118a）这里的寓意就是人通过劳动使自己高于了其他的动物。

193   事实上，劳动是人得以生存的根本。"《圣经》上'所以你要拣选生命'（《申命记》30：19）指的是拣选一门手艺"（p. Peah 15c），这一说法是对上述观点简洁而有力的表述。劳动是通往幸福之路的另一种说法是"只有双手劳动的人才能得福"（Tosifta Ber. 7：8）。律法规定，即使一个人为他的妻子配备了一百个仆人，她也必须亲自做点家务，因为"闲散思淫欲，闲散心不宁"（Keth. 5：5）。

《圣经》说："夜间，神到亚兰人拉班那里，在梦中对他说：'你要小心，不可与雅各说好说歹。'"（《创世记》31：24）在对这一句经文的阐释中，劳动在宇宙秩序中所占的重要地位得到了进一步的指陈："借此我们得知，劳动所带来的荣誉是先辈的荣誉所不能比肩的，如《圣经》所说，'若不是我父亲以撒所敬畏的神，就是亚伯拉罕的神与我同在，你如今必定打发我空手而去'（同上，42）。如果这样，那么先辈的荣誉只是保护了他的财富。'神看见我的苦情和我的劳碌，就在昨夜责备你'（同上）；这句话表明，由于雅各的劳碌，上帝警告拉班不要去伤害他。上帝就是这样教导人们不要说，我不劳碌就可以吃，可以喝，可以享荣华，因为上帝会怜悯我。所以《圣经》说，'他手所做的都蒙你赐福'（《约伯记》1：10）；人应该用双手劳动，然后神圣的上帝才会赐福于他。"（Tanchuma Vayétzé 13）

常言说，"不劳动者不得食"（《大创世记》14：10）。还有，人不应该把个人的收益作为劳动的动机。一则逸事对此作了生动的比喻。"哈德良皇帝在提比利斯附近的巷子里走时，看到一个老人在劈土栽树。他对老人说，'老头子，你如果早年曾干过，就没有必要到了这晚年还干了。'他回答说，'我早晚都干过了，天上的主也对我做了他高兴做的事。'哈德良问他多大了，他回答说一百岁了；他于是感慨地说，'你都一百岁了，还站在那儿劈土栽树！难道你还指望吃那果实？'他回答说，'如果我配，我就能吃到；如果不配，我就为儿孙们忙碌，正如我的父辈曾为我忙碌一样。'"（《大利未记》25：5）

在对体力劳动如此赞美之中，拉比们对他们所宣讲的学说也身体力行。我们读到有几位拉比出身于富有家庭，但大多数却是其生计并不稳定的卑微劳动者。前面已经提到了希勒尔贫穷的故事。① 在其他的拉比之中，我们得知，阿基巴曾每天去拣一捆木柴，卖掉后以此度日（ARN 6）；约书亚是烧木炭的，他居住房间的四壁因其工作而有污迹（Ber. 28a）。迈尔是抄书匠（Erub. 13a）；约西·本·查拉夫塔是皮匠（Shab. 49b）；约查南是做鞋的（Aboth 4：14）；犹大（Judah）是烤面包的（p. Chag. 77b）；阿巴·扫罗（Abba

194

① 参见第 136 页。

Saul）是揉生面的，地位十分低下（Pes. 34a），而他自己提到他还一度做过掘墓人（Nid. 24b）。

约瑟福斯在公元 1 世纪写到犹太人时曾这样说："我们并不乐于经商，然而，因我们居住的国家物产丰富，我们只有苦心经营此业。"（c. Apion 1：12）这一说法也许有些极端；但值得注意的是当《塔木德》提到劳动者时，通常都是指农活，前面已经引证的关于建造"《托拉》的藩篱"的一段文字[①] 说明了这一点，因为它提到了"一位晚上从田里回来的人"（Ber. 4b）；雅比尼的拉比们在其言论中也提到了这一点，"我在城里工作，他在田里工作"（同上，17a）[②]。

在农活与手工业或商业进行价值比较时，我们看到截然不同的观点。一方面有这样的说法："所有行业的人终将归为泥土。没有土地的人不是真正意义上的人"（Jeb. 63a）和"主将我交在我所不能抵挡的人手中"（《耶利米哀歌》1：14），这句经文在巴勒斯坦指的是"其生计依赖金钱"（Jeb. 63b），而不是依赖农业的人。与此相反的观点也同样有力："没有比耕作更为低下的职业。做生意投上一百个苏兹（zuz）每天就能吃肉饮酒；把一百个苏兹投入农田中只能吃到盐和青菜，并且做农活还须在地上睡觉（晚上看护庄稼），（与邻居）发生纠纷"（同上，63a）。有一位拉比提出了一种妥协的建议："人应该把钱分成三份，三分之一投入到农业中，三分之一投入到生意中，三分之一掌握在手中。"（B.

---

① 参见第 150 页。
② 参见第 186 页。

M. 42a）

　　特别是在土地的所有权不稳定时，手工艺所能提供的保障就非常有吸引力了。有一则谚语说，"灾荒持续了七年，却没有造访匠人的门槛"（Sanh. 29a）。对农民能造成严重打击的天灾对工匠的影响相对要小。

　　在这一方面，拉比们是如此教导人们的："人有义务教会儿子一门手艺，不教儿子手艺就等于教他去做贼。有手艺的人就像有围墙的葡萄园；牲畜、野兽进不来，行人也吃不到，看不见；没有手艺的人就像围墙破了的葡萄园；牲畜、野兽能钻进来，行人既吃得到，也看得着。"（Tosifta Kid. 1：11）

　　人所能从事的各种职业被区分为两类，一些受到赞许，另一些受到谴责。"人不应教儿子能使其与女人交往的手艺。人应该教儿子干净省力的手艺。人不应教儿子去赶驴，赶骆驼，当水手，理发，放牛羊，或是当店员，因为这都是些行窃的职业。另一位拉比评论说，大多数赶驴的人都是恶人，大多数赶骆驼的人都是诚实人，大多数水手都是虔诚的，最好的医生也注定要下地狱，最诚实的屠夫也是亚玛力（Amalek）*的同伙。"（Kid. 4：14）关于这一问题的另一说法是："任何职业都不会从世界上消失。其父母从事高尚职业的人是幸福的，其父母从事可恶职业的人很可悲。这世界离不开做香料的人和制皮革的人。然而，以做香料为业的人是幸福的，以制皮革为业的人是可悲的。"（同上，82b）

---

　　* 亚玛力是《圣经》中以扫（Esau）之孙（《创世记》36：12）。其后代与以色列人争战（《出埃及记》17：8）并为以色列人击杀（同上，13）。——译者

有的工作从其本质上说令人讨厌，但人们为什么能继续干下去呢？对此，《塔木德》提出了一种大胆的解释。"《圣经》上'神造万物，各按其时成为美好'（《传道书》3：11）这一句是什么意思呢？这是要教导人们：神圣的上帝使每一种职业在从事它的人看来都是美好的。"（Ber. 43b）

有一种谋生的方式受到拉比们极为尖刻的抨击，这就是放高利贷。放高利贷的人没有资格在法庭作证（Sanh. 3：3）。"来看看高利贷者的眼睛有多瞎。如果有人把自己的同胞称之为无赖，后者会控告他，甚至会让他丧失了生计；然而，放高利贷的人找上证人、书记，用纸和笔写好文书盖上章，于是某某（指放高利贷者）便拒绝了以色列的上帝。凡向外贷钱不收利息的人，《圣经》这样描述他，'他不放债取利……必永不动摇'（《诗篇》15：5）。由此你们可以知道放债取利的人其财产将会动摇。"（B. M. 71a）"放高利贷如杀人。"（同上，61b）"凡放债取利者，《圣经》将其视为犯了世界上全部的罪孽，如经文所说，'向借钱的取利，向借粮的兄弟多要。这人岂能存活呢？他必不能存活，他行这一切可憎的事'（《以西结书》18：13）。然而，放债不取利者，神圣的上帝将其视为履行了全部的律法，如《圣经》所说，'他不放债取利'，等等。"（《大出埃及记》31：13）

3. 雇主与雇工

雇主与雇工之间的关系在《塔木德》中有严格的界定，各自的责任也规划分明。这被视为双方必须严格遵守的合同，雇主没有给予雇工应得的东西，被作为欺诈行为受到谴责，反过来也是一样。

首先是雇主的责任。他必须遵守其居住地关于劳动的惯例。"在没有早出工、晚收工习惯的地方，雇用工人并命令他们早出工、晚收工的人不允许他强制工人（超时工作）。在有为工人提供膳食习惯的地方，他必须为工人提供膳食；在有为工人（饭后）提供甜点的地方，他必须这样做；一切均应按当地的惯例行事。"（B. M. 7：1）

雇主应体谅为他劳动的工人，故一旦出了事不应一味地要求公正。下面这则逸事说明了这一点。"拉巴·巴·查那（Rabbah bar Chanah）雇的搬运工打破了他的一只酒罐子，作为惩罚，他脱下了他们的衣服。他们找拉布（Rab）投诉此事，拉布命令他还给他们衣服。他问，'法律是这样吗？'拉布说，'对！因为《圣经》上写着"必使你行善人的道"（《箴言》2：20）。'[①]他于是还给了他们衣服。雇工们然后说，'我们是穷人，干了一整天活，现在饿了；我们一贫如洗。'拉布对雇主说，'交给他们工钱。'他问，'这是法律吗？'他回答说，'对！因为《圣经》上写着"守义人的路"（同上）。'"（B. M. 83a）

最重要的是雇主到期必须支付劳动的报酬。涉及这一问题的律法是如此规定的："白天干活的人，到了晚上领取工资；晚上干活的人，第二天白天领取工资；按小时干活的人，在干完后的白天或晚上领取工资；按星期，或月、或年、或七年为期干活的人，如果其工期是在白天终止，他在当日的白天领取工资，如果其工

197

---

① 他的意思是善人不强求公正，而要求宽容。

期在夜晚中止，他在当日的夜晚领取工资。"（B. M. 9：11）

　　到期后拖欠工资作为极大的罪恶而受到毫不留情的谴责。"拖欠雇工工资的人违反了《托拉》上的第五条律令：'不可欺压你的邻居'（《利未记》19：13）；'也不可抢夺他的物'（同上）；'困苦贫乏的雇工，你不可欺负他'（《申命记》24：14）；'雇工人的工价，不可在你那里过夜留到早晨'（《利未记》19：13）；'要当日给他工价'（《申命记》24：15）；'不可等到日落'（同上）"（B. M. 111a）。"以色列人被流放是因为未付雇工的工钱。"（《大耶利米哀歌》1：3）"凡延付仆人工钱的人无异于夺其性命（字义为'灵魂'）。有位拉比把最后的这几个字解释成为剥夺自己的性命，因为《圣经》上说，'贫穷的人你不可抢夺他的物……因耶和华必为他辩屈，抢夺他的，耶和华必取那人的命'（《箴言》22：22及下节）。另一位将其解释成适用于受欺诈的人，因为《圣经》上说，'凡贪恋财利的，所行之路都是如此。这贪恋之心乃夺去得财者之命'（同上，1：19）。"（同上，B. M. 112a）

　　至于雇工，他的时间和精力已经被别人买下了，为换得工资，他必须诚实地付出它们。不尽全力为雇主劳动就像店主卖东西缺斤短两一样，也是欺诈的行为。拉比们不仅在理论上这样认为，实践中也是这样做的，有如下的故事为证。据说，有人去找泥瓦工阿巴·约瑟（Abba Joseph）就某个问题向他咨询，而当时他站在脚手架上。找他的人对他说，"我想问你点事。"但他回答说，"我不能下去，因为白天我已经被雇用了。"（《大出埃及记》13：1）他觉得他没有权利使用已属于他雇主的时间来解决向他提出的问题。

还有另一个与此性质相同的事件。"有一次闹旱灾，拉比们派了两位学者作为代表去拜见画圈子的周尼之孙阿巴·希尔迦（Abba Hilkiah），请求他祈雨。他们去了他家没有找到。又去了田里，发现他正在耕地。他们朝他打招呼，而他却不理他们。他回家后，他们问他为什么对他们的致意置之不理，他回答说，'白天我把自己租了出去，因此我认为我没有权利中止我的工作。'"（Taan. 23a，b）

根据同样的原则便有了这样的裁定："一个人在晚上工作了之后不得在白天再把自己租出去。他不得让自己挨饿，因为这样他会为其雇主少干活。"（p. Dammai 26b）基于同样的理由，《塔木德》律法允许雇工在树顶或脚手架上做一部分祈祷（Ber. 2：4），并且在饭后做一种简化了的感恩祷告（同上，45b）。另外一种说法是："凡不听雇主指示的人应称之为盗贼。"（B. M. 78a，b）

除了雇工之外，还有另一类劳工——奴隶，既包括犹太族奴隶，也包括异族奴隶。就他们而言，《塔木德》也为了使其受到恰当的待遇而订立了准确的规章。首先来讨论希伯来奴隶。根据《圣经》上的律法，一个希伯来人会由于两种原因中的任何一种而失去自由人的身份；他也许因穷困而为了食宿卖掉自己；或者，他也许由于偷窃而被法庭作为惩罚将其卖掉。人剥夺自己的自由作为一种应受指摘的行为而受到谴责。对《出埃及记》21：6中的律令"他的主人就要……用锥子穿他的耳朵"，有下面这一象征性的解释："为了达到这一目的，何以要单挑出耳朵来用锥子穿，而不是身体别的器官呢？神圣的上帝说，当我高呼，'因为以色列人都是我的奴隶'（《利未记》25：55——新译）时，耳朵在西奈山上听到的是我的声音，而不是奴隶中奴隶的声音，然而这人却去为自己找了个主人，所以用锥子穿它。为什么这样做时要单挑出门或门框而不是别的家具呢？神圣的上帝说，当我在埃及走过门楣和两根门框并且宣称以色列人要侍奉我，而不是做奴隶时，门和门框是我的证物，于是我把他们从束缚中带出，让他们获得自由。然而这人却去为自己找了个主人，所以要在门框的面前刺他的耳朵。"（Kid. 22b）

　　如果一个希伯来人为了个人的利益出卖了自己，则情况会更糟。拉比们对经文"你的兄弟若在你那里渐渐穷乏，将自己卖给你"（《利未记》25：39）是这样评述的："因此，不能允许一个人把自己卖掉，从而把钱装进自己的口袋，或用来去购置牲畜、家具或房产。"（或见 Sifra）

　　奴隶主可以迫使其希伯来奴隶干什么样的活是受到限制的。"'他必服侍你六年'（《出埃及记》21：2），从这句经文中我们也许会推断出他应该干任何一个（异邦）奴隶该干的活；所以经文上才说，'不可叫他像奴仆服侍你'（《利未记》25：39）。所以说，不能让他给主人洗脚，替主人穿鞋，给主人往浴室提水，不能让主人上楼时倚在身上，也不能用轿子或座椅抬着主人四处走动，这些奴隶为主人干的活都不能做。"（或见 Mech. 75a，b）

　　对于《出埃及记》上的同一句经文，我们看到了这样的评论："我也许会理解为暗示奴隶必须要从事任何劳动，无论这劳动是否会令他感到耻辱，所以《圣经》才宣称，'他要在你那里像雇工人和寄居的一样'（《利未记》25：40）。对于雇工，你不能为了自己而改变他的职业；同样，对于希伯来奴隶，你不能强迫他干与他平时的职业不一样的活。所以说，主人不能让他去从事公共服务的劳动，如裁缝、澡堂侍者、理发匠、屠夫或烤面包的。假如他先前的职业就是这些中的一种，在主人命令之下他可以做这些活，但是主人不得对他的工作做任何变动。'像雇工人和寄居的一样'——正如雇工白天工作，晚上不工作一样，希伯来奴隶同样也是白天工作，晚上不工作。"（Mech. 同上）

涉及奴隶一般待遇的裁定是这样的，"经文说，'且因在你那里很好'（《申命记》15：16）——这是说饮食方面与你一起，不能你吃干净的面包，他吃发霉的面包；不能你喝陈酒，他喝新酿的酒；不能你睡在柔软的垫子上，他睡在草上。所以说，凡得到希伯来奴隶者为自己觅到了一位主人。"（Kid. 20a）

《出埃及记》21：2 及以下诸节和《利未记》25：39 及以下诸节中所含的《圣经》律令对服奴役的年限作了规定。但是，只要有可能，《塔木德》便对律法作出有利于奴隶的解释。"经文说，'服侍你六年，到第七年就要任他自由出去。'（《申命记》15：12）如果他逃跑后又回来了，怎么知道他必须做完其奴役年限呢？经文宣称，'他必服侍你六年。'如果他生病后康复了，可以认为他必须补偿他生病的时间，所以，经文宣称，'到第七年就要任他自由出去'。"（或见 Sifré，§118；99a）如果奴隶患病整整六年怎么办？《塔木德》对于律法是否适用于这一极端的例子进行了讨论并且裁定："如果其患病期持续了三年，他应服役三年，但如果其患病期超过了三年，他必须服役六年（Kid. 17a）。主人死亡，他应继续侍奉其儿子，直到期满；但是对于主

200

人的女儿或其他后代，则不在此例。"（同上，17b）

　　对于耳朵被锥刺的奴隶，《圣经》的律令是，"他就服侍他直到永远"（《出埃及记》21：6——新译），然而拉比们认为这最后几个字的意思是直到五十年节（Jubilee），这时他可以获得自由。不仅如此，因为经文是"服侍他"，由此可以推理，奴隶在完成了最初的六年服侍后不应服侍其主人的儿子、女儿或其他的后代，并在其主人死去后获得自由（或见 Mech. 77b）。奴隶役期服完后，据《圣经》的律令，他不应两手空空被打发走（《申命记》15：13f），《塔木德》规定应给他的钱数为 30 舍克勒（Kid. 17a）。

　　拥有异教奴隶是受到法律规范的。"可以通过购买、立文书或事实上的服侍获得奴隶。"（Kid. 1：3）奴隶的平均价格一般认为是 30 塞拉（sela）①，这是奴隶，无论男女，被牛顶死后主人应得到的赔偿（B. K. 4：5）。《塔木德》中保存的一份用于获得奴隶的文书是这样写的："该奴隶合法为奴；他已完全失去自由之权利，国王或女王对其无任何要求②；其人身上无任何人之标识（除了将其售出者之标识）；他身体上无任何病斑，无任何显示有麻风的皮疹，无论是新的还是旧的"（Git. 86a）。第三种方法是这样定义的："怎么可以通过事实上的服侍获得奴隶呢？如果他脱下了（主人的）鞋子，跟在他身后把水送进浴室，为他脱衣、洗浴、涂润肤油脂、梳头、穿衣、穿鞋并且扶他起来。通过这样的手段，主人便确立了占有他的权利"（Kid. 22b），因为这些活通常都是奴隶做的。

---

① 一塞拉相当于三个先令。

② 即他没有义务去为政府服役也不能作为罪犯服刑。

　　在涉及异教奴隶的地位时需要把握的重要一点是：因为奴隶
成了以色列家庭的一部分，他便受到数条《圣经》律法的管辖。　　201
尽管并不被当作这个社会的成员来看待，但是在某些方面他是属
于这个社会之内的。这样，他所应履行的第一项义务就是施行割
礼。《塔木德》讨论了在违背其意愿的情况下这是否可以进行，
而普遍接受的原则是："如果从异族买来的奴隶不愿意施行割礼，
主人给他 12 个月的宽限，如果到时他仍然拒绝，必须把他卖给异
教徒。"（Jeb. 48b）

　　施行割礼后的异教奴隶无论在公民权利上还是在宗教上都不
具有与以色列人相同的地位。他没有资格在法庭作证（R. H. 1：8）。
在损害赔偿方面，如果他受到不是来自主人的伤害，他不会因"尊
严损失"而得到补偿（B. K. 8：3）[①]。他不能拥有属于自己的财产。
"奴隶所得到的，他的主人也得到了"（Pes. 88b），也就是说，
它转到了主人的名下。

　　从宗教的角度看，奴隶没有义务在三个朝圣节日去造访圣殿
（Chag. 1：1）。与妇女和儿童一样，他们被免予背诵每日圣餐仪
式上的某些祷告，也不能佩戴经文护符匣（Ber. 3：3）。用餐完
毕后做更为正式的感恩祷告时，他们被排在法定所需要的最少三
人之外（同上，7：2），但是可以允许奴隶们自己形成一个最少
法定人数（同上，45b）。在提到进行会众仪式所必须的 10 位成
年男性时，《塔木德》指出："九个自由人和一个奴隶可以被召
集在一起从而构成最少法定人数，有一个与此相反的例证：拉比

---

① 参见第 326 页及下页。

以利泽到犹太教圣堂去，却恰巧找不到 10 个人，他于是释放了他的一个奴隶，这样才构成了所需的数目。因为他被释放了，他才被包括在内，倘若他没被释放，则不能被包括在内。[①]有一次，需要两个人才能构成法定所需的人数，因此，他释放了一个奴隶，与另外一个一起构成了法定的人数"（同上，47b）。由此我们可以看到，只有在非常的时刻才允许奴隶参与犹太教圣堂中的最少法定人数，并且都一致认为八个自由人和两个奴隶是不行的。

　　除了极个别的例子之外，奴隶们同样也不能享受完备的葬礼。"拉比伽玛列的奴隶塔比死了，他接受了人们的吊慰。他的门徒对他说，'老师！你曾教导我们说，奴隶死了，不能接受吊慰！'
他回答说，'我的奴隶塔比不同于别的奴隶，他是一个高尚的人。'"
（Ber. 2：7）《塔木德》对这一问题是这样评述的："在埋葬男女奴隶时，我们并不为他们而站成行[②]，也不诵说颂辞和悼辞。[③]有一次拉比以利泽的女奴死了，他的门徒进去安慰他。他于是来到门廊，但他们还跟着他。他走进会客室，他们也跟了进去。他对门徒们说：'我原以为温水就能烫着你们[④]，没想到现在热水都烫不着你们。我难道没有教导你们：男女奴隶死了，我们不要为他们站成行，也不要诵说颂辞和悼辞吗？那么，我们应该说什么呢？正如

---

① 这证明奴隶是不能计入在法定人数之内的，否则拉比就没有必要为达此目的而将其释放了。

② 参加葬礼的朋友站成两行，送葬的人穿过其间，接受吊慰。这是当时也仍然是现在的习俗。

③ 前者是从墓地回来吃完饭后说。后者的固定形式是：愿你与锡安山和耶路撒冷的哀悼者一起得到上帝的安慰。

④ 即我已明确地暗示我不想接受吊慰。

别人的牛或驴死了，我们对他说，"愿无所不在的主补偿你的损失"一样，别人的奴隶死了，我们也对他说，"愿无所不在的主补偿你的损失"。'还有更进一步的教诲：我们不为男女奴隶作葬礼演讲。拉比约西（José）说，如果他是一个品行高尚的人，我们就说：'哎！一个从工作中得到乐趣的善良又忠实的人。'别人问他说，在这种情况下，对于那些不是奴隶而品行高尚的人，你又留下些什么让我们说呢？[①]还有更进一步的教导：对男女奴隶我们不能将其称之为'某某父'或者'某某母'。然而，拉比伽玛列的奴隶曾被这样称呼过。这不实际上违反了刚刚引述过的教义吗！没有，对他们来说是不一样的，因为他们受到高度的尊重。"（同上，16b）

一般来说，适合于妇女的规定[②]也适合于奴隶，即某些在特定时间履行的律令他们是不必执行的。

奴隶的福利并不是任其主人施舍，而是受到认真的保护。《出埃及记》21：20说："人若用棍子打奴仆，立时死在他的手下，他必要受刑"这一句被明确解释为指的是异教奴隶（或见 Mech. 83a）。同样《出埃及记》21：26上关于奴隶如果其牙齿或眼睛被打掉便可获得自由的律令也适用于异教奴隶（或见 Mech. 85a）。

总的说来，以色列人对待奴隶是怀有体贴之心的。据说"拉比约查南吃肉，他总是分一些给他的奴隶，他喝酒时也总是分给他们一些，他依据的经文是，'造我在腹中的，不也是造他吗？'

---

① 对人的赞美还有比这更高的吗？

② 参见第 159 页。

（《约伯记》31：15）"（p. B. K. 6c）。

　　按照通常的情况，奴隶应服侍主人直到死亡，但是，如果有人向其主人支付其身价或者如果主人发给他解放证书，他便可获得自由（Kid. 1：3）。还有另外一些可以使其获得自由的情况。"如果有人把财产遗赠给他的奴隶，后者立即成为自由人"（Peah 3：8），因为这显然是主人有意让他自由，因为奴隶不能拥有财产。"当着主人的面①与一个自由人结婚的奴隶可获得自由"（Git. 39b 及以下）；还有"当着主人的面安放经文护符匣的奴隶获得自由"（同上，40a）。这两种情况都表示了释放奴隶的意思，因为奴隶不能娶自由的犹太人为妻，也无权佩戴经文护符匣，而这些都是以色列人才拥有的责任。有一条规定对奴隶颇为体谅："如果把奴隶卖给异教徒或居住在圣地之外的人，那么他便获得了自由。"（同上，4：6）②

　　尽管如此，奴隶阶级是受到鄙视的，并且被认为具有某些劣行。一般认为奴隶是懒惰的："世上的嗜睡有十等，奴隶占了九等，其余的人占了一等"（Kid. 49b）；"奴隶不配吃饭"（B. K. 97a）。奴隶是不可靠的："奴隶无忠诚可言"（B. M. 86b）。他们的道德低下："女奴增淫荡，男奴生贼心"（Aboth 2：8）；"奴隶宁愿与女奴们过淫荡的生活（也不愿意有正常的婚姻）"（Git. 13a）。

---

　　①　这意味着其主人知道并认可。
　　②　如果奴隶从其异教主人那里逃到一个以色列人那里寻求保护，则不应把他交回去。他的行动被认为是表示他愿意继续遵行他在被卖出之前所遵行的律法。

4. 和睦与正义

社会的稳定与幸福只有在和睦的基础上才能得以保障。《塔木德》中关于这方面的格言数不胜数。例如："世界因三件事得以保存：诚实、公断以及和睦；如经文所说，'在城门口按至理判断'（《撒迦利亚书》8：16）。"（Aboth 1：18）"《圣经》说，'不可为死人用刀刮身'（《申命记》14：1）——这就是说，不可分党结派，你们大家都是一体。"（或见 Sifré 94a）"《圣经》说，'耶和华却要做你永远的光'（《以赛亚书》60：19）——如果你们大家都成为了一体；如经文所说，'（你们）今日全都存活'（《申命记》4：4）。全世界的人都有这样的经验，把一捆芦苇捆在一起，任何人都折不断，如果一根根分开，连孩子都能折断。"（Tanchuma Nitzabim 1）

失去了和睦就不会有繁荣和幸福。"《圣经》说，'叫地生出土产'（《利未记》26：4）——免得你们说：看哪，吃喝都有了（我们还图求别的什么呢？）。但如果没有和睦，则一无所有，所以《圣经》接着说，'我要赐平安在地上'（同上，6）。这是说和睦的价值等于一切。"（或见 Sifra）"和睦是美好的，因为祝福辞是以祈求和睦结尾的。同样，祭司的祝福词也是以'赐你平安'（《民数记》6：26）结尾的，这是教导人们，祝福如果没有平安和睦为伴是徒劳无益的。"（《大民数记》11：7）

上帝希望世界得到平安的福佑这一点是如此阐述的："因为人类要衍生出各种各样的家庭，所以上帝起先创造人时只创造了

204

一个，其目的是让人不要彼此争吵。虽然当时只创造了一个人，现在尚有这么多的不和；假如当时创造了两个人，那现在还不知要有多少的争斗！"（Sanh. 38a）

调停和事的人深受赞扬。人可以今世享其果实、来世留其根本的美德之一就是"在人与人之间建立起一种和睦"（Peah. 1：1）。下面这则传说十分美丽动人："有位拉比站在集市上，这时以利亚出现了。拉比问他，'集市上有没有可以享受来世的人？'以利亚说没有。这时来了两个人。以利亚说，'这两人在来世有份。'拉比问他们，'你们是干什么的？'他们回答说，'我们是逗人高兴的人，当我们看到人们郁郁寡欢时，我们让他们快活起来；当我们看到两人争吵时，我们为其调解，使其和睦。'"（Taan. 22a）

希勒尔最欣赏的格言之一是"要师法亚伦，爱和睦，求和睦"（Aboth 1：12），对此的解释是："人何以要热爱和睦？这是说人必须热爱和睦，使其在以色列驻留于人们之间，就像亚伦热爱和平，使其驻留人们之间一样。如《圣经》所说，'真实的律法在他口中，他以平安和正直与我同行，使多人回头离开罪孽'（《玛拉基书》2：6）。'使多人回头离开罪孽'是什么意思呢？亚伦在街上遇到一个恶人，并向他致意。第二天，那人要作恶时，他会对自己说，'我做了这事之后何以能正视亚伦呢？他曾向我致意，我在他面前应感到羞愧。'因此，他便克制自己，不去作恶。同样，当两个人彼此为敌时，亚伦会去拜访其中的一人并对他说，'孩子，知道你的朋友在干什么吗？'他捶胸膛、撕衣服并且哭喊着，'我很难过！我无颜面对朋友。我在他面前感到羞耻，因为是我对他做得不像话！’亚伦会一直陪他坐着，直到他心中的敌意全消。然后，他找到另一方，说完全相同的话，直到他的敌意也全消。结果，他们两位再见面时，彼此拥抱，亲吻！”（ARN 12）

另一位著名的调停人是拉比迈尔，有这样一则关于他的故事："他曾于每个安息日前夜都在犹太圣堂内宣讲，听众中有一位妇女。一次，他延长了宣讲的时间，当这位妇女听完后到家时，她发现灯已经灭了。她的丈夫要她讲清楚去什么地方了，她告诉他说她去听演讲了。她丈夫起誓决不让她进屋直到她把唾沫吐在拉比的脸上。在圣灵的帮助下，拉比迈尔知道了这一切，于是他假装眼睛疼痛，并且说，'不管哪位女人能用符咒①治眼疼，让她来给我治一治。'那位妇女的邻居对她说，'这是你能重新回到家中的机会。你要假装能治好他的病，去把唾沫吐到他的眼上。'她于是去了，拉比问她，'你会用咒治眼睛吗？'出于对他的尊重，她说不会；但是他却让她对着他的眼睛（不用咒）唾七次，这样他就会好转。她做完之后，拉比对她说，'回家告诉你的丈夫，他让你吐一次，而你却吐了七次。'他的门徒们喊道，'难道《托拉》能被如此地轻贱吗！假如她告诉我们所发生的一切，我们就会把她丈夫带来用皮带抽他，直到他与妻子和解。'拉比回答说，'难道我迈尔的 ²⁰⁶ 名誉不应该像我的创造者的名誉一样吗？如果为了夫妻和睦的目的《圣经》都允许把用圣洁写成的神的名字在水中抹掉（见《民数记》5：23），那么，我迈尔不更应该如此吗？’”（p. Sot. 16d）

争吵会造成不良后果这一点被描述得很有分量。"争端犹如

---

①　念咒通常包括使用唾液，参见第253页。

漏洞，漏洞愈大，水流愈涌。争端犹如桥板，存在得越长久，便越牢固。"（Sanh. 7a）一则谚语说："发怒毁掉房产。"（同上，102b）"有三种人其生活几乎不算生活：有（过分敏感）同情心的人、易怒的人和忧郁的人。"（Pes. 113b）

力避争吵受到高度的赞扬。另一则谚语说："听见（污辱）并对其置之不理的人才是幸福的，万恶绕其身而过。"（Sanh. 7a）"两人争吵时，先行沉默的人值得赞扬。"（Kid. 71b）"脾气有四种：一种人易怒也易息怒，这种人的失在其得中不见了；一种人发怒难平息也难，这种人的得在其失中不见了；发怒难平息易的是圣人；发怒易平息难的是恶人。"（Aboth 5：14）

《塔木德》并不满足于仅仅赞美和睦，并且还指出了什么是保持和睦的要旨以及什么使和睦易遭破坏。其原因是这样被归纳的："世上的利剑是为延误正义，颠倒是非而设的，是针对那些曲解《托拉》之徒的。"（Aboth 5：11）真实和正义是和睦的先决条件也是其最有效的保障。前面所引述的格言，"世界因三件事得以保存：诚实，判断以及和睦"（同上，1：18）在《塔木德》中被引用时，有这样的评论："这三者其实为一体；如果进行判断，便可维护了诚实，由此也就产生了和睦。"（p. Taan. 68a）建立在这一观点基础上的另一条教义是："不要轻贱正义，因为它是支撑世界的三足之一，须小心不要颠倒了正义，因为这样便动摇了世界的根基。"（《大申命记》5：1）

在正义远远胜过圣殿里的献祭这样的教诲中，正义无上的重要性得到了反复的强调。"祭品只是在圣所内奉献的，而公理和正义却既适用于圣所内，也适用于圣所外。祭品只能为过失犯罪

的人赎罪，而公理和正义却还能为故意犯罪的人赎罪。祭品只能
由人类奉献，而人类和上天的生灵却必须都要履行公理和正义。 207
祭品只须在今世奉献，而公理和正义在今世和来世都必须要奉献。
神圣的上帝声言，比起圣殿来我更喜欢你们所遵行的公理和正义。"
（《大申命记》5：3）世界立于什么之上？这一问题的回答之一是：
"立于称为义的柱子之上①，如《圣经》所说，'义人是世界的根基'
（《箴言》10：25）。"（Chag. 12b）

　　拉比们对待正义在国家治理中的态度在下面这则传说中出色
地反映了出来："马其顿的亚历山大去拜访卡兹亚（Katzya）②国
王。这位国王向他展示了丰富的金银。亚历山大对他说，'我不
需要你的金银。我来此的唯一目的是要看一看你们的习俗，看你
们是如何行事和如何实施正义的。'在他们的谈话过程中，来了
一个人把他与其同伴的一桩讼案呈到了国王面前。其原由是：这
个人买了其同伴的一块地皮连同地里的一堆废物，结果在废物中
发现了一包钱币。买方争辩说，'我买下了废物，但并未买下其
中埋藏的财宝。'而卖方则坚持说，'我卖掉了废物，也就卖掉
了其中包含的一切。'在他们争论时，国王问其中的一个，'你
有儿子吗？'他回答说'有'，他又问另一个，'你有女儿吗？'
那人也说有。于是国王的裁决是：'让他们结婚，把财宝给予他们。'
亚历山大笑了起来，卡兹亚问他，'你笑什么？我裁断的不好吗？
假设你遇到这样的案子，你会如何处理呢？'他回答说，'我会

---

① 指上帝的正义。
② 他曾在神秘的"暗山"（dark mountain）后面统治过一个国家。

处死他俩并没收财宝。'卡兹亚于是问他，'你就那么爱金子吗？'
而后设宴款待了他。宴席上摆的全是金做的肉片和金做的家禽。
亚历山大高声说，'我不吃金子。'而国王则反驳说，'诅咒你！
既然不吃金子，你为何如此喜欢金子？'然后，他又继续问，'贵
国的太阳也明亮吗？''当然。'贵国也下雨吗？''当然。''贵
国也有小牛吗？''当然。'国王于是说，'诅咒你！你只是因
这些动物的价值才活着。'"（p. B. M. 8c）

所以，正义的执行者负有重要的责任，因为整个社会的命运
就系在他们身上。"法官应时刻想着利剑对着心窝，地狱就在脚下。"
（Sanh. 7a）"何以知道三人坐下行审判时，神与他们同在？经文
上说，'神在诸法官中行审判'（《诗篇》82：1——新译）。"
（Ber. 6a）"以公正执法的法官使神光临以色列，如经文所说，
'神在诸法官中行审判'。不以公正执法的法官使神离弃以色列，
如《圣经》所说，'耶和华说：因为困苦人的冤屈和贫穷人的叹息，
我现在要（升）起来'（同上，12：5）。"（Sanh. 7a）

下面这段文字有力地阐明了非正义会如何毁掉社会的幸福：
"如果你看到某一代人遭难很多，去仔细查看一下以色列的法官，
因为降临世界的一切灾难都是由于以色列的法官而造成的。如《圣
经》所说，'雅各家的首领，以色列家的官长啊，当听我的话！
你们厌恶公平，在一切事上屈枉正直'，等等（《弥迦书》3：9
及以下诸节）。他们是邪恶之徒，却说信赖上帝。所以上帝才依
据他们所犯的三种罪恶，对他们施予三种惩罚，如《圣经》所说，'所
以因你们的缘故，锡安必被耕种成一块田，耶路撒冷必变成乱堆，
这殿的山必像丛林的高处'（同上，12）。进而，神圣的上帝不

使其神灵降临以色列，直到这些邪恶的法官和官吏被从以色列清除掉，如《圣经》所说，'我必反手加在你身上，炼尽你的渣子，除净你的杂质。我也必复还你的审判官，像起初一样；复还你的谋士，如起先一般。然后，你必称为公义之城，忠信之邑'（《以赛亚书》1：25 及下节）。"（Shab. 139a）

法官理应具备的资格有很高的规定。"被任命为城中法官的人应该聪慧，谦恭，惧怕犯罪，有好的名声，受同胞欢迎"（Tosifta Sanh. 7：1），并且指出，"凡任命不称职的人为法官者等于在以色列竖起了一个偶像"（Sanh. 7b）①。

法官必须严守公正这一点在下面的解释中被阐述得感人至深："《圣经》说，'不可偏护穷人'（《利未记》19：15）——你不应说他是穷人，况且因为我和这位富人②有义务帮助他，所以我将作出对他有利的判决，他也可以因此而保全名誉。"（或见 Sifra）

不得收受贿赂的告诫得到了最为严格的解释。《圣经》说，'不可受贿赂'（《出埃及记》23：8）。经文要教导什么呢？是要说法官不能判有罪的无罪，判无罪的有罪吗？看，上面已经指出，'不可屈枉正直！'（同上，6）即使是为了释放无辜和惩罚犯罪也不应受贿。"（Keth. 105a）"法官不得接受金钱的贿赂这自不必说，就是语言的贿赂③也应禁止。例如，在某位拉比过桥时，一个人伸手扶了他一把。他问，'你为什么要这样做呢？'那人回答说，'我

209

---

① 关于这一点，请进一步参见第 305 及下页。

② 诉讼的另一方。

③ 指的是非物质的东西。

的一桩诉讼尚未结案。'拉比于是说，'那么，我没有资格对此作出裁决。'"（同上，105b）

在要求对公正必须严格执行的情况下，拉比以实玛利先师提出的如下建议多少有点奇怪："当诉讼的双方分别是以色列人和异族人时，如果有可能按照犹太律法对前者作出裁决，那就这样做，并且告诉他这就是我们的律法；如果可以依据异族人的律法对其作出裁决，那就这样做，并且告诉非犹太人这就是他的律法。如果双方的律法均不能适用，那就找点托词。这是拉比以实玛利的观点。然而，拉比阿基巴认为托词是不能接受的，因为，圣名是神圣不可侵犯的。"[1]（B. K. 113a）拉比以实玛利的观点受到了拉比西蒙·本·伽玛列的驳斥，他说："如果异族人来接受犹太律法的审判，那就依此进行裁决；倘若他愿意接受其本族律法的审判，那就如此裁决。"（Sifré Deut. §16；68b）我们必须看到拉比以实玛利的观点是要试图去补偿犹太人在非犹太人的法庭中所遭受的剥夺资格和不公正的待遇，但它却被权威的拉比们拒绝了。

---

① 参见第 23 页。

210

第七章　道德生活

1. 仿效上帝

《托拉》是全部《塔木德》教义的基础，从《托拉》的理论中注定会得出合乎道德的生活必须也只能从神的启示中寻找这样的结论。《托拉》所要求的和所禁止的就是最可靠的向导，道德就存在于对其律令的遵行之中。

拉比们把这一思想表述得非常清楚。对于经文"我今日吩咐你的话都要记在心上"（《申命记》6：6），拉比们是这样评论的："把这些话记在心里，从而你才能承认神圣的上帝并且坚持行他的道。"（Sifré Deut. §33；74a）对经文"使你们记念遵行我一切的命令，成为圣洁，归于你们的神"（《民数记》15：40），有这样一条意味深远的解释："这可比作一个人掉进了海里。船长抛给他一条绳子说，'抓住它，别放开！如果松开手，你就会淹死！'神圣的上帝也同样对以色列说，'只要你们依从律令，"唯有你们专靠耶和华你们神的人，今日全都存活"（《申命记》4：4）；《圣经》还说，"要持定训诲，不可放松，必当谨守，因为他是你的生命"（《箴言》4：13）。要"成为圣洁"——只要遵行了律令，便会让你们成为圣洁。'"（《大民数记》17：6）

除了制定《托拉》的律法之外，上帝还通过身体力行，为以色列人树立了遵守律法的楷模。"通常，人间的国王制定了法令，如果他本人愿意遵守，他就遵守；如果他不愿意，就由别人来遵守。但是，神圣的上帝不一样。他制定了律令后，他率先遵守，如《圣经》所说，'在白发的人面前，你要站起来，也要尊敬老人，又要敬畏你的神。我是耶和华'（《利未记》19：32）——率先遵行了要在白发的人面前站起来这一律令的是我耶和华。"①（《大利未记》35：3）

因此，上帝不仅通过律令为人类提供了正确生活的指南，他还依靠身体力行为人类树立了可资效仿的榜样。在拉比文献中，效仿上帝是被作为人类应该尽力追求的理想而提出来的。人类的生活应该按照上帝的样子去塑造。人类的行为中应该不可或缺的品质在上帝身上都是显而易见的。

这一学说在多处有所训示："经文'你要跟随耶和华你们的神'（《申命记》13：4——新译）是何意呢？经文上曾说，'因为耶和华你的神是烈火'（同上，4：24），那么，对这样的神难道人也能跟随其后吗？这意思不过是说，应仿效上帝的品行，正如上帝为裸者穿衣（《创世记》3：21），你们也应为裸者穿衣；正如上帝探视病人（同上，18：1），你们也应探视病人；正如上帝安慰悲悼的人（同上，25：11），你们也应安慰悲悼的人；正如上

---

①　拉比的理论认为，"但亚伯拉罕仍旧站在耶和华面前"（《创世记》18：22）这句话是出于恭敬而将原文"但耶和华仍旧站在亚伯拉罕面前"改成这样的，因为这一开头是"耶和华向亚伯拉罕显现出来"（《大创世记》49：7），这里便是基于这一理论。

帝埋葬死者（《申命记》34：6），你们也应埋葬死者。"（Sot. 14a）

"'行他的道'（《申命记》11：22）——这是指上帝的品德。如《圣经》所说，'耶和华，耶和华，是有怜悯、有恩典的神，不轻易发怒，并有丰盛的慈爱和诚实'（《出埃及记》34：6）；《圣经》还说，'凡称（原文如此）耶和华名的就必得救'（《约珥书》2：32）。但人怎么可以称神圣的上帝之名呢？正如上帝被称为怜悯、有恩典，你们也应怜悯、有恩典，向众人施舍而无所求；正如上帝被称为行公义（《诗篇》145：17），你们也应行公义；正如上帝被称为有慈爱（同上），你们也应有慈爱。"（Sifré Deut. §49；85a）

"《圣经》说，'这是我的神，我要装点（原文如此）他'（《出埃及记》15：2）。那么，上帝能装点吗？是的，通过仿效来装点；正如上帝有怜悯和恩典，你们也要有怜悯和恩典。"（或见 Mech. 37a）"君王有一群侍从，他们的责任是什么？就是模仿君王。"（Sifra to Lev. 19：2）"要像我一样，正如我以德报怨，你们也要以德报怨。"（《大出埃及记》26：2）"人每时每刻都应学习其创造者的心灵。神圣的上帝无视高耸的崇山峻岭，而让其神灵降落在（低矮的）西奈山上，无视参天大树，而让其神灵降落在矮树丛中。"（Sot. 5a）同样，人也不应傲慢，而应与卑贱者交往。

在《圣经》中，属于上帝的某些品性人是不应该仿效的，如忌妒和发怒。对于这一点，拉比们并没有视而不见。他们也阐述了在这些问题上仿效原则不能适用的理由。"经文说，'我耶和

华你的神，是忌邪的神'（《出埃及记》20：5）——我驾驭忌妒，
忌妒不能驾驭我。"（或见 Mech. 68a）对尘世的国王来说，"他
受怒火控制，但对于神圣的上帝来说，怒火受他控制，如经文所说，
'耶和华施报大有忿怒'[①]（《那鸿书》1：2）"（《大创世记》
49：8）。

由此看来，仿效上帝的学说不仅是《塔木德》道德切实的基础，
而且还是它得以产生的动因和启示。它让人感到，当他的生活合
乎道德时，他便获得了其创造者的赞许，而尤为重要的是，他便
与上帝建立起了亲缘关系。因而，这为人们品行正直提供了足够
的动力。

2. 博爱

关于律令"要爱（邻）人如己"（《利未记》19：18），拉比
阿基巴说，它是"《托拉》的基本原则"。他的同事本·阿赛（Ben
Azzai），作为一条更为重要的原则，引述了"亚当的后代记在下面，
当神造人的日子，是照着自己的样式造的"（《创世记》5：1）（或
见 Sifra）。在这里，博爱不仅作为《塔木德》中所倡导的理想而受
到鼓吹，而且作为人际关系中唯一真正的标准而得到弘扬。上面的第
一位拉比提到了明确的戒律，而第二位拉比却把这一理想建立在这样
的教义之上，即所有的人都来自于同一个祖先，因而共同起源这一骨
肉之情把他们连在了一起，同时他们还共享了照着上帝的形象被创造

---

① 希伯来文字的字意是"忿怒的主人"。

出来这一巨大的荣幸。"在宣布'你要爱（邻）人如己'这一律令时，有一条严厉的警告：我（上帝）创造了他，如果你爱他，我必定要好好地奖赏你；但如果你不爱他，我是施罚的法官。"（ARN 16）

　　这同一观点有如下的另一种表述："《托拉》带给以色列人什么样的信息？挑起天国的重担，竞相敬畏上帝，彼此施行仁爱。"（Sifré Deut. §323；138b）

　　《利未记》中"邻人"一词只是适用于以色列人，还是具有普遍的指称范围，并不是我们要在这里关注的问题①。然而，我们必须注意到人们常常声称《塔木德》中所阐释的爱只限于以色列社会的成员。②确实，在涉及《圣经》中的立法而对"邻人"一词予以评论时，《塔木德》不止一次地说明这指的是以色列人，而不包括异族人；但它这样做是因为这是《圣经》经文的本义，从这一事实中并不能得出合乎逻辑或名正言顺的结论，从而认为拉比们所倡导实行的道德原则中只涉及到犹太教教友。

　　我们也不妨坦率地承认，在数以百计的拉比们所提出的数以千计的"附带意义"（*obiter dicta*）之中，有一部分并未对异教或异族人显示出兄弟之爱。痛苦的经历有时会造成激烈言词。对于这一点，前面已经有所涉及③，然而，只要对文献进行不带偏见的检阅，我们得出的结论就是：拉比们的道德观总的来说是普遍性的，

213

---

　　①　关于这一问题，参见 R. T. 赫福德所著《〈塔木德〉与〈次经〉》（*Talmud and Apocrypha*），第 144 及以下诸页。

　　②　对这一问题充分和坦率的讨论，读者可参阅蒙特费奥（C. G. Montefiore）所著《拉比文献与福音教义》（*Rabbinic Literature and Gospel Teaching*），第 59 及下页。

　　③　参见第 66 页。

而不是民族主义的。在许多关于伦理道德的格言中所使用的词是 *beriyyoth*，它的意思是"生灵""人类"，其含义不可能会受到限定。"要爱你们的同胞生灵"（Aboth 1：12）是希勒尔对人的规劝。有一些则明确地提到了非犹太人，如："不能盗取同胞的心（欺骗同胞），即使是异教徒也不行"（Chul. 94a）；"偷异教徒比偷以色列人还要严重，因为这还牵扯到亵渎神名"（Tosifta B. K. 10：15）。

在对经文"若遇见你仇敌的牛或驴失迷了路，总要牵回来交给他"（《出埃及记》23：4）的评述中，我们看到了同样宽泛的原则。对这一句的评论是："'你仇敌的牛'指的是崇拜偶像的异教徒。从这里我们知道，到处都有偶像崇拜者做以色列人的敌人。"（或见 Mech. 99a）这就是说，尽管以色列人中肯定存有对偶像崇拜者的敌对感情，但它不能压倒对人性的主张。在许多这类问题上，《塔木德》允许犹太人"因为和睦的缘故"而越过律法严格的条文，其目的是不要干扰了和谐的关系。其中的一例涉及到对穷人的裁定："我们不能阻止异族的穷人从关于拾取遗落的庄稼和割尽田角（《利未记》19：9 及下节）的律令中获益"（Git. 5：8），并且这被发挥成为："我们的拉比们教导说，我们必须像赞助以色列人一样，赞助异族人，像探视以色列病人一样，探视异族病人，像体面地埋葬以色列去世的人一样，体面地埋葬异族人，因为这是和睦之道。"（同上，61a）

希勒尔是如何答复那位愿意以单脚站立时教他《托拉》为条件而皈依犹太教的异教徒之请求的故事前面已经讲述过。[1] 拉比对

---

① 参见第 65 页。

他的回答是，"己所不欲，勿施于人"（Shab. 31a），这是《塔木德》中提出的"金律"。某一学派的神学家们强调了希勒尔的这一格言是否定式表述[1]，而《福音书》中却是采取了从正面表述这一事实。他们从这一变化中发现了深刻的道德差异；但是，那些在神学上不是别有用心的人大概会同意基特尔（Kittel）教授作出的结论："事实上，人们认为在正面措辞和反面措辞之间的微妙差异中所存在的一切几乎都是对这一问题进行的现代反思所造成的。这两种形式对于耶稣时代的意识来说几乎是无法区分的，其证据就是古老的基督教文献对这两种形式的记载是混杂的。它们之间有差异的观点在古代的人们中间并不十分明显。"[2]

即使否定的形式也可以产出美好的道德果实，这一点有希勒尔那个故事的另一种不同表述为证。"据说一个赶驴的来到拉比阿基巴面前对他说，'拉比，把全部的《托拉》一次就教会我。'他回答说，'孩子，我们的导师摩西在西奈山上住了四十天四十夜，才学会了它，而你让我只用一次就全部教会你！不过，孩子，《托拉》的基本原则是：己所不欲，勿施于人。如果你希望别人在涉及到你的财产方面不应伤害你，那你决不能在这方面伤害别人；如果你不愿意别人剥夺属于你的东西，你也决不能剥夺属于别人的东西。'那人又回到其同伴中，他们一起来到了一块结满豆荚的田边。他的同伴每人摘下了两个，但他却一个也没摘。他们继续走，

---

① 希勒尔可能是在援引别人的话，因为 Tobit 4: 15 上有："自己所恨的，不要施于他人。"一篇关于"否定性"为人准则的很有教益的文章刊登在《宗教杂志》（*Journal of Religion*）第 8 期第 268—279 页，作者金（G. B. King）从基督教前的几种史料中发现了它。

② 这是蒙特费奥引用的，参见《拉比文献与福音教义》，第 151 页。

215　来到一块种满白菜的田边。别人每人拿了两棵，而他却一棵未拿。他们问他为什么不拿点儿，他回答说，'拉比阿基巴是这样教导我的：己所不欲，勿施于人。'"①

　　这一准则在《塔木德》中有多种说法。"人应该永远被追求，而不应做追求者。"（B. K. 93a）"对那些被压迫而不去压迫的人，听到侮辱而不反驳的人，在困境中有爱心并且快乐的人，《圣经》是这样说的，'愿爱你的人如日头出现，光辉烈烈！'（《士师记》5：31）"（Shab. 88b）有一则谚语说，"宁被诅咒，也不要去诅咒。"（Sanh. 49a）

　　两则格言的解释使这一点愈显清晰："对待同胞的名誉要跟对待自己的一样。"（Aboth 2：15）"这是什么意思呢？它教导人们，正如人都要考虑自己的名誉一样，他也必须要考虑其同胞的名誉；正如他不愿意自己的好名誉上有污点一样，他也决不能企图去败坏其同胞的名声。"（ARN 15）格言"对待同胞的财产要跟对待自己的一样"（Aboth 2：17）也得到了同样的解释："这是什么意思呢？它教导人们，正如人要考虑自己的财产一样，他也必须考虑其同胞的财产；正如他不希望对于（他如何谋取）财产有流言蜚语一样，他也决不能希望其同胞有丢脸的事情发生。"（ARN 17）

　　除了要爱别人的律令之外，还有不能恨别人的律令。"经文说，'不可心里恨你的兄弟'（《利未记》19：17）——人可能会认为（《托拉》所要求的一切就是）你不可诅咒他，揍他或打他的脸，因此，

① 这一故事出现在 ARN 第二版（编订者谢希特）中，参见第 26 章，第 53 页。

经文中又加上了'心里'二字，其目的就是要禁止心中仇恨。"（或见 Sifra）"恨同胞"是"将人从世上清除"（Aboth 2：16）的三种罪恶之一。

在与《塔木德》中的一位重要女性相关的故事中，这一教义得到了具体的说明："拉比迈尔家的附近住着一些不法之徒，这些人让他很伤脑筋。有一次，拉比迈尔祷告让他们死亡。他的妻子贝露利亚（Beruriah）问他，'你脑子里在想什么？是不是因为《圣经》上写着"愿罪人从世上消灭"（《诗篇》104：35）？然而，这句经文还可理解为"愿罪恶① 从世上消灭"。你再看经文后面还有，"愿恶人归于无有"——这就是说，当"罪恶消灭"后，"恶人归于无有"。你最好祈祷让他们悔过，从而不再有罪恶！'于是拉比迈尔替他们祷告，他们便忏悔了。"（Ber. 10a）

对拉比们涉及博爱这一问题的教义归纳得最为精辟的莫过于下面这则简洁的格言："什么人有力量？能化敌为友的人"（ARN 23）。

216

3. 谦卑

虽然有一位拉比将"圣洁"称为至高的美德，他的一位同事则坚持认为："谦卑是最高尚的道德；如《圣经》所说，'主耶

---

① 在原文中，这几个辅音加上元音符号后可以读成"罪恶"一词，而不是"罪人"。在塔木德时期的希伯来文本中，此处没有元音，因此贝露利亚的解读表明了她的宽宏大量。

和华的灵在我身上，因为耶和华用膏膏我，叫我传好信息给谦卑的人'（《以赛亚书》61：1）。经文上写的不是'给圣洁的人'，而是'给谦卑的人'；因此要知道谦卑才是至高的美德。"（A. Z. 20b）具有这一品质的人受到高度的赞扬。"谁是来世的儿子？品性谦恭卑微，出入房间屈身弯腰，学习《托拉》持之以恒而又不居功自傲的人。"（Sanh. 88b）"降低自己的人，上帝抬高他；抬高自己的人，上帝降低他"（Erub. 13b）；"追逐伟大的人，伟大逃离他；逃离伟大的人，伟大追逐他"（同上）。

上帝如此钟爱谦卑，以至于它能将舍金纳引来，而高傲则恰恰相反。"神圣的上帝只让其神灵降落在勇敢、富有[①]、聪慧和谦卑的人身上。"（Ned. 38a）"经文说'摩西就挨近神所在的幽暗之中'（《出埃及记》20：21）。是他的谦卑诱导他这样做的；正如《圣经》所说，'摩西为人极其谦和'（《民数记》12：3）。经文告诉我们，凡谦卑的人终将会使神灵与地上的人同在；凡傲慢的人会玷污大地，使神灵离去。这种人还被称为可憎之人；如经文所说，'凡心里骄傲的，为耶和华所憎恶'（《箴言》16：5）"（或见 Mech. 72a）。"直立着身子（即傲慢地）走路的人，哪怕只走四肘尺远，其行为与推开神的脚是一样的，因为经文上写着，'他

---

① 迈蒙尼德按照拉比们赋予这些字眼的特殊含义来理解它们。他们用"富有"来指知足这一道德圆满（moral perfection of contentment），因为他们称知足的人为富有，并对"富有"一词作了这样的定义："谁富有？对自己的一切满足的人。"（Aboth 4：1）同样，"勇敢"也代表一种道德上的完美，也就是说勇敢的人用智慧和理性来引导自己的本能。拉比们说，"谁勇敢？征服自己激情的人。"（同上）参见《迈蒙尼德伦理八章》（*The Eight Chapters of Maimonide on Ethics*）格芬克尔版，第80页。

的荣光充满全地'（《以赛亚书》6：3）。"（Ber. 43b）

傲慢的人受到最为严厉的谴责。"胸中傲气十足的人恰如崇拜偶像、拒绝宗教的基本准则以及道德沦丧的人一般，对这种人应该像对待偶像一样将其砍倒。他的尘埃不会被移动①，并且神灵为他而伤心。人的品性与神圣上帝的品性不同。对人来说，高升的人看得见高升的人，但高升的人却看不见卑微的人。上帝则不同，他高高在上，却看得见卑微的人。对于有傲气的人，上帝说，我和他不能同住这个世界。"（Sot. 4b 及以下）

《先贤篇》中一些关于这一主题的格言是这样说的："出了名也就毁了名。"（1：13）"在三件事上自我反省，你就不会被罪孽所驾驭，要知道你从何处来，到何处去，将要站在何人面前去算总账。从何处来——来自一滴脓水；到何处去——去一处满是尘埃和蛆虫的地方；将来要站在何人面前算总账——站在万王之王，至高神圣的上帝面前。"（2：1）"要做到非常卑微低下，因为人的希望只不过是一只虫子而已。"（4：4）"在众人面前要谦卑。"（4：12）"我们的先辈，亚伯拉罕的门徒应该具备的品性是一只好的眼睛（即不忌妒）、一颗谦恭的心灵和一种卑微的气质。"（5：22）

有一种傲慢被单独挑出来予以特别的警示，即卖弄学问。因为学问被赋予了极高的价值，并且有学问的人得到了最崇高的荣誉，所以他们特别易于沾染上自高自大的恶习。出于这一原因，谦恭必须与学问同步的观点不止一次被提及。谦卑是研习《托拉》

---

① 即不能分享复活。

的学者所必备的 48 种资格 ① 之一。"经文'从旷野往玛他拿去'②
（《民数记》21：18）是什么意思呢？如果一个人让自己如旷野
一般，人人可以践踏其间，那么他的学问将长存于他，否则，就
不行。"（Erub. 54a）"经文说，'不是在天上……也不是在海外'
（《申命记》30：12 及下节），这意思是说在傲慢的人和经常奔
波于生意的商人身上你不会找到《托拉》。"（Erub. 55a）"用《托
拉》上的言词抬高自己的人可以比作什么呢？可以比作扔在路上
的死尸，行人见了掩起鼻子，避而远之。然而，如果一个人用《托
拉》上的话自我贬损，食枣和蝗虫度日，穿褴褛衣服遮体，并且
在饱学之士的门口守望，人们或许会认为他是傻瓜，但最终你会
发现他掌握了全部《托拉》。"（ARN 11）

　　《塔木德》的证据表明，从其整体来看拉比们的谦恭品质是
显著的。其最出色的例子就是希勒尔这位他们之中最有名气，也
同样最谦卑的人。他的名言是："我的谦卑就是我的高贵，我的
高贵就是我的谦卑。"（《大利未记》1：5）他死后，为他读的
悼辞是："哀哉，谦卑虔诚的人，以斯拉的门徒。"（Sot. 48b）

　　下面的这则逸事表明了他这方面的品质。"我们的拉比们教导
说：人应该永远像希勒尔一样谦卑，而不应像沙迈一样暴躁。碰巧
有两个人打赌：凡是能让希勒尔发脾气的人将得到 400 个苏兹。那
一天恰好是安息日前夜，希勒尔正在洗头。其中的一个人来到希勒

---

① 可参见第 130 及下页。
② 玛他拿是一个地方的名字，但作为一个希伯来单词，它的意思是"礼品"，在
这里它被理解为指的是《托拉》这份赠礼。

尔门前大喊，'希勒尔在家吗？'①希勒尔在家吗？'希勒尔包了包身体，出来问他，'你要干什么，孩子？''我有个问题要问你。''问吧，孩子。''为什么巴比伦人是圆脑袋呢？''你问了一个很重要的问题。那是因为他们没有熟练的接生婆。'那人离开后等了不一会儿，又回来高喊，'希勒尔在家吗？希勒尔在家吗？'希勒尔包了包身体，出来问他，'你要干什么，孩子？''我有个问题要问你。''问吧，孩子。''为什么帕尔弥拉人烂眼睛？''你问的问题很重要。那是因为他们生活在沙漠地区。'那人走后，等了不一会儿，又回来高喊，'希勒尔在家吗？希勒尔在家吗？'拉比包了包身体，出来问他，'你要干什么，孩子？''我有个问题要问你。''问吧，孩子。''为什么非洲人脚板宽？''你问了一个很重要的问题。那是因为他们住在沼泽地带。'那人于是说，'我有许多问题要问你，但是我怕惹你发怒。'希勒尔裹了裹身上的衣服，坐下来对他说，'你想问什么，就问什么。''你就是人们称为以色列王子的希勒尔吗？''对，我是。''既如此，但愿以色列像你这样的人别太多！''这是为什么，孩子？''因为，你让我损失了400个苏兹。'拉比于是对他说，'你要当心，希勒尔宁愿因他的缘故让你再损失400个苏兹，也不会让你使他发怒。'"（Shab. 30b 及以下）

4. 慈善

道德生活之所以是卓越的，一个显著的特点就是热切渴望去

219

---

① 这是故意用粗鲁的方式来找拉比，其目的是激怒他。

为孤立无援的人提供尽可能的帮助。《塔木德》中所表述的慈善归于两个不同的范畴。第一种是救济，这被称为 *Tzedakah*。

用这个词来指称给予穷人金钱上的帮助非常有趣，并且也诠释了拉比们对于这种形式的慈善所持的态度，它的确切含义是"公义"（righteousness），有些学者在《圣经》中已发现了它的这一新的含义。在《但以理书》的阿拉姆语部分（4：27）中有这样的陈述："以施行公义（*Tzidkah*）断绝罪过，以怜悯穷人除掉罪孽。"它在这里究竟是指"公义"还是据后半句来看是指"救济"，这无法判定。然而在公元前 2 世纪写成的《便西拉智训》中，我们却发现其含义已明确地发生了变化。在 3：14 中"因你父亲的救济（relieving）不会被忘记"的希伯来原文用的是 *Tzedakah* 一词；7：10 "不要疏忽了施救济"的希伯来文意为"在 *Tzedakah* 时，不要迟慢" [1]。

这个词意义的改变不可能是偶然的，它是帮助穷人对于捐赠者来说不是恩典而是义务这一理论所产生的结果。通过提供救济，他无非是在施行公义，即从事一种正义的行为。人的一切所得只不过是从宇宙的创造者那里借来的，大地及其大地上的一切都属于他。人施行慈善无非是使上帝赐予人的物产得到了更为平均的分配而已。对拉比们慈善观点最恰当的定义莫过于下面的说法："把属于上帝的还给他，因为你以及你的所有都是他的。这一点大卫

---

[1]　或许也可以注意一下《马太福音》6：1 及下节中一种类似的用法："你们要小心，不可将善事（righteousness）行在人的面前。……你施舍的时候，不可在你前面吹号。"

已经有过表达：'因为万物都从你而来，我们把从你而得的献给你。'
（《历代志上》29：14）"（Aboth 3：8）这也解释了《塔木德》
律法："靠慈善供养的乞丐其本人也必行慈善"（Git. 7b），这种
义务谁都不能免除。

　　因而，慈善的行为不仅帮助了穷人，也赋予了捐献者精神上
的益处。"乞讨者所给予户主的比户主给予乞讨者的还要多。"（《大
利未记》34：8）拉比阿基巴与巴勒斯坦的罗马总督提内乌斯·鲁
弗斯（Tineius Rufus）之间在这个问题上的一次颇有意味的谈话记
录被保存了下来。"提内乌斯·鲁弗斯问：'如果你的上帝爱穷
人，他为什么不向他们提供衣食呢？'阿基巴回答说，'这是为
了使我们能因他们之故而摆脱地狱的惩罚。'①罗马人说，'恰恰
相反，这会使你们易遭地狱的惩罚。我给你讲个寓言：这件事可
以比作什么呢？可以比作一个国王对其奴隶大发雷霆，把他关起
来并且命令不得给他吃喝，而这时却有人去给他送吃喝。国王听
说了，他能不发火吗？你们被称为是上帝的仆人，如《圣经》所说，
"因为以色列人都是我的仆人"（《利未记》25：55）。'阿基
巴回答说，'我也给你讲个寓言：这件事可以比作什么呢？可以
比作一个国王对其儿子发火，将其关起来并且命令不得给他吃喝，
而这时有人却去给他送吃喝。国王听到这事后，他能不奖赏他吗？
我们被称为孩子，如《圣经》所说，"你们是耶和华你们神的儿女"
（《申命记》14：1）。注意，是上帝宣称"不是要把你的饼分给
饥饿的人，将飘流的穷人接到你家中吗？"（《以赛亚书》58：7）'"

_____

①　意思是慈善是赎罪的手段。

（B. B. 10a）

阿基巴关于慈善是赎罪手段的观点在《塔木德》的其他地方也有所见："在餐桌前多呆些时间的人寿命也长，因为也许会来个穷人，这样他可以给他点饭吃。圣殿尚存时，圣坛为以色列赎罪，然而现在餐桌为他赎罪"（Ber. 55a），其方法就是款待穷人。

下面这则故事教导人们救济可以产生多么大的功德。"据说拉比塔丰非常富有，但却不救济穷人。有一次，拉比阿基巴遇见他，就问，'你愿意让我为你买一两座城镇吗？'他同意了，并给了他 4000 金第纳尔。阿基巴拿走了钱，把它分给了穷人。过了不久，塔丰遇见他后问，'你给我买的城镇呢？'阿基巴拉着他的手来到了学堂；然后他取下一卷《诗篇》，放在他俩面前，两人便开始读，一直读到经文'他施舍钱财，周济贫穷。他的仁义存到永远'（《诗篇》112：9）。阿基巴于是高喊，'这就是我为你买的城。'塔丰站起来，吻了吻他，说，'我的老师，我的向导，你是我智慧的老师，我善行的向导！'他于是又给了他一笔钱去分给穷人。"（Kallah）

因为去帮助上帝的那些遭受困苦的子民肯定得到了上帝的赞许，所以很自然，上帝会通过奖赏捐赠者以表示其愉悦之情。这一观点在《次经》中已经发现了。在这里，经文"唯有公义能救人脱离死亡"（《箴言》10：2）以一种新的形式出现，"救济使人脱离死亡，并且必将清除一切罪恶。施救济，行公义的人必将充满生机"（Tobit 12：9）。《塔木德》中记述了许多通过实例来说明慈善能救人于危亡的故事。兹举几例如下：

"拉比阿基巴有一个女儿，占星算卜的人预测她将在入洞房

的那天遭蛇咬而身亡。他为此而十分担忧。结婚的那天，她摘下
胸针把它钉在墙上，而正巧就刺穿了一条蛇的眼睛。第二天，当
她取下胸针时，那条（死）蛇还钉在上面。（听说这事后）拉比
阿基巴问她曾做过什么事，她说，'昨晚有个穷人来乞讨，大家
当时都忙于婚礼的庆典活动，谁也没听见他。我于是起来把你送
给我的结婚礼物给了他。'拉比对女儿说，'你做了一件大恩大
德的事。'他于是去向人们布道说，'唯有公义能救人脱离死亡——
不仅能脱离非自然死亡，还能脱离死亡本身。'"（Shab. 156b）

"义人便雅悯受命监管慈善基金。在旱荒期间，有一次一位
妇女来向他乞讨，'拉比，帮帮我。'他回答说，'我对圣殿发誓，
基金一点剩余也没有了。'这位妇女对他说，'拉比，如果你不
帮助我，一个母亲和七个孩子就要死了。'他于是用自己的钱周
济了她。后来，他病了并且到了死亡的边缘。侍奉天使对上帝说，
'你曾宣称凡救人一命者犹如救了整个世界。现在，义人便雅悯
救了一位妇女和她的七个孩子，让他年纪轻轻就死去吗？'他的
厄运立刻被取消了，并又给他加了 22 年的阳寿。"（B. B. 11a）

"拉比迈尔去访问玛姆拉（Mamla）城，并且注意到城内所有
的居民头发都是黑的①。他问他们，'你们是以利家的后裔吗？因
为关于他们，《圣经》上写着"你家中所生的人都必死在中年"（《撒
母耳记上》2：33）。'他们回答说，'拉比，你为我们祈祷吧。'
他对他们说，'多行慈善，你们就配长寿。'"（《大创世记》
59：1）

---

① 那里的人早逝，所以没有灰白头发的人。

　　人们普遍认为接济穷人还能带来其他实际的好处。"人应该怎样做才能保护自己的儿子呢？应该把钱慷慨地花在穷人身上。"（B. B. 10b）"追求（行施）慈善的人，上帝会提供他施行慈善的资财"（同上，9b），即慈善生财。"如果一个人看到自己的财产开始匮乏，就让他捐献一些用于慈善事业；如果他资产丰厚，不更应如此吗！凡分财以行慈善者能脱离地狱的惩罚。这就像两只涉水的羊羔，剪了毛的羊能安全渡过去，而未剪毛的羊则不能。"（Git. 7a）[1]有位拉比劝告妻子说，"乞丐来了要给他面包，这样你的孩子大了也会受到同样的对待。"她大声喊道，"你这不是诅咒他们吗！"[2]他回答说，"世事如轮盘"[3]（Shab. 151b），她不应拒绝别人的乞求，这样，一旦自己的孩子陷入了贫困，他们也不会被拒之门外。慈善还在另一方面为人提供了安全："圣殿未毁时，人们献上钱财便可赎罪。现在圣殿不复存在了，如果人们行慈善，那很好；否则，异教人会来强行没收他们的财产。"（B. B. 9a）有一则谚语说："门不向慈善敞开，便向医生敞开。"（Cant. R. to 6：11）

223　　　然而，由此而得出人们施行救济是出于功利的动机却是错误的。许多章节表明为慈善而慈善被褒奖为至高的美德。例如："慈善相当于其他一切律令加在一起。"（B. B. 9a）"人如施慈善、行公义则犹如让世界充满了慈爱。"（Suk. 49b）"人行慈善比献上所有的祭品都更伟大。"（同上）"慈善是了不起的，因为它

---

　　① 羊身上的毛浸水后下沉，羊于是就不见了。这有点类似于财主难以进天国的教义（《马太福音》19：24）。

　　② 因为这暗示他们有可能沦为乞丐。

　　③ 即运数的轮盘，所谓富有变成穷困，穷困变成富有。

能使（弥赛亚的）拯救靠近。"（B. B. 10a）"钱财的减少是钱有了盐。"①（Keth. 66b）"当一个乞丐站在你门前时，上帝就站在他的右手边。"（《大利未记》34：9）"闭眼不行慈善的人犹如偶像崇拜者一般。"（B. B. 10a）

人们也认识到了不加区别的施舍可能造成的危害，但并没有把它看得很重。至少有一位拉比并没有为不配受接济的人可能得到救助一事而惴惴不安。他说："我们应相信穷人中的骗子，要不然，倘若有人被请求施舍而没有立即去做，他可能招致惩罚。"（p. Peah 21b）以利沙·本·皮达（Eleazar b. Pedah）这位拉比极其贫穷并且有时实际上无以果腹（Taan. 25a），然而据记载，他每次在祈祷之前总是给穷人以少量的施舍（B. B. 10a）。

每一点微少的救济都会有所助益这一观点是这样传授的："经文'他以公义（*Tzedakah*）为铠甲'（《以赛亚书》59：17）是什么意思呢？这是要告诉你，正如铠甲是由一扣一扣结成的那样，慈善也是一点一滴才集成了大宗。"（B. B. 9b）在《塔木德》中还发现了救济的尺度："当买每习亚面粉需花费四个塞拉时，给予流浪乞丐的面包至少应值一个铜子儿（*dupondium*）。如果他要过夜，应为他提供住宿的设施；如果他在安息日这天逗留，必须给他三餐的饭食"（Shab. 118a），因为这是安息日所必需的。

救济不应仅仅是给予一些施舍。对被救济人的境况及其所习惯的生活方式也必须予以考虑。"经文说，'照他所缺乏的借给他，

---

① 即把部分钱财施于慈善事业，能增加主人所享用之物的口味。"减少"一词在另一处又作"慈爱"。

补他的不足'（《申命记》15：8）——不是要求你让他富有，而是给他所需要的东西，甚至是一匹马或一个奴隶。据说希勒尔曾给了一位出身于富裕家庭的穷人一匹马帮他干活和一个奴隶去侍奉他。"（Sifré Deut. §116；98b）在另一种说法中还添上了一笔说，有一次希勒尔无法给他一个牵马的奴隶，于是他本人为他牵马（Keth. 67b）。

　　人也不应该认为将施舍给予了受助者之后责任就尽到了。"经文说，'眷顾贫穷的有福了'（《诗篇》41：1）。经文上写的不是'给予贫穷者有福了'。这指的是思考如何才能让其善行尽其所用的人。"（p. Peah 21b）与此意旨相同的说法是："借钱济贫比施舍救难的人更伟大，而最伟大的人则是与穷人合伙投资的人。"（Sanh. 63a）

　　在另一种意义上必须为穷人着想。"假如一个人把世上所有的赠品都给予自己的同胞，但他却阴沉着脸，这犹如什么也没给一样；然而，以和颜悦色对待自己同胞的人，即使他什么也没给，但这就像把世上所有的赠品都给了他一样。"（ARN 13）"经文说，'你心若向饥饿的人发怜悯'（《以赛亚书》58：10）——这是说如果你没有东西可以给他，就用话去安慰他。对他说：'因为我没有东西给你，我把心奉献给你。'"（《大利未记》34：15）

　　最重要的是，真正的慈善是暗中行施的。提供救济的最好形式是"捐赠者不知谁受，接受者不知谁赠"（B. B. 10b）。据说"在圣殿内曾有一间慈善密室。敬畏上帝的人秘密地把捐赠的物品放在那里，富裕家庭中那些沦为穷人的人也是秘密地从那里得到接济"（Shek. 5: 6）。在巴勒斯坦的每座城市都设有类似的机构（Tosifta

Shek 2：16）。"有位拉比看到某人在公开场合给一位乞丐一个苏兹。他对那人说：'你给他钱却让他丢面子还不如什么也不给他。'"（Chag. 5a）

至此，我们已经讨论了慈善的第一方面，即救济。其第二个方面被称为"施善行"（*Gemiluth Chasadim*），其含义是"赠人以爱的行为"。这一点对于人类来说具有更高的道德和更大的价值。它是世界，即社会秩序的三根支柱之一（Aboth 1：2）。这样慈善的这两个方面就形成了比较："善行在三个方面超过了救济——救济用钱财实施，善行既可以是提供方便，也可是提供钱财；救济只限于对穷人，善行则不区分贫富；救济只施予活着的人，善行既可施予活着的人，也可施予死去的人。"（Suk. 49b）"《摩西五经》以善行开始，也是以善行结束。它开头写着，'耶和华神为亚当和他的妻子用皮子做衣服给他们穿'（《创世记》3：21）；它的结尾写着，'耶和华将他（摩西）埋葬在谷中'（《申命记》34：6）"（Sot. 14a）。

因此，善行包容了可以减轻遭受苦痛者重负和滋润人际关系的一切善良行为。不过，有些这方面的行为却被特别地提到。其中之一就是款待旅行的人。它与探视病人一起被认为是一种可以使人今世享用其果实、来世保存其根本的美德（Shab. 127a）。对穷苦的陌生人表示友善得到了这样的评论，"接待羁旅在外的人比接待神更伟大"（同上）。人们受到如下的劝告，"敞开你家的大门，让穷人成为你家的成员"（Aboth 1：5）。因这一美德而受到赞扬的两位《圣经》人物是约伯和亚伯拉罕。据说前者在其房子上开了四个门口，从而穷人不必为了找到入口而转来转去（ARN

7）；而对于后者这位长老，《圣经》说，"亚伯拉罕在别示巴栽上一棵垂柳树（*eshel*）"（《创世记》21：33）。对此有如下的解释："*Eshel* 一词指的是亚伯拉罕常常用于接待过路人的驿站，并且当人们吃饱喝足之后[①]，他就说'住下来，并且赞美上帝吧'。"（《大创世记》54：6）他的家据说总是对旅行的人开放（同上，48：9）。关于拉比胡那有这样的说法："他坐下来吃饭时，就敞开门大喊：'凡是穷困的人都来吃吧。'"（Taan. 20b）

　　照料孤儿值得褒奖在前面已经提到了[②]。另一种受到高度赞扬的善行是为新娘尤其是贫穷的新娘提供衣着和嫁妆，以帮助她结婚。这一善行被解读进了弥迦对上帝旨意的启示中："经文说，'耶和华向你所要的是什么呢？只要你行公义，好怜悯，存谦卑的心，与你的神同行'（《弥迦书》6：8）——'行公义'就是正义；'好怜悯'就是善行；'存谦卑的心……'就是把去世的人安葬，以及侍奉新娘。"[③]（Mak. 24a）探视病人是另一受到赞扬的善行。这也是人所应仿效的上帝的行为之一。[④]"凡探视病人的人将其病带走六十分之一。如果是这样，让 60 个人去探视他就可以让他重新站起来！这意思就是，每个人带走了别人所剩下的六十分之一。"（Ned. 39b）"阿基巴的一个门徒染病后，没有一个圣哲去看他；

---

①　*eshel* 一词被解释为由三个词的首字母构成：*achilah*（吃），*shethiyah*（喝）和 *linah*（宿夜）。

②　参见第 172 页。

③　这两者之间存在联系是因为表示"谦卑"（humbly）的那个词还有"谦逊"（modesty）的含义。让一具尸体体面地安葬而不暴尸户外，或帮助一位贫穷的女孩子出嫁，有助于道德的修养。

④　参见第 211 页。

然而，阿基巴去看望了他。因为拉比替他打扫了房间，还在地上洒了水，他便对拉比说，'你使我恢复了生命'。拉比于是去向人传教说，'不探望病人犹如杀人。'"（同上，40a）另一位权威宣称："凡探视病人者使其康复，凡不探视病人者使其死亡。"（同上）

施之于死者的善行是一切善行中最高尚的，因为它必定是出于纯洁的动机。雅各对约瑟说："用慈爱（kindly）和诚实（truly）①待我，请你不要将我葬在埃及。"（《创世记》47：29）拉比们问："那么，还有虚假的慈爱吗？他的意思是说，如果我死后你以慈爱的行为待我，这就是诚实的慈爱。"（《大创世记》96：5）无人料理的尸体在希伯来文中称为 *meth mitzvah*，意思是"身为宗教道义的死者"；将其安葬是如此事关重大，即使是一位拿细耳大祭司也必须亲自主持其葬礼，如果没有别人的话。尽管在任何情况下，都不允许他接触死者而玷污了自己（Sifré Num. §26；9a）。

在葬礼上提供帮助是一项其重要性具有神圣意义的责任。"为了将尸体抬出去安葬和帮助新娘出嫁，可以中断《托拉》的学习。"（Meg. 3b）"凡是看到有死者被运去安葬而不送行的人便违反了律法，因为律令说，'戏笑穷人的②，是辱没造他的主'（《箴言》17：5）。假如他为死者送行，应得什么奖赏呢？《圣经》说，'怜悯贫穷的，就是借给耶和华'（同上，19：17），还有'怜悯穷乏的，乃是尊敬主'（同上，14：31）。"（Ber. 18a）最后，安

---

① 希伯来文的字面意义是"慈爱和诚实"（kindness and truth），在语言习惯上，它可以表示"诚实的慈爱"（kindness of truth）。

② 没有比死者更穷的人。

慰哀悼者也是人所应仿效上帝的行为之一，但对此的忠告是，"不要在死者尚未安葬时去安慰遗属"（Aboth 4：23），因为这时人们通常没有心思来听宽慰的话。葬礼之后有七天的哀悼期，这时应去探访遗属并给予宽心和安慰。

227

5. 诚实

　　昭示道德生活的美德之一是生意场上的诚实，《塔木德》将其放在了重要的位置。有这样一条陈述说："当人（在死后）被带到法庭时，问他的第一个问题是：你做生意时诚实吗？"（Shab. 31a）下面这段文字也同样有力："《圣经》说，'又行我眼中看为正的事'（《出埃及记》15：26）——这指的是经商。它教导人们，行为诚实的人讨同胞喜欢，这样的人其德行相当于履行了全部的《托拉》。"（或见 Mech. 46a）

　　对不诚实为社会生活带来的灾难性后果是这样阐述的："耶路撒冷被毁掉是因为那里没有了诚实的人。"（Shab. 119b）

　　《塔木德》确立了严格的律法来规范贸易活动。兹举例如下："店主必须每星期擦拭量尺两次，擦拭秤砣一次，并且每称一次东西之后，必须把秤擦拭一次。"（B. B. 5：10）"经文说，'你们施行审判，不可行不义。在尺、称、升、斗上也是如此'（《利未记》19：35）。'尺'指的是对土地的丈量，不能给一个人在夏天量地，而给另一个人在冬天量地①；在'秤'方面，不能把秤

---

　　① 分地时必须在同一时刻丈量，因为夏天测绳干燥收缩。

砝放在盐中 ①；在'升、斗'方面，不能让液体产生沫。"（B. M.
61b）

"在流行估算计量的地方不应该准确计量，反过来也是一样，
这是为什么呢？因为经文要求，'公平的升斗'（《申命记》
25：15）。在流行估算计量的地方，不允许卖主说，'我将使用
准确计量，同时降低价格'；在流行准确计量的地方，也不允许他说，
'我将使用估算计量，并且提高价格'。这是为什么呢？因为经
文要求，'对准公平的砝码'，在流行超重计量的地方，我们不
能准确计量，反过来也是一样，这是为什么呢？因为经文要求，'公
平的砝码'。在流行超重计量的地方，不允许卖主说，'我将准
确计量并且降低价格；在流行准确计量的地方，不允许卖主说，'我
将超重计量并且提高价格'。这是为什么呢？因为经文要求，'对
准公平的砝码'。"（B. B. 89a）鉴于有可能背离了所在地的习
俗而产生欺诈行为，所以这种变通是不允许的。

甚至一些在今天视为合法的行为也受到了《塔木德》的谴责。
"对囤积物产（待价而沽）的人，放高利贷的人，卖货短斤缺两的人，
搅乱市场的人 ②，《圣经》这样说他们，'耶和华指着雅各的荣耀
起誓说：他们的一切行为，我必永远不忘'（《阿摩司书》8：7）。"
（B. B. 90b）

有些逸事讲述了拉比们在为人处世时是多么谨慎小心。"菲
尼斯·本·雅尔（Phineas b. Jair）住在南方的某个城市，来访的

228

---

① 这会使秤砣更重。

② 通过传播谣言抬高其商品价格的人。

一些人把两袋大麦放在他的地方；离开时，他们忘了这事，他于是把大麦种在地里，每年都把收成储存起来。过了七年之后，那些人又回到了城中。他认出了他们，并把属于他们的偿还给了他们。还有，拉比西缅·本·什塔从一位阿拉伯人手里买了一头驴。他的学生在驴的脖子上发现悬着一块宝石，于是对他说：'拉比，"耶和华所赐的福，使人富足"（《箴言》10：22）这句经文在你身上应验了。'他回答说：'我买的是驴，不是宝石。去，把它还给其主人。'那位阿拉伯人激动地说：'感谢西蒙·本·什塔的上帝。'"（《大申命记》3：3）

不仅实际的欺诈行为，而且所有形式的欺骗都是禁止的。"贼有七类，而其首要者是欺骗同胞的人"（Tosifta B. K. 7：8）；"禁止欺骗同胞，即使欺骗的是异教徒"（Chul. 94a）。"正直的人说是即是，说非即非。"（《大路得记》18）"神圣的上帝憎恶心口不一的人。"（Pes. 113b）

6. 宽恕

人际之间所产生的不和有时会不可避免地干扰社会的和谐。因而，促使争端迅速结束，让和睦的关系得以恢复应该是每位善良公民的愿望。为达此目的，有两个重要的前提。第一是有错的一方应该主动承认错误并请求他所冒犯的人原谅。

在这一点上《塔木德》十分坚决，甚至还描述了应遵循的程序。
229 "对其同胞犯下罪孽的人必须要对他说：'我冒犯你是不对的。'如果那人接受了他的道歉，这很好；如果不接受，他应找些人来，当着他们的面劝对方息怒。如《圣经》所说：'他在人前歌唱说，我犯了罪，颠倒是非，这竟与我无益。'（《约伯记》33：27）如果他这样做了，《圣经》对他的评价是：'神救赎我的灵魂免入深坑，我的生命也必见光'（同上，28）假如被冒犯的人已死亡，他必须到他的坟前去劝慰他说：'我冒犯了你是不对的。'"（p. Joma 45c）

另一位导师宣称："如果一个人错误地怀疑了别人，他必须要去安抚他；这还不够，他必须要为他祝福。"（Ber. 31b）然而，对应该去进行安抚的次数还是有所限定。一种观点认为，这不应超过三次（Joma 87a）。一位拉比在谈到自己时说，"同胞的诅咒从来不登我的床"（Meg. 28a），他的意思是说他总是在上床安歇之前设法抚慰他在白天里所冒犯的人。

第二是受了委屈的一方应该接受对他的道歉，并且不应该耿耿于怀。对此的忠告是："人应该像芦苇一样柔和，不应和雪松一般倔强"（Taan. 20b）；"宽恕别人对你的污辱"（ARN 41）。某位拉比在上床睡觉时常常做这样的祷告："宽恕一切给我添麻烦的人。"（Meg. 28a）

一条有助于平息争吵并能迅速化解不和的非常明智的建议是："如果你轻微地委屈了朋友，你要把这看得很重；如果你为他做了许多善事，你要把这看得很轻。如果他为你做了少许善事，你要把这看得很重；如果他深深地委屈了你，你要把这看得很轻。"（ARN 41）

对《利未记》19：18 的律令"不可报仇，也不可埋怨"有这样的界说："报仇指的是什么，埋怨指的是什么？假如一个人对其同伴说'借给我你的镰刀用一下'时遭到了拒绝，而在第二天当后者说'借给我你的斧头用一下'时，这个人回答：'我不会借给你任何东西，正如你不借给我一样。'这是报仇。埋怨是指当一人对其同伴说'借给我你的斧头用一下'时遭到了拒绝，而到了第二天，当后者说'借给我你的外套用一下'时，这人回答他，'给你！我这人跟你不一样，向你借点东西都不给。'对于受了污辱后不以污辱相报复的人，受到责备不反唇相讥的人，用爱心遵行（上帝旨意）的人，以及于困境中其乐不改的人，《圣经》是这样说的：'愿爱你的人如日头出现，光辉烈烈'（《士师记》5：31）不施报复的人，其罪被宽恕，别人请求他原谅时，他给予原谅。"（Joma 23a）

　　不愿意去修补裂痕，并且拒绝别人作出的和解建议的态度受到谴责。"以仁慈待人（并宽恕人非）的人，上帝也向他显示仁慈，不以仁慈待人的人，则上帝也不向他显示仁慈。"（Shab. 151b）公元1世纪的一位拉比最乐于引用的一句话是："你仇敌跌倒，你不要欢喜；他倾倒，你心不要快乐，恐怕耶和华看见就不喜悦，将怒气从仇敌身上转过来。"（《箴言》24：17及下节）（Aboth 4：24）这意思是说，凡不行宽恕、蓄存敌意以及为对方的厄运幸灾乐祸的人会一变而成为有罪的一方，并且上帝的怒火会从对方身上转移到他身上来。

7. 节制

　　《塔木德》对待生活中的快乐采取了其特有的态度。因为意识到凡上帝创造来供人享用的其本质必定是好的，所以《塔木德》不仅劝告人们去尽情享用，它还谴责那些放弃享用的人。拉比们认为，上帝希望他所造的一切都快乐，因而，故意去逃避快乐和物质上的幸福必定是有罪的。感觉到自己就在上帝面前本身就是光明和快乐的源泉。"在神圣的上帝面前，没有悲伤，如经文所说，'有能力和喜悦在他圣所'（《历代志上》16：27）。"（Chag. 5b）"神灵不会在懒散、悲伤、贫嘴、轻浮和闲谈之间降落，而只会降落在合乎宗教道义的快乐之间。"（Pes. 117a）

　　我们发现整个拉比教义所倡导的就是适度。两个极端——清心寡欲和享乐主义都被指责为有害。穷困本身并不是美德，事实恰恰相反。"没有饭吃，就没有《托拉》"（Aboth 3：21），这一评论的目的是要说，缺乏必要的生计对于掌握完成神的意志所需要的知识会有妨碍。"家里贫穷比遭灾 50 次还要糟。"（B. B. 116a）拉比们认为"美好的家，美好的妻子，还有美好的家具，使人心情愉快"（Ber. 57b），这是极有价值的人生乐事。他们甚至宣称："在来世，人将不得不为其所曾见到却没有吃到的一切作出裁决，并予以算账"（p. Kid，66d）；他们对于富人的定义是"从财富中获取快乐的人"（Shab. 25b）。

　　据说，拉比西缅·本·约该因为批评了罗马统治而不得不藏匿于山洞中以保其性命。他和他的儿子在一个洞穴中躲藏了 12 年。听说国王死了，对他的判决也撤销了之后，他才从藏身之处出来。当看到人们在耕田播种时，他喊道："他们放弃了永恒的生活，却忙于昙花一现的生活。"他和他的儿子所见之处，烈火即刻便

231

把土地吞噬了。一位"声音之女"①出现了，对他说："你离开洞穴难道就是要毁灭我的世界吗？你再回去吧！"（Shab. 33b）维持社会秩序得到上帝的认可，因此，人有权利享用他的劳动果实。

　　然而，另一极端同样也应该避免。为了沉溺于奢侈的生活而积累钱财不符合上帝的意志。"所罗门建造圣殿时，他通过祈祷对上帝说，宇宙的君主！假如人向你祈求财富而你又知道他会滥用它，不要把财富赐予他；但如果你看到有人用财得当，就恩准他的请求。如《圣经》所说，'你是知道人心的，要照各人所行的待他们'（《历代志下》6：30）。"（《大出埃及记》31：5）

　　下面的界说颇有深意："谁富有？为自己的一切而感到快乐的人，如经文所说，'你要吃劳碌得来的，你要享福，事情顺利'（《诗篇》128：2）——在今世'你要享福'，在来世你'事情顺利'。"（Aboth 4：1）这就把拉比们对物质世界的看法更具体化了。

　　因此，为了最有效地工作，人应该保持健康的状态，人有义务保证让身体得到良好的营养。"吃在嘴里，存在腿里"（Shab. 152a），这是说充足的食物能强健体魄。有一则谚语说"胃驮着腿"（《大创世记》70：8）。下面这则关于希勒尔的故事含有同样的意蕴："给门徒们授完课后，他陪他们走了一段路。他们问他，'先生，你要去哪里？''去款待一位家中的客人。'②'你总是有客人跟你在一起吗？''不安的灵魂不就是体内的客人吗，今天来，明日去！'"（《大利未记》34：3）

---

① 参见第 46 及下页。

② 他指的是要去填饱肚子。

吃饭是这样，喝酒也是这样。完全的戒酒并不被认为是美德。我们看到了这样一些说法："没有酒便没有快乐。"（Pes. 109a）"酒是万药之首，缺了酒便需要药。"（B. B. 58b）"《圣经》上为什么说，'为他（拿细耳人）赎那因逆灵魂而有的罪'①（《民数记》6：11）呢？他逆哪个灵魂而犯了罪？他只不过克制自己没有喝酒。我们不妨使用一种更有说服力的思辨：假如一个克制自己不喝酒的人被称为有罪，那么，一个戒绝了一切享乐的人罪孽不是更大吗！"（Taan. 11a）

虽然如此，拉比们充分意识到了酗酒造成的种种恶端，并且提出了警告。下面的传说颇有趣味："挪亚栽种葡萄园时（《创世记》9：20），撒旦出现在他的面前，问他：'你在栽什么？''葡萄园。''它有什么用？''其果实无论是鲜的还是晒干都是甜的，用它酿造的酒能让人心旷神怡。''来，咱俩合伙管理这片葡萄园吧。'挪亚说，'很好。'撒旦做了些什么呢？他带来一只羊，在葡萄树下将其杀死，然后又依次带来了一头狮子、一头猪和一只猴子，把它们都杀死，让它们的血滴到葡萄园里，把土壤浸透。他以此暗示，人在喝酒之前像羊一样头脑简单，恰似剪毛者面前的一只羊羔。如饮酒适度则像狮子一样勇猛，可称盖世无双。饮酒过量就会像猪一样在污泥中打滚。酗酒后则状如猢狲，手舞足蹈，口吐脏话，失态忘形。"（Tanchuma Noach 13）

涉及这一问题的其他说法还有："美酒来了，理智走了；美

---

① 这是希伯来文的字面翻译。

酒来了，秘密走了。"① （《大民数记》10：8）"亚当是从葡萄
藤上摘取果实吃的，因为，只有酒才能给人类带来如此之多的哀
伤。"（Sanh. 70a，b）"关于拿细耳人的部分为什么与有通奸嫌
疑的女人部分（《民数记》5及下章）相连接呢？这是要告诉我们
看到这种丢脸的女人时不得饮酒"（Ber. 63a），因为"酒招致男
女淫荡"（《大民数记》10：4）。"酒不喝醉，人不犯罪。"（Ber.
29b）"对一个女人来说，一杯酒正好，两杯使之堕落，三杯使之
举止伤风败俗，四杯使之自尊丧尽、廉耻无存。"（Keth. 65a）"饮
酒导致流血。"（Sanh. 70a）"中午饮酒"是"将人清除出世界"
（Aboth 3：14）的事情之一。酒对人的体格同样也有不好的影响。
"阿巴·扫罗说过，埋葬死人曾是我的职业，我的惯例是要观察
他们的骨相。由此我看到，凡沉迷于烈性酒的人，其骨相状似烤过；
如果纵酒过度，则骨中无髓；然而，饮酒适度的人，则骨髓饱满。"
（Nid. 24b）

然而，尽管有"一味禁食的人是罪人"（Taan. 11a）这样的教义，
我们仍然听说有的拉比是苦行主义者。据说有一位拉比曾经一年
到头实行斋戒，只有不允许斋戒的几天例外（Pes. 68b）；而另外
一位据说则"从一个安息日前夜到下一个安息日前夜只满足于吃
几只蝗虫当饭"（Ber. 17b）。

民族的灾难致使许多人去过苦行的生活，然而，有位拉比试
图通过证明他们这样做是多么不合乎逻辑来劝阻他们。"第二圣

---

① 希伯来语单词 *yayin*（酒）其字母所表示的数值，即 70，与单词 *sod*（秘密）之
字母表示的数值相等。

殿被毁时，许多以色列人戒绝吃肉、饮酒。拉比约书亚与他们争辩说，'孩子们，你们为什么不吃肉，不喝酒呢？'他们回答说，'我们能吃曾经祭献于圣坛，而现今却无法祭献的肉吗？我们能喝曾经祭洒于圣坛，而现今却无法祭洒的酒吗？'他对他们说，'这么说来，面包我们也不能吃了，因为面食现今也无法祭献了！''对，我们只能靠水果为生了。''水果我们也不能吃，因为，新鲜水果的祭献也无法进行了！''对，我们只能依靠其他（不祭献的）水果生存了。''这么说来，水我们都不应该喝了，因为水也没法祭洒了！'他们于是无言以对。"（B. B. 60b）

我们偶尔也听到要过苦行生活的决心受到称颂。因为这背后的动机是值得赞许的。有位拉比讲述了一个恰当的例子："有一次，从南方来了一位未来的拿细耳人①，并且我注意到他有一双很好看的眼睛，一副很得体的神态，头发也卷曲地错落有致。我于是问他，'我的孩子，你为何要去毁了你那可爱的头发呢？'他回答说，'我为父亲放牧，有一次我到井上去汲水，当从水中看到自己的样子时，情欲涌上了我的全身并且要把我赶出这个世界。我于是对自己说，"你这邪恶之人，为什么在一个不属于你的世界为了一个注定要变成蛆虫的躯壳而沾沾自喜呢？对圣殿的仪式发誓，我将因上天的缘故而剪掉头发！"'（拉比接着讲述说），我立刻过去吻了吻他的头，对他说，'我的孩子，愿你这样的拿细耳人在以色列繁衍增多，《圣经》对你们的评价是，"无论男女许了特别的愿，就是拿细耳人的愿，要离俗归耶和华"（《民数记》6：2）。'"（Ned. 9b）

234

---

① 到耶路撒冷去献祭并把头发剪掉。

　　拉比们还告诫人们不得因事业兴旺而过分自信。"经文说，'也必使你吃得饱足，你们要谨慎，免得心中受迷惑，就偏离正路，去侍奉敬拜别神'（《申命记》11：15 及下节）。摩西对他们说，要小心，别违逆神圣的主，因为只有生活饱足的人才违逆他"（Sifré Deut. § 43；80b）。"经文上'底撒哈'（Di-Zahab）（《申命记》1：1）是什么意思？摩西对上帝说，'宇宙的君主！你慷慨地把银子和金子（zahab）给予以色列人，直到他们喊"够了"（dai）。正是这些金银诱使他们造了金牛犊。'拉比雅乃的学派说，狮子在满是草的窝里不嗥叫，在满是肉的窝里才嗥叫。拉比奥沙亚（Oshaya）说这可以比作一个人有头骨架庞大却很瘦的牛。他用马蚕豆喂它，但它却踢他。他对牛说，'你踢我是因为我喂你好料！'拉比阿查（Acha）说，这正应了那句谚语，'饱腹添恶端'。"（Ber. 32a）

　　无节制的寻欢作乐也由于同样的原因而受到指责，因为这可能会导致不良的行为。"《圣经》说，'当存畏惧侍奉耶和华，又当存战兢而快乐'（《诗篇》2：11）——这是说，有快乐就要有战兢。马尔·本·拉宾那（Mar b. Rabina）为儿子举行婚宴。他看到拉比们非常快活，便拿起一只价值 400 个苏兹的贵重酒杯，当着他们的面将其打碎，他们于是严肃了一些。拉比阿什为儿子举行婚宴。他看到拉比们非常快活，便拿起一只水晶酒杯，当着他们的面将其打碎，他们于是严肃了一些。"（Ber. 30b 及以下）

　　这就是《塔木德》对生活中诱惑的看法——既要避免过奢，也要避免不必要的自我委屈。它让人活在世上时既要享受感官的愉悦，又要善用上帝赐予的身体和为其幸福所提供的快乐。上帝的律法对可能会使人陷入无节制放纵的欲望予以制约。超过了上帝所规定的限度即是犯罪，这一观点在下面的摘要中表述得非常精彩："强令自己节制欲望等于为自己的脖子上套上颈圈；这样的人好像是建造了违禁的神坛，又好像把剑刺入了自己的心脏。《托拉》所禁止的已经够了，不要试图去增添更多的限制。"（p. Ned. 41b）

8. 对动物的责任

道德生活中的一个方面所涉及的不是人与人之间的关系，而是人与动物的关系。因为，对于蠢笨的动物，甚至"十诫"都有所关照并责令让它们在安息日也同样得到休息，同时《圣经》中的一些章节也要求对它们显示宽厚，所以《塔木德》也同样应该有这样的教义。

确实，人对待动物的方式显示了他的品性。"摩西为耶忒罗放牧时，他总是拢住老羊，而先放出了小羊以便让它们吃到嫩草；然后，他放出另外一些去吃质量中等的草；最后，他才放出那些强壮的羊，让它们去吃那些难啃的草。神圣的上帝说，'就让那个知道怎样根据羊的强弱进行放牧的人来领导我的人民吧。'一次，有只小羊逃跑了，摩西一直追到一棵树旁，在那儿碰巧有一湾水。小羊停下来喝水时，摩西抓住他说，'我不知道你跑原来是因为渴了，你也肯定跑累了。'他便把它背了回来。神圣的上帝说，'既然你对人的羊群都如此怜悯，那你就给我的羊群做牧羊人吧。'"（《大出埃及记》2：2）

不体谅动物招致上帝不满，下面的故事说明了这一点："一头牛犊被牵着向屠宰场走时，它把头藏在拉比犹大的衣着底下并且吼叫。他对牛说，'走吧，因为你就是为此而创造的！'上天于是裁定：因为他没有同情心，让痛苦降临于他。他的痛苦最终因为下面的事件而中止了。有一天，一位侍女在打扫房间；她刚要把几只黄鼠狼幼崽清扫出去，他对侍女说，'别动它们，因为经文上写着"他的慈悲覆庇他一切所造的"（《诗篇》145：9）。'上天于是裁定，因为他显示了同情，我们也要向他显示同情。"（B. M. 85a）

《塔木德》论述了为了拯救处于危险中的动物，关于安息日的律法在多大程度上可以被违反。"如果动物落入水塘，我们可以拿枕头和垫子来放在它的身下；如果它因此得以爬上了陆地，这很好。对这一律法的陈述，也援引了一条反对的裁定：如果动物落入水塘，我们要在其落水的地方提供饲料，从而不使其死去。① 这似乎是说我们虽可以为它提供饲料，但却不可以提供枕头和垫子！这两者并不矛盾，后者指的是只用饲料就可能使其活命的情况，而前者指的是只用饲料无法将其救活的情况。如果我们靠喂食可以使动物活下来，我们就应该这样做；否则，我们必须使用枕头和垫子。然而，这样做时，我们势必要违反了一条禁止我们做任何会把所使用的物品毁坏的事情的律例。这条律例是拉比们制定的，而防止动物痛苦则是《托拉》所规定的律令，《托拉》所做的裁定使拉比们的裁定失去效力。"（Shab. 128b）

在如何对动物予以适当的照管方面，我们看到了这样一些规定："除非一个人能使其得到良好的喂养，否则不能允许他蓄养家畜、野兽或禽鸟。"（p. Jeb. 14d）"人吃饭前必须先喂牲口，

---

① 即不因饥饿而死去，并等待安息日结束时将其救上来。

如《圣经》所说，'我将使你的田野为你的牲畜长草'，然后才说，'也
必使你吃得饱足'（《申命记》11：15）。"（Ber. 40a）下面的
传说也晓示了同样的寓意："亚伯拉罕对米尔基（Melchizedek）[1]说，
'你们如何能从方舟上安全回来呢？''因为我们行了慈善的缘
故。''可那儿有什么慈善可行呢？方舟上有穷人吗？上面只有
挪亚和他的子孙们，因此，你们对谁行慈善呢？''对牲畜、野
兽和禽鸟。我们晚上不睡觉，通宵喂它们。'"（《诗篇》37：1；
《米德拉什》126b）

某些动物受到称颂，因为他们的习性被认为是人类仿效的楷
模。"假如上帝没有把《托拉》赐予我们作为引导，我们就会向
猫学习谦恭，向蚂蚁学习诚实，向鸽子学习贞洁，向雄鸡学习优
雅的举止。"（Erub. 100b）

传授给挪亚的子孙们的七条戒律是为整个人类颁定的律法[2]，
其中之一就是禁止从活着的动物身上将其某一肢体撕下来。基于
这一律法，任何在动物活着时将其肢解的体育都受到谴责。所以，
虔诚的人是不去竞技场的。"去观赏体育的人坐在'亵慢人的座
位上'（《诗篇》1：1）。"（A. Z. 18b）[3]

---

① 一则犹太传说认为他就是挪亚的长子闪（Shem）。参见《耶路撒冷圣经注疏》
（Jeusalem Targum）论述《创世记》14：18 的章节。

② 参见第 65 页。

③ 犹太人对这类残忍体育的憎恶有约瑟福斯作证："希律（Herod）搜集到了大
量的野兽、许多的狮子以及其他强壮非凡或罕见的猛兽。它们受到训练彼此厮打，或者
与被判处死刑的人厮打。外邦人对此确实吃惊不已，并且从这种表演的巨大花费和极度
危险之中获得乐趣，然而对于犹太人来说，这显然破坏了他们十分崇敬的那些习俗。"（《上
古犹太史》第 15 卷，8：1）

　　《塔木德》不厌其详地规定了宰杀供食用的动物应如何进行，而这些规则都是出于尽可能让动物无痛死亡的愿望。首先，有三种人不得宰杀动物：聋哑人、低能的人，还有未成年人（Chul. 1：1）。第一种人不行是因为他们不能诵说必要的祝福，另外两种人不行是因为他们没有充分的能力来从事如此复杂的工作。其次，宰杀所使用的刀必须锋利光洁，刀刃上不得有一丝一毫的残缺。律法规定："刀的三面①都必须在手指的肉上和指甲上予以测试。"（同上，17b）

　　最后，有五种情形被列为不合格宰杀（同上，9a），迟延（She-hiyah）——刀的前后运动必须是连续的，不能中断；用力（Derasah）——切割必须要轻，不得用力过大；深刺（Chaladah）——刀不得深插进肉里，而应划过喉咙；移刀（Hagramah）——必须在脖子上规定的地方下刀，不得移位；撕扯（Ikkur）——下刀时不得使气管或咽喉移位。这些行为中的任何一项足以使所宰杀的动物不宜于食用，因为这可能已经为动物造成了痛苦。

---

　　①　即刀刃以及刃的两侧。如果感觉到任何的部位有残缺，必须重新磨刀直至残缺消失。

第八章　肉体生活

1. 身体的保养

　　在拉比犹大与他的朋友安东尼的一次谈话中，他们讨论了肉体和灵魂在人的生命中各自的责任问题。"安东尼对拉比犹大说，'肉体和灵魂均能够（在来世）逃脱裁决。''何以如此呢？''肉体可能会说，"有罪的是灵魂，因为自从它脱离了我的那一天起，我一直像块石头一样默默地躺在坟墓中。"而灵魂则可能会说，"有罪的是肉体，因为自从我离开它的那一天起，我一直像只鸟在空中飞翔。"'拉比回答说，'我打个比方来说明这个问题。比作什么呢？比作一位国王有座美丽的果园，其中长有鲜美的水果，他派了两个人去守护果园，一个瘸子，一个瞎子。瘸子对瞎子说，"我看到园中有一些精美的水果，来，我踩在你的背上，这样我们便可以弄些吃。"瘸子爬到瞎子的背上，摘了些果子，他们就吃了。不久之后，园子的主人来到，便问他们，"水果是怎么回事？"瘸子说，"我没有腿，怎么会弄到它们！"瞎子说，"我没有眼怎么会看到它们！"国王怎么做的呢？他责令瘸子站到瞎子的背上，把他们当作一个人来予以裁判。同理，神圣的上帝（在来世）将把灵魂投入到肉体中，并把它们当作一体来裁判。'"（Sanh.

91a，b）

这则寓言除了具有末日审判研究上的意义和可以用来解释人们如何看待惩罚恶人的方式之外[1]，它还说明肉体和灵魂对于人一生的行止负有同等的责任。两者互相影响。邪恶的灵魂会败坏肉体，而病态的肉体也不能成为纯洁灵魂行施其功能的有效工具。

239　　拉比们有一种说法："肉体的干净导致精神的纯洁。"（A. Z. 20b）这里的干净指得是体内的，而非体外的，其意思是正常的净化。我们将在下面看到人体正常的排泄活动作为保持健康的法则受到极大的重视，因为它们具有道德上的影响。所以才有这样的评述："凡不及时大小便的人就违犯了律令，'你们不可使自己成为可憎恶的'（《利未记》20：25）"（Mak. 16b）；"圣哲的门徒不可居住在没有厕所的城市"（Sanh. 17b）。没有这种净化，早上向上帝敬奉祈祷时大脑就不能专心致志。因此才有这样的教诲："凡愿意完全接受天国约束的人应首先如厕，然后净手，戴上经文护符匣，再去祈祷。"（Ber. 15a）

　　必须要保养身体的另一理由也许可以从关于希勒尔的一则故事中推导出来。"给学生授完课后，他陪他们走了一段路。学生们问他，'老师，你要去哪儿？''去履行一项宗教责任。''哪项宗教责任？''到浴室去洗澡。''这是宗教责任吗？'他回答说，'如果有人被指派去清擦竖在剧院和马戏场的国王的雕像，他做这活不仅得到了钱，并且还结识了贵族，那么，照着上帝的形象被创造出来的我，不更应该保养我的身体吗！'"（《大利未记》

---

① 参见第 376 及下页。

34：3）

　　在这一则逸事中，保持身体的清洁被称为一种宗教责任，因为人体是上帝的作品，而作为上帝的作品，身体必须受到敬奉。这一观点是认定尸体为肮脏之物这一律法的基础，从下面的辩论中可以看出这一点："撒都该人说，'法利赛人，我们批判你们，因为你们宣称圣书会玷污手而荷马的作品却不会。'拉比约查南·本·撒该回答他们说，'批判法利赛人不仅仅是因为这一点，他们还宣称驴子的骨头不是肮脏的，而大祭司约查南的骨头却是肮脏的。事物的肮脏程度应依据人们对它们所怀有的尊敬程度而定，因此，人不应该用其父母的骨头做勺子。圣书也是如此。'"

（Jad. 4：6）

　　下面的论述与这一观点十分吻合："出于对其创造者的尊敬，人每天都应该洗脸、洗手和洗脚。"（Shab. 50b）拉比阿基巴在被罗马人监禁时的一则故事说明了这一规则受到何等的重视："卖粗面粉的拉比约书亚每天都去照料他并给他带些水去。一天，狱卒遇见他时说，'你带来的水已经太多了，也许你企图在监狱里用水打洞（让囚犯逃跑）。'狱卒把水倒掉了一半，然后把剩余的还给了他。当拉比约书亚见到拉比阿基巴时，后者说，'你难道不知我已经老了，我的生活离不开你所带来的东西吗？'他告诉阿基巴所发生的事情。阿基巴说，'给我水，我洗洗手。'另一位高声说，'那就不够喝了！'他回答说，'既然（不洗手的人都该死），我又能怎么办呢？我最好还是因自己的缘故而（渴）死，也不要违背了我同事们的观点。'据说，在洗净手之前，他一滴水也没有喝。"（Erub. 21b）

因此，为人类所定下的目标就是要获得双重的完美——肉体上的和精神上的。良好的体格不仅受到高度的重视，而且被认为得到神的赞许。"神圣的上帝为那些身材高大的人而自豪"（Bech. 45b）；让舍金纳降临人身必须要具备某些品质，这其中就有人的外形必须高大强壮（Shab. 92a）。与此相反，体质上有缺陷的人被视为特别的不幸。《塔木德》规定："看到黑人、长有红斑或白斑的人、驼背的人、侏儒或者有水肿的人时要说'祝福上帝改变了所造之物的形体'；而当看见截肢的人、盲人、平脚板的人、瘸子或患有疝子或麻疹的人时则说'祝福你真正的法官'。"（Ber. 58b）后面的这一祝福词是听到不好的消息时才说的（同上，9：2），因而它表示这类缺陷是一种灾难。

像上帝宠爱具有良好体格的人一样，在任命人们担当社会中的要职时也要考虑这一因素。其规则是："我们只选高大的人进入大法院。"（Sanh. 17a）威严的仪表能令人尊重。

鉴于健康所具有的重要性，医生便成了社会生活中不可或缺的人。《塔木德》上说，"圣哲的门徒不应住在没有医生的城市"（Sanh. 17b），因为一旦生了病，他的疾患就会拖延，他的学习就会受到不必要的干扰。我们看到这一规则有一更为通俗的表达方式："禁止住在没有医生的城市。"（p. Kid. 66d）

尽管这一职业受到尊重，然而行医的人并不总是为人所称道。事实上，我们看到了如此强烈的指责："最好的医生也该下地狱。"（Kid. 82a）其原因或许可以从下面这一陈述的前半句中找到："一文不取的医生一钱不值，远不可及的医生（其用处）像一只瞎了的眼。"（B. K. 85a）似乎可以由此推出，医生是贪婪的，他们如果得不到充分的报酬便不会对病人予以恰当的关照。他们总是忙于工作这一点在下面的忠告里显然有所暗示，"不要住在其领袖是医生的城里"（Pes. 113a），这是因为，他很有可能忙于自己的病人而不能抽身去恰当地履行其公民义务。

2. 健康的准则

保养好身体最重要的因素是清洁。它不但是仅次于虔诚，而且是虔诚最重要的组成部分。接触食物之前要先洗手是一条严格的要求。"经文说：'所以你们要成为圣洁'（《利未记》11：44）——这就是说，饭前饭后要洗手。"（Ber. 53b）[①] "凡吃面包之前不先洗手的人犹如嫖娼而犯罪。凡对洗手一事漫不经心的人将被从世界上铲除。吃面包不洗手如同吃不洁的面包。"（Sot. 4b）《塔木德》以轻蔑态度提及的一类人是"土人"（Am Ha-arets），而这一称谓的定义是"所吃的非神圣食品[②]不符合仪典纯洁要求的人"（Ber. 47b）。"对饭前洗手持藐视态度的人应被清除出教会。"（同上，19a）甚至都有专为此目的而规定的祝福词，即"祝福你，主，我们的上帝，宇宙的君王，你用你的戒律使我们圣洁，并且在洗手方面给我们训示"（同上，60b）。清洁也适用于吃饭时所使用的器皿。"喝水前和喝水后都要刷洗杯子"（Tamid

---

① 因为吃的食物是指头从盘中递到口中的，所以手和口会被食物玷污，因此有必要饭后再洗一次。

② 指的是日常吃的饭。

27b）；"人不应把喝过水的杯子传递给别人，因为这对生命有危险"
（Der. Eretz 9）。

242　　同样，早上一起床就必须立即洗手，忽略了这件事被认为有害于健康。"触及到身体任何部位的手（如果早上起床时没有预先洗过的话）应该砍掉。这种（未洗的）手会使眼睛瞎，耳朵聋，还能招致息肉病。手会一直这样直到有人把它们洗三遍。"（Shab. 108b 及以下）

在个人卫生方面有这样的训示："有三种东西不进入身体却对身体有益：洗浴、涂膏和大小便。"（Ber. 57b）第一条的重要性可以从下面的陈述中看出来："禁止在没有公共浴室的城市居住。"（p. Kid. 66d）从对经文"我忘记好处"（《耶利米哀歌》3：17）的评述中，我们或许可以感受到洗浴的功用受到何等的尊崇。一种意见认为这句经文指的是浴室；另一种观点认为它指的是在热水中洗浴手足（Shab. 25b）。它们是"好处"，没有了这些是极大的损失。同样，经文"世人所喜爱的物"（《传道书》2：8）被解释成为"池塘和浴盆"（Git. 68a）。

公共浴室内设有蒸汽浴，它所引起的出汗被认为对健康是极为有益的。"有三种出汗对健康有益：生病出汗，洗澡出汗，劳动出汗。生病时出汗有治疗的功能，而洗澡出汗的好处则无与伦比。"（ARN 41）为获得最佳效果，用热水洗过之后必须用冷水冲凉，"假如用热水洗过后不跟着用冷水冲，这就好像铁在炉内锻烧之后没有投入到凉水中冷却一样"（Shab. 41a），就像金属没有得到很好的回火一样，身体也同样不会受益充分。

清洁被鼓吹成为最有效的防病手段。"早上滴（到眼里）一滴水，晚上洗洗手脚，这比世上所有的眼膏都要好。"（Shab. 108b）"头上不洁导致瞎，衣服不洁导致疯，身体不洁导致烂疮，故应提防不洁。"（Ned. 81a）

对于婴儿来说，这一规则尤其要遵守。一位拉比援引了他母亲对他的忠告："对待婴儿的正确做法是用热水给他洗澡并用油膏为他按摩。"（Joma 78b）拉比查尼那的例子证明了这是一种有效的防病手段。"据说，他 80 岁的时候还能单脚站着为另一只脚脱鞋穿鞋。他说，'小时候我母亲用之于我身上的热水和油膏使我老年受益匪浅。'"（Chul. 24b）另一条建议是："人应该教他的孩子游泳"（Kid. 29a），因为这不仅是有用的本领，它还使人喜欢水。

要充分地体验洗浴的益处，洗过之后必须要涂油膏。"假如人洗浴后而不随后涂上油膏，这就好像雨下在了房顶上一样"（Shab. 41a），即洗浴得很肤浅而没有浸入肌理。

前面已经提到了大便阻滞所带来的弊端，以及正常排泄的必要性。《塔木德》提出了这样的警告："如果粪便不排出来，它会导致水肿；如果尿液不排出来，它会导致黄疸。"（Ber. 25a）它还教导人们说："多在厕所待些时候能延年益寿。"（同上，55a）下面的这则逸事显示了其有益的功效："有位主妇^①对一位拉比说，'你的气色像一位养猪的，又像一位放高利贷者。'^②他

243

---

① 在一段类似的描述中（Ned. 49b），这则对话不是与一位主妇进行的，而是与一位 *Min*，即一位基督徒进行的。

② 他看上去如此健康。

回答说，'根据我的信仰，这两种职业都禁止我干；不过，从我的住处到研习所有 24 个厕所，每当我去研习时我都要到每一个里面去试试。'"（同上）

在大小便后要诵说的祷告中包括一种感恩祷告："祝福你，主，我们的上帝，宇宙的君主。你以智慧创造了人，使之具有通孔和管道。在你的荣耀宝座之前晓谕，假如该关闭的开着，或该开着的闭合，人将不能生存而立于上帝面前。祝福你，主啊，你医治众生，创造奇迹。"（Ber. 60b）

因为人们相信"血盛则皮肤疾患多"（Bech. 44b），所以就建议人们拔火罐或放血。"放血的恰当时间是每 30 天放一次。人过 40 岁后，其频度应再稀一些，60 岁以后则应更稀少。放血应在每周的第一、第四和第六天进行，而不应在第二和第五天进行。"（Shab. 129b）在做放血手术的前后要做祈祷。放血前应该说："主啊，我的上帝，愿你让这手术能治愈我的病，你会让我康复，你的医术可靠有效，因为你的方法非凡人所能，然而凡人却习惯于这种方法。"① 放血后应该说："祝福医病不收费的上帝。"（Ber. 60a）

手术所造成的副作用是活力下降，所以当事人必须行止谨慎。首先，他需要一顿营养丰富的饭来恢复活力。"如果一个人放了血又无饭可吃，就让他卖了脚上的鞋去买一餐令人满意的饭。饭里应有什么呢？一位拉比说，'应该有肉，因为那里本来是肉'②；

① 指拔火罐。
② 放血时病人的肉有所减少。

另一位说，'应该有酒，因为在有血液的地方是红色的液体'"（Shab.
129a）。然而，有些食物是有害的，应该避免食用。"如果一个
人放了血，他不应该食用牛奶、干酪、水芹菜、禽类或咸肉。"（Ned.
54b）下面的警告包含了另一条健康准则："放过血后不久行房事
的人会丧失生命，他的血会溅到自己的头上。"（Nid. 17a）

有节制的饮食，作为健康体格的先决条件，与清洁是相辅相
成的。"拉比伽玛列说，我因三件事而羡慕波斯人：他们饮食有
度，如厕有度，房事有度。"（Ber. 8b）其基本原则是："吃（胃
的容量的）三分之一，喝三分之一，留下三分之一的空。"（Git.
70a）平民大众通常都是吃最简朴的饭，无论是出于贫穷，还是出
于节俭。《塔木德》中提到"穷人"干完活回到家后吃的晚饭是
"面包加盐"（Ber. 2b）。然而，即使是吃得起佳肴美味的人，
上面也讲到"早餐面包加盐，再加上一罐水，能除百病"（B. K.
92b）。"从需要祭献的白面包中（*Challah*）①吃得最少的人身体
健康并有福气，比他吃得多的人是嘴馋的人，比他吃得更少的人
得肠胃病。"（Erub. 83b）"不希望胃肠不适的人应养成（把面
包在醋中）蘸一蘸的习惯。把手从正吃得很香的食物上抽回来②，
不要延误大小便。"（Git. 70a）"40 岁之前吃饭有益，40 岁之
后饮酒有益。"（Shab. 152a）

合理的进食时间是感觉到需要进食物的时候。"饥时食，渴

---

① 参见第 101 页注释（原文如此，即本书第 199 页注释①。——编者）。这儿所
提到的量是一又四分之三个劳格（*log*）的面粉，一个劳格的容积相当于六个鸡蛋。

② 即不能因为喜欢某种食品而吃得过多。

时饮。"（Ber. 62b）作为一条原则，老百姓每日两餐，安息日例外，多加一餐。晚餐是在一天的活干完之后回到家吃；而早餐是劳动者在工间吃。《塔木德》为不同阶层的人规定了一个进食时间表："斗剑士在第一个小时[1] 用早餐，强盗在第二个小时，有钱人[2] 在第三个小时，干活的人在第四个小时，老百姓在第五个小时。另一种观点认为：老百姓在第四个小时，干活的人在第五个小时，圣哲的门徒在第六个小时。吃早饭晚于这个时间就像把石头扔进酒囊中[3]，这里是说假如在此之前什么也没有吃过。如曾经吃过了，则不要紧。"（Shab. 10a）拉比阿基巴忠告他的儿子："早起床，先吃饭，夏天是因为热，冬天是因为冷。谚语说得好，'早饭吃得早，比谁都能跑。'"（B. K. 92b）

吃饭应该坐着，因为"站着吃喝毁坏身体"（Git. 70a）。人在旅行时，应减少饭量。"旅行的人吃的饭不应超过在荒年正常的饭量，以免肠胃不适。"（Taan. 10b）

凡事适度是人应遵循的明智之举。"不要坐得太久，这对痔疮不利；不要站得太久，这对心脏不好；不要走路太多，这对眼睛不好。而应该三分之一的时间坐着，三分之一的时间站着，三分之一的时间行走。"（Keth. 111a）"在八个方面过度则有害，适度则有益：旅行、性交、聚财、工作、饮酒、睡眠、热水（饮用和洗浴）以及放血。"（Git. 70a）

---

[1]　白天被认为从 6 点开始，因而第一个小时是 7 点。

[2]　指的是不依靠体力劳动谋生计的人。

[3]　即无用之举。身体不能受益于食物，因为其活力已下降太多而不能保证正常的消化。

通过睡眠进行休息的必要性已经被认识到了。有位拉比宣称，"创造夜晚是为了睡眠"（Erub. 65a）。另一位拉比说，"拂晓时睡眠犹如铁上的钢刃"（Ber. 62b），意思是这能促进健康，增加活力。然而，在另一方面却有这样的陈述："早上睡觉能把人赶出世界。"（Aboth 3：14）"人在白天睡觉的时间不得超过马睡觉的时间。这是多久呢？这是 60 次呼吸的时间。"（Suk. 26b）另一条陈述是："吃饱思睡眠。"（Joma 1：4）拉比们相信人如果连续三天不睡觉不可能存活。这一点在如下律法中有所暗示，"如果一个人说，'我将三天不睡觉，'他将受到严惩并且必须即刻去睡觉。"（p. Ned. 37b）因为，他起的是一个不能履行的空誓，除非造成致命的后果。有趣的是，《塔木德》提到了一种借此可以施行腹部手术的"安眠药水"（B. M. 83b）。

拉比们意识到人的精神状态影响到人的身体状态，因而人应该蓄养一种快乐满足的心态。例如：《塔木德》上说，"哀叹伤半身"，而据另一种说法则是"哀叹伤全身"（Ber. 58b）。"邪恶的眼睛(忌妒)、邪恶的欲念以及对同胞的憎恨能把人赶出世界。"（Aboth 2：16）"有三件事削弱人的气力：恐惧、旅行和犯罪。"（Git. 70a）

最后，人应该居住在清洁的环境中。法律禁止去做任何会对城镇的卫生有害的事，一条典型的规则是："在距城市 50 肘尺之内的地方不得修建永久性打谷场、坟场、墓地，制革厂不得修建在距城市 50 肘尺的地方，只能建在城市的东方。拉比阿基巴允许将其建在除西方之外的任何方向。"（B. B. 2：8 及下节）其目的是为了防止尘埃和臭味侵扰居民。

3. 饮食

拉比们意识到了饮食对于保持健康的重要性，并且《塔木德》中有许多段落涉及到了对健康有益或有害的食物。面包似乎一直是生活中的主食。"早晨吃的面包据说有 13 种特点：它能防暑、御寒、驱邪、避妖，它使头脑简单的人变得聪明，帮人赢得官司，助人学习和传授《托拉》，使人说的话能被别人倾听，使人的学业不致荒疏，使人的身体不发出恶味，使人专一于妻子而不去追逐别的女人，还能杀死绦虫。有些人还补充说，它能驱忌妒，生爱心。"（B. M. 107b）

这样说意在表明，如果人在一开始用有营养的饭填饱肚子，那么他将能够思维更清晰，工作有效率；这还将使他心情愉快。下面的评述也表达了同样的思想："人在未吃喝之前有两颗心，在吃饱喝足之后有一颗心。"（B. B. 12b）在希伯来心理学体系中，"心"是智慧的器官，因此这一说法是指空着的肚子会影响人的思维，干扰人的注意力。

面包应该用小麦粗粉制作，"大麦面粉能产生绦虫，因而有害"（Ber. 36a）。面包还应该凉着吃。"在巴比伦有一种传说，热面包与发烧为邻。"（p. Shab. 4b）

《塔木德》特别强调吃面包必须放上盐，吃过之后必须喝水，只有这样才能从吃面包中获得最大的益处。盐和水对于生命是不可缺少的。"没有酒世界可以存在，没有水却不行。盐便宜，胡椒昂贵；世界没有胡椒可以存在，但没有盐却不行。"（p. Hor. 48c）"盐使肉食甘美"，但它却使人"减少精液"（Git. 70a）。盐也不能食用太多。有些东西多用则有害，少许则有益，这其中就有酵母和盐（Ber. 34a）。

值得提倡的做法是："每次吃饭后吃点盐，每次饮酒后喝些水，这样你就不会（因疾病）受到伤害。吃饭不吃盐，喝酒不喝水的人白天有口臭，夜晚得哮吼。"（Ber. 40a）一位拉比劝告说："让食物漂在水上①的人不会患消化不良。人应该喝多少水呢？吃一块面包，喝一杯水。"（同上）另一位拉比指出："在早晨吃有盐的面包再喝一大杯水可以抵抗83种与胆有关的疾病。"（B. K. 92b）

有这样一条与用餐相关联的劝诫："如果一个人只吃不喝，他吃的饭就是血，并且成为消化不良的开端。如果一个人吃过饭后不行走至少四肘尺，他吃的饭就会（在胃中）烂掉，这是口臭的开端。如果一个人吃着饭时需要去上厕所，这好像是炉子的残灰未清除就要生火，并且这是身体发生邪味的开端。"（Shab. 41a）

前面已经提到面包和盐构成了穷人一早一晚的家常两餐。如果 248
还有余钱购买其他的食物，对其顺序先后有如下的建议："经文说，'（你）就可以随心所欲的吃肉'（《申命记》12：20）。《托拉》在这里教给我们一条行为准则，即人吃肉只是为了满足食欲。有一个玛那（mana）②的人应该买些蔬菜；如果他有 10 个玛那，他应买点鱼；如果他有 50 个玛那，他可以买点肉；如果他有 100

---

① 即吃饭时饮用大量的水。

② 等于 100 舍克勒。

个玛那，他可以天天让人为他做肉吃。拥有不足 100 个玛那的人什么时候可以吃蔬菜和鱼呢？每个星期五（过安息日）。"（Chal. 84a）

很明显，肉食被认为是奢侈品，较为贫穷的阶层肯定很少吃得到。有一种与吃肉有关的迷信广为人知。"凡在每月的十四或十五晚上①吃了肥牛的肉和萝卜，又在月光下睡觉的人，即使是在夏至那一天，他的血也要溅到自己的头上。"（Kallah）在一段类似的文字中，其后果据说是"他将被疟疾所缚"（Git. 70a）。

所以大多数的人肯定是素食为主，并且蔬菜对于健康的益处也被论述得颇为详细。有一段文字声称："总是让蔬菜穿肠而过的身体②真可悲。与这一观点相反的是一位拉比对其仆人说的话，'如果你在市场上看到蔬菜，就不要再问我用什么下饭。'"这两种观点因有人说蔬菜如果没有肉才有害处而不再互相矛盾。另一种观点是蔬菜如果没有酒才有害处，而还有一种观点认为蔬菜如果没有木头③才有害处（Ber. 44b）。

最后面提到的观点，即蔬菜生吃有害处，得到了下面的这段文字的印证："不允许圣哲的门徒居住在无法吃到蔬菜的城市。由此可以得知蔬菜有益健康；然而，还有另一种训示：三件东西能够增加粪便，降低体能，并且夺走人眼睛光泽的五百分之一，即粗面包、新酿的酒，还有蔬菜！"（Erub. 55b 及以下）一则类

---

① 指的是阴历，即月圆的日子。
② 意思是以蔬菜为主食。
③ 指的是没有在木火上做熟。

似的叙述中（Pes. 42a），其措辞是"生的蔬菜"，并且紧接着说："三件事能够减少粪便，增加体能，并且使人眼睛有光泽，即精粉面包、肥肉，还有陈酒。"我们还读到了这样的陈述："所有的生蔬菜都会使肤色苍白。"（Ber. 44b）关于把蔬菜做熟的好处，书上说："甜菜汤对心脏和眼睛有好处，对肠道的好处更大。然而，甜菜汤只有总是放在炉火上并发出咕嘟咕嘟①声响时才有此功效。"（同上，39a）

有些蔬菜被认为比别的蔬菜更有益而受到推崇。"每30天吃一次小扁豆而形成习惯的人不得哮吼病，但天天吃却不行。为什么呢？因为它会导致口臭。"（同上，40a）"马蚕豆对牙齿不好②，却有益于肠道。"（同上，44b）"卷心菜有营养，甜菜能治病。"（同上）"大蒜据说有五种好处：它舒身暖体、使面部有光泽、增加精液、杀死绦虫，有人还补充说，它还促进爱心，驱散敌意"（B. K. 82a），这是因为它使人感到舒服而造成的。"小萝卜是生命的万应灵药"（Erub. 56a），"但是人不得食用洋葱，因为它含有刺激性液体"（同上，29b）。

东方人普遍使用黑色土茴香的种子，关于这种东西，我们看到了这样的评论："食用了一第纳尔黑茴香的人，他的心将被撕碎。"（Kallah）对如何食用它才有好处也有所讨论："使用黑茴香已成习惯的人不会得心疼病。反对的意见则说：黑茴香是60种毒药之一，

---

① 表示汤开锅时发出的声音，必须把它做得很熟。

② 为了抵消它对牙齿的危害，《塔木德》指出，应该把它做得很熟，不要嚼，囫囵咽下去。

在黑茴香仓库东侧睡觉的人血要溅到自己头上①！这两种意见并不矛盾。后者指的是它的气味，而前者则指的是它的口味。拉比耶利米（Jeremiah）的母亲过去为他烤面包时常常在面包上撒上黑茴香然后再把它拂去。"②（Ber. 40a）

鱼被认为极有益于健康。"常吃小鱼的人不会患消化不良。还不止如此，小鱼使人体生殖力强盛并且健壮。"（同上）然而很显然，用盐腌制而保存起来的鱼并不好。因为有这样的说法："腌制的小鱼有时会在每月的初七、十七或二十七致死人命，有些人则说是在每月的二十三。这只是适用于没有烧透的鱼；如果烧透了，则不会有问题。如果鱼烧透了，吃鱼的人倘若吃过之后不喝点啤酒，还会发生这种情况；但如果喝了啤酒，则不会有问题。"（同上，44b）

按体积来说，最有营养的食物是鸡蛋，如果不算肉的话。"从营养上来说，鸡蛋超过任何与它同样大小的食物。一个烤得欠一点火的鸡蛋比六份同体积的精粉还有营养，而一个烤得很熟的鸡蛋也比四份强。对于煮鸡蛋，有这样的说法：从营养上说，鸡蛋比任何与之同样大小的食物都要好，除了肉之外。"（同上）然而，吃鸡蛋太多，则可能有害，因为有这样的说法："凡吃上 40 个鸡蛋或 40 个坚果，或二两半蜂蜜的人，他的心将被撕出来。"（Kallah）

下面的忠告是为了消除食用某些蔬菜所带来的有害后果而提出来的："要消除莴苣的危害就吃萝卜；要消除萝卜的危害就吃

---

① 西风会将气味吹过来，造成致命的后果。
② 她让茴香的味道浸入面包中，但却不让它久留，因为其气味是有害的。

韭葱；要消除韭葱的危害就喝热水；要消除一切蔬菜的危害都应喝热水。"（Pes. 116a）

让食品暴露在外面过夜是危险的。"吃了剥了皮的蒜、洋葱或饮用了稀释的酒，如果这些东西曾一夜暴露在外，将丧失生命，并且血会溅到自己的头上。"（Nid. 17a）

水果中最令人满意的是枣。"枣为身体增加热量，令人感到惬意，理顺大便，增强体质，并且不伤心脏。早晨和晚上食用对身体有益，下午食用对身体有害，中午吃其好处无与伦比，这时枣能驱忧郁，助消化，愈痔疮。"（Keth. 10b）"蜂蜜及一切甜食有害于伤口的愈合。"（B. K. 85a）

4. 疾病的治疗

在《塔木德》的文字中或许能找到关于疾病治疗的一些建议。有些篇章中载有名副其实的医疗处方，而另一些篇章则显示出明显的迷信色彩。与所有的古代民族一样，人们常常借助于顺势疗法这一带有巫术的手段来解除病痛，下面描述的"疗法"或许与诸如《金枝》（*The Golden Bough*）这样的文献提到的一些类似的疗法相去不远。

我们还将看到符咒常常是治疗手段的一部分，这些符咒有时 251
包括了《圣经》的经文。这一做法遭到了拉比权威们严厉的谴责。他们告诫说："禁止以援引经文作为给自己治病的手段"（Shebuoth 15b）。在不能享有来世的人中就有对伤痛念诵包含下面经文的咒语的人："我就不将所加于埃及人的疾病加在你身上，因为我耶

和华是医你的（《出埃及记》15：26）。"（Sanh. 10：1）即使
这种强烈的谴责也无济于事，念咒的做法似乎在当时十分盛行。

首先，在涉及治病的一般性指导原则时我们得知："如果病人
说他想要某种东西，而医生说他不能要它，应该听前者的。为什
么呢？因为经文说，'心中的苦楚，自己知道'（《箴言》14：
10）。"（Joma 83a）据说，"三只由染工用的茜草做成的花环（用
在病人身上）可以抑制疾病的发展，五只能治好病，七只能使巫
术失灵。其前提是病人尚未见到太阳、月亮和雨，且尚未听到铁
的碰撞声、公鸡的啼叫声和脚步声"（Shab. 66b）。然而，另一
位拉比对此的评论是，"这一疗法已掉进了坑中"，意为不再使
用了。

病人出现六种现象属于有益的症候："打喷嚏、出汗、腹动、射精、
睡眠和做梦。六种东西能治愈病人的疾患，并且疗效很灵验：卷心
菜、甜菜、菠藜（poley）煎剂、胃、子宫、大片的肝叶。有人补充
说：还有小鱼。十件事使人旧病复发并且日益加重：吃牛肉、吃肥肉、
吃烤肉、吃家禽、吃烤鸡蛋，还有刮脸、吃水芹菜、喝奶、吃干酪
以及洗浴。又有人又添上：吃坚果和黄瓜。"（Ber. 57b）在这里，
拉比们意识到了饮食对病人的健康有重要的影响这一原理。

不同种类的热病似乎是常见的疾病，并且拉比们提供了各种
各样的疗法。"对于日发疟疾，应取一枚崭新的苏兹，到盐库去
取同等重量的盐，用白色的捻线将其系在衬衣的领孔上。或者，
让病人坐在十字路口，当他看到负载着东西的大蚂蚁时，让他把
蚂蚁抓住，投放到铜管中，用铅将开口塞住，用60张封条将其封
好。然后让他将铜管摇晃一下，拿在手中前后走几步，口中喊着，

'你的重载给我，我的重载（即热病）给你。'有位拉比反对说，'万一有人曾发现过这同一只蚂蚁并且利用它治过病①，那么病人则应该说，"愿我的重载和你自己的重载都落到你的身上。"'还可以让病人拿一个大水罐到河边去对着河说，'河啊！为了我的旅程借给我一满罐的水吧。'然后，让他绕着头把罐子挥动七次，把水泼到身后并且大声喊，'河啊！把你给我的水收回去吧，因为我已旅行完毕并且在同一天返回了。'"（Shab. 66b）

"对于隔日疟疾，应从七棵棕榈树上取下七根刺，从七根梁上取下七块木片，从七座桥上捉七只蜗牛，从七只炉子中取七份灰，从七个门座中取七粒尘埃，从七艘船上取七块沥青，取七把小茴香，再从一只老狗的胡须中拔出七根须毛，然后把这些东西用一根白色的捻线系在衬衣的领孔上。"（同上，67a）

"对于发炎性疟疾，应拿一把完全是铁制的刀，到一处长有野玫瑰丛的地方，在玫瑰树上系上一根白色的捻线。第一天，让病人在树上切一缺口并且说，'耶和华的使者从荆棘里火焰中②向摩西显现'（《出埃及记》3：2）。第二天，让病人再切上一个缺口并且说，'摩西说，我要过去看这大异象'（同上，3）。第三天，他再切一个缺口并且说，'耶和华神见他③过去要看（同上，4）。有位拉比评论说，他还应该说，'神说，不要近前来'④（同上，5）。

---

① 在这种情况下，这只蚂蚁已经负载了第一位病人的热病，所以，第二位病人等于让病降到自己身上。

② 火焰象征着病人发的烧。

③ 在咒语中这意思是"它（指热病）过去"，即离去。

④ 即病人不再发热。

因而，第一天，他应诵说，'耶和华的使者……向摩西显现。摩西说'；第二天，他应说，'神见他'；第三天，他应说，'神说，不要近前来'。说完之后，让病人弯下腰将其砍断，同时大声说，'啊，树丛，树丛！神圣的上帝降神灵于你不是因为你比其余的树木都高大，而是因为你比它们都矮小。正如你看到哈拿尼亚（Hananiah）、米歇尔（Mishael）和亚撒利亚（Azariah）的火焰就逃逸了一样，所以，你看见了某乙的儿子某甲所患的热病也逃走吧。'"（Shab. 67a）

有两条规则必须认真遵守：在任何情况下，当病人在咒语中提到自己的名字时，他应该将自己描述为母亲的儿子，而不应描述为父亲的儿子（Shab. 66b）；而且"在任何需要重复咒语的情况下，必须将咒语复述的准确无误，否则，必须把它说41遍"（同上）。

另外一种治病的方法如下："患了日发疟疾要喝一罐水。患了隔日疟疾要放血。患了隔三日疟疾要吃在炭火上做熟的红肉并且喝稀释的酒。患了慢性疟应该抓一只黑母鸡，横着切开；把病人头顶的毛发刮去，将鸡放在上面直到它粘住。然后让病人站在齐脖子的水中，直到他支持不住；之后，让他全身浸在水中，再从水中出来去休息。或者，让病人吃了韭葱后站在齐脖子的水中，直到支持不住；然后，让他全身浸在水中，再从水中出来去休息。"（Git. 67b）

其他类型的热病也有所涉及："患了被称为吉拉（Gira）的热病，取一块莉莉丝箭石（arrow of Lilith）①，让其尖端向下，泼上

---

① 一种楔形陨石。"箭"的原文是"吉拉"（gira），因此，这里显然是利用了顺势治疗的魔法。

水并且喝这种水。或者喝一些晚上狗曾经喝过的水，但是要小心不要喝晚上没有盖好的水。① 喝了没有盖好的水时，解的方法是喝四分之一劳格（*log*）未经稀释的酒。"（Git. 69b）"患了外热病（发疹子），取三份枣核和三份雪松叶子，将它们分别煮到开锅，并且坐在这两者之间。把它们混合倒入两个脸盆内，搬一张桌子在上面休息。然后，将一只脚浸泡在一只盆中，另一只脚浸泡在另一只盆中，不断重复这一程序直到出汗。之后，把水冲洗净。要喝水时，让病人喝雪松叶子煮的水，而不能喝枣核煮的水，因为这会使人不育。"（同上）"患了内热病，应从七个菜畦中采七把甜菜，带着泥土煮到开锅；吃下甜菜并且用啤酒喝下一片雪松叶子，或者用水喝下小棕榈树上的浆果。"（同上，69b 及以下）

患了眼疾通常用唾液来治疗②，但是，我们被告知："传说父亲的初生儿子的唾液有医病的功效，母亲的初生儿子的唾液则没有。"（B. B. 126b）"患了白内障时，取一只七色的蝎子，在阴凉的地方使其干燥（不见太阳），磨成细末并分成三份，其中两份为化妆的常量。在每只眼上敷上三眼刷，但不能超过这个量，要不然眼睛会迸裂。"（Git. 69a）治疗白内障也有用血涂眼睛这一方法的（Shab. 78a）。 254

"对夜盲症的治疗是取一根毛绳，把一头系在病人的腿上，另一头系在狗腿上。然后让孩子们用陶瓷的碎片弄出噪声，并且高喊'老狗，蠢鸡！'之后，从七家收集七块肉，把它们放在门

---

① 夜晚暴露在外的水被认为十分危险。参见下文内容。

② 参见《马可福音》8：23，另参见第 205 及下页引述的相关逸事。

窝内，并站在城中的灰堆上将其吃掉。然后解开绳子说，'某乙的儿子某甲的夜盲症，离开某乙的儿子某甲吧。'于是，便把狗的瞳孔刺破。

"患了日盲症，应取七只动物脾脏，把它们放入火罐中；让病人在房间的里面，让另一人在房间的外面。后者说，'盲人，给我吃了。'病人回答，'房门在哪儿？拿去吃了吧。'他吃完之后，这位看得见的人必须把火罐打碎，否则这种病会降临到他的身上。

"患了鼻出血，应找一个姓利未的科恩（*Kohen*）[1]并且把他的名字倒着写一遍。作为变通，也可以找一个非科恩并让他把'我叫巴比·希拉（Papi Shila），是苏姆基（Sumki）的儿子'[2]这句话倒着写一遍。还可以让他写'Taam deli bemé keséph taam deli bemé pegam'这句话。还可以取些草根、一条老沙发上的绳子、一张纸、一棵番红花和棕榈枝上发红的一段，并且把它们一起烧掉。然后，取一个羊毛团，将其纺成两股线，在醋中浸泡后，在灰中卷起来塞到鼻孔中。或者让病人注视着自东向西流淌的溪水，分开两腿跨河而立；然后让他用右手从左脚底下取一些泥，用左手从右脚底下取一些泥。纺上两根毛线，在泥水浸泡后塞进鼻孔中。也可以让病人坐在水管的下面，让人们取水来泼进水管，并且说：'正如这水已停止一样，愿某乙的儿子某甲的血也止住。'

"患了口出血，我们用麦秆对病人进行检查。如果麦秆能粘住（在血上），这血就是来自于肺，并且能治；如果粘不住，这血

---

[1]　大祭司亚伦（Aaron the High Priest）的男性传人。

[2]　这些程式大部分都晦涩难懂，并且无法翻译和解释。

是来自于肝，并且是不治之症。如果血出自于肺怎么治呢？取三把切好的甜菜，七把切好的韭菜，五把枣，三把小扁豆，一把小茴香，一把香料，还有同等数量的初生动物的肠子，并且把它们一起煮开锅。病人应把它们吃掉，然后再喝一些第十个月（*Tebeth*）[①]里酿造的浓啤酒。"（Git. 69a）

"为伤口止血要用未熟的枣并用醋浸泡；补肉要用从狗牙根（cynodon）上刮下的根和荆棘上削下的皮，或者用粪堆里的虫子。"（A. Z. 28a）

"治牙疼时，要拿一独头的大蒜，涂上油和盐，把它放在牙疼一侧的拇指指甲上，周围再绕上一个生面圈，小心不要让蒜接触到皮肉，以免长麻风病。"（Git. 69a）

"拉比约查南的牙床（gums）[②]出了毛病，于是去找一位老太太治疗。她于星期四和星期五对其进行了医治。她是如何治的呢？一位拉比说，'用酵母水、橄榄油和盐。'另一位说，'用酵母、橄榄油和盐。'而第三位则坚持认为用的是鹅翅膀上的脂肪。不过亚拜则说，'这些办法我都试过，但一直没有治愈，直到一位阿拉伯人告诉我说，"取一些尚未长到其成熟的三分之一的橄榄核，放在一个新的锄头上用火烤熟，然后把它施在牙齿上。"我这样做了并且治好了自己的病。'他这病的原因何在呢？是因为吃了小麦面做的面包和鱼丁馅饼的残剩。其症状是什么呢？食物塞在牙里后就会出血。"（Joma 84a）

---

① 犹太历的第十个月（*Tebeth*）大致对应着公历12月到翌年1月这个时间。

② 这词的意思尚不能确定。有些权威将其解释为坏血病，但显然指的是某种牙病。

"治下颚疼，墙草（pellitory）的叶子比玛木鲁（*mamru*）[1] 好，而墙草的根效果则更好。把它们塞进嘴里可以缓解疼痛。

"患扁桃体周脓肿时，应采用筛子表层的粗糠，带泥的小扁豆、葫芦巴以及菟丝子的花蕾，把相当于一个核桃大小的量塞进嘴里。如果要破脓，则应让人用麦秆把白芥的种子吹进病人的喉咙。要让割破的皮肉愈合，应从厕所中背阴的地方取些土，揉上蜂蜜，然后吃下去，这能止疼"（Git. 69a）。

"患了卡他症，应取阿月浑子果一般大小的氨草胶，普通坚果一般大小的甜波斯树脂，少许的蜂蜜，四分之一劳格的白酒——这要根据玛考扎（Machoza）城的计量标准而算。然后把它们煮得很透。氨草胶煮透了时，一切就都煮透了。也可以从一只白羊身上挤出四分之一劳格的奶，让奶滴在三棵卷心菜茎上，并且用墨角豆的茎在锅中搅动，只要墨角豆煮熟了，一切就都煮熟了。还可以用白狗的粪和香膏揉在一起来治疗。但是，应尽可能避免吃狗粪，因为它会使肢体掉下来。"（Git. 69b）

"治脓肿应伴着紫芦荟服下相当于四分之一劳格的酒。"（同上）治疗这种疾患还有一些别的处方。"脓肿是发烧的先兆。用什么办法治呢？用拇指和中指猛挤60次（使之软化），然后将其横着刺破，前提是它还没有白头；如果其顶部已经发白，这种疗法则没有效用。"（A. Z. 28a）"治脓肿应念这样的咒语，'巴兹巴兹亚（Bazbaziah），玛斯玛斯亚（Masmasiah），卡斯卡斯亚（Kaskasiah），沙来（Sarlai）和阿玛来（Amarlai）都是从所多

---

[1] 一种不能确定的植物名称。

玛的土地上派遣来治疗疼痛脓肿的天使。Bazach bazich bazbazich masmasich kamon kamich。你的样子依旧，你的地盘依旧（不要扩展），你的种子如杂种，如骡子一般不能繁衍；你在某甲的儿子某乙身上也同样不能繁衍。'"（Shab. 67a）

"患了心悸应取三个大麦做的饼，把它们在不足 40 天的酸奶中浸泡后吃下去，然后喝稀释的酒。（Git. 69b）"患心力衰竭的人应食用公羊右侧的肉和牛在第一个月①排出的粪，如果做不到这一点，还可以取一些柳枝，用它们生火把公羊的肉烤熟后吃下去，并且喝点稀释的酒。"（Erub. 29b）

"患了气喘病（有人说是心悸），取三个面饼，在蜂蜜中浸泡一下吃下去，然后喝未经稀释的酒。患了喉咙疼，取相当于三个鸡蛋量的薄荷，一个鸡蛋量的小茴香和一个鸡蛋量的芝麻，并把它们吃下去。患了消化不良，取 300 粒长辣椒种子，每天伴着酒喝 100 粒。治绦虫病时应伴着月桂树叶子喝下四分之一劳格的酒。对于腹虫病，应取一粒芝麻菜种子，将其拴在一片布上，浸在水中，然后喝这种液体。但应该小心，不要将种子吞下去，以免它刺穿肠子。"（Git. 69b）

"肠内有虫子应食用银杏。与什么东西一起吃呢？与七枚枣一同吃。这病因是什么呢？这病起于空腹吃烤肉然后喝水，或者起于吃了肥肉，或牛肉，或坚果，或葫芦巴芽后又喝了水。一种变通的治疗是吞下呈白色的半熟的枣，或者行斋戒，取些肥肉，在炭火上烤熟，把其中一根骨头（的骨髓）弄出来并且伴着醋吞

① 犹太历第一个月，相当于公历 3~4 月间。

257

下去，有些人说不能用醋，因为它对肝不好。还可以取一些自上而下削下来的荆棘皮，削皮的方向不能颠倒，以免（虫子）进入口中，并且在落日的时候用啤酒将其煮熟。第二天，堵着鼻子（以便闻不到味）把汤喝下。大便时，应在一棵剥了皮的枣椰树一侧进行。"（Shab. 109b）

"治腹泻用水服新鲜的菠藜；治便秘用水服晒干的菠藜。患脾脏疼痛，取七条细鱼，在阴凉处干燥。每天和着酒服用两三条。或者，取一只没有繁殖过幼崽的山羊的脾脏，将其挤到炉子的裂缝中，站在病人对面说，'愿某乙的儿子某甲的脾脏如同这只羊的脾脏一样干燥。'如果病人没有炉子，就让他将其挤到一幢新房子的砖缝里，并且说出同样的咒语。或者，找一具安息日死去的人的尸体，拿起他的手放在病人脾脏的部位，说，'正如这只手已经干了一样，愿某乙之子某甲的脾脏也变干。'或者，取一条细鱼，在锻铁炉上将其烤熟，和着锻铁时用的水将其吃下，然后再喝些来自铁匠家里的水。一只喝了铁匠家的水的山羊在切开后被发现没有脾脏（因为它已经干枯了）。另一种疗法就是让病人喝大量的酒。

"治蛲虫的办法是取一些刺槐、芦荟、铅白、密陀僧，装有香料叶子（*Malabathrum*）的护符和鸽子屎，冬天用亚麻碎布包起来用，夏天用棉花包起来用。也可以喝稀释了的啤酒。

"患了臀部疾病，应取一只盛有海水的罐子，蘸着海水将睾丸分别揉搓 60 次。患了膀胱结石，应取三滴柏油、三滴韭葱汁和三滴白酒，将它们注入生殖器内。或者，取一只罐子把儿，将其挂在男性的阴茎上；如果病人是女的，就挂在乳房上。"（Git. 69b）

"治苔癣的方法是取七棵阿沙尼亚（Arzania）的麦穗[1]，将其在一柄新的锄头上烤熟，榨出其中的油并在患处揉搓。"（同上，70a）

"治耳疼的方法是取一个白头公羊的肾，横向切开放在快要燃尽的余火上，把上面冒出来的液汁敷在耳朵上。但是，它必须温度适中，既不热也不冷才行。或者，取一个大金龟子的脂肪，将其切开后塞进耳中。或者，将耳中注满油，取七根草须和一根蒜梗，把一根白色的草须缠绕在梗的一端并将其点燃；把蒜梗的另一端插进耳中并将耳朵拉近火焰。病人必须小心要让耳朵避开风口。用完一根草须后，病人依次用其余的草须。或者，取些染成紫罗兰色且并经敲打的羊毛，将其塞进耳中，并将耳朵拉近火焰，但病人必须小心要让耳朵避开风口。或者，取一根一百年古老的空芦苇，在里面装满岩盐，将其燃烧后敷在耳朵上。"（A. Z. 28b）

"如果因斋戒而虚脱，须服用蜂蜜和其他的甜食，因为它们能恢复眼睛的光亮。"（Joma 83b）"如果身患黄疸，应吃驴肉；如果被疯狗咬伤，应吃这只狗的肝叶。"（同上，84a）"酷热时食醋有益健康。"（Shab. 113b）

因为在犹太人居住的东方国家里蛇非常多，所以有一些建议是关于如何消除它们造成的危害的。"六岁的孩子如果在其六周岁生日那天被蝎子叮了必死无疑。[2]什么办法能治好他呢？把白鹳的胆

258

---

① 以穗头大而出名。

② 除非立即采用所开出的疗法。

放在啤酒中，用来揉搓孩子并让他喝一些。一岁的孩子在其一周岁生日那天被大黄蜂叮了必死无疑。什么办法能治好他呢？把枣椰的刺放在水中，用来揉搓孩子并让他喝一些。"（Keth. 50a）

如果有人喝了夜晚暴露在外的水[①]，应让他喝些泽兰（*Eupatorium*）。或者，取五朵玫瑰和五杯啤酒，将它们放在一起煮直到煮得只剩下四分之一劳格时喝掉它。某位拉比的母亲是这样治疗一位（喝了这种水的）患者的：她用一朵玫瑰和一杯啤酒，将其煮开后让他喝下去。然后，她把炉子烧热，拨出余火，膛内放进一块砖让他坐在上面[②]，这样（蛇毒）像一片绿色的棕榈叶子一样从他的身上冒出来了。其他疗法还有：喝四分之一劳格的白羊奶。取一只香橼，将其挖空，注入蜂蜜，在炉子的余火上烤一烤然后吃下去。用存放了 40 天的尿治疗——大黄蜂叮伤了，用三十二分之一劳格；蝎子蜇了，用四分之一劳格；喝了暴露在外的水，用八分之一劳格。

"如果吞下一条蛇，应伴着盐吃菟丝子，并且跑三密耳（*mil*）的路程。如果遭蛇咬了，取一只白色母驴的胚胎，撕开后放在伤口上。"（Shab. 109b）另一可替代的疗法是："如果被蛇咬了，切开一只母鸡（将其放在伤口上）并且吃些韭葱。"（Joma 83b）

"如果被蛇缠住了，应跳进水中，把一只篮子举在头顶上并让其逐渐降下（让蛇钻进去）。等蛇完全进去后，应把篮子扔进水中，从水中上来，然后走开（这样，蛇就不至于跟上来）。当蛇发怒

---

① 蛇有可能把毒吐进去。
② 让他出透汗。

准备攻击人时，假如身旁有别人，应爬到他的背上去走出四肘尺（这样，蛇就失去了线索）；要不然，就应该跨过一条沟渠或者河流；在夜晚，应将床安放在四只桶上，在露天睡觉。还应弄四只猫，把它们拴在床的四个角上，周围撒一些木片，当猫听见（蛇从木片上滑过来）时，它们便消灭它。如果蛇追人，人应在沙上跑（在沙上蛇跑不快）。”（Shab. 110a）

解酒的方法是：“取油和盐在手心和脚心揉搓，同时高喊，‘像这油是透明的一样，愿某乙的儿子某甲的酒也清澈透明。’① 或者，取些封酒瓶的黏土，将其浸泡在水中并且说，‘像这黏土清澈一样，愿某乙的儿子某甲的酒也清澈。’”（同上，66b）

“如果骨头卡进了喉咙，应取一块相似的骨头放在头上说，‘一，一，下去，吞下去，吞下去，下去，一，一。’并不因为这是‘亚摩利人’（Amorite）② 的方式而反对这样做。如果卡住的是鱼骨，则应说，‘你像针一样卡住了，像盾甲一样关住了，下去吧，下去吧。’”（同上，67a）

一条基本的忠告是：“不要养成服药的习惯，并且不要拔牙。”（Pes. 113a）

---

① 不要弄昏头脑。
② 参见第 291 及下页。

第九章　民俗

1. 相信魔鬼

无论是受过教育的人，还是未受教育的人都如此坚定地相信有邪恶的精灵，以至于《塔木德》为此而制定了律法。在拉比们的司法裁决中，他们为一些认定鬼怪为现实存在的情形作了规定。例如，在涉及安息日这一天允许做什么和禁止做什么的律法时有这样的规定："因惧怕异教徒或强盗（袭击），或者因惧怕妖怪而熄灭了灯的人无罪。"（Shab. 2：5）"如果一个人在安息日被异教徒或妖怪迫使走了超过这一天所允许走的距离，他只可以自愿地移动四肘尺。"（Erub. 4：1）

造成犯罪的一个重要原因是被鬼怪所驾驭，因为它能剥夺受害人判别是非的本领和自制能力。"没人会犯罪除非他身体附上了疯狂的鬼怪。"（Sot. 3a）关于这一问题的另一陈述是："有三种东西能使人昧良心、抗神意，即异教徒、鬼怪和贫困造成的迫切需要。"（Erub. 41b）

在这些害人精灵的起源问题上观点各异。一种意见认为它们也是上帝所造之物的一部分。在上帝据说于第一个安息日之夜所造的十件事物中就有马兹金（mazzikin）或称害人精灵（Aboth 5：

9）。对于经文"神说，地要生出生物来，各从其类"（《创世记》1：24），有这样的评论："这是一些上帝为其创造了灵魂的妖怪，但是当上帝要为其创造形体时，他为了尊安息日为圣日而没创造它们。"（《大创世记》7：5）因此，它们被认为是无形体的精灵。

这一理论的一种异说是，精灵乃上帝为了惩罚恶人而让其灵魂变成的邪恶形态。"建造巴别通天塔（Babel）的人分为三类。其中一类说，咱们登到天上去住在那里；另一类说，咱们登上去崇拜偶像；还有一类说，咱们登上去（向上帝）宣战。上帝驱散了第一类人；第三类人被变成了猿猴、精灵、妖魔和夜怪；至于第二类人，上帝混杂了他们的语言。"（Sanh. 109a）

还有另一种观点，认为上帝创造了最初的精灵，然而精灵的繁衍则是它们与第一对人交媾的结果。"在（从伊甸园被逐出之后）亚当与夏娃分开的整整130年中，雄性精灵与夏娃产生了热恋，她与他们生了些孩子；雌性精灵与亚当产生了热恋，并与他生了些孩子。"（《大创世记》20：11）人们从《圣经》的经文中为这一理论找到了根据。"在亚当遭禁的岁月里，他一直在生一些精灵、妖魔、夜怪，如《圣经》所说，'亚当活到130岁，生了一个儿子，形象样式和自己相似'（《创世记》5：3）——由此可以推出，在此之前他生的孩子，其形象与自己不相似"（Erub. 18b）。

为了解释精灵的存在，人们还提出了一种截然不同的理论——进化假说，即"雄性鬣狗七年之后变为蝙蝠；蝙蝠七年之后变为吸血鬼；吸血鬼七年之后变为荨麻；荨麻七年之后变为荆棘①；荆

①　这个词在文中也许可以校订为一个另外的意思"蛇"。

刺七年之后变为妖魔"（B. K. 16a）。

至于它们的特点，"它们在三个方面类似于侍奉天使，在三个方面类似于人。与侍奉天使一样，它们有翅膀，它们从世界的一端飞往另一端，并且它们预知未来。与人一样，它们饮食、繁衍、死亡"（Chag. 16a）。有些人还宣称，"它们能变换形象，能看得见，却不能被看见。"（ARN 37）

人看不见它们这是一件幸事，因为"假如肉眼能看得见它们，那么谁也无法忍受这些精灵。有位拉比说，它们的数目比我们多，并且像山岭环绕着田野一样包围着我们。另一位拉比说，我们大家每个人的左手边都有一千个精灵，右手边有无数个精灵。还有一位拉比说，公众演讲会上的拥挤就是它们造成的①；腿因它们而疲劳；拉比们的衣服穿破了是因为与它们擦碰的结果；脚被它们扭伤"（Ber. 6a）。

它们数目上的优势在别的场合也有所强调。"一位拉比说，整个世界中充满了邪恶的精灵和害人的妖怪；而另一位拉比则宣称，宇宙中每四分之一凯伯（*kab*）*的空间中，就有九凯伯的妖怪。"（Tanchuma Mishpatim 19）拉比约查南说："在斯志宁②有三百种雄性妖怪，至于雌性妖怪，我却不知她是什么东西。"

262

---

① 宣讲《托拉》是于安息日这天在圣殿和讲习所进行的。尽管大厅内或许并不满，然而听众感到拥挤。这是因为邪恶的精灵为了让人们离开而故意让他们不舒服。

* 古希伯来容量单位，约相当于两夸脱。——译者

② 加利利（Galilee）的一座城镇。

（Git. 68a）①

尽管精灵通常是无法被看见的，然而却有一些探测到它们的存在甚至看见它们的手段。"谁如果希望看见它们的脚印应取一些筛过的灰将其撒在自己床的周围。在第二天早晨，他会看见类似公鸡足印的东西。②谁如果想看见它们应取黑色母猫③的胎衣，母猫的幼崽，一只头生猫产出的头生崽，将其在火上烤干，研成粉末，放到眼中，这样他就能看见它们。他必须将粉末装入铁管中并且用铁封封严，以免受到伤害。有位拉比这样做了，看见了邪恶精灵并且受到了伤害。他的同事为他祈祷，于是他被治愈了。"

（Ber. 6a）

虽然在任何地方都有可能遇见精灵，但某些地方则是它们尤其常去的。这其中主要有阴暗、肮脏和危险的地方以及水域。④邪恶精灵似乎真是危险的化身。

精灵常去毁弃的房屋。《塔木德》中对这一问题曾有过一次　263

---

①　关于妖怪庞大的数目，参见《马可福音》5：9。"耶稣问他（鬼）说，你名叫什么？回答说，我叫群，因为我们多的缘故。"吉尔伯特·墨利（Gilbert Murray）引用了一位不知名的希腊诗人的话说："它们充斥于空气之中，甚至连可以塞入一片草叶的空隙都没有了。"参见《希腊宗教的五个阶段》（*Five Stages of Greek Religion*），第50页。

②　东方人视公鸡为夜神，因为它在夜晚啼叫。《塔木德》（Sanh. 63b）认为"疏割比纳"（《列王纪下》17：30）是母鸡，"匿甲"（同上）是公鸡。

③　比较汤普逊（R. C. Thompson）《闪米特人的巫术》（*Semitic Magic*）中的论述："在现代阿拉伯的巫术典籍中，使用黑猫骨灰是法师们惯用的把戏。"（第61页）

④　在伊斯兰教徒中也有完全相同的信仰。"人们相信它们（精灵）还生活在河流、毁弃的房屋、水井、浴室、炉子甚至厕所中，因此，人们在进厕所，从井中取水，点火以及在其他场合下，要说，'许可'，或者'许可，赐福你'——在进厕所时，人们有时在说这样的话之前先祈祷上帝的保护免遭邪恶精灵的伤害。"［E. W. 莱恩，《现代埃及人》（*Modern Egypians*）大众版，第229页］类似的习俗在《塔木德》时期的文献中也有所见。

讨论。"人不应该到废墟去的理由有三：免得遭人猜疑①，免得落下建筑物，免得遇到邪恶精灵。落下建筑物而发生危险这一理由已经够了，为何还要提到免得遭人猜疑呢？因为这废墟也许并不古老。②那么，遇见邪恶精灵这一危险就足以构成充分的理由。但是，当两个人一同到废墟去时这就不适用了。③但如果是两人同去，也就同样不必害怕猜疑了！④但如果是两个名声不好的人，仍有遭人猜疑的理由。那么，既然遭人猜疑和遇上邪恶精灵这两点足以构成不应去废墟的理由，又何必提及怕落下建筑物呢？不，如果是两个名声好的人一同去，理由就不充分了。那么，既然遭人猜疑和落下建筑物这两点已足以构成不应去废墟的理由，又何必提到邪恶精灵这一点呢？不，如果废墟不古老，而且又是两个名声好的人去，这理由就不充分了。如果有两个男人，就不怕邪恶精灵了吗？在邪恶精灵常去的地方，有时候也应害怕。或者，我们可否说，即使是一个人到荒野中的一座毁弃不久的废墟去，也没有可猜疑的理由，因为女人是不去这种地方的。但是，对邪恶精灵的惧怕依然存在。"（Ber. 3a，b）这一论辩的结论就是，避开废墟主要是因为妖怪常去这样的地方。

精灵喜欢去的另一地方是厕所。"凡在厕所内谦恭的人免受三种东西之害：蛇、蝎和妖怪。太巴列有一个厕所，两个人甚至在白天进去都会遭到伤害。据说，有两位拉比单独进去都没有受

---

① 去那里是出于不道德的目的。
② 在这种情况下便不会有落下建筑物的危险。
③ 我们在下面将会看到，有另一个人陪伴时，来自邪恶精灵的危险会降到最低点。
④ 因为犹太律法允许一位妇女由两位男人陪伴（Kid. 4：12）。

到伤害。他们的同事问他们，'你们不害怕吗？'他们问答说，'我们身上有一种护身符，在厕所中的护身符就是谦恭和沉默。'另一位拉比养了一只羊陪他去厕所。[1]拉巴（Raba）在被任命为学园总管之前，他的妻子总是当着他的面在一个瓶子里摇一个坚果，使之咯咯作响。[2]然而，后来当他主持学园后，她在墙上为他凿了一个孔，把手放在他的头上。"[3]（Ber，62a）

《塔木德》提供了这样一则在厕所中驱妖的咒语："在公狮头上和母狮鼻子上，我发现了妖怪巴·舍利卡·潘达（Bar Shirika Panda）；在生长韭葱的山谷中，我打败了他，我用驴下巴的骨头打击了他。"（Shab. 67a）

邪恶精灵偏爱有水的地方这几乎是人们普遍的看法。"害人的精灵既在田中也在井中。"（p. Jeb. 15d）一位拉比讲述说，"有一次，在我的村子里，查托尔（Tzaytor）的阿巴·约西（Abba José）正坐在井口的旁边读书，这时，住在井里的精灵出现在他的面前对他说，'你知道我在这儿已经住了多少年了，然而，你和你的妻室在夜晚和有新月的时候出来，我从未伤害过你们。但是，我应该告诉你，某个害人的精灵要在这儿住下来，它将伤害人类。'阿巴·约西问，'我们该怎么办呢？'他回答说，'去提醒本地的居民并告诉他们说，凡是有锄头、铁锹和铲子的人明晨拂晓都要来观察井的水面。当他们看到水上起了波纹时，必须用手中的

----

[1]　作为免受邪恶精灵伤害的保护手段。

[2]　以便吓走妖怪。参见弗雷泽（Frazer）著《〈旧约〉中的民俗》（*Folklore in the Old Testament*）第 3 卷，第 446 页及以下。

[3]　作为一种更有效的保护措施，因为随着地位升高，他更易于遭到袭击。

264

铁器边打边喊，"我们胜利了！"在看到水面上有血块形成之前，他们千万不能离去。'他于是去把自己听说的情况告诉了村民们，他们按照这一忠告采取了行动，并于第二天拂晓一边用铁器击打，一边高喊，'我们胜利了！我们胜利了！'他们一直等到水面上看到有像血块的东西后才离开现场。"（《大利未记》24：3）

因为妖怪对有水的地方表现出偏好，所以对于液体尤其要当心，特别是当它们被暴露在外时。"邪恶精灵会降落在保存于床下的食品和饮料，即使它们是封装在铁容器内。"（Pes. 112a）"不应把曾暴露在外的水泼到路上，也不应洒在房内的地上，或用来和灰泥，饮自己以及别人的牲畜，也不能用它洗手或洗脚。"（A. Z. 30b）"人不要在星期三晚上和星期六晚上喝水。如果喝了，那他的血会溅到自己的头上，因为这样做有危险。什么危险？邪恶精灵。如果人渴了怎么办呢？让他背诵《诗篇》第29章中关于七种'声音'的段落。或者，让他念这样的咒语：'路尔（Lul）、沙芬（Shaphan）、阿尼格伦（Anigron），还有阿尼尔达丰（Anirdaphon）①，我坐在群星之间，我走在瘦人和胖人之中。'要不，他就应该把在身边的任何一个人唤醒并对他说，'某乙的儿子某甲，我渴了'，然后他才可以喝水。或者，让他在水里扔上点东西后再喝。人在夜晚不应从河流或池塘里喝水；如果喝水，那他的血会溅到自己头上，因为这样做有危险。什么危险？沙布利利（Shabriri）②的危险。如果人渴了怎么办呢？假如他的身边还有别人，就让他对别人说，

---

① 这些显然是妖怪的名字。

② 司盲目的妖怪。

'某乙的儿子某甲，我渴了。'要不然，就让他自言自语说，'我母亲告诉过我，要小心沙布利利，布利利，利利，利①。我在白色的杯中口渴。'"（Pes. 112a）单单把星期三和星期六挑出来的理由是出于如下的信念："人在夜晚不应该单独外出，尤其是在星期三和星期六的晚上，因为在这两段时间里玛琪拉特（Machlath）的女儿阿格拉特（Agrath）与18万破坏天使游荡在外，而其中的每一个都可以独自加害于人。"（同上，112b）

邪恶精灵躲避阳光，喜好黑暗，因此夜间是危险的时刻。"夜晚禁止向任何人打招呼，以免他可能会是妖怪。"（Sanh. 44a）另外一节文字指出："举着火把走路相当于两人同行②，在月光下走路相当于三人同行。一个人自己时，邪恶精灵出来伤害人；两人一起时，它出来但不伤害人；三人一起时，它根本不出来。"（Ber. 43b）因此，人不应在暗夜独自外出。

为了避开阳光的照耀，精灵们常去有阴影的地方，正因为如此，阴影中潜藏着危险。"有五种阴影（因邪恶精灵的缘故而有危险）：孤立的棕榈树阴，落拓刺树阴，槟榔树阴，山梨树阴，以及无花果树阴③。有人还补充上船只和柳树投下的阴影。一般的规律是，树枝愈多，其阴影则愈危险。如果树上的刺是危险的，其阴影则相应是危险的，只有花楸树例外，它的刺虽具有危险，但它却没有危险。一个雌性妖怪对其儿子说，'从花楸树上飞开，因为它杀

---

① 随着音节的减少，妖怪渐渐消失，危险于是过去。

② 即相当于黑暗中还有一人作保护，以防邪恶精灵的伤害。

③ "以及无花果树阴"这几个字并没有出现在《塔木德》的印刷文本中，而是在慕尼黑手稿（Munich MS）中发现的。需要它才能凑足五种树阴。

死了你的父亲并且还会杀死你。'槟榔树阴是精灵常去的地方；山
266　梨树阴是妖怪常去的地方；房顶是利氏泼（*Rishpe*）[1]常去的地方。
提及这一点是什么目的呢？这与护身符有关。[2]槟榔树上的精灵没
有眼睛。提及这一点是什么目的呢？是为了能躲避它们。[3]有一次，
有位犹太律法学者到一棵槟榔树旁去解手。他听到一个雌性妖怪
向他走来，于是就逃跑了。在它去追他的时候，它缠到了棕榈树中；
棕榈树收缩时，它就迸裂了。山梨树是妖怪常去的地方。城镇附
近的一株山梨树上有不下于60个妖怪。提及这一点是什么目的呢？
是为了画护身符。有一次，城里的一个更夫来到城边上的一棵山
梨树旁，有60个妖怪向他袭来，危及到他的生命。他去找一位拉比，
这位拉比因为不知道山梨树上有60个妖怪，他为他画一张只对付
一个妖怪的护身符。他听见妖怪们在他的身旁一边跳舞，一边唱着，
'这个人的头巾像那位犹太学者的头巾一样，不过我们已经证实
他不知道如何祷告。'这时，来了一位知晓山梨树边常有60个精
灵的拉比，他画一张对付60个精灵的护身符，于是，他听见精灵
们彼此说，'撤！'"（Pes. 111b）

---

① 这个词取自于《约伯记》5：7。"利氏泼（*Resheph*）的儿子们向上升腾"（英
文钦定本《圣经》和其中译本均没有这句话。——译者），《塔木德》的评述是："利
氏泼的意思，无非是邪恶精灵而已，如经文上说，'因饥饿消瘦，被炎热（*Resheph*）苦
毒吞灭'（《申命记》32：24）。"（Ber. 5a）"苦毒"在希伯来文中是 keteb meriri，
被认为也是一个妖怪。犹太历四月十七到五月十九期间的三个星期中，即仲夏时节，他
从上午10点至下午3点在外游荡。"他浑身长着眼睛、鳞片和毛皮。他的心上有一只眼，
任何人只要一看到将必死无疑。"（《大耶利米哀歌》1：3）

② 护符必须注明标识。对付槟榔树精灵的护身符对付不了山梨或房顶的精灵。

③ 由于这些精灵没有视觉，因此人在逃跑时就没有危险，因为它们看不见也就无
法追赶。

邪恶的精怪不仅袭击人，而且还袭击动物，从而使动物发狂并成为危险的根源。狗尤其易于为妖怪所缠住。"着了魔的狗据说有五种症状：嘴张开，唾液外流，耳朵拍打，夹着尾巴，走起路来鬼鬼祟祟。有些人说它还不出声地叫。狗着魔的原因是什么呢？一位拉比将其归之于巫师向狗施了法术；另一位拉比则认为是邪恶的精灵附了狗身。这两者之间的争执又有何意义呢？是为了决定应否将狗用射弹杀死[①]，这是因为接触狗是危险的，而被狗咬了则会死。如果有人接触了狗，那应该怎么办呢？他应脱下衣服跑开。如果他被狗咬了应该怎么办呢？他应取一张雄性鬣狗的皮，在上面写上：'我，某乙的儿子某甲，因你之故在鬣狗皮上写上：坎提，坎提，克勒罗斯（Kanti kanti kleros）——另一种措辞是，坎提，坎提，克劳罗斯（kloros）——呀，呀（Jah，Jah），万军之主，阿门，阿门，塞拉（Selah）。'他应脱下衣服，将其埋在坟中 12个月，然后取出来，在炉火中烧掉后把灰撒在十字路口。在这 12个月期间，他只能使用铜制容器喝水，以免（在水中）看到妖怪的影子，从而危及自己。"（Joma 83b 及以下）

某几类人尤其易于遭邪恶精灵的袭击，因而需要受到特殊的保护。"有三种人需要保护（以免遭妖怪伤害）：病人、新郎以及新娘。另一说法是：病人、产妇以及新娘。有些人说，还有服丧的人；另一些人则补充说，还有在夜间读书的圣哲的门徒。"[②]

267

---

①　如果狗着魔是邪恶精灵造成的，必须避免与狗接触，并且用射弹将其杀死。

②　邪恶精灵引诱最后提到的这类人使其在道德上失检。弗雷泽提供了类似的说法。关于坐月子的妇女，参见《〈旧约〉中的民俗》第 3 卷，第 472 页；关于新郎和新娘，参见第 1 卷，第 520 页；关于服丧者，参见第 3 卷，第 236、298 页。

（Ber. 54b）

雌性妖怪的主角是莉莉丝（Lilith）。她被认为是一个长发的生灵（Erub. 100b）。涉及她时有这样的说法："禁止男人独自在房内睡觉；凡独宿的人将成为莉莉丝的俘虏。"（Shab. 151b）《塔木德》对莉莉丝所涉不多，然而，在较晚一些的犹太民间传说中，她却以专门祸害坐月子的妇女和攫夺儿童而赫赫有名。①

由于人类极易受到邪恶精灵活动的伤害，所以势必要采取一些手段来防止它们肆意捣乱。本书已经提到了其中的一些手段，诸如咒语和护身符。在某些特殊场合驱妖避邪所用的一些程式已经援引过了。然而，一般的规定是："驱魔时应该说，'劈开你，诅咒你，打碎你，驱逐你，肮脏人之子，泥土之子，正如沙姆迦（Shamgaz）、梅利迦（Merigaz）和伊斯特玛（Istemaah）。'"②（Shab. 67a）

268　　我们将在后面看到，偶数被认为是不吉利的，因为他们能引起邪恶精灵不该有的关注。因此，为了制服它们，有必要让它们相信偶数之中也介入了一个奇数。一位拉比叙述说，"魔鬼约瑟（Joseph）告诉我，如果一个人喝了两杯（饮料），我们杀死他；如果是四杯，我们虽不杀他，但却伤害他。如果喝了两杯，他是无意中喝了两杯还是故意喝了两杯这并不重要；但如果他喝了四

---

①　莉莉丝这一名称曾被认为与 *laylah*（夜晚）有关系，意为夜精灵。现代学者更倾向于将其与苏美尔（Summerian）的 *lulu*（放荡）联系起来，并将其解释为激发欲念的女妖。参见汤普逊《闪米特人的巫术》（*Semitic Magic*），第 66 页。

②　这里的行文并不确定，另一种校订的文本是："泥土之子，以摩利哥（Morigo）、摩利法特（Moriphath）和他的印章的名义。"

杯，我们只是在他故意这样做时才伤害他；如果是无意为之，则不伤害他。假如一个人一时糊涂，偶然（在喝了两杯后）出去了，应该怎么办呢？他应该左手握住右手大拇指，右手握住左手大拇指说，'加上你我们一共是三个'；但如果他听到有人说，'加上你我们一共是四个'，他应该说，'加上你我们一共是五个'；但如果他听到有人说，'加上你我们一共是六个'，他应该说，'加上你我们一共是七个'。有一次曾发生过这种情况，直到人数加到 101，于是那妖怪迸裂了。"（Pes. 110a）

据说所罗门王对这类降服妖魔的咒语格外通晓。"所罗门征服了众多的妖怪"（《大出埃及记》30：16），尽管他在晚年失去了这种能力，如书上所说，"在所罗门犯罪之前，他统治着妖怪们"（Pesikta 45b）。在约瑟福斯的著作中，我们发现了涉及这一问题的一则颇为有趣的参考："上帝还让他学会了驱妖降魔的本领，这非常有用并且能为人祛病。他创造了一些还可用来减缓病痛的符咒。他留给了后人一些驱妖的手段，借此人们可以将妖怪赶得一去不复返，这种驱除疾患的方法直到今天依旧极具价值；因为，我曾见到我的一位叫作以利沙的同胞当着韦斯巴芗、他的儿子、他的军官以及他全部士兵的面给着了魔的人治病。治疗的方法如下：他把一枚戒指放到着魔病人的鼻孔处，这只戒指的封口处下面有所罗门曾提到过的某一种根；然后，就在病人闻着的同时，他通过其鼻孔将妖怪拉出来；当那人突然跌倒时，他把妖怪移开，使之无法再次返回那人体内，一边这样做，一边还叨念着所罗门的名字，背诵着他所创造的咒语。"（《上古犹太史》第8卷，2：5）

在作为护身符用的图章戒指里面放上某种根这一做法在拉比

文献中有所涉及。"除非佩戴着专家撰写的护身符，否则不得在安息日外出。"（Shab. 6：2）"什么样的护身符是专家画的呢？只要它曾医好过第二个人和第三个人，不论它是书面的护身符，还是包含着根的护身符。[1]佩戴着这样的护身符可以在安息日外出；如果人曾被妖怪袭击过，他这样显然可以外出，但如果他未曾遭妖怪袭击过，则也是如此；如果是在有危险的情况下，事情显然是如此，但如果是在没有危险的情况下，也是如此。人可以将其系在身上，也可以解下来，只要不把它插进项圈里或印章戒指里拿着到处走就行，这是出于外出的考虑。"（Tosifta Shab. 4：9）

269

涉及到书面护身符的律法是："尽管它们上面写有神的名字，但在安息日这天也不得从火中把它们救出来，而必须任其烧尽。"（Shab. 115b）因此，它们并未被赋予任何神圣的观念。释经家拉什，在护身符中通常包含的诗句中提到了这样的经文："我就不将所加与埃及人的疾病加在你身上，因为我耶和华是医治你的"（《出埃及记》15：26）[2]；"你必不怕黑夜的惊骇，或是白日飞的箭"（《诗篇》91：5）。护身符也佩戴在动物身上，因为它们也同样易遭侵袭。律法指出："安息日这天，动物不得戴着护身符出去，即使护符是专家画的，在这一点上，律法对动物比对人要更为严厉。"（Tosifta Shab. 4：5）

---

① 约瑟福斯详细地描述了一种用作护身符的特殊的根。参见《犹太战争》第7卷，6：3。

② 参见第251页。

除了佩戴书面的护身符之外，背诵《圣经》的某些经文也被认为能提供针对妖怪的保护。"在床上读《示玛》①的人犹如手中举着（抵挡妖怪的）的双刃刀，如《圣经》所说，'愿他们口中称赞上帝为高，手里有两刃的刀'（《诗篇》149：6）。"（Ber. 5a）这其实也正是如此立法的目的。"律法规定晚上必须在家里习读《示玛》，这是出于什么目的？是要让害人的精灵溃逃四散。"（p. Ber. 2d）下面的陈述还指出了另一段经常引用的经文："在耶路撒冷人们过去在安息日经常吟诵'妖怪的歌'，以缓解受到击打的人的疼痛。这是什么歌呢？就是《诗篇》91：1~9。"（p. Shab. 8b）关于这些诗篇，据说是"摩西登西奈山时创作的，因为他惧怕害人的精灵"（《大民数记》12：3）。

然而，最可靠的保护还是神的保护。"要不是神圣上帝对人类的荫护，害人精灵会把人杀死，如《圣经》所说'并且荫庇他们的已经离开他们，有耶和华与我们同在，不要怕他们'（《民数记》14：9）。另一种说法是：要不是上帝的圣言庇护着人类，害人精灵会杀死人类，如《圣经》所说'我造就嘴唇的果子，愿平安康泰归于远处的人，也归于近处的人，并且我要医治他。这是耶和华说的'（《以赛亚书》57：19）。"（《诗篇》104：29；《米德拉什》224a）对于经文"天下万民见你归在耶和华的名下，就要惧怕你"（《申命记》28：10），有这样的评论："'万民'一词连精灵和妖怪都包括在内。"（p. Ber. 9a）同样，关于"愿

270

---

① 《示玛》（*Shema*）是某些《圣经》经文（《申命记》6：4~9，11：13~21；《民数记》15：37~41）的合称，是早晚祈祷文的一部分。

耶和华保护"（《民数记》6：24）这句祭司的祝福，人们对其的解释是"免遭精灵祸害"（或见 Sifré 12a）。

遵奉上帝的律令便可以获得神的庇护以免遭这些凶恶精灵的伤害。"如果一个人履行了一条宗教的律令，则分派一位天使保护他；如果他履行了两条律令，则分派两位天使保护他。如《圣经》所说，'因他要为你吩咐他的使者，在你的一切道路上保护你'（《诗篇》91：11）。这些天使是谁呢？他们是保护人免遭精灵祸害的卫士，如《圣经》所说，'虽有千人仆倒在你旁边，万人仆倒在你右边，这灾却不得临近你'（同上，7）。"（Tanchuma Mishpatim 19）

2. 邪恶之眼

对邪恶之眼（Evil Eye）的惧怕在往昔的年代里是普遍的现象，并且依然存在于没有受过教育的人中间。因此，它在《塔木德》载述的民俗中留下了明显的痕迹并不足为奇。"邪恶之眼"一词在书中有两种截然不同的含义，其中的一种显然要早于另外一种，而两者之间的比较则有助于理解这一迷信。

第一种含义是"妒忌"或"吝啬"，这一点在《圣经》中已经存在。在描写荒年情形时，有这样的陈述："你们中间柔弱娇嫩的人必恶眼看他弟兄和他怀中的妻，并他余剩的儿女，他要吃儿女的肉，不肯分一点给他的亲人。"（《申命记》28：54 及下节）这里的意思是"贪婪"，正如经文"人有恶眼想要急速发财"（《箴言》28：22）中一样。在经文"不要吃恶眼人的饭"（同上，23：6）中，它指的是吝啬，其反义词是"善眼"（Good Eye），如经文所说，"眼目慈善的，就必蒙福"（同上，22：9）。

在《塔木德》文献中发现了完全相同的用法。拉比约查南·本·271
撒该曾对他的五位最杰出的门徒说："去看一看什么样的路才是一个人所应坚持的好路。拉比以利泽说，是善眼；拉比约书亚说，是好朋友；拉比约西说，是好邻居；拉比西缅说，是能预见行为结果的人；拉比以利沙说，是一颗好心。于是他说，我更赞同以利沙的观点，因为它包含了你们各位的意思。"（Aboth 2：13及下节）显而易见，在这里"慈善之眼"和"邪恶之眼"都不具备迷信色彩，它们分别指的是宽宏大量及其相反的意义。

在《先贤篇》中，这两个词出现时也具有同样的含义："恶眼（妒忌）、恶意以及对同胞的憎恨能致人死。"（2：16）"施舍有四种情形：愿意施舍却不让别人也去施舍的人，这种人的眼妒忌别人应尽的职责①；希望别人施舍而自己不愿施舍的人，这种人的眼吝啬自己的东西；自己施舍也希望别人去施舍的人是圣人；自己不施舍也不希望别人去施舍的人是恶人。"（5：16）"我们的祖先亚伯拉罕的门徒，其标志就是有一只慈善的眼、一颗谦恭的心和一副卑微的灵魂。"（5：22）

这些词在《塔木德》中具备同样含义的章节还有："谈到要单独送给祭司的礼品，慷慨的人（慈善之眼）给四十分之一；沙迈学派认为是三十分之一；一般人给五十分之一；吝啬的人（邪恶之眼）给六十分之一。"（Terumoth 4：3）"正如捐赠的人慷慨（慈

---

① 他妒忌是因为施舍会为别人带来祝福。

善之眼）施予一样，将财产捐献给至圣所的人也应该慷慨行事。"
（p. B. B. 14d）

　　关于大卫与扫罗初次会面的添枝加叶的描述生动地说明了"邪恶之眼"作为妒忌精灵的含义。"国王对他说，'你不能去与那非利士人战斗，因为你年纪太轻'（《撒母耳记上》17：33）。大卫回答说，'你仆人为父亲放羊，有时来了狮子，有时来了熊，从群中衔一只羊羔去，我就追赶它，击打它……这未受割礼的非利士人也必像狮子和熊一般'（同上，34及以下诸节）。当扫罗问他，'谁对你说你能杀死他？'他回答说，'耶和华救我脱离狮子和熊的爪，也必救我脱离这非利士人的手'（同上，37）。于是，'扫罗就把自己的战衣给大卫穿上'（同上，38）。然而，关于扫罗是这样写的，'身体比众民高过一头'（同上，9：2），因此，当他把自己的战衣给大卫穿上，并且看到很合他身时，心里生了妒忌之意，大卫看到扫罗的脸色变白了，便对他说，'我穿戴这些不能走，因为素来没有穿惯，于是摘脱了'（同上，17：39）。"（《大利未记》26：9）

　　如果一个人惹起他人的妒忌和贪欲，那么，这种妒忌和贪欲则会导致他人对其产生恶意，并且引发一种要将其毁灭的欲望。这种具有敌意的欲望通常是集中在怀有憎恨的注视之中，所以才有了"邪恶之眼"这一说法。人们之所以惧怕它，是因为相信灾祸会借助于它降临到所要伤害的人头上。

　　《塔木德》明确地主张这样的眼光具有害人的功效，并且拉比们尤其具有这样的魔力。"无论圣哲们将眼光投向何方，那里便产生死亡或某种灾难"（Chag. 5b）。拉比西缅·本·约该目光所及之处烧为焦土的故事前面已经援引过了。[1] 关于拉比以利泽也有相同的描述（B. M. 59b）。还有一些故事说有好几位拉比的目光使冒犯他们的人化为"一堆白骨"（Shab. 34a；B. B. 75a）。其中一位施此魔法的人居然是盲人，他就是拉比什什特（Sheshet）。另一则同样类型的故事提到了拉比犹大。"他看到两个人彼此用面包向对方扔，于是高喊，'由此可以看出世上的面包很丰裕！'他把目光投向他们，于是出现了灾荒。"（Taan. 24b）

由于先师们的这种逸事流传于世，平民百姓深信邪恶之眼会带来可怕的祸害也就不足为怪。它造成的祸害有多么大从下面这句陈述可以看得出来："九十九人死于邪恶之眼，一人死于自然原因。"（B. M. 107b）对经文"耶和华必使一切的病症离开你"（《申命记》7：15）的评论是："这指的是邪恶之眼。"（同上）拉比们甚至允许将其纳入立法之中。"为了对付邪恶之眼，或蛇，或蝎子，为了避开邪恶之眼，在安息日念咒语是允许的。"（Tosifta Shab. 7：23）

不仅人类，而且牲畜和其他的财产也可能遭其伤害。"马匹不能两眼之间戴着狐狸尾巴或红色带子外出"[2]（Tosifta Shab. 4：5），以抵御邪恶之眼。"庄稼完全抽穗时，禁止站于邻居的田里。"（B. M. 107a）其理由，据阐释家拉什说，是避免他的邪恶之眼毁坏庄稼。

对付这种危险的主要手段是避免招惹妒忌。不要摆阔，否则会招致邻居的妒意，从而他会用邪恶之眼来注视你的财富。"除

---

[1]　参见第 231 页。
[2]　是指在安息日；因为在一周的其他日子里，马匹外出是常见的事。

非把东西隐藏起来让（邻居的）眼视而不见，否则不会有幸福；如《圣经》所说，'在你仓房里，耶和华所命的福必临到你'[①]（《申命记》28：8）。拉比以实玛利学派训导说，除非东西不让（邻居的）眼看到，否则不会有幸福。"（Taan. 8b）

同样的观念导致了如下的评述："如果头胎生的孩子是女孩，这对于后面要生的男孩来说是好兆头。有人对此的解释是她会看护弟弟们；而另外的人则说，邪恶之眼会拿他们无能为力。"（B. B. 141a）拉什评论说，他不清楚其意在何处；但其道理似乎是东方人十分珍视儿子，如果第一胎是儿子，那么，没有孩子的妇女或者只有女儿的母亲会产生妒意，这样会招来邪恶之眼的危险。如果头胎是女儿，在后面生儿子时，则不会有如此严重的妒忌。

个人可以通过不抛头露面而躲开邪恶之眼。"虽然哈拿尼亚、米歇尔，还有亚撒利亚逃脱了火炉之灾，他们却毙命于邪恶之眼。"（Sanh. 93a）他们的名声使他们显赫于世，而正是这一点毁了他们。当雅各的儿子们去埃及买粮食时，父亲告诫他们说："你们既有力量，又长的英俊；不要从一个门进去，也不要大家都站立在同一地方，这样，邪恶之眼就拿你们无能为力。"（《大创世记》91：6）"约书亚的话提供了很好的忠告，即人必须要提防邪恶之眼。所以，'约书亚对约瑟家，就是以法莲和玛拿西人，说：你是族大人多，并且强盛，不可仅有一阄之地。山地也要归你'（《约书亚记》17：17及下节）。他对他们说，去，藏在树林里，这样，

---

① 希伯来语中的"仓房"一词类似于阿拉姆语中的"隐藏"。因此对这句经文的解释是："耶和华必因你所藏的财富赐福于你。"

邪恶之眼便不会控制你。"（B. B. 118a）

　　在《塔木德》中，邪恶之眼偶尔也指能引起色欲的魔力。"拉比约查南有一个习惯，就是去坐到澡堂的门口并且说，'当以色列的姑娘们离开时，让她们凝目于我，这样她们生出的孩子就会像我一样英俊。'①他的同事问他，'你难道不怕邪恶之眼吗？'他回答说，'我是约瑟的后代，邪恶之眼于我无能为力。因为《圣经》上说，"约瑟是多结果子的树枝，是泉旁多结果子的枝子"（《创世记》49：22）；拉比阿巴胡（Abbahu）说："不要读作 *alé ayin*（泉旁），应读作 *olé ayin*［战胜（邪恶）之眼］。"'拉比约西·本·查尼那说：拉比约查南是从下面的文字中得出了他的推论：'又愿他们在世界中生养（*veyidgu*）众多'（同上，48：16）。即正如鱼（*dagim*）在水底，邪恶之眼对其无能为力一样，邪恶之眼对于约瑟的后代也同样无能为力。或者，你还可以说，无意去占有非己之所有②的眼睛，邪恶之眼也无奈其何。"（Ber. 20a）

　　要躲避这个意义上的邪恶之眼，应采取这样的手段："谁进了城后如果惧怕邪恶之眼，就让他左手握住右拇指，右手握住左拇指，并且说出这样的话，'我，某乙的儿子某甲，是约瑟的后代，邪恶之眼对我无能为力。'然而，假如他惧怕自己的邪恶之眼③，就让他凝视其左鼻孔的鼻翼。"（同上，55b）

---

①　在《塔木德》中常提到他的英俊相貌。
②　约瑟曾拒绝了波提乏（Potiphar）的妻子对他的爱恋表示。
③　即自己的色欲。

3. 巫术与占卜

在《塔木德》中，可以清楚地看到《圣经》中纯洁而又理性的教义与低级趣味的信念以及迷信之间的冲突，而这种低劣的信念和迷信当时在犹太人生活的社会里十分盛行。《圣经》强烈地谴责任何一种巫术，以及试图利用占卜手段揭破肉眼凡胎所无法看透的遮盖未来的面纱而所做出的一切努力。我们看到尤其是早期的一些拉比为了扭转威胁着他们社会的巫术这一逆流而进行了勇敢的斗争，然而却失败了。在后期甚至拉比们也屈服了，盲从于是压倒了信仰。

从《申命记》18：10起的几段文字列出了一些异族人在行施但却禁止以色列孩子去从事的妖术。拉比文献中对这些法术名称的定义也说明了当时它们出现的形式。"'占卜的'——即抓着魔棍说'我是去还是不去呢'的人。"这指的是棍卜者。"'观兆的'——拉比们说，他们是些创造幻觉的人。拉比阿基巴说，他们是定日子的人，即出门旅行或做生意的日子是不是吉利。""'用法术的'——例如，一个人说，'一块饼从我嘴里掉出来了，我的拐杖从我手里掉下来了；我右侧有一条蛇；我左侧有一只狐狸，他的尾巴挡了我的道'；或者，一个人说，'不要开始（旅行或做生意），因为现在是新月，或安息日前夜，或安息日终止的时候。'""'行邪术的'——即实实在在做魔法的人，不仅仅是施幻术的人。这样的人犯了背逆《托拉》的罪，而施幻术的人却没有。""'用迷术的'——指迷惑蛇的人。""'交鬼的'——

指用腋窝发声的人。"（Sifré Deut. §171 f.；107a, b）"'行
巫术的'——这种人把某种动物的骨头放进口中，它自己便说话。
'过阴的'——这种人饿着肚子，到墓地去过夜，这样，肮脏的
精灵便降临到他的身上。"（Sanh. 65b）

我们必须首先检阅一下反对占卜所作的努力。"我们为什么
不能求教于迦勒底人（占星者）呢？因为经文上说，'你要在耶
和华你的上帝面前做完全人'（《申命记》18：13）。"（Pes.
113b）为了支持这一观点，还援引了第一位长老的例证。虽然有
一位拉比声言，"我们的祖先亚伯拉罕心上有一座占星台，东方
和西方的国王都曾到他的家中去求教"（B. B. 16b）；却也有断
然的否定："拉比们宣称，亚伯拉罕不是占星者，而是先知"（《大
创世记》44：12）。还有同样的陈述："在耶利米时代，以色列
人意欲使用占星术，但神圣的上帝不允许他们这样做；如《圣经》
所说：'耶和华如此说，你们不要效法列国的行为，也不要为天
象惊惶'（《耶利米书》10：2）。在过去，你们的祖先亚伯拉罕
意欲使用占星术，但我没有允许他。"（《大创世记》同上）对
最后这一句提到的事是这样描述的："《圣经》上写着，'（上帝）
于是领他走到外边说，你向天观看'（《创世记》15：5）。亚伯
拉罕对神圣的上帝说，'（宇宙的主啊！）那生在我家中的人就
是我的后嗣'（同上，3）。上帝回答说，'这人必不成为你的后嗣，
你本身所生的才能为你的后嗣'（同上，4）。亚伯拉罕说，'宇
宙的主啊！我请教过我的星占，知道我命中无子。'上帝回答说，'扔
了你的占星术吧！星辰对以色列不起作用。'"（Shab. 156a）

《塔木德》强烈地警告人们不得占卜弄法："不占卜的人将会

276

在天堂得到连侍奉天使都不得进入的一席之地。"（Ned. 32a）在这一方面,涉及到所罗门王的一段文字颇有教育意义。为了说明"所罗门的智慧超过东方人和埃及人"（《列王纪上》4：30）,人们讲述了下面这则故事："在所罗门打算建造圣殿时,他写信给法老尼考说,'给我派些雇工来,因为我要建圣殿。'埃及国王怎么做的呢？他召集起他所有的占星术士,对他们说：'预测一下并挑选出今年注定要死的人,我要把他们给他派遣去。'这些人到了所罗门处时,他凭借圣灵的帮助预见到他们将在年内死去。于是,他为他们提供了一些裹尸布,让他们带上一封信,便把他们送回去了。信上说,'既然你没有裹尸布来埋葬你劳工的尸体,我现在就向你提供一些'。"（Peskta 34）在这里,埃及国王求助于占星术士与犹太人从"圣灵"获取知识之间形成了鲜明的对比。

相信迷信所提供的知识的人是不配成为以色列圣堂成员的,下面的这则逸事对此作了有力的训示："某位皈依了犹太教的人相信占星术。有一次他要外出时说,'这种情况下我可以出去吗？'①但转念一想,他又说,'我难道不是已经归附了神圣的民族,并脱离了这类迷信吗？我要以造物主的名义奋然前行。'在路上他被一位抽税的抓住了,他把驴给了那人后才被放走。他为何会受到惩罚呢？因为他想到的（首先是凶兆）。他为何得救了呢？因为他信赖他的创造者。所以说,凡占卜的人其所占到的凶兆必最终降临到自己头上。"（p. Shab. 8d）

还有其他一些故事证明从这种堕落的来源获取的知识是多么容

---

① 卜相不吉利。

易产生误导。这就是波提乏的妻子对约瑟产生淫欲的原因。"她借助于占星术预见到她要得到一个出自于约瑟的儿子，但她却不知这孩子是由她生，还是由她女儿生。"（《大创世记》85：2）事实上，他娶了她的女儿（《创世记》41：45）。而在另一个事件中，它却产生了悲惨的结果："一位相信占星术的理发匠皈依了犹太教。他凭借占卜预见到犹太人会让他流血，但却不知这指的是他皈依时要施行的割礼。因此，当一个犹太人来理发时，他杀死了他。他用这种方式杀死了许多犹太人，一位权威说是 80 人，而另一位则说是 300 人。于是，犹太人替他做了祈祷又让他回归了异教。"（p. A. Z. 41a）

《塔木德》把占卜和巫术总是暗示为异教徒的把戏这一点也说明他们要使犹太社会免遭其扰。埃及据称是它的发源地。"世上的巫术有十成，埃及人占了九成，别的人占了一成。"（Kid. 49b）当叶忒罗向摩西献策找一批助手时，他提议说，"并要从百姓中挑选（寻找）有才能的人"（《出埃及记》8：21）*，而对此的评论是，"国王凭借凝视铜镜的手段（去挑选执事）"（或见 Mech. 60a）。摩押国王米沙（Mesha）咨询其占星术士，他们告诉他说，他将要征服除以色列之外的一切国家（Pesikta 13a）。西拿基立的占星术士告诉他如果要打胜仗应该在什么时候开战（Sanh. 95a）。

尽管人们千方百计对其进行压制，但是巫术还是渗透进了犹太人的生活并且主宰了各个阶层的人。某些拉比据说具有超自然的魔力，关于他们曾有一些精彩的故事。[1] 这里不妨选录几例。

---

* 在钦定本英文《圣经》和其中文本中，均没有这一句。——译者
[1] 参见第 272 页对他们的描述。

"画圈者周尼曾被请求去祈雨，但雨却没有降下来。他画了一个圈子，站在中央高声说，'宇宙的主啊！你的孩子在看着我，因为我在你面前就像家里的儿子一样。我借你的伟名起誓，我将不离开这儿直到你降仁慈于你的孩子。'这时下起了细雨，他说，'我要的不是这种雨，而是能注满池塘、沟渠和洞穴的雨。'这时雨瓢泼而下，他又说，'我要的不是这种雨，而是包含了你的恩宠、福佑和仁慈的雨。'于是，天上降下了合人意的甘霖。"（Taan. 3：8）

"平科斯·本·雅尔（Pinchas b. Jair）到了某处，那里的居民告诉他老鼠吞食了他们的产品。他命令老鼠集合起来，老鼠于是开始叫唤。他问居民们，'你们知道老鼠在说什么吗？'人们说，'不知道。'他告诉他们说，'老鼠说你们的产品未缴纳什一税（因此它们要吞食它）。'他们对他说，'请向我们保证（如果我们缴纳了什一税后就不会再有这种灾难了）。'他向他们作出了保证，于是他们从此不再受到骚扰了。"（p. Dammai 22a）

"雅乃（Jannai）到一个饭馆讨水喝，人们就给了他。他注意到妇女们在低语，于是就泼了点水，水变成了蛇。他对她们说，'我已经喝了你们的水，你们也要喝一点我的水。'他让一位妇女喝了，她于是变成了一头驴。当他骑上驴去市场时这位妇女的同伴来为她解了魔咒，于是人们看到他骑在一位妇女身上。"（Sanh. 67b）

"如果义人愿意，他们就能创造宇宙。拉巴（Raba）造了一个人，并把他送到拉比兹拉（Zira）那里去。兹拉与他谈话，但他却不会回答，于是他宣称，'你是借巫术造出来的，再回到泥土去吧。'拉比查尼那（Channina）和拉比奥沙亚（Oshaya）过去总是在每个星期五坐到一起研讨西费杰次拉（*Sefer Jetzirah*）[①]并且造一只三岁的小牛吃。"（Sanh. 65b）

在下面的故事中，我们看到了某位拉比的盲信与其同伴的常识形成了对比。"拉布（Rab）告诉拉比基亚（Chiyya）说，'我看到一位阿拉伯人拿剑肢解了他的骆驼。然后，他敲了几下手鼓，骆驼又站起来了。'拉比基亚对他说，'留下血迹和粪便了吗？如果没有，那只是幻觉。'"（同上，67b）

下面的观点表明拉比还具有另一种魔力。"据说圣哲的诅咒，即使诅咒的不应该，也是灵验的。"（Ber. 56a）有人甚至说，"即使对普通人的诅咒也不应该漠然处之。"（B. K. 93a）

《塔木德》中还有预先假定占星术真实可靠的一些故事。这里援引几则。"占星的迦勒底人告诉拉比那克曼·本·以撒（Nahman b. Issac）的母亲说他的儿子将要做贼。她于是不允许他光着头，并且对他说，'不要光着头，这样你就会敬畏上天，并且要祈祷慈悲。'他不知道母亲为什么对他说这些。一天，他在枣椰树下读书，突然他的帽子掉下来了。他抬眼看见了枣椰，由于抵挡不住其果实的诱惑，他便爬到树上吃了一串。"（Shab. 156b）因为这棵树并不是他的，所以他就犯了偷盗罪，预言于是应验了。

"以尊奉安息日而著称的约瑟有一位富庶的异族邻居。占星的迦勒底人告诉他说，他的财富将会转移到约瑟的手里。因此，

279

---

① 即《创造之书》（Book of Formation），是一本关于神秘知识的书，现已失传。有一本名称相似、据说是拉比阿基巴（Akiba）所著的书与此并不相同，这本书是最早的犹太神秘哲学文献。

他卖掉了所有的财产，买了一颗珍珠并将其放在了帽子内。过河时，风吹落了他的帽子，珍珠掉进了水中让一条鱼吞下去了。这条鱼被抓住了，并于星期五拿去卖。卖鱼的问谁愿意买，人们告诉鱼贩把鱼给约瑟这位尊奉安息日的人送去，因为他总是买这种鱼。他把鱼切开后发现了那颗珍珠，并且卖了一大笔钱。"（Shab. 119a）

"当约瑟被选为学园的主持时，他没有接受这一位置，因为占星的迦勒底人告诉他说，他将在主事两年之后死去。"（Ber. 64a）

下面的故事说明占卜者的预言即使是正确的，但只要对人不利，就可以通过善举来将其扭转。[1] "拉比查尼那的两位门徒去砍柴。一位占星者看见他俩就说，'这两个人出去了，但却回不来了。'在路上，一位老者遇见了他们并且说，'行行好吧，我三天没吃饭了。'他俩身上带着一块面包，于是就切开给了老人一半。他吃了面包后又要另一半，说：'愿你们今天能救自己的命，正如你们救了我的命一样。'他俩平安地外出，又平安地回到了家中。那些碰巧听到过占星者预言的人问他说，'你不是说这两个人会一去不复返吗？'他回答说，'有人撒谎了[2]，因为他的预言不真实。'尽管这样，他们对这件事进行了调查，结果发现了一条被斩为两截的蛇，分别在这两位门徒担负的柴捆中。人们问他俩，'今天你们遇上了什么事？'他们把经过讲了一遍，那位占星者喊道，

---

[1]　比较第 221 页关于拉比阿基巴女儿的故事。

[2]　指他自己。

'既然犹太人的上帝满足于半块面包，那我又有什么办法呢？'" 280
（p. Shab. 8d）

除了这类故事之外，《塔木德》还提供了可以显示各种迷信在当时盛行于世的充分证据。在涉及到民族的衰败时有这样的陈述："道德沦丧与行巫弄法毁掉了整个民族"（Sot. 9：13），以及"利用符咒违逆上帝之判断的人增殖昌盛之时，就是天降怒于世上，舍金纳离以色列而去之日"（Tosifta Sot. 14：3）。

以色列妇女中盛行巫术这一点已经有所涉及。① 据说，生活于公元前 1 世纪的西缅·本·什塔（Simeon b. Shetach）曾于一天之内在阿斯凯伦绞死了 80 个巫婆（Sanh. 6：4）。拉比约查南宣称，凡在大法院（Great Sanhdrin）被任命占一席位者除了应具备其他的资格之外，还应有关于巫术的知识（同上，17a）。诠释家拉什解释说，这种知识对于处死那些依赖其妖术逃避法庭惩处的巫师，以及当他们试图利用其把戏欺骗法官时对其予以揭露都是必要的。

我们得知，"人们利用鼬鼠、飞禽和鱼类来占卜"（Sanh. 66a）。有一则关于一位叫伊利什（Ilish）的拉比的例子。"他沦为了奴隶。有一次，他坐在一位懂鸟语的人身边。一只渡鸦飞过来叫唤。这位拉比问，'它说的是什么？'回答说，'伊利什逃跑！伊利什逃跑！'他说，'渡鸦撒谎，我不信它。'不久，来了一只鸽子在叫。他问，'它说的是什么？'那人回答说，'伊利什逃跑！伊利什逃跑！'拉比于是喊，'鸽子相当于以色列，因此，我就要遇见奇迹了。'"（Git. 45a）

---

① 参见第 161 页以及后文第 295 页。

人们对星辰会影响人生这一点是确信不疑的。据说星辰不会影响动物（Shab. 53b），但植物和果类却在它们的控制之下（《大创世记》10：6）。至于人类，拉比们对于以色列人是否是例外这一点有不同的看法。一位拉比断言："人出生时的星宿决定了他是否聪明和富有，并且星辰确实影响着以色列人的生活；然而另一位拉比则宣称，星辰并不影响以色列人的生活。"（Shab. 156a）

一般来说，第一种观点占上风，这可以从关于两位拉比的故事中看得出来。"长寿，子孙和生计不是取决于善端，而是取决于星辰。不妨看一看拉巴（Rabbah）和拉比基斯达（Chisda）这两位正直人的例子。其中一位祈雨时总是很灵验，而另一位的祈祷则没有效用。拉比基斯达活到了 92 岁，而拉巴则四十而夭。前者的家中庆祝过 60 次 [1] 婚礼，而后者的家中办过 60 次丧事。在拉比基斯达家中，狗吃的都是精粉面饼，并且谁也不为此而担心，而在拉巴的家中人甚至连大麦饼也吃不到。"（M. K. 28a）

出生的时刻对个人性格和命运的影响被描述得较为详细。星期一出生的人脾气不好，因为水是在这一天分开的。星期二出生的人富有并且好色，因为草木是在这一天创造的。星期三出生的人聪明且记性好，因为日月星辰是在这一天列在了天上。星期四出生的人仁爱慈善，因为鱼和鸟类是在这一天创造的。星期五出生的人活泼好动，据另一种说法，这一天生的人积极守法。安息日出生的人将会死于安息日，因为圣日因他而被亵渎。[2]

---

① 在《塔木德》中，60 常用来表示一个不确定的数字。

② 因在分娩时关照了母亲。

"另一位拉比表示，决定一个人命运的不是（出生）那一天的星辰，而是出生那一时刻的星辰。生于太阳之下的人会出类拔萃，其吃喝不靠别人，其秘密会被公开，假如他贸然去偷窃的话，他不会得逞。[①] 生于金星之下的人富有并且好色，因为这个星宿自始至终燃烧着火焰。生于水星之下的人记性好并且聪明，因为它是太阳的文书（即侍者）。生于月亮之下的人会痛苦，这种人会建造、毁坏，并且再次地毁坏、建造，其吃的喝的都不是自己的，其秘密将被掩藏起来，如果他企图去偷窃，他会得逞[②]。生于土星之下的人其痛苦会自消[③]，然而另外的人则宣称一切针对他的阴谋将破产。生于木星之下的人是正直的人。[④] 生于火星之下的人将会使人流血。[⑤] 另一位拉比声称，他将成为拔火罐者，或屠夫，或施割礼手术者。"（Shab. 156a）

一个人的命运与其星座是如此的息息相关，以至于"如果他感觉到恐惧，即使他或许看不到恐惧的原因，他的星座却看得到。他应该怎么办呢？应让他背诵《示玛》；假如他正位于不洁的地方[⑥]，应让他移动四肘尺的距离；或者让他说'宰房的山羊比我肥'"

---

① 他生活中的一切会像阳光一样公开、清晰，正如太阳并不从另外的行星获取光一样，这种人也将会自立。

② 他会痛苦，因为月光是苍白的；他的劳作会不稳定，正如月亮的圆缺一样；他将不能自食其力，正如月亮从太阳获取光一样；他的生活将会是隐秘的，正如月亮只在夜间发光一样。

③ 在希伯来语中对土星的称谓与一个其意思为"消停"（to cease）的词根有关。

④ 希伯来语中"木星"一词的意思是"正直"。

⑤ 希伯来语中"火星"一词的意思是"露红（之星）"，因此，便暗示着流血。

⑥ 在这样的地方不允许背诵《示玛》。

（Meg. 3a）。另一种观点是"人的名字影响其事业"（Ber. 7b）。

与古代其他民族一样，犹太人也把蚀解释为神在发怒。"拉比们训示说：日蚀对整个世界来说是不祥之兆。这可以比作什么呢？比作一位国王为其奴仆设宴并在他们面前放上一盏灯。国王发怒时，他命令奴隶把灯取走，将他们留在黑暗中。只要行星发生蚀，这对以色列的敌人①来说就是凶兆，因为灾难对于他们司空见惯。打个比方说：当老师手拿皮带走进教室时，谁最感到害怕呢？那个天天习惯于挨打的学生！日蚀对世上的（异教）民族来说是不祥之兆，因为以色列人依月亮定历法，而异教徒以太阳定历法。如果蚀出现在东方，这对生活在东方的人来说是凶兆；如果蚀发生在西方，这对生活在西方的人来说是凶兆；如果蚀发生在中央，这对整个世界是来说是凶兆。如果蚀出现时其表色变为血红，利剑将要降临世界；如果其色变为麻袋色（即灰色），则饥馑之矢将会降临世界②；如果两色兼而有之，利剑和饥馑之矢将同时降临世界。如果蚀发生在日落时分，灾难推迟到来；如果发生在日出时分，灾难则会迅速来到。但有些权威的解释则恰恰相反。凡一民族遭不幸，其神灵必遭不幸。如《圣经》所说，'（我）又要败坏埃及一切的神'（《出埃及记》12：12）。然而，当以色列人遵行上帝的旨意时，他们没有理由来惧怕这类现象。如《圣经》所说，'耶和华如此说：你们不要效法列国的行为，也不要为天象惊惶，因为列国为此事惊惶'（《耶利米书》10：2）——列国，而不是

---

① 在涉及不吉利的事情时，这是常用于来指以色列的一个婉转语。

② 男人和女人的脸因饥饿而呈灰色。

以色列，为此事惊惶。出现日蚀有四种原因：法庭首席法官去世后没有为其致恰当的悼辞，少女在有人居住的地方遭强暴而无人出面救助，鸡奸，以及兄弟俩同时遭杀戮。行星因四种人而出现蚀：伪造文书的人，作伪证的人，在以色列豢养小动物的人 ①，以及砍伐茁壮树木的人。”（Suk. 29a）

　　有些拉比意识到了相信星宿的影响以及相信占星术与作为道德基础的自由意志之间不能相容这一事实。因而，他们作出了一种不太情愿的妥协。“占卜是假的，但现象中却有一定的道理”（p. Shab. 8c）；“一种现象就是一种真实”（Ker. 6a）。从下面的例子可以理解他们的意思：“祈祷时打喷嚏的人应将其视为不祥之兆。”（Ber. 24b）“如果一个人做祈祷时说错了，对他来说这就是不祥之兆；倘若他担当祈祷的领诵，那么这对那些委托他的人来说就是凶兆，因为人的代表与其本人是相似的。谈到拉比查尼那·本·多萨（Channina b. Dosa）时，他们说，当他代替病人祷告时，他总是说，‘这位生存，那位死亡。’他们问他说，‘你如何知道？’他回答说，‘如果我做祷告时口齿流利，我便知道他被接纳了；否则，我便知道他被拒绝了。’”（同上，5：5）

　　关于他这方面本领的一个例子被记载了下来。“一次伽玛列的儿子病了。他派了圣哲的两位门徒到拉比查尼那·本·多萨那里去代他做祷告。多萨看见他们后就来到上房去替他祷告。下来时，他对他们说，‘走吧，他的烧已经退了。’他们问他，‘你是先知吗？’他回答说，‘我原不是先知，也不是先知的儿子（《阿摩司书》7：

---

　　①　例如养一些难以看管而到邻居的田里践踏、啃食的小羊。

14）；然而，这就是我的惯例：如果我能把祷告说的很流利，我
就知道他被接纳了；否则，我就知道他被拒绝了。'他们坐下并
记下了时刻。当他们回到伽玛列那里时，他告诉他们，'以圣殿
的仪式作证，你们记下的时间既不早，也不晚。事情就是如此发
生的；就在那一刻，他的烧退了，并且要水喝。'"（Ber. 34b）

　　拉比们以及其他人普遍采用的一种问卜手段就是《圣经》占卜。
他们到教室去，问某个男孩子他在学习哪一句经文，然后从其字
句中寻找征兆。《塔木德》中出现了许多这样做的例子。只需引
述其一便可说明问题。当拉比迈尔试图诱使异教徒伊利沙·本·阿
卜亚（Elisha b. Abuyah）改弦更张时，他把他领到一所学校，伊
利沙对一个男生说，"对我重复一下你刚刚学过的经文。"这位
男生说，"耶和华说，恶人必不得平安。"（《以赛亚书》48：
22）他被带到另一所学校，提出了同样的问题，这次男生说，"你
虽用碱，多用肥皂洗濯，你罪孽的痕迹仍然在我面前显出。"（《耶
利米书》2：22）这一做法在其他地方重复也得到了同样的结果，
所有的经文都显示出他已无可救药（Chag. 15a）。另一种形式的
预兆是："如果一个人醒来后，（不由自主地）说出一句经文，
应将其视为小预言。"（Ber. 55b）①

　　还有一种形式的占卜也应提一笔，即向亡魂问卜。《托拉》
所明确禁止的这种直接向死者征询的手段尽管极少使用，但人们
普遍相信在一年之中的某些时候通过在墓地过夜的方式可以获得
知识。

---

①　犹太人赖以预示未来的其他一些征兆将在第 291 及以下诸页中涉及。

　　人们在讨论死者是否知晓世事这一问题的过程中提供了一些有关这一主题的信息。为了证明死者有所知晓，人们讲述了这样的故事："一次，有位虔诚的人在闹旱荒时的除夕之夜给了一个乞丐一个第纳尔。他的妻子责怪了他，于是他到一个墓地去过夜。在那儿，他听到两个阴魂在谈话。一个对另一个说，'来，朋友，咱们去世界上游荡游荡，到幕后① 听一听有什么灾祸要降临人世。'另一个阴魂说，'我不能去，因为我是用芦苇垫子掩埋的②，不过你去吧，回来告诉我你听到了什么。'她于是去游荡了一圈后就回来了。另一个问她，'朋友，你在幕后听到了什么？'她回答说，'我听见说如果在第一个降雨期播种③，冰雹会毁掉庄稼。'那个人于是回去后在第二个降雨期播了种。结果，冰雹毁了别人的庄稼而单单没有毁掉他的。

　　"第二年的新年除夕，他又去墓地过夜，并且又听到那两个阴魂交谈。一个对另一个说，'来，朋友，咱们去世界上游荡游荡，到幕后听一听有什么灾祸要降临人世。'另一个阴魂回答说，'朋友，我不是已经告诉你因为我是用芦苇垫子安葬的而不能去吗？不过你去吧，回来告诉我你听到了什么。'她于是去游荡了一阵后便回来了。另一个阴魂问他，'你在幕后听见了什么？'她回答说，'我听见说如果在第二次降雨期播种，狂风会把庄稼毁掉。'这人于是回去后便在第一次降雨期播了种。别人种的东西都被狂风毁掉了，

---

　　① 　指天庭的幕后。

　　② 　埋葬前本该用亚麻裹尸。

　　③ 　即第八个月的十七至二十三日；第二个降雨期是从二十三日至月底。

285

而他的却没有被毁坏。他的妻子问他，'去年人家种的庄稼都毁于雹灾，而你种的庄稼却幸免于难；今年别人种的庄稼都毁于狂风，而你种的却安然无恙，这是怎么回事？'他便把事情的来龙去脉告诉了她。

"故事说，不久之后这位虔诚人的妻子与那位（用垫子埋葬的）女子的母亲发生了争吵。前者对另一位说，'听着，我要叫你知道你的女儿是用芦苇垫子埋葬的。'又过了一年，那个人又在新年除夕去墓地过夜时听到那两个阴魂交谈。一个说，'来，朋友，咱们去世界上游荡游荡，到幕后去听一听有什么灾祸要降临人世。'另一个回答说，'算了吧，朋友，你我之间说的话被活人偷听了。'"（Ber. 18b）

另一则故事说："泽利（Zeiri）把一笔钱让其女房东保管。在他去其老师的学校及返回期间，女房东死了。他跟着她到了墓地，并问她，'钱在哪儿？'她回答说，'到某某处的门洞底下取，并且告诉我母亲让她托某某把我的梳子和眼影捎来，那个人明天就要来这儿了。'"（同上）

还有一则故事，也是所有这类故事中最详尽的一个，它是这样的："撒母耳①的父亲受委托管理一笔属于孤儿们的钱。他去世时，撒母耳并未在身边。人们在其身后喊他，'你爸爸花了孤儿的钱！'他跟父亲到墓地并对他们②说，'我找阿巴（Abba）。'他们回答说，'这里许多人都叫这个名字'。他说，'我找阿巴·本·阿巴（Abba

---

① 公元 3 世纪初巴比伦著名的导师。
② 指坐在密室中向他显现的游魂。

ben Abba），撒母耳的父亲。他在哪里？'他们回答说，'他去天上的神学院（这是研习《托拉》的地方）了。'这时，他看到（过去的同事）利未单独坐在一边。他问他，'你为何与众人分开坐着？你为何不去天上（的神学院）？'他回答说，'他们告诉我说我有多少年没有去拉比阿菲司（Aphes）的神学院，并因此而让他伤心，他们就多少年不允许我升到天上的神学院去。'这时他父亲来了，撒母耳看到他又哭又笑。撒母耳问他，'你为什么哭？'他回答说，'因为你不久也要来了。''那你为什么笑？''因为你在这个世界上备受尊重。'撒母耳说，'既然我如此受到尊重，那么就让他们允许利未进去吧。'他们于是就让他进去了。他问父亲，'孤儿们的钱在哪儿？'他回答说，'到磨坊的围墙里去取。上面的一笔和底下的一笔是我们的，中间那一笔属于孤儿们。'他问父亲，'你为什么要这样放呢？'他回答说，'假如有贼去偷，他可以偷走我们的；假如地上的东西毁坏它①，会先毁坏我们的'"（同上）。

4. 梦

鉴于《圣经》对梦的重视，犹太人认为他们在夜梦中的所见具有举足轻重的意义也就是很自然的事了。梦被视为上帝与人交流的媒介。《塔木德》认为这句话出自上帝之口："尽管在以色列人面前我掩起我的面孔，但我通过梦境与之交流。"（Chag. 5b）梦被称为"预言的六十分之一"（Ber. 57b）。

---

① 参见《马太福音》6：19。

不仅上帝，还有死者也借助于梦来向生者传递信息，《塔木德》中就讲述了一些这类的故事。"拉比犹大邻近处的一个人死了，身后连一个送葬的人也没有留下。在整整一周的哀悼期内，拉比犹大带了十个人去坐在死者的家中（向其致哀）。七天过后，那人在他的梦中显灵说，'愿你的心灵安宁，因为你让我的心灵安宁。'"（Shab. 152a，b）拉巴有一次祈求上帝降雨。"他父亲在他的梦中显灵说，'有如此为上帝添麻烦的人吗？[1] 换个地方（睡觉，因为你有危险）。'第二天早上发现他（原来）的床上留下了刀痕。"（Taan. 24b）

《祝祷篇》（Berachoth）中有数页的篇幅专门探讨梦这一主题，并提供了许多关于如何释梦的知识，摘要如下："未释的梦就像未读的信。[2] 无论吉梦还是凶梦都不可能不折不扣地应验。凶梦比吉梦更好[3]。做了凶梦时，它所造成的痛苦就足够了（足以使它不能应验），做了吉梦时，它所引起的愉悦就足够了。正如不存在没有秸秆的麦子一样，同样也不可能做一个处处应验、无一落空的梦。梦尽管可以部分应验，却绝不会完全应验。这是从何而知呢？从约瑟而知，因为《圣经》上说，'看哪，我又做了一个梦，梦见太阳、月亮与十一个星向我下拜'（《创世记》37：9），但那时他的母亲[4] 已经谢世了。"（Ber. 55a）

---

[1]　因为他频繁提出祈求。
[2]　本无所谓好坏，因为这要看如何去解释它。这种说法无疑是不鼓励人们释梦的。
[3]　因为这会引起内省和悔悟。
[4]　月亮代表其母亲。

"好人不得好梦，坏人不得坏梦。① 凡连续七天不做梦的人被称作恶人。好人做了梦，但是（第二天早晨）就不知道梦见了什么。② 凡做了梦并且（因梦不好）而心情沮丧的人应该当着三个人的面将其化为好梦。他应该召集三个人并对他们说，'我做了一个好梦。'他们应对他说，'既是好梦就愿它成真。愿仁慈的上帝让它成为好梦；愿天意让你应得好梦，愿你的梦是好梦。'

"如果有人得了梦而又不知梦中所见为何，就让他于祭司们伸开手（在圣殿仪式上诵读祝福）之时，站在祭司们面前并说出这样的话：'宇宙的主！我属于你，我的梦也是如此。我得了一梦，却不知其为何事。无论我做这梦牵涉到我自己，还是别人做梦牵涉到我，抑或是我做梦牵涉到别人，只要是好梦，你就让其巩固加强（使其应验），正如约瑟的梦一样；但如果这些梦还需要修正，你就对其施以矫正，正如我们的导师摩西之手矫正玛拉（Marah）的水一样，正如米利暗（Miriam）被医好了其麻风一样，正如希西家被医好了其疾患一样，正如杰里科（Jericho）的河水被以利沙之手使之变甜一样，正如你曾把对恶人巴兰（Balaam）的诅咒变成祝福一样，也请你把我所有的梦变成好梦。'他应该与祭司们同步结束其祈祷，这样会众应之以'阿门'。但是，假如他无法与其同时说完，就让他说，'您居高临下，是万能之主。您是平安，您的圣名是平安。愿您赐我们平安。'

288

---

① 好人得坏梦以使他对可能的恶端进行反思；而坏人得好梦则可以使他在今世得到些许的快乐，因为来世的快乐已与他无缘。

② 并且不经解释，梦将不会起作用。

　　"一位拉比称,耶路撒冷有24位解梦的人。我有次做了一个梦,去找他们每一位替我圆解,但每一位的解释都不同。然而,所有的解释都在我身上应验了。说出的就会灵验,所有的梦都全凭(释梦人的)口说,如《圣经》所说,'后来正如他给我们圆解的成就了。'(《创世记》41:13)

　　"有三种梦是灵验的:早晨做的梦,朋友做的关于自己的梦,以及在梦中圆解的梦。有些人补充说:还有重复过的梦。一个人的心思(所流露出的东西只有在梦中)才会显示出来。这一点可以从人(在梦中)从未被显示过金枣椰或穿过针眼的骆驼这一事实推导出来。[1](Ber. 55b)

　　"罗马皇帝对一位拉比说,'你自夸聪明,那你告诉我梦中我会看到什么。'他回答说,'你会看到波斯人[2]奴役你们,掠夺你们,并且用金色的手杖强迫你们食用污秽的动物。'国王白天为此想了一天,到了夜里就梦见了它。沙波(Shapor)王对一位拉比说,'你自夸聪明。告诉我梦中我会看到什么。'他回答说,'你会看到罗马人来掠夺你们并迫使你们在金色的磨坊里磨枣核(做饲料)。'这位国王整整一天思考这事,到了晚上就梦见了它。"(同上,56a)

289　　　《圣经》经文被用来作为释梦的手段。"梦见水井的人会有平安,如经文所说,'以撒的仆人在谷中挖井,便得了一口活水[3]

---

①　因为人从不会想到这样不可能的事。

②　也许我们应读作帕提亚人(Parthians)而不是波斯人(Persians),在这里我们或许还可以记起公元116年特洛伊人的溃败。

③　"活水"是平安的象征。

井'（《创世记》26：19）。他会找到《托拉》，如经文所说，'因为寻得我的，就寻得生命'（《箴言》8：35）；另一位拉比说，这指的是字面意义上的生命。有三种（梦表示）平安——河流、雀鸟和锅釜。河流表示平安——因为《圣经》上写着，'我要使平安延及她，好像江河'（《以赛亚书》66：12）。雀鸟表示平安——因为《圣经》上写着，'雀鸟怎样扇翅覆雏，万军之耶和华也就照样保护耶路撒冷'（同上，31：5）。锅釜表示平安——因为《圣经》上写着，'耶和华啊，你必派定①我们得平安'（同上，26：12）。拉比查尼那说，但它必须是没有盛着肉的锅釜，因为《圣经》上写着，'分成块子像要下锅，又像釜中的肉'（《弥迦书》3：3）。"（Ber. 56b）

　　因为梦的效验依赖于如何对其圆解，所以在想到一条不利的经文之前先行想起一句吉祥的经文这一点是非常重要的。"梦见河流的人起床时应该先说，'我要使平安延及她，好像江河'（《以赛亚书》66：12），而不要等想起另一句经文，即'因为仇敌好像急流的河水冲来'（同上，59：19）。梦见雀鸟的人起床时应该说，'雀鸟怎样扇翅覆雏，万军之耶和华也就照样保护耶路撒冷'（同上，31：5），而不要等想起另一句经文，即'人离本处漂流，好像雀鸟离窝游飞'（《箴言》27：8）。梦见锅釜的人起床时应说，'耶和华啊，你必派定我们得平安'（《以赛亚书》26：12），而不要等想起另一句经文，即'将锅放在火上，放好了'（《以西结书》24：3）。梦见葡萄的人起床时应说，'我遇见以色列如葡萄在旷野'

---

① 用在这里的这个词的原文 shaphath 常用来指把锅釜放在炉火上。

（《何西阿书》9：10），而不要等想起另一句经文，即'他们的葡萄是毒葡萄'（《申命记》32：32）。"（Ber. 56b）上下文中还有许多其他的例子。

梦见动物有特别的含义。"关于梦见牛有五种说法：梦见吃牛肉的人会富有；梦见被牛触的人生的儿子将会为《托拉》而发生争吵；梦见被牛咬的人将要蒙受灾难；梦见被牛踢的人注定要长途跋涉；梦见骑牛的人将荣耀高升。梦见驴子的人有望得到拯救（《撒迦利亚书》9：9）。在一个把猫称为 shunnara 的地方如果梦见猫，会有人写一支赞颂他的美丽歌曲（shirah naah）；但如果在一个把猫称为 shinnara 的地方梦见猫，则有不祥之事（shinnui ra）在等着他。梦见白马，无论马是驻足还是奔腾，这都是好兆头。如果梦见的是匹灰斑栗色马，倘若马站立不动，这是好兆；假如马在奔腾之中，这是凶兆。梦见大象（pil）的人将遇见奇迹（pelaoth）。"（Ber. 56b）

同样，梦见小麦、大麦以及果类也都有特殊的意蕴。"梦见小麦的人将会看到平安，如经文所说，'他使你境内平安，用上好的麦子使你满足'（《诗篇》147：14）。梦见大麦（seorim）的人，其罪孽将会离他而去（sar）。梦见葡萄藤果实累累的人，其妻子不会流产，如经文所说，'你妻子在你内室，好像多结果子的葡萄树'（《诗篇》128：3）。梦见无花果的人，其关于《托拉》的学问将不会湮灭，如经文所说，'看守无花果树[①]的，必吃树上的果子。'（《箴言》27：18）梦见石榴的人，如果石榴个小，其生意将结出小果实；如果石榴个大，其生意将大有发展，如果

---

① 拉比们把《托拉》比作无花果树（Erub. 54a）。

石榴裂开了而这个人又是圣哲的门徒，他或许有望获得《托拉》，如经文所说，'也就使你喝石榴汁酿的香酒'（《雅歌》8：2）。梦见橄榄的人，如果橄榄个小，其生意将会如橄榄一般结出硕果，不断扩大，并长盛不衰。但这只适用于梦见果实；如果梦见了橄榄树，那么，他将生无数的子孙。如经文所说，'你儿女围绕你的桌子，好像橄榄栽子'（《诗篇》128：3）。有人说，梦见橄榄树的人会留下好名声，如经文所说，'从前耶和华给你起名叫青橄榄树，又华美，又结好果子'（《耶利米书》11：16）。梦见橄榄油的人有望获得《托拉》之光，如经文所说，'把那为点灯捣成的清橄榄油拿来给你'（《出埃及记》27：20）。"（Ber. 57a）

最后，我们还看到了一些五花八门的梦以及它们的意义。"梦见山羊的人一年有福气；梦见长春花的人生意兴隆，如果这人没有生意，他将从某处得到遗产；梦见香橼的人将在上帝面前得到荣耀；梦见棕榈枝的人对其天父只有一颗心；梦见鹅①的人有望获得智慧；梦见一只公鸡的人有望得子；梦见一群公鸡的人有望多子；梦见母鸡的人孩子有望得到极好的养育，且这人有望快乐；梦见鸡蛋的人，其祈求尚悬而未决，如果鸡蛋破了，其祈求已获得允诺，同样，坚果、黄瓜以及一切玻璃器皿和诸如此类的易碎物品都有如此的含义；梦见进城的人，其欲望会获得满足；梦见剃头是吉兆②；梦见剃头和刮胡子对自己和全家都是吉兆；梦见坐在小船上的人会留下好名声，如果梦见的是条大船，这个人和他全家都将

291

---

① 罗马人认为鹅是聪明的动物。
② 因为提到约瑟从狱中释放时就是这么说的（《创世记》41：14）。

留下美名，但这只适合于在大海上扬帆航行的船；梦见登上房顶的人将荣耀高升；梦见从房顶下来的人将从荣耀跌落。

"梦见放血的人其罪孽将得到宽恕[①]；梦见蛇的人其生计将有来源，如果梦见遭蛇咬了，其生计将会有疑问，如果梦见杀死了蛇，其生计将会丧失掉；梦见任何液体，除酒之外都是凶兆。"（同上，57a）

"梦见任何动物，除大象、猴子和长尾猿之外都是吉兆，然而有位先师却说，'梦见大象的人将遇见奇迹。'这里并不矛盾。后者指的是受驾驭的象。梦见任何的金属工具都是吉兆，除了锄头、鹤嘴锄、斧头之外，但这仅适用于梦中看见这些工具带着柄。梦见任何水果都是吉兆，除不熟的枣之外；梦见任何蔬菜都是吉兆，除萝卜头之外。梦见任何颜色都是吉兆，除蓝色之外。梦见任何雀鸟都是吉兆，但猫头鹰、枭以及蝙蝠除外。

"梦见家中有具尸体，家中就会有安宁；梦见在家中吃喝，这对家里来说是吉兆；梦见从家中向外拿器皿，这对家里来说是不祥之兆。"（同上，57b）

5. 迷信

许多习俗被拉比们指斥为"亚摩利人的做法"，即犹太人不应采纳的、属于异教人的行为。特别提及这一点或许表明这些习俗已经为犹太人社会所吸收。所谓"亚摩利人的做法"有下面这样

---

① 　罪孽被描述为是红色的。

一些："妇女在死人中拉着孩子。①男人在臀部系上衬垫或在指头 292
上系上红线。这种人数石头并把它们扔进海里或河中。他击打臀部，
拍手，并在火前跳舞。从这种人那里拿走一块面包时，他说，'还
给我，免得我转了运气。'他说，'地上放盏灯，以便惊扰死者。'
或者，'地上别放灯，以免惊扰死者。'如果灯上落下灯花，他说，
'我们今天有客来访。'要开始工作时，他说，'让手巧的某某
来开始干吧，'或者说，'让脚下利索的某某从我们面前过去吧。'
要给瓮凿孔或揉生面时，他说，'让手气好的某某来开始干吧。'
他用荆棘堵塞窗户，把钉子拴在产妇的床腿上，或者把饭摊在她
的面前②；不过，用毯子或草把子堵塞窗户，把一盆水放在她面前，
拴一只母鸡为她作伴③，这都是允许的。男人说，'砸死这只夜里
叫的公鸡；或者砸死这只叫起来像公鸡的母鸡。给这只带冠的母
鸡喂食吧，因为它叫起来像公鸡。'如果一只渡鸦叫，他说，'哭
叫'，或者他说，'回头'④。他说，'吃下这根莴苣秆，这样你
能记住我；或者，别吃它要不然你会得白内障。吻一下死人的棺材，
这样你会见到他；或者，别吻它，免得你夜里见到他。把衬衣翻
过来穿，这样夜里你会做梦。或者，不要反穿衬衣，以免夜里做梦。
坐在扫帚上，这样夜里你会做梦；或者，不要坐在扫帚上，免得
夜里做梦。坐在犁上，这样你会使之更牢固；或者，不要坐在犁上，

---

① 把孩子领进墓地。

② 这样做的目的是让有害的精灵避开她，参见第 267 页。

③ 这样做是要让她精神安详。

④ 《安息日篇》67b 中的文字是："母渡鸦叫时，他说，'哭叫吧，并把尾巴转
向我以示好兆头。'"

免得（以后用时）它会断裂。'

"这种人说，'不要在背后搓手，以免我们的工作受到阻碍。'
他在墙上把火把弄灭，并且（为了防火而）高喊'哈达'（*Hada*）；
但如果他这样喊是为了提醒人们小心火星，则是允许的。他把水
泼在公路上并且喊'哈达'；但他可以对行人说出这个字眼，以
免他们遭雨淋透。因为（魔鬼常去）墓地的原因，他扔铁块；但
作为提防巫术的手段，这样做则是允许的。（在床上时）他把一
根木棍或铁块放在头的下面；但如果是为了防止其被盗，那么这
样做则是允许的。妇女对着炉子喊，以免（烤着的）面包掉下来，
或者在锅的把中放上木片，以免盛的东西沸腾并溢出来；但是，为
了快点开锅而放在里面一块桑树木片或玻璃片则是允许的。然而，
拉比们禁止使用玻璃，因为这对生命有危险。妇女命令房间内的
人都默不作声，以便小扁豆能快点做熟，或者对着米饭大声喊叫，
以便让它快点熟，或者拍手，从而让灯火明亮。

"如果蛇掉在床上，这种人就说床的主人虽穷，但却要发家；
假如主人是位孕妇，就说她要生个儿子；假如是处女，就说她将
要嫁给一位大人物。希望母鸡孵小鸡的妇女说，'我只允许处女
把母鸡放在鸡蛋上，或者我只在裸着身子时把母鸡放上，或者成
双成对地放上。'要结婚的男人说，'必定成双'；或者要派代
理出去的人说，'必定成双'；这种人还说，'在桌子上再添上
一个人的饭。'[①] 这样的女人（在小鸡孵出来之后）把蛋壳和草药

---

　　① 这是图个吉利，尽管多出的这个人是虚构的。在这几种情况下，其观点是成对
要比一个更吉祥。我们将会看到在其他一些问题上，双数被认为是不吉利的。

放在墙里，把它们粘在上面并且数七和一①。这种女人用筛子筛小鸡并且把一块铁放在它们中间；但如果她这样做是为了避雷电，则是允许的。"（Tosifta Shab. 6）

另外一些被禁止的"亚摩利人的做法"包括："一个人问自己的拐杖，'我是去还是不去呢？'他（在别人打喷嚏时）高喊，'愈合'；不过有些权威只是不允许在研习所高喊，因为这干扰了讲学。他（在提到其财产时）高喊，'绰绰有余'；或者高喊，'喝了有剩'；或者高喊'罗，罗'（Lo，Lo）②；或者喊，'不要从我们中间走，以免中止我们的友谊'。"（Tosifta Shab. 7）

在一些例子中，行为背后的动机决定了这一行为是否被允许。如果行为是出于迷信的动机，则是禁止的。我们看到这一原则在 294 拉比时代早期是被采用的。例如："人们（在安息日）可以带着蚂蚱的卵（治耳朵疼的药），或者狐狸的牙③，或者曾吊死过人的十字架上的钉子④等东西外出，以作为一种治疗手段。这是拉比迈尔说的话；但是拉比们甚至在工作日都禁止这些活动，因为它们属于亚摩利人的做法。"（Shab. 6：10）有位权威提出了这样的基本准则："凡是用作疾病治疗的都不应归之为亚摩利人的做法；

---

① 另一种解读是：71。其目的就是小鸡要繁衍不死。

② 其意思也许是"不，不"，即在听到灾难时说"愿它别发生在我的身上"。文中引用了《约伯记》21：14 关于这方面的内容，布劳（Blau）在其《传统的魔法》（*Das altjüdische Zauberwesen*）一书中建议将其译为："他们对上帝说，离开我们吧，因为我们有欲望，Lo，去了解你的道理"，而不是"因为我们不愿意去了解"。（第 67 页注释）如果这是正确的，Lo 就是某种受尊崇的迷信事物的名称。

③ 活狐狸的牙治疗睡眠多，死狐狸的牙治疗失眠。

④ 这据认为能治疗炎症和发烧。

但如果不是为了医病，它就属于这个范畴了。"（同上，67a）

我们看到人们出于迷信的原因而对于偶数有厌恶之感。"有这样的训示：人不可以在人数为偶数的聚会上吃喝，也不可擦洗或大小便两次。"①（Pes. 109b）"假如一个人喝酒的杯数是双数，他的血就要溅到自己的头上。这一点只有在他没有向大街瞭望的情况下②才是灵验的；如果他向大街瞭望，他可以喝双数的酒。如果他喝了酒外出，这也灵验；但如果他呆在自己的房中，则不反对这样做。别的拉比训导说，在这种情况下睡觉或去厕所与外出一样；而其中一位拉比则补充说，对偶数的反对不适于10这个数。"（同上，110a）

一位拉比报告说："魔鬼约瑟告诉我魔鬼的国王亚斯摩德（Asmodeus）被任命司管一切涉及偶数的事宜，并且国王不能被称为害人精。"（同上）因此，很自然人们不必为偶然而担心；但这一观点遭到了一些同事的反对，他们声称"恰恰相反，国王可以为所欲为，他为了给自己修路可以毁坏民宅，并且无人可以阻止他"（同上）。然而，我们知道，"在西方（指巴勒斯坦）人们并不把偶数放在心上"（同上，110b）。还提到了另一种限制，即"偶数的危险对于菜肴和面包来说并不适用。其基本的准则是：涉及到完全由人手工做的东西时，偶数并无危险；然而，涉及到完全由上天之手做成的东西时③，偶数的食品是有危险的"（同上）。

---

① 指的是连续两次。
② 在喝酒之间瞭望大街，这种中断会消除危险的后果。
③ 例如果实的成熟。

关于从两个人之间或两件物体之间行走一事，也有种迷信的
说法。"三个人不能从两个人之间穿行，也不允许任何人从狗、 295
棕榈树和女人这三者的任何两者之间穿行。有些人还添上了猪和
蛇这两种。如果有谁这样做了，应怎么解呢？让他以'上帝'开
头，以'上帝'结尾，以'不'开头，以'不'结尾。[①]倘若一个
正在行经的妇女从两个男人之间走过，如果是在月经初期，那么
她将会致其中一人于死地，如果是在月经的末期，她将会使双方
产生不和。如何解救呢？让他们以'上帝'开头，以'上帝'结尾。
如果两个女人在十字路口面对面坐在路的两边，她们肯定是在搬
弄巫术。应该怎么办呢？如果还有另一条路，就让行人走另一条路；
如果没有另一条路，假如还有另一位行人的话，就让他们握着手
走过路口；但假如没有别人在场，这位行人应该高喊，'阿格拉
特、阿兹拉特、乌斯亚，还有贝鲁斯亚[②]已经都被箭射死了。'"
（Pes. 111a）

有位拉比还提供了另一则防范巫术的咒语，他宣称："女巫
的首领曾告诉过我，假如一个男人遇见巫婆，就让他说，'破篮
子里的热粪是供你吃的，你们这些女巫；但愿你们秃头，但愿风
吹走你们的面包末，驱散你们的香料，但愿一阵狂风吹散你们的
番红花。[③]啊，你们这些女巫，只要上帝对我仁慈，只要我小心谨慎，
我就不曾走进你们之中；现在我进入了你们之中，为我而秃头吧，

---

① 意思是他应该引用一段以这个词开头和结尾的《圣经》经文。《民数记》23：
22 和 19 分别可作为例子来引用。

② 都是魔鬼的名字。

③ 头发、面包末和香料被巫师用来施法。至于下文提到的东西作何指，尚有疑问。

我将谨慎从事。'"（同上，110a，b）

　　遇见曾与死者有过接触的女人也是危险的。"拉比约书亚·本·利未（Joshua b. Levi）说过，死亡天使曾告诉过我三件事：早上不要从仆人手中接过衣服穿上；仆人的手未洗之前不要让他替你洗手；妇女陪伴死者回来后，不要站在她们面前，因为我在她们之间持剑而行，有生杀之权。但如果一个人遇见了这样的女人该怎么办呢？就让他从自己的地方移动四肘尺；或者，如果旁边有条河，就让他过河；或者，如果还有一条路，就让他沿那条路走；或者，如果有一堵墙，就让他站在墙的后面；倘若都没有，就让他转过脸去说，'耶和华向撒旦说，撒旦哪，耶和华责备你'（《撒迦利亚书》3：2），直到她们走过去。"（Ber. 51a）

　　富有迷信色彩的先兆比比皆是，尤其是作为一个人未来命运的预示。"假如一个人想知道他能否活过年去，就让他在新年到赎罪日的十天之中在一个没有穿堂风的房间里点一盏灯。（只要在有油的情况下）假如灯长生不灭，他就能安度这一年。假如一个人要去从事一笔生意而想知道能否成功，就让他养一只公鸡。如果公鸡长得又肥又漂亮，他的事业将会繁荣。假如一个人要出门旅行而想知道能否平安归来，就让他站在一间黑暗的房子里。如果他能看到影子的影子，他或许就知道他能回来。但是，这种做法并不是从不出错！也许（由于没看到影子）他的心中会产生不安而使其运气更糟！（因此，应避免使用这种测试方法）"（Hor. 12a）

　　人们采取了一些手段来逃避或者影响其命运。其中一种做法是改名或迁居，从而哄骗试图伤害人的魔鬼使之误入歧途。"改名和迁居是躲避魔力的手段。"（R. H. 16b）"倒了霉而仍不迁居的人哭也没人应。"（B. M. 75b）"生了病的人在第一天不应（向公众）泄露真相，以免为自己带来厄运，但在此之后却可以泄露。"（Ber. 55b）"既然人们声称征兆确有道理，那么，在新年人就应该吃南瓜、葫芦巴、韭葱、甜菜和枣。"（Hor. 12a）这些东西生长很快，所以食用这些东西会借助于一种共鸣的魔力使自己的财产在一年之中发展兴隆。人还必须谨慎以避免使用兆示灾难的语言而为自己带来厄运。用《塔木德》中的话说就是，"一个人永远都不应向撒旦开口"（Ber. 60a）。另外一种征兆是："如果狗哀鸣，这兆示死亡天使进城了。如果狗戏耍，这表明先知以利亚进城了，但前提是狗群中没有母狗。"（B. K. 60b）

做了应该避免做的事会使自己贫穷。"把盛着食物的篮子挂起来会招致贫穷，正如格言所说，'把饭篮子挂起来的人把自己的生计也挂起来了。'这只适用于面包，如果篮子里盛的是肉或鱼则是允许的，因为这是人们的风俗。将麸皮撒在房中会招致贫穷。面包末留在房中会招致贫穷，因为星期三和星期六的晚上[1] 害人的精灵会来食用。"（Pes. 111b）

在《塔木德》中也看到了人们对乱丢剪下的指甲屑的普遍恐惧。"在墓地过夜的人，或者剪了指甲后把指甲屑扔到公路上的人会丧命，其血要溅到自己的头上。"（Nid. 17a）这里似乎是说，在这方面粗心大意的人会有危险。[2] 不过也提到了另一个原因："关

297

于指甲有三种情形：将指甲屑埋起来的人是正直的人；将其烧掉的是虔诚的人；将其扔掉的是恶人，因为孕妇踩踏了会流产。"（M. K. 18a）

由于社会中最受尊敬的阶层是饱学之士，所以人们对良好的记忆力十分看重。因此，在这个问题上积累了一些迷信的观念是意料之中的事。"五种事可以使学过的东西忘掉：吃老鼠或猫咬过的东西；吃动物的心；常吃橄榄；喝别人洗刷用过的水；洗脚时把一只脚放在另一只脚上。五种事能使忘掉的学问在记忆中恢复：吃炭火上烤的面包；吃煮得嫩而又没放盐的鸡蛋；常喝橄榄油和香酒；饮用和生面团剩下的水。有人还添上：把手指在盐水中蘸一蘸后，舔吃手指。有十种东西对记忆学问有坏处：从骆驼的笼头底下走过；就更不用说从骆驼身下走过了；从两头骆驼，或两个女人之间走过，或者让一个女人从自己和另外一个男人之间走过；从散发出死去动物臭味的地方的下面走过；从已经 40 天没有流水的桥下走过；食用未烤熟的面包；用汤勺吃肉；从穿过墓地的水渠中喝水；凝视死尸的面部。有些人还补充上：读墓碑上的碑文。"（Hor. 13b）

第十章　法学

（a）刑法、民事及刑事诉讼程序

1. 法庭

《塔木德》中的证据表明，在圣殿被毁，国家沦丧之时，以色列的土地上曾经存在着一个完整的法庭体系，其功能是裁定宗教习俗的疑问，审判违法分子，以及解决争议。人们还进一步断定这一体系从国家生活的最初阶段就一直存在着。于是，我们看到了这样的陈述："从摩西时代起法庭就一直延绵未断。"（R. H. 2：9）同时还提到一些由《圣经》时代的杰出人物甚至包括闪族部落创始人所主理的法庭："圣灵的光照在闪（Shem），撒母耳以及所罗门的审判之所（*Beth Din*）①。"（Mak. 23b）"经文上说，'耶和华就差耶路巴力、比但、耶弗他'（《撒母耳记上》12：11），经文上还说，'在他的祭司中有摩西和亚伦，在求告他名的人中有撒母耳'（《诗篇》99：6）。《圣经》让三位小人物与世界上的三位大人物为伍是要训示人们在无所不在的上帝面前耶路巴力的

---

① 在希伯来语中用来指法庭的通常用词。

审判之所与摩西的审判之所同等重要；耶弗他的审判之所与撒母耳的审判之所在上帝面前也是同等重要。"（Tosifta R. H. 2：3）

　　《塔木德》通常将其起源已经在历史的迷雾中湮灭无考的机构追溯到摩西时代。犹太审判制度所被赋予的这种古老渊源当然是无法予以证实的，尽管在《申命记》16：18 中已透露出了先声。当我们谈及被称为大法庭（Sanhedrin）[1] 的最高法庭时，我们所立论的基础才更为坚实一些。在以斯拉对社会予以重新改组，并确立《托拉》为其生活的基础之时，人们肯定是感到有必要建立一个有能力去解决社会中注定要出现的疑难问题的权威机构。亚达薛西（Artaxerxes）的诏书里有这样的内容："以斯拉啊，要照着你神赐你的智慧，将所有明白你神律法的人立为士师、审判官，治理河西的百姓，使他们教训一切不明白神律法的人。"（《以斯拉记》7：25）

　　"大议会"[2] 极有可能就是后来从事立法和对重大审判予以裁定的最高议会的原型。《塔木德》中保存这样一种说法，即曾有一个"哈斯蒙人的审判之所"（Sanh. 82a；A. Z. 36b），这指的是公元 2 世纪的哈斯蒙统治者。

　　约瑟福斯在其著述中常常提及法庭，而他对法庭的描述与拉比文献中所提供的并不一致。有些基督教学者，譬如舒莱尔（Schürer）[3]，得出的结论是，《塔木德》关于法庭的描述不仅缺乏历史根据，而且是对一种早已不存在的机构的空幻铺陈；他

---

[1]　这是希腊语中 *sunhedrion* 一词的希伯来化形式。

[2]　参见本书"导论"，第 xxxvi 页。

[3]　参见他的《犹太民族史》（*History of Jewish People*）英文版 165 及以下诸页。

们认为后一世的拉比们赋予了法庭一些它从来不曾拥有过的权力和职责。相反，犹太族的权威们则捍卫其历史的真实性，并争辩说约瑟福斯与《塔木德》之间的不一致可以通过如下的理论而得到协调，即后者提到的是两种各司其职而性质截然不同的法庭——一种是政治意义上的，另一种则具有宗教特征。

无论情况究竟怎样，本书的范围则只限于讨论拉比文献所描述的法庭。关于这一问题有一段重要文字："开始时，以色列人之间发生的争执只是由劈石院（Chamber of Hewn Stone）的 71 人法庭、以色列城镇中其他的 23 人法庭以及其他的三人法庭裁定。耶路撒冷有三所法庭：一所在劈石院，一所在圣殿山，另一所在该尔（Chel）。① 如果有必要作裁定（Halachah）②，当事人就到本城的法庭去；如果他住的城中没有法庭，他就到就近城镇的法庭去。如果法官们曾听说过应如何裁定，他们就向他宣布；否则，他就要与法庭的专家到圣殿山的法庭去。如果那里的法官曾听说过应如何裁定，他们就向他俩宣布；否则，他与那位专家还要到位于该尔的法庭去。如果法官们听说过应如何裁定，他们就向他们宣布；否则，他们便要陪同他俩到劈石院的最高法院去。"（Tosifta Sanh. 7：1）

我们由此而得知，当时共有三种法庭：三人法庭、23 人法庭和 71 人法庭。在所有这些法庭中，其成员既是法官又是陪审团。

300

---

① "那里（圣殿内）有三所法庭——一所位圣殿山的入口处，一所位于围墙的入口处（即该尔），另一所位于劈石院内。"（Sanh. 11：2）

② 依法作出的裁定，无论是宗教法还是民法。

它们的主要职能是为涉及宗教活动的问题提供咨询，不过，它们也处理民事争端和刑事案件。

大法院

上面提到的政治法院的特征主要是撒都该人倾向的，其成员来自于祭司和贵族的门第。"撒都该人的审判所"（Sanh. 52b）被特别提及，其专门的职能在《塔木德》文献中涉及的相对较少。

至于宗教法院，其权限则非同小可。"（堕落到崇拜偶像的）部落，冒牌的先知，以及大祭司只能由 71 人法庭审理。只有经 71 人法庭裁定才可以介入自发的战争。[①] 只有这一机构才能裁定是否应为耶路撒冷的疆界或者圣殿的范围扩充土地；它还为各部落任命（23 人）法庭成员（《申命记》16：18）；同时，它要对堕落到崇拜偶像的城市作出裁定（同上，13：13 及以下诸节）。[②] 大法院为何由 71 位成员组成呢？因为《圣经》上说，'你从以色列的长老中招聚 70 个人'（《民数记》11：16）。加上摩西后总数就是 71 人。"（Sanh. 1：5 及下节）

关于它的构建、组成以及程序，我们得到了如下的知识："法庭成员坐成一个半圆形，以便互相都能看见。首席法官（President）坐在中央，长老们依年龄顺序分列其左右。"（Tosifta Sanh. 8：1）"两位法官书记员一左一右站立在他们面前，并记录下辩护和起诉双

---

① 不同于《摩西五经》中所明令进行的针对迦南七国的战争。

② 《塔木德》宣称，这与其说是实践问题不如说是理论问题。"堕落到偶像崇拜的城市从未有过，也永不会有。《托拉》为什么要提到这一点呢？是要让你们通过对其进行阐释而受益。"（Sanh. 71a）

方的陈述。拉比犹大说有三位书记员：除了上面提到的两位之外，由另一位记录下辩护和起诉双方的陈述。有三排圣哲的门徒各按其规定的位置坐在他们面前。如果有必要任命（其中之一以构成所需的人数）时，他们就从第一排中任命一位。然后，第二排的一位补充到第一排来，第三排的一位补充到第二排来。他们进而在大会中再挑选一位坐在第三排中，然而他并不占据其前者的位置，而是依其身份入座。"（Sanh. 4：3及下节）

"尽管劈石院的法庭由71人组成，但出席的人数不能少于23。假如有人需要出去，他必须要看所剩人数是否够数，否则他不能离开。他们从早晨的连祭（Continual Offering）一直坐到晚上的连祭。在安息日和节日他们只到圣殿山上的研习所去。假如有问题需要他们解决，而他们又听说过有关的裁定，他们就予以宣判；否则，就通过投票解决。如果多数票认为某一行为应禁止，法庭便作出如此的宣判，反过来也是一样。裁定便是从这一具有威严的地方传遍以色列。当沙迈以及希勒尔的那些并没有充分掌握《托拉》的门徒们增多时，在以色列便产生了许多疑难问题。于是，从这一法庭中便派人出去寻找一个渊博、谦恭、惧怕罪恶、名声好并能为其同胞接受的人，并将其任命为他所居城市的法官。从这里他被晋升到圣殿山的法庭，然后晋升到该尔的法庭，最后晋升到劈石院的法庭。"（Tosifta Sanh. 7：1）

这种法庭所担负的一项重要职责就是调查那些自荐担任祭司的出身门第，并且拒绝那些因血统不纯而不称职的人（Middoth 5：4）。

大法院的权威在公元前1世纪中叶被罗马将军迦比纽斯

（Gabinius）完全破坏，在将犹地亚国瓜分为五个区之后，他"任命了五个委员会来统治人民，第一个在耶路撒冷，第二个在迦达拉，第三个在阿马塔斯（哈马特），第四个在杰里科，第五个在加利利的塞弗利斯"（《上古犹太史》第 14 卷，5：4）。哈马特的法庭在《塔木德》中有所涉及，但耶路撒冷的法庭无论是在处理宗教事务还是民事诉讼方面却是这五个中最有名望的。其权势在公元 1 世纪 30 年代开始衰微。《塔木德》证实："圣殿被毁之前 40 年，法庭被（从劈石院）驱逐出来，并安置在（圣殿山的）贸易场。"（Shab. 15a）国家沦丧之后它幸存了下来，并惨淡地持续到 4 世纪末。"大法院遭受了 10 次迁徙之苦，从劈石院到贸易场，从贸易场到耶路撒冷（城），从耶路撒冷到雅比尼，从雅比尼到乌沙，从乌沙又回到雅比尼，然后又回到乌沙，之后又到了沙弗拉姆，从沙弗拉姆到贝特谢利姆，从贝特谢利姆到塞弗利斯，从塞弗利斯到提比利斯。"[1]（R. H. 31a，b）

刑事法庭

关于刑事法庭的范围是这样描述的："刑事指控由 23 人法庭裁决。与动物进行反常交媾的人以及这只动物由 23 人法庭审判；如《圣经》所说，'你要杀那女人和那兽'（《利未记》20：16），并且'也要杀那兽'（同上，15）。顶伤三人的牛是否要用石头击死由 23 人法庭判决；如《圣经》所说，'就要用石头打死那牛，牛主也必治死'（《出埃及记》21：29）——正如牛主

---

[1]　这些都是巴勒斯坦地区的城镇。

的死（只能由 23 人法庭裁定）一样，牛的死也只能如此裁定。同样，狼、狮子、熊、豹子、鬣狗以及蛇，这些动物的死也只能由 23 人法庭裁定。① 拉比以利泽说，（不经审判）伺机杀死它们的人其行为是值得称颂的；然而，拉比阿基巴则认为这些动物的死刑必须要由 23 人法庭裁决。"（Sanh. 1：4）

"这种小规模的法庭为何由 23 人组成呢？《圣经》上说，'会众就要……审判，会众要救这误杀人……'（《民数记》34：24 及下节）既然有一个'会众'要审判（即定罪）还有一个'会众'要救人（即赦免），于是，我们就有了 20 位法官。然而，何以知道'会众'一词指 10 个人呢？因为《圣经》上说，'这恶会众向我发怒言，我忍耐他们要到几时呢？'（同上，14：27）在这里，它指的是那 12 位探子，除去约书亚和迦勒（所以表示有一个 10 人团体）。为何又在这 20 人中加上 3 人呢？这是从经文'去随众行恶'（即有罪。原文如此，《出埃及记》23：2）推出来的。我推想我可以随众行善（即无罪）。倘如此，写上'随众'字样的目的何在呢？他们是要告诉人们判定无罪和有罪所需的多数是不一样的。前者只需要多出一票就够了，而后者则需多出两票（因此就需要 22 人）；为了避免法庭上双方的票数相等，就又加上了一个，总数成为 23 人。一个城镇要拥有多少人口便可有资格成立自己的法庭呢？120 人，拉比尼希米说，是 230 人，以便（法庭的）每位成员便是一位'十夫长'（《出埃及记》18：21）"（Sanh,

303

---

① 对动物予以审判在古代是司空见惯的，并且这种做法一直持续到比较现代的时期。伊万斯（E. P. Evans）所著的《动物的刑事指控及死刑》（*The Criminal Prosecution and Capital Punishment of Animals*）提供了许多有趣的知识。

1：6）。对此的裁定是同意按小的数目成立法庭。

这种法庭，与大法院一样，也有三排门徒（Sanh. 17b）。法庭的权力正如其上级机构的权力一样也随着时间的推移而遭到了削弱。"在圣殿被毁之前40年，牵涉死刑案子的管辖权被剥夺了，在西缅·本·什塔[①]时代，民事案子的管辖权也被剥夺了。"（p. Sanh, 18a）随着政治上独立的终结，刑事法庭的权威也寿终正寝了。

民事法庭

第二座圣殿存在期间，这种法庭很可能在巴勒斯坦的大多数城镇都正式设立并定期召集会议。书上说，"当地的审判之所在星期一和星期二坐下来开会"（Keth. 1：1），并且这个团体不仅仅受理宗教争议，它也受理损失索赔。对于归这种法庭管辖的案件是如此界定的："民事案件由三人法庭裁决，其管辖的范围如下：偷窃、伤害、全部赔偿或半数赔偿[②]，双倍或者四倍及五倍损失赔偿（《出埃及记》22：1，4），强奸、引诱以及诽谤。这是拉比迈尔的观点。不过别的拉比们宣称诽谤案必须由23人法庭审理，因为它可能牵涉到死刑。"[③]（Sanh. 1：1）

国家沦丧之后，三人法庭虽然继续存在，但却演变成了仲裁

304

---

① 因为这位西缅生活的年代是公元前1世纪，所以很有可能正确的文字应为"西缅·本·约该"。

② 指的是被牛伤害而造成的损失，假如牛过去曾有过前科，则牛的主人应赔偿全部损失，否则只赔偿一半损失（《出埃及记》21：35及下节）。

③ 例如，当祭司的女儿受到涉及其道德品行方面的诽谤时，如果指控是真实的，她应受火刑烧死（《利未记》21：9）。因此，根据《圣经》律法，如果指控者作出的指控失实，他则必须被处死（《申命记》19：19）。

法庭。其构成的方法是这样被描述的："民事纠纷由三人法庭裁定。据拉比迈尔说，当事的双方各挑选一位法官，并且双方共同选定另一位法官。而其他的拉比则认为应由双方各自选定的两位法官来任命另一位法官。拉比迈尔说，当事的每一方均可以拒绝接受所提名的第三位法官；但其他的拉比们则声称当事人只有在证明被提名者与当事人有利害关系或者其他方面不称职时才可以这样做。然而，假如被提名者是适合于担任法官的人或者是专家，那么就不能视他们为不称职。"（Sanh. 3：1）

当事双方必须签署一项文件，同意将纠纷提交给所挑选的三位法官予以裁定，这种文件被称为"和解契约"（compromissa）（p. M. K. 82a）。

关于需要由三人以下法庭审理的案件其做法不尽统一。一方面我们看到了这样坚定有力的陈述："如果有两位法官来审理民事案件，权威们都一致认为他们的裁定是无效的"（Sanh. 2b）；至于由一位法官单独审理一事，书上是这样说的，"不得独自行审判，因为除了神之外谁也不得独自行审判"（Aboth 4：10）。然而，随着时间的推移，称职履行审判的人愈来愈少见，于是律法便不得不出现松动。这样在民事诉讼中，"大家公认的专家可以单独行审判"（Sanh. 5a），只要当事的双方同意接受他的裁定。

最后，还有一种特殊的"审判之所"，它所履行的职责对于社会来说具有举足轻重的意义，这就是规范历法。每个月的开始并不是通过计算来决定，而是凭借观察来决定；曾经目睹了新月初现的人必须要到这一法庭出庭并就他们证词的有效性接受询问。

"闰月（是否应在一月中加上一天使之成为 30 天）或闰年（是

否应在一年中插上一月使之成为 13 个月）是由三人法庭决定的，这是拉比迈尔的观点。拉比西缅·本·伽玛列说，这一问题应由三人法庭提出，由五人法庭辩论，由七人法庭裁定，不过，如果裁定已由三人法庭作出，那么年月的添闰就有效。"（Sanh. 1：2）

《革马拉》对拉比西缅的观点作了如下的阐释："如果一位法官声称有必要召集会议（以讨论是否应为一年添闰），而两位法官认为无此必要（由于他们认为不必添闰），那么，少数人的观点无效。如果两人声称有必要召集会议，而一人认为不必要，那么就增加两名法官，让他们对这问题进行辩论。倘若两人认为有必要添闰，而三人反对这一观点，那么少数人的观点无效。但是，如果三人得出结论认为有此必要而两人不同意，则应再增加两名法官进行合议，因为（作出裁定的）人数不得少于七人。"（同上，10b）

关于为月添闰的"审判之所"的法律程序问题，我们得知："耶路撒冷有一所大院子被称为 Beth-Jazek，证人们会集聚于此，'审判之所'按下面的方式对他们进行询问：先来到的一对首先被提问，两人之中较重要的一位先被带进来并且问他：'说，你看到月亮在什么位置，是在太阳的前面（即在太阳的东面），还是在太阳的后面？在太阳的北面还是在太阳的南面？它（在地平线之上）的高度如何？它向那边倾斜？（月轮的）宽度是多少？'如果他回答月亮是在太阳的前面，那么他的证词便毫无价值。然后，把另一位带进来并问他类似的问题。如果两人的回答相吻合，他们的证词便有效。其余的证人于是只被匆匆地问一下，不是因为必须要问他们，而是不致让他们（因没有被问及）感到失望，同时也是要让他们养成（来作证的）习惯。'审判之所'的大法官

于是宣布说，'（新月）被敬献了'，并且所有的人都应和着说'敬献了，敬献了'。"（R. H. 2：5~7）

2. 法官与证人

法官的资格有严格的规定，尤其是高一级法庭的法官。基本的原则是："所有的以色列人都有资格审理民事案子，但刑事案件只能由祭司、利未人以及那些能把女儿嫁与祭司们为妻的人审理"（Sanh. 4：2），也就是纯粹血统的以色列人。对于皈依者，律法指出："《托拉》允许皈依者（在刑事以及民事案子中）审判另一位皈依者，并且如果他的母亲是一位犹太人，他甚至还可以审判一位以色列人。"（Jeb. 102a）另一条基本原则是："凡有资格审理刑事案件的人便有资格审理民事案件，但是一些有资格审理民事案件的人却没有资格审理刑事案件。凡有资格作出裁决的人便有资格作证，但是一些有资格作证的人却没有资格作出裁决。"（Nid. 6：4）妇女不能担当法官或作证（p. Joma 43b）。

至于责任更为重大的职位则需要具备许多完美的素质——体能上的、道德上的以及智力上的。最为理想的资格是这样被描述的："我们只任命有才干，具有智慧和威严，年纪成熟，通晓巫术[1]和70种语言[2]的人担当大法院的法官，这样法院就没有必要通过翻译

---

① 参见第280页。

② 这要么是许多语言的一种夸张说法，要么就是如人们所推测的那样，（70种语言）相当于"《七十士译本》"（Septuagint），即希腊语"。

之口来听取诉讼。"（Sanh. 17a）因为不可能期望法院的每一位成员都是如此有造诣的语言学家，所以，只要有几个人能讲所有的语言也被认为足够了。"任何法院只要有两人会讲（70 种语言），并且大家都能听懂他们，便可担当大法院。如果有三人（会讲所有的语言），这就是一所中等水平的大法院；如果有四人，这就是一所博学的大法院。"（Tosifta Sanh. 8：1）这样便排除了使用外行翻译的可能性。

为了使公正和慈悲相得益彰，律法要求不得将缺乏人情的人包括在内。因此，便有了这样的格言："我们不任命老人、太监和无子嗣的人担当法官。拉比犹大又补充说，铁石心肠的人也不行。"（Sanh. 36b）法官们是不受俸禄的。"行审判收费的人其裁定无效。"（Bech. 4：6）

前文已经谈到过法官这一职位的重要性和其应负的责任。[①]行使法官的职权不应该是为了追逐荣誉，并且，为了防止有人追逐地位，人们对担任法官可能会造成的个人不愉快之事进行了强调。"躲避法官职务的人不遭人恨，不遭人抢，不发空誓；武断裁决的人愚蠢、邪恶，并有傲慢之心。"（Aboth 4：9）

这里有几条涉及法官的指导性原则："审慎裁判"（Aboth 1：1）；"（在法官的办公室内）不要行事如辩护人，诉讼的双方站在你面前时，要视他们双方都有罪，当他们离开后，要视他们都是无辜的，因为裁定已经被他们双方都默认了"（同上，8）；"询问证人须刨根问底，说话要留心，以免他们借以学会撒谎"（同上，9）；"（对

---

① 参见第 207 及下页。

司法上的同事）不要说'接受我的观点'，因为（同意）应由他们
自己来选择，你不能强迫他们（同意）"（同上，4：10）。

真相的认定不仅仅取决于法官是否称职和公正，而在更大程
度上或许是取决于证人是否可信赖。鉴于此，《塔木德》律法对
于这两者的资格标准要求是同等的苛刻。除非证人极有声望并且
与讼案完全没有利害关系，否则他的证言不能被采纳。

通过担当证人来协助确立公正被认为是一项神圣的职责，并
且"能为同胞作证而不作的人虽不受人的裁判，却要受上天的裁判"
（B. K. 56a）。"上帝憎恶三种人：心口不一的人，知情而不为
其同胞作证的人，以及看到同胞有不体面行为而单独作不利于他
的证词的人。"（Pes. 113b）"进而，证人必须要知道他们作证
是反对谁 ①，在谁面前作证，以及谁将惩罚他们。"（Sanh. 6b）

有一份清单列明了什么人既没有资格担当法官又没有资格出
任证人："玩骰子的人（即赌徒），放钱取利的人，放飞鸽子（赌
赛鸽）的人，贩运安息年（Sabbatical year）② 收成的人，拉比西
缅说，起初他们把这种人称为休耕年收成的收获者 ③，然而，当暴
虐的官吏越来越多并且向人民征收苛重的税赋时，他们把这一称
谓改成了休耕年收成的贩运者。拉比犹大说，（赌徒等人没有资格）
适用于什么情况呢？在他们没有其他职业的情况下他们便没资格，

---

① 作伪证的人是与上帝作对，因为公正由于伪证而被歪曲，并且上帝还须费心向
受委屈的一方作出补偿。

② 《圣经》说："在安息年（即休耕年。——译者）所出的，要给你……当食物"
（《利未记》25：6）——是当食物，而不是供贸易。

③ 即律法比原来宽松了，这样只有贩运收成的人才没有资格。

但如果他们还有其他谋生的手段，他们就有资格。"（Sanh. 3：3）

　　这份清单上还添了另外一些人。"拉比们把牧人①、抽税的，以及有收入的农夫也包括在内"（Sanh. 25b），"他们添上了强盗、牧人、敲诈者，以及一切在金钱方面涉嫌有不诚实行为的人"（Tosifta Sanh. 5：5）。从经文"这两个争讼的人（men）就要站在耶和华面前"推导出了这样的结论："证人必须是男人（men），而不是妇女或儿童。"（p. Joma 43b）。"在涉及赔偿的诉讼中，证据只能由自由人和立约人之子提供。"（B. K. 1：3）"如果证人作证时收费，那么他的证词无效。"（Bech. 4：6）

　　与诉讼的任何一方有某种程度的关系的人不能担当法官或证人。他们是："父亲、兄弟、叔父或舅父、姐妹的丈夫、姑父或姨父、养父、岳父或公公、连襟——他们，他们的儿子或女婿，以及继子本人②都不行。拉比约西说，这是拉比阿基巴开列的名单。更早一点的一份名单是：叔父、最大的堂兄弟，以及任何有资格成为继承人的人。③还有在事件发生时有关系的人④（不能作证），但假如他随后终止了与当事人的关系⑤，他便可以作证。拉比犹大说，即使那人的女儿死了，只留下了孩子，他仍然被视为亲属。"（Sanh. 3：4）

　　"朋友和敌人不具资格。什么朋友呢？（要好到可以做）他

------

① 因为他们不诚实地让牛羊在不属于他们的土地上吃草。
② 继子的儿子有资格。
③ 即只是父方的亲属，因此，舅父等母方亲属可以作证。
④ 例如女婿。
⑤ 因为他所娶的那个人的女儿已死。

的傧相的人。什么敌人呢？由于敌视而三天没有跟他说话的人。拉比们说，以色列人不受这种怀疑。”（Sanh. 3：5）①

“‘不可因子杀父，也不可因父杀子’（《申命记》24：16）这句经文是什么意思呢？如果其意图是要告诉人们不可因孩子所犯的罪而处死父亲，也不可将其颠倒过来，那么经文上明确写着‘凡被杀的都为本身的罪！’（同上）然而，其真正的意思是不可据孩子作的证而杀死父亲，反过来也是一样。”（Sanh. 27b）

《圣经》立下了至少需要两个证人才能定案的原则，并且拉比们在其司法审理中对这一点进行了强调。“经文说‘只是不可凭一个见证的口叫人死’（《民数记》35：30）——这是基本的原则，《圣经》无论在什么地方用到‘见证’一词，它指的都是两个，除非特别提到只有一个。”（或见 Sifré §161；62b）“未经他人确证的单个证人不能相信。”（R. H. 3：1）②

带有偶然性的证据，无论多么有说服力，都不能接受。只有亲眼目睹犯罪实际发生的证人才可以举证。下面的文字被引用来作为不予承认的证词的例子：“我们看到被告持刀追赶一个人，被追赶的人因此而跑进了一家店铺，并且被告也跟随他进了店铺；在那里我们看到那人已经被杀，并且凶手拿着那把滴血的刀。”（Tosifta Sanh. 8：3）由此得出的结论是，除非实际的犯罪行为由两位德高望重的人所目睹，否则指控不予支持。

309

---

① 他们不会因为友谊或者敌视而作伪证，因此可以接受他们担当证人。

② 关于这一原则的例外情况，参见第 169 页。

作伪证的人受到极为严厉的处置，但在这一问题上，法利赛人与撒都该人对《圣经》律法的解释互有争议。"作伪证者在对囚犯的审判终结（对其作出判决）后予以处决。然而撒都该人则主张直到囚犯被处决之后再将作伪证者处死，因为经文上写着，'要以命偿命'（《申命记》19：21）。（法利赛的）圣哲们回答他们说，经文上已经指出，'你们就要待他如同他想要待的兄弟'（同上，19），由此可以明显地看出'他的兄弟'依然活着！既如此，'要以命偿命'是何意呢？可以认为这指的是应该在（法官）得到（被发现不实的）证据后将作伪证者处死，因此经文才宣称，'要以命偿命'即直到审判终结之后才能把他们处死。"（Mak. 1：6）法利赛人这一更为严厉的观点与约瑟福斯的观点是一致的："倘若某人被认为举了伪证，如果证明有罪，就让其接受他作伪证所指控的人所可能受到的惩罚。"（《上古犹太史》第4卷，8：15）

3. 审判

法官们受到严格的责戒对待诉讼的双方要恪守平等并且不得表现出一丝一毫的偏袒。关于这一点有如下的一些法则："在审判过程中诉讼双方的当事人应该站着。如果法官们想让双方坐下，他们可以这样做；但只允许一方坐下，而让另一方站着则是禁止的。也不能允许让一方详细陈词而让另一方简略叙述。"（Shebuoth 30a）"倘若一位学者与一个白丁争讼，不能允许前者先期到庭落座，因为这样会让人觉得他有操纵案情（使之对自己有利）之嫌。"

（同上，30b）"如果诉讼的一方衣衫褴褛而另一方穿着华贵[①]，应告诉后者：要么穿得与另一方一样，要么把他也打扮得跟你一样。禁止法官在诉讼的一方尚未到达之前倾听另一方的陈述。"（同上，31a）

　　刑事案件与民事案件的审判程序不同。其主要的差异罗列如下："这两类案件的审判都必须通过询问和交互盘问来进行，如《圣经》所说，'同归一例'（《利未记》24：22）。然而，下面的这些差异是适用的：民事案件由三人法庭审理；刑事案件由23人法庭审理。民事案件既可从辩护一方也可从索赔一方开始审理，刑事案件只能从辩护一方开始审理。在民事案件中，一人的多数便足以让被告或原告的理由成立；在刑事案件中，一人的多数可以确定无罪，而定罪则需要两人的多数。在民事案件中，法官可以修正裁决使之对被告或原告有利；在刑事案件中，他们可以修正以免罪，但不得修正以定罪。在民事案件中，所有法官既可以为被告而争辩，也可以为原告而争辩；在刑事案件中，他们均可为免罪而争辩，但不得为定罪而争辩。[②]在民事案件中，为被告争辩的法官可以（在经过反思之后）再为原告争辩，而反过来也是一样；在刑事案件中，为定罪争辩的法官可以随后为免罪而争辩，但是，一旦他曾为免罪而争辩过便不得撤回原议而改为定罪而争辩。民事案件于白天审理并且当夜结案；刑事案件可以于当天结案，

　　[①]　其字面意义为"穿着价值100个玛那的袍子"就是说这人为了给法官留下印象而把自己打扮得特别华贵而超出了正常范围。

　　[②]　总是要让被告处于有利的地位。考虑到在英国被指控犯有重罪的囚犯只是到了现代才有权利获得辩护人的辩护这一点，这确实是拉比诉讼程序中非凡的特点。

如果是无罪判决，但如果是有罪判决则应在第二天结案。出于这一原因，（刑事案件）不能在安息日前夜或节日前夜审理。在民事案件以及涉及典仪是否合乎道德的问题上，法官们发表观点是从年长者开始；在刑事案件中，他们从边上（即年少者）开始。"（Sanh. 4：1 及以下）这一条规则使年少者的判断免受年长者判断的不恰当影响。

如果案件牵涉到死刑，证人受到严肃的告诫从而使其明白事情的严重程度。这类告诫的一种保存了下来，它是这样说的："也许你即将提供的证言是根据揣摩猜测或道听途说，或者是出自于另一证人所言，抑或是发自你所信赖的某人之口。或许你并不知道我们将对你进行刨根问底的盘问。你要记住刑事案件不同于民事案件。对于后者来说，人可以破财而求得赎罪[1]；然而在刑事案件中，人必须为自己的血和后代的血负责直到世界的末日。因此，我们认为这与该隐杀弟相类似，关于这人《圣经》是这样说的，'你兄弟的血（bloods）[2]有声音从地里向我哀告'（《创世记》4：10）。经文上写的不是'你兄弟（自己）的血（blood）'，而是'你兄弟的（那些）血（bloods）'，这意思就是他的血以及他后代的血。正是出于这一原因，起初只创造了一个人，以便告诫人们无论谁毁掉了一条生命[3]，《圣经》便将其视同为毁掉了整个世界；而无论谁拯救了一条生命，《圣经》便将其视同为拯救了整个

---

① 同样作伪证者只能以损失钱财来弥补其罪过。

② 在希伯来文中这个词是复数。

③ 有些文本为"血"一词上了"以色列的"这一定语，然而据巴勒斯坦《塔木德》这一文本，应将其删去。

世界。① 你们也许（因为责任如此重大）会说，'我们为何要自找这些麻烦呢？'② 但是经文上说，'他本是见证，却不把所看见的、所知道的说出来，这就是罪'（《利未记》5：1）。也许你们会说，'我们为何要为被指控者的血负责呢？'但是经文上说，'恶人灭亡，人都欢呼'（《箴言》11：10）。"（Sanh. 4：5）

拉比们建议，如果案件没有牵涉到死刑，法庭上的盘问不应太严苛，因为它可能会影响到人与人之间的关系。"拉比们宣称，在民事案件中没有必要进行质询和盘问，这样邻里之间在事后借用东西时就不至于被拒之门外了。"（Sanh. 3a）

民事案件的审理程序是这样被描述的："他们怎样盘问证人呢？这些人被带进法庭，受到严肃的告诫，然后被送出去，只留下他们中间最年长的一位。法官们对他说，'告诉我们你是如何知道被告欠原告钱的。'如果他回答说，'他本人曾对我说，"我欠他钱"，或者某某曾告诉过我这笔欠款的事'，那么他的证词是没有价值的，除非他能证明：'被告曾当着我们③的面承认他欠那人 200 苏兹。'之后，第二个证人被带进来受到同样的盘问。如果两个人的陈述吻合，法官们便着手讨论这一案件。如果两位

312

---

①　《塔木德》文本中还有如下的补充，但这些文字只是作为教义的一种评述，而不是作为指控的一部分。"（起初只创造了一个人）是出于让人类之间和睦的目的，这样一个人就不至于对另一个人说，'我的祖先比你的更伟大'，异教徒也不至于说，'天上有数个创世者'；另一目的就是要昭示上帝的伟大，因为人从一个模子里做出的许多硬币都相似，而至高无上的万王之王，神圣的上帝按着第一个人的模子铸成了整个人类，但彼此却都不同。因此，每一个人都有责任说，世界是因我而创造的。"

②　并因此而拒绝作证。

③　即当着他本人和另一人的面。

法官宣称这人没有责任而一位认为他应负责任，则索赔便被驳回。如果两位宣称他应负责任，而一位认为他没有责任，则他应负责任。如果一位认为他没有责任，一位认为他应负责任——即使两位认为他没有责任或应负责任——而一位说他不知该如何裁定，则应增加法官的人数。[1]

　　"当裁决形成之后，诉讼当事人被带进法庭，资深法官于是宣布：'某某，你不应负法律责任；某某，你应负法律责任。'为什么法官中的任何一人不得在事后对被裁定应负责任的人说，'我倾向于裁定你不应负责任，但我的同事们则认为你应负责任，因此我也无能为力，因为他们是多数'。关于这种人《圣经》上说，'往来传舌的，泄漏秘事'（《箴言》11：13）。

　　"只要有责任的一方能提供新的证据，法庭有权把裁定搁置起来。如果法官们告诉他一切证据必须于30天之内提交，而他于30天之内提交了证据，裁定便被搁置到一边，但不能超过30天。拉比西缅·本·伽玛列问：但超过了30天之内没有找到证据而在后来找到了证据他该怎么办呢？[2]如果法官们对被裁定应负责任的人说，'让证人来'，而他回答说，'我没有'，或者法官对他说，'拿证据来'，而他回答说，'我没有'；但在过了规定的时间之后，他却找到了证据或发现了证人，这都是无效的。为了表示不同意这一观点，拉比西蒙·本·伽玛列又问道，倘若他起先不知道有证人，后来却找到了，或者他不知道存在证据，后来却发现了，

---

① 因为事实上他只被两个法官审判。
② 裁定可以被推翻。

那该怎么办呢？如果法官们对他说，'举出证人来'，而他回答说，'我没有'或者'拿出证据来'，而他回答说，'我没有'，当看到自己要被裁定应负责任时，他说，'让某某人来为我作证'，或者他从腰带下拿出证据来，这将是无效的（甚至拉比西蒙也认为这无效）。"（Sanh. 3：6~8）

在刑事指控中证人也逐一被进行类似的质询，盘问的中心问题是时间和地点。"他们就七项内容盘问证人：（事件发生在）哪一个安息期？① 哪一年？哪一月？哪一日？星期几？你认识（被指控有罪的）那个人吗？你是否警告过他？② 如果当事人被控犯有偶像崇拜罪，还要（加）问这样的问题：他崇拜的是什么偶像？他是如何崇拜的？

"延长盘问的时间是应受赞赏的行为。据说本·撒该曾在涉及无花果茎③的问题上延长了盘问的时间。盘问与调查的区别何在呢？在前者中，假如证人说，'我不知道'，他们的证词便是无效的。在后者中，假如一个或两个证人说，'我不知道'，他们的证词依然有效。在涉及到盘问和调查时，假如证人们彼此矛盾，那么他们的证词是无效的。

"假如一个证人说事情是发生在某月的第二天，另一个说是

① 年岁是按七年一个系列来分组的。

② 根据《塔木德》律法，证人必须警告违法者他要从事的行为是犯罪。予以警告的目的是"区分过失行为和故意行为"（Sanh. 8b）。

③ 当时他尚未具备充分的拉比资格，但他当时正在场审理一桩谋杀案。这桩犯罪被指控是在一棵无花果树下发生的。他通过仔细盘问证人无花果树茎的粗细，从而证实了证据是假的。因此，他被人称为本·撒该，意思是"无辜者的儿子"。这就是说，他是一个证明了被指控者无辜的人。

发生在第三天，那么他们的证词是有效的，因为也许其中一人了解闰月的情况，而另一个或许不了解①，但是，假如一个人说是发生在第三天而另一个说是第五天，他们的证词则是无效的。假如一个人说事情是发生在第二个时辰（即上午 8 点），而另一个说是第三个时辰，他们的证词有效；但如果一个说是第三个时辰，而另一个说是第五个时辰，则他们的证词是无效的。拉比犹大认为这是可以接受的。②假如一个说是发生在第五个时辰，另一个说是发生在第七个时辰，他们的证词则是无效的；因为第五个时辰（上午 11 点）太阳在东边，而第七个时辰（下午 1 点）太阳在西边。

"然后把第二个证人带进法庭进行盘问。如果两个人的证词相吻合，法官们便以无罪请求而展开讨论。如果一个证人说，'我有些有利于被告的话要说'③，或者其中的某位门徒说，'我有可以定罪的话要说'，法官们则不让他说话；但是，如果其中的某位门徒说，'我有些可以使其无罪的话要说'，便把他带到前面来坐到法官们的中间，并且一整天中他都要坐在那里不下来。如果他言之有理，法官们便听取他的意见，并且，即使被告说他有为自己辩护的话，法官们也听取他的陈述，只要他言之有理。④

"如果法官们认为他是无辜的，他们将其释放；否则，他们将裁决推迟到第二天。然后他们分两人一组休庭，吃点食物，但

---

① 当证人证实他们曾见到了新月后，法庭宣布新的一个月开始。在一个月的头几天有些人或许不能确定哪一天被宣布为这个月的初一。

② 因为他认为人们有可能误算两个小时，每天的时辰是从早晨 6 点开始计。

③ 很明显在此时不允许他作不利于被告的证词。

④ 不允许被告作不利于自己的证词。其原则是："人不得控告自己。"（Sanh. 9b）

整天不喝酒,并通宵讨论此案。第二天早晨一早他们在法庭集合(以宣布他们的观点)。同意裁定无罪的人说,'我过去同意无罪裁定,我现在还持同样的观点。'同意有罪裁定的人说,'我过去同意有罪裁定,我现在还持同样的观点'(前一天)曾力辩被告有罪的法官现在可以主张他无罪,但反过来却不行。假如他们在表述自己的观点时说错了[①],法官们的两位书记员对其予以纠正。如果他们认为被告无罪,便将其释放;否则,他们付诸投票表决。如果12人裁定其无罪11人裁定其有罪,他则被宣布为无罪。如果12人判其有罪,11人判其无罪,并且即使11人判其无罪,11人判其有罪,一人持中立态度,或者22人判其无罪或有罪,一人中立,那么则应增加法官的人数[②],加到多少呢?两个两个地加,直至加到71人。如果36人裁定其无罪,35人裁定其有罪,他则被宣布为无罪,但是如果36人裁定其有罪,35人裁定其无罪,他们继续讨论本案,直到主张有罪裁定的人中有一人采取相反的立场。"(Sanh. 5:1~5)

《塔木德》中有一则陈述,其意思一般认为是:"假如法庭一致作出有罪裁定,那么囚犯是无罪的。"(Sanh. 17a)一般认为,如果没有一位法官为被告辩解,那么人们肯定是对他存有偏见。但是,假如是一桩证据确凿,不可能想象会作出无罪裁决的案子,那又该如何呢?难道应该让囚犯逍遥法外?这样的司法程序是不可想象的。很有可能,"*poterin oto*"这句话不应翻译成"他们释 315

---

① 即早上说的与前一天晚上说的不一致。

② 因为在这种情况下,事实上是22位法官在对其进行审判。

放他"，而应翻译成"他们（即刻）结束审判"，即他们不将裁决推延到第二天。[1]

4. 惩罚的方式

对于已经证实的杀人罪，对罪犯的刑罚是下面两种之中的一种：如果是过失造成了死亡，将其流放到逃城（《民数记》35：10 及以下诸节）；如果是预谋杀人或者刑事上的玩忽职守，则判处死刑。其区别是这样被描述的：如果他在用辊子整平（房顶）时，辊子落下来砸死了人，或者他从高处向下放桶时，桶落下来砸死了人，或者他下梯子时落下来砸死了人，应将其流放。但如果是他在（往房顶上）提辊子时，辊子落下来砸死人，或者当他爬梯子时落下来砸死了人，则不应判他流刑。一般的原则是：如果死亡是在下落的过程中造成的，适合于流刑；但如果死亡不是在下落的过程中造成的，则不适于流刑。[2] 如果（斧头上的）铁器从柄上滑落并砸死了人，按照拉比犹大的观点，不应判当事人流刑，不过其他拉比们认为应判流刑。然而，假如（从树上砍下的）木头致人死亡，拉比犹大声称当事人应判流刑，而其他的拉比则认为不应判他流刑。

"如果向公路上扔石头砸死了人，当事人应判流刑。拉比以

---

① 这条解释出现在 *Otzar Yisrael* 第 4 卷，第 50 页。Shebuoth 39a 引证了这一词组具有本含义的另一则例子，在这里拉什按此意对其进行了解释。对本段文字的另一解释是如果法庭的成员目击了被告的罪行，那么他们不能对其进行审判。

② 其区别是基于这样的观点：在让物体下落时如果发生了不幸的事件，当事人有更大的过失。他至少能够看见从下面路过的人。

利泽说，假如石头在离开他的手之后那人才伸出头来而被击中了，则扔石头的人无罪。假如他是在自己的私宅内扔石头砸死了人，如果被害一方有权进入那儿，应判当事人流放，否则不应判他流刑。如经文所说，'就如人与邻舍同入树林砍伐树木'（《申命记》19：5）。正如肇事者与受害者均有权进入树林一样，凡肇事者与受害者均有权进入的任何地方都应如此（假如发生死亡，适用于流刑），这样就把受害者无权进入的地方排除在外了。阿巴·扫罗说，正如伐木是自愿的行为一样，一切自愿的行为均应作如是观（均适用于流刑），这样就把父亲责打儿子、老师惩戒学生以及法院的代理人（执行鞭笞）排除在外了。①

　　"父亲因（意外地杀死自己的）儿子而应判流刑②，反过来也是一样。无论谁③，意外地杀死了以色列人都应被流放，以色列人无论杀死了谁也应被流放，除了杀死一位 *Ger Toshab*④。一位 *Ger Toshab* 应为另一位 *Ger Toshab* 的死服流刑。拉比犹大认为，盲人⑤不应判流刑，然而拉比迈尔则认为应判流刑。敌人不适于流刑，而应将其处死，因为敌人被认为有（行凶的）倾向。拉比西缅说，敌人有时适于流刑，有时则不适于。一般的原则是：只要有可能

316

---

　　①　在这三种情况下致人死亡者是在依责任行事。

　　②　如果儿子的死亡不是在父亲惩戒他时发生的，而是由于前面提到的情形所造成的。

　　③　例如一位异教徒仆人。

　　④　指的是一位在巴勒斯坦定居并且为了获取公民的特权而宣誓公开放弃偶像崇拜的异教徒。这种人不同于完全皈依了犹太教的 *Ger Tzedek*。倘若无意中杀死了一个 *Ger Toshab* 是不必判当事人流刑的，因为据认为是没有"偿还血债者"来为其复仇的。

　　⑤　《圣经》经文使用了"没有看见"（《民数记》35：23）这样的字眼，因此这暗示伤害者有能力看见，然而却没有注意到被他伤害的人。

证明他是故意杀人便不适于流刑；但是当有可能证明他是非故意杀人时，应将其流放。"（Mak. 2：1~3）

非故意杀人者应留在逃城直到大祭司去世（《民数记》35：25）。"如果大祭司是在裁决宣布之后死去，被告不受流放。如果大祭司死后又任命了另一位大祭司，然后才宣布了裁决，那么被告应在后面这位死去时（从逃城）回来。如果裁决是在没有大祭司的时候宣布的，或者大祭司就是被杀害的人，或者大祭司就是那位意外杀人者，那么被告则永远不得离开逃城。"（Mak. 2：6 及下节）

"两位圣哲的门徒受命在路上陪伴他（去逃城），除非（复仇者）将其杀死于途中。他们的职责是劝说其回转心意（并使他断绝了念头）。"（同上，2：5）

317　　假如法庭认为杀人是故意的，则判处死刑，然而法庭极不愿意诉诸死刑，并采取一切措施来避免它。事实上有这样的评述："七年之中判处一人死刑的法庭被称为是灭绝人性的。拉比以利沙·本·亚撒利亚说，是在 70 年中判处一人死刑的。拉比塔丰和拉比阿基巴说，如果我们是法庭中的成员，决不应处死一个人。拉比西缅·本·伽玛列说，在这种情况下以色列的杀人者就要成倍增加了！"（Mak. 1：10）

死刑有四种形式："用石头砸死，烧死，斩首，以及绞死。"（Sanh. 7：1）用石头砸的方法是这样的："判决宣布后，将囚犯带出去用石头砸死。执行的地点是法庭的外面，如经文所说，'把那诅咒 [①] 的人带到营外'（《利未记》24：14）。一人手中持旗站

---

① 诅咒圣名，其惩罚是用石头砸死。

在法庭的入口处，另一人骑在马上，位于远处，但可以看得见。如果其中的一位法官说，'我有话要为囚犯申诉'，入口处的人便挥动旗子，骑马者迅速跑开去阻止（死刑的执行）。即使囚犯说，'我有话要为自己申诉'，只要他言之有理，也要把他带回法庭四到五次。如果他们发现情形对他有利，他便被释放；否则他就要被石头砸死，这时有位传令官会走到他面前宣布说，'某某囚犯有某某罪行就要被用石头砸死，控诉他的证人是某某，凡知晓有利于他的证据的，请出来为他申张。'

"当他走到距行刑的地方约十肘尺远的时候，他们对他说，'忏悔吧，因为所有的死刑犯都要忏悔。'凡忏悔的人都能分享来世，因为我们发现亚干就是如此，约书亚曾对他说，'我儿，我劝你将荣耀归给耶和华以色列的神，在他面前认罪。亚干回答约书亚说，我实在是得罪了耶和华以色列的神。我所做的事如此如此。'（《约书亚书》7：19及下节）忏悔何以能让他赎罪呢？因为经文上写着，'约书亚说，你为什么连累我们呢？今日耶和华必叫你受连累'（同上，25）——今日耶和华叫你受连累，但是在来世他不会叫你受连累。假如他不知如何忏悔，他们便告诉他要这样说，'愿我的死赎我所有的罪。'

"当他离行刑处不到四肘尺远时，他们给他脱掉衣服。如果是男犯，他们在他的身前只留下一件遮盖；如果是女犯，在其前后都留下遮盖。这是拉比犹大的观点。但其他的拉比们则认为，男犯应裸着身子被石头击死，女犯则不行。

"执行石击的地方是一块相当于两个人身高的高地。见证人之一推他腰将其推下，假如他翻身面朝下，见证人便把他翻过来。

318

如果他掉下去摔死了，刑罚便执行完毕；否则，第二位见证人搬动石头①并将其扔到他的心口。如果他因此而死了，刑罚便执行完毕；否则，石击必须由以色列人共同来执行，如经文所说，'见证人要先下来，然后众民也下手将他治死'（《申命记》17：7）。所有被石击死者的尸体随后都要吊起来，拉比以利泽是这样宣称的；但是别的拉比则说，只是犯有渎神罪和偶像崇拜罪的人才被吊起来。男人吊起来时脸朝着公众，但女人的脸要朝着绞架，拉比以利泽是这样宣称的。但别的拉比们则说，只将男人吊起来，不能将女人吊起来。拉比以利泽反驳说，难道西缅·本·什塔不是在阿斯卡龙把（行巫术的）女人吊起来的吗？他们回答说，他吊起了80个女人，尽管不应在一天内裁决两个人。②人怎么被吊起来呢？地上埋一根柱子，绞架从上面伸出来，将死者的双手缚住，（拴着手）将其吊起。拉比约西说，柱子是靠在墙上（而不是埋在地里）并且尸体是按照屠夫（处理动物躯体）的方式吊起来。尸体应尽快放下来，因为吊在那儿不管了是违犯律法的。'他的尸首不可留在木头上过夜，必要当日将他埋葬，因为被挂的人是在神面前受咒诅的。'（《申命记》21：23）这似乎是说，为什么要把这人吊起来呢？因为他诅咒了圣名，因而（当人们看到这具尸体时）神的名字就会被亵渎。"（Sanh. 6：1~4）

"尸体不应埋葬在其父辈们的墓地中，不过法庭留有两块基地，一块用于埋葬斩首和绞死的人，另一块用于埋葬石头击死和

---

① 石头必须重得足以需要两个人才能搬得动。"由两个人抬起石头，其中一人将其投入，这样打击的力量更大。"（Sanh. 45b）

② 因而西缅·本·什塔的行为是不应该仿效的先例。

烧死的人。肉体腐烂后，其骨头被收集起来埋在应埋的地方。其亲属要去拜见法官们以及证人们，仿佛是要说，'我们心中对你们并不冤恨，因为我们看到了你们作出的判决是公正的。'在这种情况下也不举行通常的哀悼。"（Sanh. 6：5 及下节）

下列的犯罪处以被石头砸死的刑罚："与自己的母亲或继母或儿媳乱伦、鸡奸、男或女与动物进行非自然交媾、亵渎罪、偶像崇拜罪、与莫洛克神崇拜（Moloch-worship）有关的在火中传递儿童、施妖术、占卜、亵渎安息日、诅咒父母、与已经许配给人的女子性交、引诱个人或城镇中的居民进行偶像崇拜、行巫术，以及违逆不孝。"（同上，7：4）

其他的死刑是这样执行的："判处火刑的罪犯被投进没膝深的粪便中①；在其脖子上缠上一条由软布包着的粗制搓捻围巾；一位见证人拉着一端，直至犯人张开了嘴；死刑执行者点上一根灯芯②，并把它扔进其口中，使之进入身体，燃烧内脏。拉比犹大说，但倘若犯人遭他们的手（由于窒息）而死，火刑便不再执行。这样，他们便用钳子撬开他的口以便把点燃的灯芯扔进去。

"斩首是按照（罗马）政府的方式用剑将头颅砍下。拉比犹大说，这种方式是不体面的；应该把头放在砧板上用斧头砍下来才行。别的拉比们答复他说，这种方式才是最不体面的！执行绞刑时是把人犯沉放到没膝深的粪便中，在其脖子上缠一条由软布包着的粗制搓捻围巾；一个见证人拉着一端，另一个见证人拉另

① 以便让他不能活动。

② 据《革马拉》（Sanh. 52a）解释，这个词指的是液体铅，不过这是后来的习俗。

一端，直到他死去。"（Sanh. 7：2 及下节）

"下列的罪犯应判火刑烧死：与一妇女及其女儿，或与祭司之品行不端的女儿性交的人。在与妇女及其女儿性交这一项下还包括自己的亲生女儿、孙女、养女、养孙女、岳母以及岳母或岳父的母亲。下列的罪犯应判斩首：谋杀犯，堕落到行偶像崇拜之城市的居民。"（同上，9：1）

"应被绞死的人是：打父母的人或绑架一位以色列人（以便卖他为奴）的人，漠视法庭裁决的长者，假先知，以异教神的名义作出预言的人，通奸者，作伪证陷害祭司女儿的人，以及祭司之女儿与其有不道德行为的人。"（同上，11：1）

"假如一个人应受两种死刑方式的惩罚，应对他执行较严厉的一种。假如他犯了两种应处死刑的罪恶[1]，应按较严厉的一种对其判刑。"（同上，9：4）刑罚严厉程度的顺序为：石击，火刑，斩首，绞死。（同上，49b 及以下）

减缓犯人死刑痛苦的方法是给他一种可以使之进入昏迷状态的饮料。[2]"要被执行死刑的人得到一杯有粒乳香的酒，以便使他知觉麻木，如经文所说，'可以把浓酒给将亡的人喝，把酒给苦心的人喝'（《箴言》31：6）。据传说，耶路撒冷的高贵妇女们曾自愿地提供这样一些酒；但如果他们不提供的话，应该从社团的基金中提供。"（Sanh. 43a）

遇到下列情形时杀人犯要被判处终身监禁。"在没有证人的

---

① 例如犯有应判火刑的与岳母性交罪和应判绞刑的通奸罪。

② 参见《马太福音》27：34 及《马可福音》15：23。

情况下杀了人要被判监禁并'以艰难给你当饼,以困苦给你当水'(《以赛亚书》30:20)。"(Sanh. 9:5)《革马拉》对这个问题是这样讨论的:"那又如何能知道(他有罪呢,既然没有证人)?拉布说,如果证据'支离破碎'[①];撒母耳说,如果证人没有对他提出警告;另一位权威回答说,如果在对案件的调查中出现了矛盾,但在七个(关于时间和地点)的主要问题上并无矛盾。"(同上,81b)"曾受过鞭笞而又重复犯罪者"也要判处监禁,"要让他吃大麦直到其肚皮撑破。"(同上)

肉刑须由三位法官裁决通过,虽然有位拉比认为应由 23 人法庭裁夺(Sanh. 1:2)。一般认为,违反了《托拉》以"你们不得"的字样规定的律法应判鞭刑(Sifré Deut. §286;125a)。应受此种惩罚的犯罪中还有那些涉及与某些亲属乱伦,违反圣殿的圣洁,食用违禁的食物,以及违反《托拉》中所规定的各种关于仪典的律法等。

鞭刑的数目规定为不超过 39 鞭。"应抽多少鞭呢?40 减 1,如经文所说,'只可打他 40 下,不可过数'(《申命记》25:2 及下节)[②],也就是接近 40 的一个数。拉比犹大说,应该打 40 鞭整。"(Mak. 3:10)后面这一观点没有被采纳。另一条规定是:"他们只把能被三除尽的数目估算为人犯能够承受的鞭刑数目。如果他们估算的他应受的鞭笞为 40 鞭(即 39 鞭),并且在打了

321

---

① 例如:如果证人之一因与案件有利害关系而不称职,法律仍然要求必须有两位证人从同一位置或者在彼此能看见的情况下看了犯罪。这一条件也许难以满足,但是他们的证词使法官们认定当事人有罪。《托拉》禁止把杀人犯处死,然而拉比们却赋予法官们惩罚他的权力。

② 在希伯来文本中"过数"与"40 下"实际上分属于不同的文段。

数鞭之后他们认为他受不了 40 鞭，他便被赦免未打的鞭数。如果他们估算他应受 18 鞭，并且打过数鞭之后他们估算他能承受 40 鞭，他便被赦免（多于 18 的鞭数）。如果他犯的罪牵涉到两种禁律（因而要受两种鞭刑），而他们只计算了他要承受的一种鞭刑，那么他受刑之后其余的便被赦免了，要不然，便让他接受第一种鞭刑，给他一些康复的时间，然后再让他受第二种鞭刑。"（Mak. 3：11）

执行这种刑罚的方式是这样被描述的："把他的双手分开绑在柱子上，一边一只；犹太圣堂的主事（从领口处）抓住他的衣服，直到其胸膛露了出来——衣服撕破了或者开了缝并无关紧要——然后把一块石头放在他身后。主事站在石头上，手持一条牛皮带，皮带叠折两次成为四股，四条（驴皮做的）细皮条上下穿绕其间（还有另一条将其捆成一束）。

"鞭子手柄的长度相当于一只手的宽度，皮带的宽度也是如此，其梢端要能鞭及（人犯的）腹部。他在人犯的前面（在其胸上）打三分之一的鞭数，在其后面打三分之二。他不是在人犯站立或坐着时打，而是在其仆伏时打，如经文所说，'审判官就叫他当面伏在地上'（《申命记》25：2），鞭打者用单手尽全力对其进行抽打。

"（在鞭打过程中）资深法官宣读下面的经文：'所写律法的一切话……你若不谨守遵行，耶和华就必将奇灾①……加在你和你后裔的身上。'（《申命记》28：58 及下节）（如果在鞭刑结束之前他读完了）他要继续重复读这一段。而据另一种说法，法官要读这样一段经文：'所以你们要谨守遵行这约的话，好叫你

---

① 希伯来文中的这个词有"灾难"和"鞭打"两意。

在一切所行的事上亨通'（同上，29：9），并以经文'但他有怜悯，赦免他们的罪孽'（《诗篇》78：38）结束，然后再回过头去读前面那一段经文。① 假如人犯死于鞭打者的手下，后者不负责任；但如果他多打了一鞭而人犯死于其鞭下，要将鞭打者流放到逃城去。假如人犯（在受刑过程中）因大便或小便弄脏了自己，尚未打完的鞭刑便免除了。拉比犹大说，男人因大便而被免刑，女人因小便而被免刑。"（Mak. 3：12~14）

对于某些犯罪，《圣经》使用了如下的文字："（其灵魂）必从以色列中剪除。"（《出埃及记》12：15）《塔木德》将其解释为指的是在他 50 岁时死去（M. K. 28a）；然而根据拉比法典，有罪的人如果悔罪的话可以受鞭刑，从而可以赎罪。"那些犯有应被逐出教会之罪而受了鞭刑的人便被免于逐出教会的惩罚"（Mak. 3：15）。另外一些罪行应被判处"死于上天之手"的惩罚，这被解释为死于 60 岁时（M. K. 28a）。

（b）民法

5. 民事侵权行为

处理人与人之间因人身伤害或财物损坏等所产生纠纷的律法构成了三种文献的主题，它们分别称为 *Baba Kamma*，*Baba*

① 《申命记》29：9（希伯来文中是 29：8）包含 13 个字，《诗篇》78：38 也是如此。因此，假如人犯应受 13 次鞭打，便只诵读第一段经文，每读一字打一鞭。假如他应受 26 鞭，两段经文便都要诵读；如果是 39 鞭，便把第一段再读一遍。

Metzia，以及 *Baba Bathra*，意思是"第一、中间以及最后一道门。"

"第一道门"（*Baba Kamma*）涉及到民事侵权行为的律法。一般说来，一个人应为对另一个人的伤害负责，并且必须作出补偿；不论这伤害是因为其本人，抑或是属于他的什么东西，例如动物，所造成的。可能以这种方式发生的意外被归为四类，分别来自于《圣经》中提到的四种意外事件。"有四类主要的伤害，即牛（《出埃及记》22：5），井（同上，21：33起），放牧（同上，22：5），以及点火（同上，6）。所有这些的共同点是它们通常会造成伤害，并且当事人有防止它发生的责任，所以一旦出现了伤害，造成伤害的人有责任尽其所有对所造成的损害做出补偿。"（1：1）处理这类案件的一般规则是这样被描述的："如果我有责任看护好某物，那么我应对该物造成的损害负责；如果我应对它所造成的损害负部分责任，那么我有责任作出全部的赔偿。"（1：2）

这四类范畴中的每一类又分为更细的类别并且受到了细致的讨论。下面是一些主要的观点和一些案例。在涉及到关于触人的牛的律法中，《圣经》（《出埃及记》21：28及以下诸节）对于"素来是触人的"牛与从未显示过有触人倾向的牛作了重要的区别。后者被称为 *tam*，意思是"简单，无罪"；前者被称为 *muad*，指的是其主人受到警告（的牛）。① 如果经验曾告诉主人有必要倍加小心，那么其责任当然要更重，对其的惩罚也当然要更严厉。

———————

① *muad* 被定义为"一头牛连续三天触过人并且其主人已被提醒过这一情况"，*tam* 被定义为"一头并未连续三天触过人的牛"。另一位权威忽略了其中的时间因素，而把 *muad* 界定为一头曾三次触过人的牛，把 *tam* 界定为即使孩子去拍打它，也不会触人的牛（B. K. 2：4）。

　　拉比们把这一区别发展到适用于一切民事侵权行为的案件中。"有五种行为属于 *tam*，五种行为属于 *muad*。家畜伤人时用身子撞、咬、躺倒以及踢，这并不被认为是 *muad*。① 至于牙齿（造成的伤害），如果家畜吃的是可供食用的东西，这就是 *muad*②；至于足（造成的伤害），如果家畜在行走时打碎了物品，这就是 *muad*③，有触人倾向的牛是 *muad*；同样，在受伤害一方的私人领地造成损害的牛也是 *muad*。*tam* 和 *muad* 的区别是：如果是前者，要用动物的身体（卖掉后得的钱）来赔偿损失程度的一半；然而对于后者，被告要尽其财产赔偿全部损失。"（1：4）把人类包括在 *muad* 一类之中是值得注意的，这一点并且在下面的陈述中得到了详述："人永远都是 *muad*，不论其行为是疏忽，还是无意；是醒着，还是睡着。"（2：6）意思就是，人必须为他所造成的损失作出全部的赔偿，而不论情况如何。

　　处理坑穴造成的伤害的律法是这样的："如果一个人在私人的领地上挖一个洞而将洞口开在公共道路上，或者与此相反，或者将洞口开在别人的私人领地上，他应负法律责任。如果一个人在大街上挖一个坑让牛或驴掉下去摔死了，他应负法律责任。不论坑挖成圆形，长条形，窖形，沟形，还是楔形④，他都一样负有

---

① 即直到它这样做三次。

② "如果吃的是水果和蔬菜，这就是 *muad*，但如果咬的是衣服，便不是 *muad*。"（B. K. 2：2）

③ 指的是踏碎了物品，但如果在它行走时踢起的石子打碎了物品，这就不是 *muad*（B. K. 2：1）。

④ 即口大底小。

324

法律责任。既如此,《圣经》为何要用'坑'（pit）一词呢？其目的是要表明,正如一个坑只有达到了十个手掌深度才能致死落下者一样,一切其他类型的洞穴也必须够十个手掌深才能令落下者致死。如果坑没有这么深而牛或驴掉下去死了,（挖坑的人）不负任何责任；但如果牲畜受了伤,他则应负责任。"（5：5）

由于牲畜啃食而造成损失的索赔是这样处理的："如果一个人把羊赶进了羊栏,并且关锁停当了之后羊又跑出来造成了损害,那么他没有责任。假如他没有把羊关锁好,羊跑出来造成了损害,他应负责任。如果羊栏在夜间被撕破了,或者强盗撕坏了羊栏,羊跑出来造成了损害,他没有责任；如果是强盗放出了羊,强盗应负责任。

"如果他让羊呆在太阳底下①,或者把它们托付给一位聋哑人或有智力缺陷的人看管,它们跑出来造成了损害,他应负责任；但如果他把它们托付给一位牧人看管,那么这位牧人便替他承担责任。如果它们（从公路上）掉进了（低洼的）园子里,无论它们吃掉了什么,都应做出赔偿（但对其他的损失不予赔偿）；但如果它们是按正常的方式进入了下面的园子（不是掉下去）,则必须对造成的损害做出赔偿。

"如果一个人未经许可而把物产堆放在其伙伴的地里,地的主人的牲畜把东西吃了,那么他不负责任；假如牲畜因这些物产而受到了伤害,堆放东西的人应负责任。但如果他得到了许可而把物产堆放在那里,则地的主人应负责任"（6：1~3）。

---

① 尽管是在羊栏中,但天热使它们跑出来。

点火这一项下的一些裁定是这样的："派聋哑人或有智力缺 ³²⁵陷的人或未成年人传递易燃物品不受人的惩罚，但却受天的惩罚。①如果他派正常的人去传递，后者应负责任。如果一个人带着火而其身后有另一人带着燃料，带燃料的人应负责任；但如果一个人带着燃料而其身后有另一个带着火，则带火的人应负责任。如果来了一位第三者使燃料点着了，他应负责；但如果是风使燃料点着了，则大家都不应负责。"（6：4）

"如果锤子打出的火星造成了损害，铁匠应负责任。如果骆驼驮着亚麻在公路上行走时部分亚麻进入了路边的店铺中并被店主的灯点燃，从而烧毁了房子，那么骆驼的主人应负责任；但如果店主把灯放在了外面，则他应负责任。拉比犹大说，如果是光明节（Festival of Chanukkah）点的灯②，他便不应负责。"（6：6）

"第一道门"的第二部分涉及的是诸如由偷窃、袭击和抢劫所引发的具有刑事性质的民事侵权案件。在涉及对偷窃所施予的惩罚时，《圣经》是有所区别的，其赔偿额有时是五倍或四倍，有时是两倍（《出埃及记》22：1，4，7）。这些惩罚上的差异在《塔木德》中得到了含蓄的解释："拉比约查南·本·撒该的门徒问他说，'为什么《托拉》施予小偷（因偷窃牲畜有罪而必须赔偿四倍或五倍的损失）的惩罚比施予强盗（须归还盗走的物品或按价赔偿）的惩罚更严厉呢？'他回答说，'强盗至少（通过秘密犯罪）使

---

① 他被认为应负道德上的责任，而不应负法律上的责任。

② 这是"奉献"的节日，以纪念犹大·马克比（Judas Maccabeus）的凯旋和圣殿祭典的恢复。庆祝的方式是点上灯，律法要求把灯点在显而易见的位置。

奴隶（即人）的名誉与其主人（即上帝）的名誉相等同了，然而小偷甚至都没有使奴隶的名誉与其主人的名誉相等同。他行起事来好像世上没有可以看得见的眼和可以听得见的耳一般。'"（B. K. 79b）

"他就要以五牛赔一牛，四羊赔一羊"的理由有二："拉比迈尔说，你们看劳动具有多么高的美德。因为在偷牛时罪犯使牛无法劳动（并且剥夺了牛对于主人的服役），所以他要赔偿五倍；然而偷羊却并未造成劳动上的损失，所以他赔偿四倍。拉比约查南·本·撒该说，你们看个人的尊严是多么重要。因为牛是自己走路，所以窃贼要赔偿五倍，然而，由于窃贼必须要抱着羊羔走（因而他失去了尊严），所以他只须赔偿四倍。"（B. K. 79b）

涉及这一律法的一些条款是这样写的："两倍赔偿的惩罚比四倍或五倍赔偿的惩罚使用得更经常，因为前者既适用于有生命的物品也适用于无生命的物品，而后者则只适用于牛或羊（《出埃及记》22：1）。从窃贼处偷东西的人不作两倍的赔偿，从窃贼处偷了牲畜后宰杀掉或卖掉的人也不作四倍或五倍的赔偿。

"如果他被两个证人证明犯有偷窃（牛或羊）罪，并被他俩或另外两个证人证明犯有宰杀和出售罪，他应赔偿四倍或五倍。如果他是在安息日偷来并将其卖掉，或者偷来用于偶像崇拜；或者是在赎罪日偷来并将其卖掉，或者偷来用于偶像崇拜；或者是从他父亲处偷的，并将其宰杀或卖掉，而之后其父亲死了；或者是在赎罪日偷来并将其宰杀，然后再敬献到圣殿上——在这所有的情况下他都要赔偿四倍或五倍。如果他为了用于治病或喂狗而偷来并且将其宰杀，或者他将其宰杀后又发现它不宜食用，或者他为了尘俗的目的而在圣殿的范围内将其宰杀——他应赔偿四倍或五倍。拉比西蒙认为在最后所引用的两种情况下他应被赦免。

"如果他被两个证人证明犯有偷窃（牛或羊）罪，并被一个证人证明或自己供认犯有宰杀或出售罪，他应赔偿两倍而不是四倍或五倍。如果他是在安息日或者为了偶像崇拜偷的并将其宰杀；或者是从他父亲处偷的，而之后其父亲死了，并且随即又将其宰杀并卖掉了；或者他偷来并敬献给了圣殿，之后又将其宰杀并卖掉了——在这些情况下他应赔偿两倍而不是四倍或五倍。"（7：1，2，4）

在因袭击造成伤害的索赔中赔偿可以有五项名目："如果一个人伤害了他的同伴，他有责任在五个方面作出赔偿：损伤，痛苦，愈合，时间损失，以及羞辱。对损伤应如何处理呢？如果他致他人眼瞎，砍断他人的手，或者折断他人的腿，受害者便被视为在市场上出卖的奴隶，其原来的价值和目前的价值要一同估算。至于痛苦，如果他用铁叉灼人或者用钉子（刺人），尽管只不过是刺在不会产生损伤的手指（或脚趾）甲上，也应计算一下一个同等地位的人需要多少钱才愿意经受这样的痛苦。至于愈合，如果他致人受伤，他有责任支付医疗费用。假如出现了脓肿，如果这是由伤口引起的，他应负责任；如果不是伤口引起的，他不负责任。如果伤口愈合了，又破裂了，然后又愈合了，并且又破裂了，那么他应支付愈合的费用，但如果伤口完全愈合了，他便不必支付治疗的费用（倘若伤口之后又破裂了）。在涉及时间损失时，他被视为犹如黄瓜地的看护人一般①，因为他已经得到了他的手或脚的等价赔偿。至

327

---

① 独臂者或跛子可以担当这样的看护人。

于羞辱，这要取决于造成羞辱和蒙受羞辱者（的地位）。"（8：1）

羞辱名目下的索赔是这样被阐述的："如果他（用拳头）打了自己的同伴，他要赔偿一个塞拉，而据另一种观点，应赔偿一玛那 ①。如果他用手掌打别人耳光，他应赔偿 200 个苏兹，如果是手背打，应赔偿 400 个苏兹。如果他揪别人的耳朵，扯别人的头发，把唾沫吐在别人身上，给别人脱光衣服，或者在市场上揭开妇女的头盖，他就赔偿 400 个苏兹。这一切要取决于受到污辱一方的名声。不过，拉比阿基巴说，即使是以色列的穷人也应把他们当作命运不济的自由人来敬重，因为他们是亚伯拉罕、以撒以及雅各的后裔。"（8：6）

在涉及到这类民事侵权行为时，《革马拉》对《圣经》中所规定的"以眼还眼"（lex talionis）一词的含义进行了讨论。拉比们强烈地反对将其解释为对伤害他人身体者应施之于肉体上的伤害，并且争辩说在执法中赔偿只能是金钱方面的。"经文上说'以眼还眼'（《出埃及记》21：24）——这意思是赔偿金钱。你说这意思是赔偿金钱，但也许这指的是必须剥夺活生生的眼睛！不过，假如一个人的眼睛大而另一人的眼睛小，在这种情况下我又如何应用《圣经》上'以眼还眼'的裁定呢？……再假如一位盲人把另一人的眼睛打了出来，或者一位跛子致使另一个人也腿跛了，在这种情况下我如何做到'以眼还眼'呢？《托拉》宣称'同归一例'（《利未记》24：22）——这意思是律法对于你们一切

---

①　一塞拉相当于一个圣殿舍克勒或者两个普通舍克勒，并相当于四个苏兹（最小的银币）。一玛那相当于 100 个苏兹。

人都是一样的。"①（B. K. 83b 及以下）

　　本篇中涉及到的最后一类民事侵权案例是抢劫，是这样解释的：　328
"如果一个人抢了另一个人的木材并用其做成了容器，或者抢了羊
毛并用其做成了衣服，他应赔偿原料的价值。如果他抢了一头怀孕
的牛，之后牛生了小牛，或者一只身上长满羊毛的羊，之后他把羊
毛剪了，他应赔偿一头快要生犊时牛的价值，或一只准备剪毛的羊
的价值。②如果他抢了别人一头牛，而在他占有牛期间，牛怀了孕
并且生了牛犊，或者他抢了别人的羊，而在他占有羊的期间羊长起
了毛，他又把毛剪掉了，他应赔偿牲畜在遭抢劫时所具有的价值。
一般的原则是：所有的抢劫者都应赔偿物品在被抢劫时的价值。

　　"如果他抢劫了别人的牲畜后牲畜老了，或者抢劫了别人的
奴隶后他们老了，他应赔偿他们在被劫时所具有的价值。然而，
拉比迈尔宣称，如果是奴隶，他只须说，现在还给你吧。如果他
抢劫了别人的钱币而钱币破裂了，或者抢劫了别人的水果而水果
腐烂了，或者抢劫了别人的酒而酒酸了，他就赔偿物品在被抢劫
时所具有的价值。"（9：1 及下节）

6. 拾遗

　　"中间一道门"（*Baba Metzia*）讨论了关于财产的获得和转

---

　　①　既然"以眼还眼"的字面意义，正如所显示的那样，并不是总能恰当地采用，
那么这句话必定有一种可以普遍应用的解释，即用金钱赔偿。

　　②　他不应赔偿小牛犊和羊毛的价值，因为他曾费心照看牛和剪羊毛。

移的各种问题，这些问题的主要原则在这一篇以及此后的部分中都罗列了出来。所涉及的第一种情况是捡到的物品在无人认领时的所有权问题。"两个人手持一件衣服（来到法庭），一人声称，'是我发现的'，另一个同样也声称，'是我发现的'。假如双方都说，'它全应归我'，那么，每人都要宣誓说他有权得到不少于一半的份额①，然后两人将其价值一分为二。如果其中一人说，'全部应归我'，而另一人说，'一半应归我'，则前者宣誓说他有权得到不少于四分之三的份额，而后者则宣誓说他有权得到不少于四分之一的份额。这样，前者得到其价值的四分之三，后者则得到四分之一。②

329 　　"如果两人同骑在一头牲口上，或者一人骑着，另一个牵着③，而双方都说，'这是我的'，那么，每人都要宣誓说他有权得到不少于一半的份额，然后两人（将其价值）一分为二。如果他们承认（双方共同拥有），或者他们有证据证明这一点，那么他们可以不必宣誓而将其分开。

　　"如果一个人骑着牲口看到了一件丢失的物品，并且对同伴说，'把它给我'，而后者捡起来后说，'它应是我的'，那么他的要求有效；但假如他已把物品递给了另一个人后又说，'它

---

① 不要求他宣誓说全部应该归他，因为不会把全部都给他；也不让他宣誓说一半应归他，因为这与他原想得到全部的要求相抵触。这样宣誓的含义是：我仍然认为我该得到全部，但考虑到另一方的要求，我发誓我的份额不应少于一半。

② 因为第二个人只要求得到那么多，所以双方只是对物品的一半有争执。因而对这一半的处理如同第一款中对整体的处理方式是一样的。

③ 要想拥有捡到的物品，捡到者必须对其行使某种所有权，正如在这个例子中骑着或者牵着牲口。

应是我的'，则他的话没有效力。[①]

"一个人的未成年儿女或异族的男女奴隶或妻子无论捡到什么东西，都归这个人所有。一个人的成年儿女或希伯来男女奴隶或已离婚的妻子，即使他没有支付给她婚姻契约规定她应得的财产，无论捡到什么东西，都归捡到者所有。"（1：1~5）

"捡到即是拥有"的原则只适用于要找到原失主已被认为是不可能的情况。因此，捡到者有责任对其捡到的东西发布招领启事。但如果物品没有失主可以赖以认领的标记或者是在不可能准确描述的地方捡到的，那么捡到者便成为事实上的主人。

"有些捡到的物品即刻成为捡到者的财产，而另外一些物品捡到者必须发布招领启事。下列物品即刻成为他的财产：散落的水果，散落的硬币，丢在大街上的小捆玉米，压榨无花果饼，面包房烤的面包，拴在一起的鱼、肉，自然状态下的羊毛、亚麻茎以及染成紫色的毛线。按照拉比迈尔的观点，这一切都归捡到者所有[②]，不过拉比犹大说，凡是有特征的东西都要发布招领启事，譬如说，假如一个人捡到带有陶器碎片的无花果饼，或者里面藏有硬币的面包。

"下列物品必须要公告招领：用容器盛着的水果或空的容器，装有钱的钱包或空钱包，成堆的水果，成堆的硬币，三枚摞在一起的硬币，放在私人领地的小捆庄稼，从作坊搬运出来的羊毛，

330

---

① 把物品递过去就意味着他承认自己是骑着牲口者的代理人，因而不能自己提出索要的请求。

② 因为它们都具有难以找到失主的性质。

以及成罐的酒或油。"[1]（2：1及下节）

"如果一个人在商店内捡到东西，这东西便归他[2]；假如这东西是在柜台与店主之间捡到的，它应归店主。如果他是在一位兑换钱的人面前发现的，便归他所有；假如东西是在（出示硬币的）台面与兑换钱的人之间发现的，它归后者所有。如果一个人从同伴处买了水果或者其同伴给送去了水果，而他在水果中发现了钱币，这些钱币便归他所有；但如果钱币是捆成一包，他则必须发布招领启事。"（2：4）

"捡到东西的人必须发布多长时间的招领启事呢？直到他的邻居们都知道了为止。这是拉比迈尔的观点。不过拉比犹大说，应在三个朝圣节[3]期间公告招领并在最后一个节日之后持续七天，以便能让（任何听到招领启事的人）有三天的时间回到家中[4]，三天的时间赶回来，还要有一天的时间让捡到者与失主彼此接触。

"如果认领者准确地说出了丢失物品的性质[5]，但却没有说出它的标志，那么捡到者不应把物品交给他；假如他是一位不可信赖的人，即使他说出了物品的标志，也不应把物品交付给他。如果所捡到的东西是一头依靠劳动来挣得饲料的牲畜，捡到它的人就让它干活并饲养它；但如果不是这样的东西，他就卖掉它。[6]卖

---

①　这些东西都具有其认领者可以指出的特征。

②　这东西可能是顾客丢失的，而在商店这样的公开场合要找到其失主是没有希望的。

③　即逾越节、五旬节以及住棚节，在这期间所有的犹太人都聚集在耶路撒冷。

④　以确定招领的物品是否是他丢失的。

⑤　即启事只是宣布捡到了某件东西，而认领者正确地说出了是什么东西。

⑥　并拿着钱直到被认领。

得的钱怎么办呢？拉比塔丰说，他可以使用它并因此而为它的丢失负责；然而拉比阿基巴说，他不可使用它，因此，钱丢了他也不负责任。"（2：6及下节）

"在耶路撒冷有一个地方被称为'认领石'（Stone of Claiming），凡丢失或捡到东西的人都到这个地方来。捡到东西的人宣布他所捡到的东西，丢失东西的人说出东西的标记并且取回自己的东西。"（B. K. 28b）"圣殿被毁之后——但愿在我们的有生之年能将其迅速重建——招领告示是在犹太圣堂和研习所内宣布的；然而，当不法分子多起来后，人们规定这种消息应该传给邻居和熟人，并且这也就足够了。"（同上）

7. 财物委托

《出埃及记》22：7~15这段内容被拉比们解释为指的是四种不同范畴的受委托人。"有四类被委托人：无偿受委托人（7~9），借用者（14，15a），有偿受委托人（10~13），以及租用者（15b）。（无偿受委托人）在任何情况下（如果委托给他的物品丢了或被盗了）都要起誓（并且不用赔偿）；借用者无论在任何情况下都要赔偿损失；有偿受委托人和租用者在涉及到受伤或被捕获或死亡的牲畜时要起誓（并且不必赔偿），但如果是丢失或被盗，则应赔偿。"（B. M. 7：8）

对律法的这一基本陈述在"中间一道门"中得到了进一步的扩充，并且增加了一些可能出现的偶然情况。"如果一个人把牲口或物品委托给自己的一位（照看它们而不取报酬的）伙伴，结果这些东西被盗或者丢失了；进而，假如受委托者决定要予以赔偿并且不愿意起誓①——因为裁定是'无偿受委托人起誓，并且没有责任'——并且此后又发现了谁是偷盗者，那么，后者必须赔偿双倍的价值；如果他已经宰杀或卖掉了牲口，他必须赔偿四倍或五倍。他向谁赔偿呢？向受委托者。

"如果一个人从其伙伴处租用了一头牛，又把它转借给了第三者，牛自然死亡了，租用者应起誓说牛就是这样死的，并且借牛者必须向租用者赔偿其价值。拉比约西说，这怎么可能呢？难道（租用者）是在用其伙伴的牛做生意吗？因此，赔偿必须要返还给牛的原始主人。"（3：1起）②

"如果两个人都把钱委托给同一个第三者保管，其中一人给了他一个玛那，另一个给他了200个苏兹，过后两人都索要较多的一笔，那么，受委托者付给每人100百个苏兹，而把剩余的拿起来直到以利亚到来。③拉比约西说，在这种情况下欺骗者（通过索要）又失去了什么呢？因此，在以利亚到来之前他应把全部的钱先拿起来。"（3：4）④

"如果一个人把钱托付给同伴（无偿看管），后者把钱捆成一扎背在肩上，或者把钱传递给未成年的儿女，或者没有把钱锁好，

---

① 誓言的内容是他并未挪用被委托的物品，也并未失职，并且物品也不在他手中。

② 因此，赔偿的价值必须给主人而不能给租用者。拉比约瑟的观点在律法上被采纳了。

③ 人们普遍相信先知以利亚会来解决所有的争端。不过，这句话实际指的是一段不定的期限。在眼下这个例子中，它的意思是受委托人掌握着剩余的钱直到一方承认他只应得到100个苏兹。

④ 拉比约西的意见没有被采纳。

那么，他应负赔偿的责任，因为他没有尽到受委托人的职责去保护它；但如果他尽职保护了它，则不应负责任。

"如果一个人（为安全起见）把一笔钱托付给兑换钱的人，倘若钱是捆成一扎[1]，那么，后者不得使用这笔钱，因而也不应为它的丢失而负责。但如果受委托者是私人，无论钱是否捆着他都不能使用，因而一旦丢失也不负责任。"（3∶10及下节）

涉及到租用者责任的一些规定是这样的："如果一个人租了一头驴上山，但实际上却把驴赶进了山谷，或者与此正相反，即使距离相等，假如驴死了，他也应负责任。[2]如果一个人租了头驴，驴瞎了眼或者被政府没收了，驴的主人可以对租用者说，'这是你的了'[3]，假如它死了或受了伤，主人则必须向他再提供一头。如果他租用了一头驴上山而却实际上在山谷中赶驴，假如牲口跌倒，他不负责任；如果牲口走得过热，他应负责任。如果他租用一头驴去走山谷而却赶着驴上山，假如驴跌倒了，他应负责任。如果驴走得过热，他则不负责任；但如果驴走得过热是因为下山的缘故，他则应负责任。

"如果一个人租了一头牛（连同器械）说要到山上去犁地，而他却在山谷中犁地，假如犁毁坏了，他不应负责任；如果他租用犁要去山谷中犁地，却去了山上犁地，假如犁毁坏了，他应负责任。如果他要为豆类作物脱粒租用了牛却去为谷类作物脱粒，

---

[1]　把钱捆起来意味着主人想把它单独存放，并且不能使用它。

[2]　因为他没有按合同规定来使用牲口。

[3]　即他没有义务再提供另一头牲口。

那么他不应负责任（如果牛跌倒了）；但如果他租用牛要为谷类作物脱粒却去为豆类作物脱粒，他则应负责任，因为豆类作物容易使牲口滑倒。

333

"如果一个人租用了一头驴去驮运（一定重量的）小麦，而装载了（同等重量的）大麦，他应负责任（如果牲口在驮运时受了伤）。如果他租用驴去驮运粮食却装载了草，那么他应负责任，因为草的体积增大了，这使得驮运更加困难"（6：3~5）。

"如果一个人对另一个人说，'替我保管一下这件物品，（将来某个时候）我也会替你保管某件物品'，那么，后者就是有偿受委托者。如果他说，'替我保管这件物品'，而另一位说，'放在这里吧'，那么，后者就是无偿受委托者。

"如果一个人凭抵押贷款给另外一人，（就抵押物来说）他就是有偿受委托者。拉比犹大说，如果他（凭抵押）贷款给别人，他是无偿受委托者；但如果他贷出的是水果，他便是有偿受委托者。[①]

"如果他把桶从一处移往另一处时打坏了桶，不论他是无偿受委托者还是有偿受委托者，他都要起誓（申明他不是由于失职，这样便不负有责任）。"（6：6~8）[②]

在自己的房子里加工物品，如果物品丢失或被盗了，作为保管物品获取报酬的人，他在法律上也属于这同一范畴。"所有的工匠都是有偿受委托人，但所有（在工作干完时对雇主）说，'把

---

① 因为摆脱了照看水果的责任，所以他便从这项中交易中获得了益处。

② 这条律法并未严格按其文句执行。参照第 196 页引用的案例。

你的东西拿走，（然后）付给我们工钱'的人都是无偿受委托人"
（6：6），因此，他们没有义务保证物品安全地被托管。

涉及借用的律法是这样的："如果一个人借了一头牛，并且
同时也无偿借用了其主人或同时雇用了其主人为自己服务，或者
如果他先无偿借用了牛的主人或雇用了他为自己服务，然后又借
用了这头牛，那么，假如牛死了，他不负有赔偿的责任，因为《圣
经》上说，'若本主同在一处，他就不必赔还'（《出埃及记》
22：15）。但如果他先借了牛，然后又借用了其主人或者雇用了
他，而牛死了，他便负有赔偿的责任，因为《圣经》上写着，'本
主没有同在一处，借的人总要赔还'"（同上，14）。

"如果一个人借了一头牛，方式是借用半天，租用半天，或
者他是第一天借用第二天租用，或者是借用一头牛租用另一头牛，
如果一头牛死了，向外借出牛的一方说，'是借的牛死了，或者
它是死在借用的那一天，或者它是死在借用的时间内'①，而另一
方则说，'我不知道'，他便有赔偿责任。然而，如果租用者说，
'是租的牛死了，或者它是死在租用的那一天，或者它是死在租
用的时间内'，而另一方则说，'我不知道，'他便没有责任。
如果借出的一方说，'死的是借的那头牛'，而租的一方说，'是
租用的那头牛'，那么后者要起誓说死的是租用的那头牛（并且
他不负赔偿的责任）。如果双方都说，'我不知道'，损失要由
双方分担。②

334

---

① 在任何一种情况下借用的一方都应负责任。

② 最后提到的一条没有被律法所采纳。

"如果一个人借了头牛，牛的主人派自己的儿子或奴隶或代理去送牛，或者让借牛者的儿子或奴隶或代理去送牛，而牛（在路上）死了，借的一方不应负责任。[①] 但如果借的一方对他说，'让我的儿子或奴隶或代理把牛送来'，或者如果借出的一方对他说，'我要派我的儿子或奴隶或代理把牛送去'，或者'我要让你的儿子或奴隶或代理把牛送去'。当借方回答说，'送来吧'，在主人把牛送去时如果牛（在路上）死了，借方应负责任。同样的律法也适用于归还牲口时。"（8：1~3）

8. 租赁

涉及房东和房客义务以及权利的规定也在"中间一道门"中有所讨论。"凡在雨季[②]把房屋租给其同胞的人从住棚节直到逾越节期间[③]不得把房客赶出去；如果是在夏天，必须提前30天通知。在大城市，无论是在夏季还是在冬季赁出，都必须提前12个月通知。如果赁出的是店铺，无论是在大城市还是在小城市，都必须提前12个月通知。拉比西缅·本·伽玛列说，如果是面包房或染房，必须提前三年通知。[④]

"在出租房屋时房东有义务提供门、门闩、锁以及其余一切必须由熟练的工匠制作的东西，但不必由熟练的工匠制作的东西

---

① 因为借方的责任只有当牲口到达他手中时才开始。

② 即在冬季。出租人只以某某价格收下房客，而不规定他何时离开。

③ 这两个节日分别出现在第十个月和第四个月，这样便覆盖了整个冬季。

④ 这个意见被采纳了，其理由是从事这些行业的人不得不提供长期赊欠服务。

必须由房客自己提供。粪便①属于出租人，房客只有权得到炉子和做饭区域的灰。

"如果租出了房屋，期限为一年，而这一年被宣布为闰年②，额外这个一个月的好处应由房客所享有。如果他是按月出租，而这一年被宣布为闰年，额外这一个月的好处应由房东享有。在塞弗利斯镇碰巧一个人以每年12个金第纳尔，每月一个金第纳尔的租金租了一个浴室。（因为那年被宣布为闰年）这案子被呈到了拉比西缅·本·伽玛列和拉比约西的面前，他们裁定额外这个月的好处应由房东和房客平分。③

"如果他把房屋④租给同胞，而房屋倒坍了，他必须为他提供另外一所。如果是一所小房子，他不得提供一所大房子，反过来也是一样；如果是一所单间的房子，他不得再提供一个两间的房子。他也不得减少或增加窗户的数目，除非得到双方的同意。"（8：6~9）

"如果一个人从其同胞处租了⑤一块土地，那么在通行收割庄稼的地方，他必须用收割的方式，在通行连根拔掉的地方，他必须用连根拔掉的方式，在通行收割之后犁地（以便灭草）的地方，他必须犁地，一切都取决于当地的习俗。正如地主和佃农要分享

---

①　其他人而不是房客的牲畜在院子积累下的粪便。

②　闰年有13个月。

③　这项裁定所依据的是，协议中既有"租期一年"的条款，也包括了月租金的规定。

④　而没有指明是哪所房屋，如果协议中指明了是哪间房屋，那么房子发生了火灾而倒塌，房主没有责任予以修缮。

⑤　这种租赁的条款要么是固定的租金，要么是双方同意的一定数额的收成，或者双方同意的一定比例的收成。

粮食一样，他们也要分享秸草和谷茬；正如他们分享酒一样，他们也分享葡萄的枝蔓以及支撑的桩子，但后者必须由双方来提供。

"如果一个人从其同胞处租了一块要依靠灌溉的土地或者栽着树的土地，而（灌溉的）水源干涸了或者地里的树砍伐了，那么，他不得从双方同意的租金中做任何的扣减。但如果他曾对另一方说过，'租给我这片可以灌溉的土地，或这片有树木的土地'，而后来水源干涸了、树木被砍伐了，他则可以从双方同意的租金中予以扣减。

"如果一个人（以付给地主一定比例的收成为条件）租了一块土地，却让它休闲，那么，便对该地所能产出东西的数量予以估算，并且他必须依此支付，因为协议中有一款通常规定：'如果我让土地休闲而不予耕种，我将按最高估算额支付补偿。'[①]

"如果一个人从其同胞处租了一块土地而不除草，并且对地主说，'这与你有什么相干，既然我向你支付租金？'这一托词是不能接受的，因为地主可以回答说，'你明天退租了，我就得辛辛苦苦去清除蓬生的杂草。'

"如果一个人（以支付收成的某一百分比为条件）从其同胞处租了一块土地而土地歉收，那么只要所产出的足以垛成一个（两习亚的）堆垛，他就有义务在土地上耕作。拉比犹大说，怎么可能拿这样一个堆垛为标准呢[②]？但只要所产出的粮食够做种子用（他就必须在土地上耕作）。

---

① 尽管没有明文规定，但这一条款是适用的。

② 既然地大小不一。

"如果一个人（以支付收成的某一比例为条件）从其同胞处租了一块土地，而庄稼却因蝗虫的破坏而毁掉了，倘若这种灾害祸及了整个地区，他可以从租金中予以扣减；但假如灾害并没有影响到整个地区，他则不得扣减。拉比犹大说，如果他是用钱作为租金租用的土地，在这两种情况下他都不得扣减租金。[①]

"如果一个人以 10 考尔麦子的年租金从其同胞处租了一块土地，而产出的粮食质量不好，那么，他就用这不好的粮食来付地租；但如果出产粮食的质量特别地好，他则没有权利说，'我要从市场上买些（标准质量的）麦子来付给你地租。'他必须用自己种的粮食来付租。

"如果一个人从其同胞处租了土地种大麦，他便不得种小麦，但如果协议上是种小麦，他则可以种大麦。[②]拉比西缅·本·伽玛列认为后者也应禁止。如果他租地种谷类，他不得种豆类；但如果协议上是种豆类，他则可以种谷类。拉比西缅·本·伽玛列认为后者也应禁止。

"如果一个人从其同胞处租一块土地期限为几年[③]，那么他不得种植亚麻，也不得修剪埃及榕树的枝桠。[④] 如果他租用七年，他在第一年可以种植亚麻和修剪埃及榕树。

"如果一个人以 700 个苏兹的租金从其同胞处租得一块土地，

---

① 这一观点在法律上没有被采纳。

② 种小麦比种大麦更容易使土地枯竭。

③ 即少于七年。

④ 种植亚麻对土壤有很大的影响，从而其伤害可能会超过七年的租期。同样，修剪掉的树枝在这段时间内也不能长好。

期限为一个安息期^①，那么，安息年应包括在期限之内。如果他以
700 个苏兹的租金租用七年，安息年则不包括在期限之内。"（9：
1~10）。

租居的房屋受到损坏时的有关规定是："如果房屋的底层和
上层分别由不同的人所拥有，而房屋倒坍了，双方应分享木料，
砖块和灰泥^②，并且他们应调查一下是哪些砖更易于受损。^③如果
一方辨认出了一些属于自己的砖，他便得到这些砖，并且在计算
时这些砖应包括在内。

"如果房屋的底层和上层分别由不同的人占据^④，且上层（的
地板）有缺陷而房主又拒绝对其维修，那么，房客有权搬到底层
来住直到房主修好了上层。拉比约西说，住在底层的人应提供支柱，
住在上层的人应提供灰泥^⑤。

"如果底层和上层分属于不同人的一幢房屋倒塌了，而上层
的主人要求底层的主人对底层重修时遭到了拒绝，那么，上层的
主人可以对底层予以重修并一直住在里面直至另一方付清了修缮
所需的费用。拉比犹大说，即使在这种情况下，假如这个人是居
住在其邻居的房屋中，他也必须支付房租；但是上层的主人应该
把上下两层都重新修好，给房屋修上房顶，并且居住在底层（免

---

① 每一个第七年被宣布为一个安息年，在安息年不允许耕种或收割庄稼（《利未记》
25：1 及下节）。如果协议是"一个安息期"，这被理解为租期为七年，包括安息年。

② 即如果分不清残破的材料原属于哪一层房子。

③ 如果基础倒塌了，下层的砖会受损更严重。

④ 这里涉及的情况是房主居住在底层，房客居住在上层，上层的地板是下面房间
的天花板。

⑤ 这一观点没有被采纳。

交房租）直至他为重修所支付的费用得到赔偿。"（10：1~3）[①]

9. 销售与交货

"中间一道门"所涉及的另一法律分支是关于财产的转移是如何通过销售或易货来确立的。在购买和销售的情况下，财产是在购买者收到货物时而不是在货款支付时转移的。

"金币（的交付）构成对银币的购买[②]，而不是相反；铜币构成对银币的购买[*]，而不是相反；非接受硬币[③]构成对接受硬币的购买，而不是相反；金条构成对硬币的购买，而不是相反；商品构成对硬币的购买，而不是相反。一般的规则是：（交货）构成与其他商品的易货贸易。[④]

"何以如此呢？如果买方拿到了水果后尚未付钱，双方便均不得取消这笔交易；但如果他付了钱后尚未拿到水果，双方则均可取消这笔交易。不过，拉比们宣称，对大洪水时的那代人（《创世记》6）以及被放逐的那代人（《创世记》11），施加惩罚的上帝将惩罚任何不遵行他言语的人。拉比西缅说，谁拿着钱，谁有利。[⑤]

---

①　这一观点同样也没有被采纳。

②　这就是说在交换货币时谁是卖方，谁是买方。对此的裁定是，价值低的硬币是商品。因而，接受了价值高的货币便构成了一种购买行为。

*　似应为：银币构成对铜币的购买。——译者

③　在一个国家不流通的硬币。

④　即在交换货物时不考虑哪种货物更易于销售。因此，如果一方接受了另一方的货物，购买便成立了。

⑤　这意思是如果买方付了货款，还没有拿到商品，这时只有卖方可以取消这笔交易。这一观点没有被采纳。

"欺诈①的意思，举例来说，就是在 24 个银第纳尔的价值中多收取四个银第纳尔，24 个银第纳尔合一个塞拉，这就是货款的六分之一。受骗的一方可以在多长的期限内取消这项交易呢？应给予他足够的时间把商品拿给一位客人或亲属看看。

"关于欺诈的律法既适用于买方，也适用于卖方，既适用于商人，也适用于私人。拉比犹大说，欺诈的律法不适用于商人。②受欺诈的一方处于有利地位。如果他愿意，他可以说'把钱退还给我'或'把你多收的钱还给我'。"（4：1~4）

"关于欺诈的法律不适用于下列情况：奴隶，不动产，债务凭据，以及一切与圣殿③有关的东西。

"正如在买卖中有欺诈行为一样，在语言上也有欺诈行为。人如果没有要购买的打算就不应问同胞'这东西的价格是多少'。"（4：9f）

第三部分"最后一道门"（*Baba Bathra*）继续讨论了关于销售的律法。讨论的要点中涉及到什么东西应该，或者不应该包括在一项财产的销售之内，以及关于易坏商品买卖的规章。

"如果一个人卖出一幢房屋，那么他并未卖掉其附属建筑，

---

① 参见《利未记》25：14。如果多收的钱不足六分之一，买卖仍然有效；如果正好六分之一，多收的要退还；如果超过六分之一，买卖无效。

② 因为他作为这方面的专家应知道正确的价格。那么，如果他以低得多的价格卖出，这被认为是有意这样做，因为他急需用钱。这一观点没有被采纳，因为人们认为他也可能会在确定价格时出现失误。

③ 《塔木德》的这一裁定来自于经文"你若卖什么给邻舍"（《利未记》25：14）——"什么"（aught）一词指的是可以彼此用手传递的东西，因而排除了土地以及被视为不动产的奴隶。"邻舍"一词将与圣殿有关的交易排除在外。

尽管它们是连通的，也并未卖掉里面的房间，也没卖房顶，如果房顶上有十个手掌高度的护栏。拉比犹大说，如果房顶是门拱的形状，那么即使其护栏不足十个手掌的高度，它也没有（作为房屋的一部分而）被卖掉。①

"也不应包括水井和地下的水池，尽管卖方用书面的方式提到了房屋的深度和高度，但是，卖方必须（从买方）为自己买（到水井或水池）去的权利（如果他想使用它们的话）。这是拉比阿基巴的观点。然而拉比们宣称，他不必买去的权利；拉比阿基巴承认，如果卖方提到了它们并不包括在交易之内，他便不必买去的权利。②如果他把水井和水池卖给了别人（而保存下房屋供自己住），拉比阿基巴说，这样买方不必向卖方买使用路的权利，但拉比们声称有这必要。

"如果一个人卖了房屋，门应包括在内，但不包括钥匙；固定的臼应包括在内，但不包括可移动的臼；下层的磨石（固定不动）应包括在内，但不包括接磨出来的面粉的篮子（因为它是可移动的），炉子和灶具均不包括在内。但如果他曾讲明是'房屋及其内部的一切'，那么，它们便都应包括在交易之中。

"如果一个人卖掉了院子，那么，房屋、水井、沟坎以及洞穴都包括在内，但不包括可移动的财产；但如果他曾讲明，'院子以及其中的一切'，那么，一切都应包括在内。在任何情况下他都没有把可能包括在院内的浴室或压榨机（造酒或榨油用）卖掉。

---

① 这一观点没有被采纳。

② 在本例以及下面的例子中均采纳了拉比阿基巴的观点。

拉比以利泽说，如果一个人卖掉了一所院子（而未作任何说明），那么，他只不过是卖掉了地盘而已。"① （B. B. 4：1~4）。

"如果一个人卖掉了一条船，这应包括桅杆、船帆、锚以及要使其航行所需要的一切，但不包括船员、（运商品用的）包装袋以及船上的存货。但如果他曾指明是'船以及上面的一切'，那么，这一切都包括在内。如果一个人卖了一辆车，那么，骡子并不包括在内，反过来也是一样。如果一个人卖了一件轭，那么，牛并不包括在内，反过来也是一样。拉比犹大说，成交的价格可以说明卖掉了什么。何以如此呢？假如一个人说，'以 200 个苏兹的价格把你的轭卖给我吧'，很显然，（单单）一件轭不会卖这么高的价格；但拉比们宣称价格不能说明问题②。

"如果一个人卖掉一头驴，这并不包括系在驴身上的任何口袋。③ 弥地阿的那胡说，它们应包括在内；拉比犹大说，有时包括，有时不包括。何以如此呢？如果驴驮着口袋站在他面前，这时买驴的人说，'把你的这头驴卖给我'，这样，口袋就包括在内；但如果买者问道，'这是你的驴吗？（卖给我吧）'，口袋则不包括在内。④

"如果一个人卖了一头驴，这应包括驴所怀的驹；但如果他

---

① 即连上面的房屋都不包括，这一观点没有被采纳。

② 因为这存在多收费的可能，或许买方故意抬高价格以图对卖方施以馈赠而不致使其难为情。

③ 都认为其挽具应包括在内。

④ 第一个问题明确地说明是驴及其身上驮的东西；第二个问题很可能只是指牲口本身。

卖了一头奶牛，牛怀着的牛犊则不包括在内。[①] 如果他卖了一个粪
池，那么，粪便应包括在内；卖了一个水池，其中的水应包括在
内；卖了一个蜂房，其中的蜜蜂应包括在内；卖了一个鸽子房，
其中的鸽子应包括在内。如果一个人从其同胞的鸽子房中买下了
其中的鸟，他不能把第一窝孵的鸟带走[②]；如果买的是蜂箱，他
必须要留下两只（以供蜜蜂过冬的需要）；如果买的是砍伐的橄
榄树，他必须要留下两个拳头高的树桩子（以供长出新芽）。"
（5：1~3）

"如果一个人把水果卖给其同胞（而没有提到是供栽种还是
供食用），并且水果没有生长，即使卖的是亚麻种子（这东西通
常是用于栽种），卖方也不应负责。拉比西缅·本·伽玛列说，（如
果他卖的是）不能食用的蔬菜种子，他必须承担责任。

"如果一个人把水果卖给其同胞，后者必须接受在一习亚
（seah）中有四分之一个卡布（kab）的不合格者[③]；如果是无花果，
他必须接受 100 个中有 10 个遭虫咬的；如果是酒窖，他必须接受
每 100 桶酒中有 10 桶变酸的；如果是用沙龙（Sharon）处的黏土
做成的泥罐[④]，他必须接受 100 个中有 10 个次品。

"如果一个人把酒卖与其同胞而酒酸了，他不应负责任；但　341

---

① 　《革马拉》解释说是当卖方作出如下说明时："我卖给你一头奶驴，或者奶牛。"
如果是前者，驴驹显然应包括在内，因为驴的奶会毫无用处；而买一头牛也许只是要让
它产奶。

② 　把鸟留给原主人，这样老鸟才有理由要留在鸟巢中。

③ 　一个卡布是六分之一个习亚。

④ 　这种黏土质量优良。

如果他知道自己的酒可能会变酸，而以虚假的借口把酒卖出（则交易无效）。如果他曾指明，'我卖给你的是香酒'[①]，那么，酒必须应能存放到五旬节[②] 而不变质。如果他卖的是陈酒，那么，酒必须是用上一年的葡萄酿造；如果他保证所卖出的酒是陈酿，它必须已存放了三年之久。"（6：1~3）

10. 时效权利

在犹太律法中，不受干扰地占有或者使用某一物品在某些情况下可以构成对该物品的拥有。因不受干扰地占有或者使用而产生的这一权利被称为"拥有权"（*chazakah*），其意思是"拥有，占有"（holding, occupancy）。

"关于拥有权的规定适用于房屋，水井、沟坎、洞穴、鸽巢、浴室、榨油或造酒的压榨机、可浇地、奴隶以及一切定期结果的东西。获得拥有权的时限是三整年。对于无法灌溉的土地来说，获得其拥有权是三年，但不必是三整年。拉比以实玛利说，在第一年（年末，如果他占有土地）三个月，在第三年（年初）三个月，并且在中间一年12个月，即18个月（这便足以构成拥有权）。[③] 拉比阿基巴说，（如果他占有的时间为）第一年1个月，最后一

---

① 这种酒应保证能存放不变质。

② 这个节是夏季的开始。在此之后酒可能会因天热而变酸，这样卖酒的人便不负有责任。

③ 在第一段时间里他借此可以播种，在最后的一段时间里他要去收获。因此，从农业的角度看他占有土地达三年。

年 1 个月，中间一年 12 个月，即 14 个月（这就足够了）。拉比以实玛利说，我（关于 18 个月期限）的陈述适用于生产粮食的土地 ①；但如果是果园 ②，倘若他先采摘葡萄，另一个时间采摘橄榄，然后再采摘无花果，（构成拥有权）便被认为需要三年。③

　　"关于拥有权有三个不同的地域：犹地亚、外约旦以及加利利。如果主人住在犹地亚，而有人对其在加利利的土地声称拥有权，或者与此相反，这项权利不能成立直到双方都来到同一块地域。拉比犹大说，确定三年期限的目的是，如果主人居住在西班牙 ④，而有人已占据了他（在犹地亚）的土地达一年，这样则应留给他一年的时间得到通知，还要给他另一年的时间能返回来（对这一拥有权提出质疑）。

　　"任何不带理由 ⑤ 的所有权要求都是无效的。何以如此呢？如果有人对占据者说，'你在我的土地上干什么？'而他回答说，'还从未有人对我在这儿的权利提出过质疑'，这不构成拥有权。但如果他回答说，'因为你把它卖给了我'，或者'因为你把它赠给了我'，或者'你父亲把它卖给了我'，或者'你父亲把它赠给了我'，这便构成了拥有权。如果是通过继承得到的财产，便不需要理由。⑥ 关于拥有权的律法不适用于工匠、合伙人、农工

---

①　这样收获是在同一个时期进行。
②　这样就有不同的树木，其果实是在不同的季节采摘。
③　尽管这三项活动是发生在一年之中。拉比阿基巴和拉比以实玛利的观点都没有被采纳，并且法律要求必须是占有三整年。
④　作为一个需要一年旅程的遥远之地而被提及。
⑤　以说明他曾买下或者被赠予了他所占的土地。
⑥　即去证明它曾属于将其遗赠给他的父亲。

以及看护者。[①] 丈夫对于妻子的财产不具有拥有权，反过来也是一样，父亲对于儿子的财产也不具有拥有权，反过来也是一样。前面提到的适用于什么情况呢？适用于要求获得（受到主人质疑的）拥有权的人。但如果一个人馈赠了一件礼品（又想收回），或者兄弟们瓜分财产（且其中一人已得到了自己的一份），或者一个人夺取了一位皈依者[②]的财产，如果他已经（在财产上）开了一个门，或者已将其用围墙圈了起来，或者已经弄破了围墙，无论这一切有多么微不足道，这种（所有权证据）便构成了拥有权。

"拥有权所适用于或者不适用于的情形有这样一些：如果一个人把牛羊圈在院子里，或者使用了炉子、炊具或磨，或者（在院子里）养家禽，或者把粪便存放在院子里——这并不构成拥有权。反过来说，如果他（在院子里）为了牛羊的缘故或者为了炉子、炊具或磨的缘故垒起了一道十个手掌高的围墙，或者他在房屋中养家禽，或者他要么（通过挖）三个手掌深，要么（通过堆）三个手掌高的方式为自己理出了一个堆放粪便的地方——这就构成了拥有权。"（3：1~3，5）

11. 继承

涉及财产的遗赠和继承以及最近继承亲族的问题是在"最后一道门"中进行讨论的。

---

① 在三年中不受干扰的占有并不能赋予这些人拥有权。

② 指死后没有留下犹太后裔者，他的财产成为无主财产，任何人都可以占有它。

"有些亲属既能合法地继承，也能合法地遗赠；另外一些只能继承，但不能遗赠；还有一些既不能继承，也不能遗赠。下列的人能继承，也能遗赠：父亲之于孩子①，孩子之于父亲，以及一父所生的兄弟。下列的人只能继承，不能遗赠：男子之于其母亲，丈夫之于其妻子，以及（死者）姐妹的孩子。下列的人只能遗赠，不能继承：妇女之于其子女，妻子之于其丈夫，以及一母所生的兄弟。②一母所生的兄弟之间彼此既不能继承，也不能遗赠。

"继承的顺序是：（《圣经》宣称），'人若死了没有儿子，就要把他的产业归给他的女儿'（《民数记》27：8）。所以，儿子优先于女儿，并且儿子的一切子女都优先于女儿。女儿优先于（死者的）兄弟，并且她的一切子女都优先于他们。（死者的）兄弟优先于其父亲的兄弟，并且他们各自的子女也是如此。规定是这样的：当一个人具有优先权时，在下一个顺序中他的子女也具有优先权，但是，父亲优先于他所有的后代。"（8：1及下节）③

"儿子和女儿在继承时是相似的，其不同之处是儿子（如果是长子，《申命记》21：17）要从父亲的财产中，但不能从母亲的财产中，得到双份，并且女儿是从父亲的财产中得到供养，而不是从母亲的财产中。

"如果一个人（在其遗嘱中）宣布，'某某是我的长子，但

---

①　即父亲继承儿子的财产，如果后者去世时没有留下后代，并且也把自己的财产遗赠给儿子。

②　叔叔的财产可以合法地遗赠给侄子，但反过来却不行。

③　如果死者没有留下直系子女，那么，其父亲或祖父，倘若还活着，便成为最近的家属。

他不能得到双份’，或者‘某某是我的儿子，但他不能同其兄弟一起继承（我遗产的任何一部分）’，那么，他的话是无效的，因为他的条文与《托拉》的规定是相悖的。但如果他曾就自己的财产一事在其孩子之间做过口头的安排，从而要多分给一个人，少分给另一个人，或者让长子与其他的孩子得到的份额相同，那么，他的话是有效的，但假如他使用了‘继承’一词，他的话便无效①。如果他在开头、中间和结尾②写上了‘作为礼物’的字样，他的话便有效。当他有女儿时，如果他说，‘某某（即不是他的儿子）将要做我的继承人’，或者当他有儿子时如果他说‘我的女儿将要做我的继承人’，那么，他的声明是无效的，因为他的条文悖逆了《托拉》中的规定。拉比约查南·本·巴洛卡（Jochanan b. Baroka）说，如果这一声明所提到的是一位有继承权的人③，它就是有效的；但如果它提到的是一位没有继承权的人，这一声明便无效。如果他留下遗嘱把财产遗赠给陌生人而删去了自己的孩子，他的行为是合法的，但拉比们对此却不同意。拉比西蒙·本·伽玛列说，如果他的孩子们品行不端，他（这样处置财产）便留下了好名声。

　　"如果一个人说，‘这人是我儿子’，那么，（在涉及到遗产时）应相信他的话；但如果一个人说，‘这人是我兄弟’，则不应相

344

---

　　① 只要他没有使用"继承"一词，他对财产的处置便被认为是赠予而不是遗留，而人有权利按自己的意愿把财产送给别人；但是法律却限制他把财产遗留给他人的权利。

　　② 这里所暗指的三种说法是："把这块土地给我的儿子让他继承"；"让他继承并把它给他以便让他继承"；"让他继承并把它给他"。

　　③ 即他具体指某一个孩子。

信他①，但这人要与那位确实承认有这种兄弟关系的人分享遗产。②
如果一个人死了，结果发现他身上系着一份遗嘱，这份文件便是
无效的③；但如果他（在遗嘱中）把财产转让给了另一个人，无论
这人是他的继承人与否，他的话都是有效的。

　　"如果一个人立下遗嘱把财产遗留给子女④，他必须要写上这
样的话：'从今天开始，并且在我死后。'⑤这是拉比犹大的观点，
但拉比约西声称这是不必要的。⑥如果一个人立下遗嘱把财产在其
死后（生效）遗留给儿子，那么，他便不能再将其卖掉，因为财
产已经遗赠给了他的儿子；儿子也不能（在其父亲健在时）把财
产卖掉，因为它还在其父亲的控制之下。如果父亲卖掉了财产，
他只是把它卖到自己去世时为止；如果儿子把财产卖掉，买方在
其父亲去世之前无权得到财产。父亲可以把水果从树上摘下来送
与他喜欢的任何人，然而（在他去世时）树上剩下的水果则属于
其继承人。如果一个人留下好几个儿子⑦，其中有几个已成年，另
几个尚年幼，那么，不允许已成年者用未成年者的费用为自己购

345

---

　　①　如果别的兄弟们不承认有这种关系。

　　②　如果一个人留下两个儿子，其中一人承认还有第三个兄弟，而另一人不承认这
一点，那么，承认的那一位可以把自己一半的财产分给那位第三者。

　　③　尽管从遗嘱所在的地方来看并没有任何理由来怀疑它是伪造的，但法律要求遗
嘱应有交付的手续。

　　④　这是说一个人要再婚时打算让前妻生的孩子得到财产上的保障。

　　⑤　这句话使孩子成为财产的法定所有者，并且这人可以在其有生之年享用自己的
收入。

　　⑥　因为遗嘱的日期已表明了其意愿。这一观点被采纳。

　　⑦　而却没有留下遗嘱。

置衣物，也不允许未成年者靠已成年者的费用来生活 ①，他们应均分。如果已成年者（由财产出资）已经结婚，那么，未成年者也可以（由财产出资）去结婚；但假如未成年者（在其父亲去世后）说，'我们打算按着（在他活着时）你们结婚的方式（由财产出资）结婚'，这种要求是不成立的，因为父亲所给予他们的被视为赠品。

"这些规定同样适用于女儿，但在这方面女儿比儿子要占便宜。女儿是（由财产出资）用儿子们的费用来供养的，但却不是用其他女儿的费用来供养的。②

"如果一个人去世时身后留下了儿子和女儿，倘若其财产不少③，财产由儿子继承，而女儿则由儿子们供养；倘若其财产不多，则由女儿们继承，而儿子们可以去行乞。④ 亚得蒙（Admon）⑤ 说，'难道就因为我是男性，我就该受穷吗？'拉比伽玛列声称，'我同意亚得蒙的话。'"（8：4~8，9：1）

---

①　人们认为成人穿衣的花费要比未成年人高，未成年人吃饭的费用要比成年人多。

②　如果他身后只留下女儿，她们便把财产均分。

③　足以供养所有的孩子，并且供养女儿们长大成人。

④　这事实上意味着儿子们只能得到供养了女儿后剩余的部分。

⑤　他是住在耶路撒冷的法官（Keth. 13：1）。他的观点没有被采纳。

第十一章　来世

1. 弥赛亚

古代其他民族认为他们的辉煌岁月是发生在暗淡而又遥远的往昔，而犹太人则认为这样的岁月是在未来。以色列的先知们曾不止一次地把那尚未到来的"后面的日子"作为其民族伟业得以达到巅峰状态的岁月而提及。这一向往牢牢地根植于普通大众的心中，不仅其强度不断增加，而且随着时间的推移，人们对于它一旦实现后会带给世界的奇迹也愈加惊叹不已。这样一个辉煌未来的核心是一位叫作弥赛亚（*Mashiach*）的人，其意思是"受膏者"，他是上帝委派来开启这个崭新而又奇异时代的。

《塔木德》数百次地提到了弥赛亚及其使命，但我们却只发现了一位持怀疑论调的导师。一位4世纪的拉比希勒尔声称："以色列没有（尚未到来的）弥赛亚，因为希西家时代的以色列人已经领略过他了。"（Sanh. 98b）他曾因发表这样的言论而被弄去做苦役。当时或许有一部分人相信希西家国王的辉煌统治曾经历了以赛亚关于弥赛亚预言的实现，因为《塔木德》对这一思潮进行了明确的批驳。"为什么'涨过'（*lemarbeh*）一词（《以赛亚书》

9：7；希伯来文《圣经》是 9：6）的中间字母是尾 *m* 形状？ [①] 神圣的上帝意欲使希西家成为弥赛亚，使西拿基立王成为歌革（Gog）和玛各（Magog）[②]；然而，正义对上帝说，'宇宙的主啊！以色列王大卫写出了那么多颂扬你的歌，你都没有使他成为弥赛亚，而对于你曾为他创造了那么多奇迹，他却连一支颂歌都没有为你写出的希西家，你难道要使他成为弥赛亚吗？'"（Sanh. 94a）然而，当约查南·本·撒该与其弟子们诀别时，他在临终的卧榻上向他们说出了富有暗示的话语："为就要到来的犹大王希西家准备一席之地。"（Ber. 28b）他的话通常被理解为昭示着弥赛亚的降临，倘若情形是这样的，那么，这位公元 1 世纪的杰出拉比就是把他与希西家所认同了。正如我们在后面会看到的那样，在这位未来救星的身份问题上曾有多种多样的观点。

人们普遍相信派遣弥赛亚乃是上帝在创世之初计划中的一部分。"七件事物在世界被创造之前已经被创造出来了：《托拉》，忏悔，伊甸园（即乐园），地狱，荣耀宝座，圣殿，以及弥赛亚的名字。"（Pes. 54a）在后来的一部文献中曾有这样的评论："在创世之初弥赛亚王就已经诞生了，因为甚至在创世之前他已经进入了（上帝的）心中。"（Pesikta Rab. 152b）

对于弥赛亚将会是谁，自然有许多推测，人们于是便对《圣经》经文进行研究以求得到启发。拉比们在一点上是一致的，即

---

① 希伯来语中有五个字母，包括 m 在内，出现在词的末尾时有不同的形状。在 *lemarbeh* 一词中虽然 m 并不出现在末尾，但传统的文本中它却是以末尾 m 的形状出现的。

② 歌革与玛各在弥赛亚到来之前作为拨弄是非者而被提及，这一点将在本节后文予以解释。

他只是一位受命于神的旨意去完成其使命的肉体凡胎。《塔木德》中的任何地方都没有表示人们相信弥赛亚是一位超人的救星。

　　某些权威认定他就是大卫。"后来以色列人必归回，寻求他们的上帝耶和华和他们的王大卫"（《何西阿书》3：5）这句经文被解释为："拉比们宣称，那就是弥赛亚王。如果他生于活人之中，大卫便是他的名字；如果他生于死者之中，大卫也是他的名字。"（p. Ber. 5a）这一观点所遇到的尖锐挑战来自于对另一段经文的引述："经文说，'耶和华赐极大的救恩给他的王，施慈爱给他的受膏者（希伯来文为弥赛亚），就是给大卫和他的后裔，直到永远'（《诗篇》18：50）——经文上写的不是'给大卫'，而是'给大卫和他的后裔'。"（《大耶利米哀歌》1：51）人们普遍地相信弥赛亚将会是大卫王的一位后裔，而在拉比文献中对他的一个流行称谓就是"大卫之子"。

　　在对经文进行弥赛亚意义上的阐释时，便产生了各种各样的可以对其称谓的名字。有些拉比时代的学者进而别出心裁地为他找到了与他们老师的名字相似的称谓。"弥赛亚的名字是什么？拉比希拉（Sheila）学派说，'是细罗（Shiloh），如经文上写的，"直等细罗来到"（《创世记》49：10）。'拉比雅乃学派宣称，'是金农（Jinnon），如经文所说，"他的名要存到永远，要留传（希伯来文是 jinnon）如日之久"（《诗篇》72：17）。'拉比查尼那学派宣称，'是查尼那，如经文所说，"我必不向你们施恩（希伯来文是 chaninah）"（《耶利米书》16：13）。'另外的人争执说他的名字是米那现（Menachem），即希西家的儿子，如经文所说，'因为那当安慰（希伯来文是 menachem）我，救我性命的，

离我甚远'（《耶利米哀歌》1：16）。拉比们认为他的名字是'拉
比犹大王子学派中的不洁者'，如经文所说，'他诚然担当我们的
忧患，背负我们的痛苦。我们却以为他受责罚，被上帝击打苦待了'①
（《以赛亚书》53：4）。拉布宣称，神圣的上帝将要在来世为以
色列立起另一位大卫，如经文所说，'你们却要侍奉耶和华你们的
神，和我为你们所要兴起的王大卫'（《耶利米书》30：9）。经
文上写的不是'已经兴起'，而是'要兴起'。"（Sanh. 98b）

　　下面的摘录还提出了人们为他所设想的另外一些称谓："拉
比约书亚·本·利未说，他的名字是泽马克（Tzemach），意思是'苗裔'
（《撒迦利亚书》6：12）。拉比犹旦（Judan）说，他的名字是
米那坚。拉比艾布说，这两者是一样的。因为构成这两个名字的
字母其数值是一样的"（p. Ber. 5a）。"拉比那克曼问拉比以撒说，
'你听说过倒塌者的儿子（Bar Naphlé）何时要来临吗？'他问道，
'谁是倒塌者的儿子？'他回答说，'弥赛亚'。另一位又问，'你
称弥赛亚为倒塌者的儿子吗？'他说，'对，因为经文上写着，"到
那日，我必建立大卫倒塌的帐幕"（《阿摩司书》9：11）'。"（Sanh.
96b）

　　《塔木德》中还曾经提到过一个颇神秘的人物叫约瑟之子弥赛
亚。文中是这样说的："约瑟之子弥赛亚被杀了，因为经文上写着，
'他们必仰望我，就是他们所扎的。必为我悲哀，如丧独生子'（《撒

---

　　① 拉比们将"受责罚"解释为"不洁"。因此，经文预示着要有一位遭受不洁的
弥赛亚。据说，尽管拉比犹大王子遭受重病达十三年之久，但他却总是说，"痛苦是福"，
将其视为上帝的仁慈（B. M. 85a）。因此，拉比们认为以赛亚所预言的弥赛亚将属于以
这位拉比为榜样的那类人。

迦利亚书》12：10）。"（Suk. 52a）"约瑟之子"如同"大卫之子"一样，指的是这一名字的一位祖先的后裔。其来源似乎在下面这段引述中有所提示："我们的祖先雅各预见到以扫的后裔将只会陷入约瑟的后裔之手中，如经文所说，'雅各家必成为大火，约瑟家必为火焰，以扫家必为碎秸，火必将他烧着吞灭'（《俄巴底亚书》18）。"（B. B. 123b）[①]

　　在严酷的民族厄运期间对弥赛亚来临的渴望很自然会愈加剧烈。当征服者的压迫变得难以忍受之际，犹太人便出于本能地向《圣经》中所包含的弥赛亚预言寻求帮助。约瑟福斯记录下了在圣殿即将被毁之际人们是如何挺身而出，声称自己就是先知所预言的救星的。[②] 随后一个世纪的巴尔·柯赫巴（Bar Kochba）——有些人称他为巴尔·柯奇巴（Bar Koziba）——就是一个著名的例子。他曾领导了反抗罗马统治的起义，并被拉比阿基巴盛赞为弥赛亚。我们得知："拉比阿基巴将经文'有星（希伯来文是 *kochab*）要出于雅各'（《民数记》24：17）解释为，'有柯奇巴要出于雅各'。当拉比阿基巴看到巴尔·柯奇巴时，他高喊，'这就是弥赛亚王'，但拉比约查南·本·托尔塔评论说，'阿基巴，直到你腮上长出了草，大卫之子也不会来临。'"（p. Tann. 68d）

　　为了激励蒙受灾难的人民，鼓舞他们在最最严峻的困苦面前

---

　　① 约瑟之子弥赛亚这一观念只是在巴尔·柯赫巴的起义于公元 135 年失败之后才出现。参见贝克劳斯纳《拿撒勒的耶稣》（*Jesus of Nazareth*），第 201 页。他在后来的犹太传说中是一个显要的人物。其中的一个传说认为他就是以利亚使之复活的那个孩子（*Seder Elijahu Rabba*, 18ed, Friedmann, 第 97 及下页）。

　　② 参见第 124 页。

百折不回，拉比们向人们传播"弥赛亚来临前的阵痛"这一教义，也就是说，伴随着他的到来将有类似于母亲生孩子时的痛苦。他们根据黎明前最黑暗的原理教导人们说在他到来之前世界将会显示出道德极度败坏的征候，并且生活几乎会让人无法忍受。

这类内容的陈述有："在大卫之子就要到来的年代里年轻人会污辱其长者，长者须在年轻人面前起立，女儿会反抗其母亲，儿媳会反抗其婆母，这一代人的脸会像狗的脸一样（厚颜无耻），儿子在父亲面前也毫不羞愧。"（Sanh. 97a）"学习的地方将会变成妓院，对经文的学习将会荒疏，惧怕罪恶的人们将受到指责。"（同上）"大卫之子到来的时代要么是完全清白的，要么就是罪恶透顶的——完全清白是因为经文上说，'你的居民都成为义人，永远得地为业'（《以赛亚书》60：21）；罪恶透顶是因为经文上说，'他见无人拯救，无人代求，甚为诧异，就用自己的膀臂施行拯救'（同上，59：16），经文上还写着，'我为自己的缘故[①]，必行这事'（同上，48：11）。"（Sanh. 98a）

有这样一则寓言："在大卫之子即将到来的七年之间，第一年经文会被履行，'我降雨在这城，不降雨在那城'（《阿摩司书》4：7）。第二年将射出灾荒之箭。第三年灾荒严峻，男人、女人、孩子、虔诚的人和圣人都将消亡，学者们将会忘掉《托拉》。第四年物产既丰厚，又不丰厚。[②]第五年将有好收成，人们有吃，有喝，很快乐，《托拉》将回到学者们手中。第六年将会听到（来自天上的）

350

---

① 并不是为义人的缘故，因为已没有义人了。
② 即虽然物产会丰厚，但人民仍不满足。

声音。第七年将有战争，在这个七年期结束之际，大卫之子将要
到来。"（Sanh. 97a）

　　他到来时刻的特有标志就是政局动乱，从而上升为残酷的战
争。"列国纷争之时便是弥赛亚露足之日。要知道事情定会如此，
因为在亚伯拉罕的时代事情就是这样发生的。当列国纷争时（《创
世记》14），亚伯拉罕被拯救了。"（《大创世记》42：4）

　　这种争斗是以"歌革和玛各的战争"这一说法为标志的（《以
西结书》38）①。"经文上说，'耶和华啊！求你起来，前去迎
敌，将他打倒'（《诗篇》17：13）。在《诗篇》中，大卫恳求
神圣的上帝'起来'共有五次。② 其中有四次关系到他借助于圣灵
预见到要奴役以色列的四个王国，他恳求上帝起来抗击每一个国
家。第五次涉及到歌革和玛各王国，他预见到这个王国要与以色
列争强，于是，他对神圣的上帝说，'耶和华啊！求你起来。上
帝啊！求举起手'（《诗篇》10：12），因为我们没有头人，只
有你来与它抗争。"（或见《米德拉什》66b）所提到的四个王国
在下面这段文字中得到了具体的描述："经文上说，'他们在仇
敌之地，我却不厌弃他们，也不厌恶他们，将他们尽行灭绝，也
不肯背弃我与他们所立的约，因为我是耶和华他们的神'（《利
未记》26：44）——'我却不厌弃他们'这是指在希腊人的时
代，'也不厌恶他们'是在尼布甲尼撒时代，'将他们尽行灭绝'
是在哈南（即波斯）时代，'背弃我与他们所立的约'是在罗马

---

① 还可参见《以西结书》39：11 以及《启示录》20：8。
② 分别参见《诗篇》3：7，7：6，9：19，10：12。

人①时代，'因为我是耶和华，他们的神'是在歌革和玛各的时代。"
（Meg. 11a）

　　这个问题在下面的故事中讲得颇为有趣。"拉比卡南·本·塔基利法送信对拉比约瑟说：我遇见一个人，手中拿着一卷用神圣的语言希伯来方块字写成的经文。我问他，'你是从哪里弄到的？'他回答说，'我曾是罗马军队的雇佣兵，我是在罗马人的档案中351　找到它的。'上面写着，'创世之后 4291 年（即公元 531 年）世界将会被毁灭，部分是由于海怪的战争，部分是由于歌革和玛各的战争，然后，弥赛亚时代就会到来。神圣的上帝直到 7000 年之后才会更新世界。'"（Sanh. 97b）

　　《塔木德》中对于他出现的时间还有一些其他的算法，其中大多数都指出是 5 世纪末的某一天。例如，以利亚曾对一位拉比说："这个世界将会持续至少 85 个 50 年节（即 4250 年），在最后一个 50 年节期间大卫之子将会到来。"拉比问他，"他是在 50 年节之初还是在其之末到来呢？"他回答说，"这我不知道。"（同上）这样算出来的那一天就是在公元 440 年和 490 年之间。"假如一个人在圣殿被毁（发生于公元 70 年）400 年之后要你只花一个第纳尔去购置一块价值 1000 第纳尔的土地，你不要买。有一条拉比教义是这样的：创世之后 4231 年（即公元 471 年），如果一块价值一千第纳尔的土地以一个第纳尔的开价出售，不要买"（A. Z. 9b），因为这时弥赛亚将到来，土地将会一钱不值。

---

　　① 文本中是"波斯人"，中世纪的文字审查官们将其替换是因为他们发现提到罗马是暗示教会。

大多数的拉比反对人们对"最后时刻"，即弥赛亚到来之日
所进行的这种计算，其理由是这种计算所给人的希望完全是虚假
的。有一则极为有力的警告："计算'最后时刻'的人该当诅咒，
因为这种人争辩说，既然'最后时刻'已经到来而弥赛亚尚未出现，
那么他肯定不会来了。你们要等待他到来，如《圣经》所说，'虽
然迟延，还要等候'（《哈巴谷书》2：3）。"（Sanh. 97b）一
种观点认为，"以色列将要在 *Tishr*① 月得到拯救；另一种观点认为，
因为他们是在 *Nisan* 月（从埃及）被拯救的，他们也将在这个月被
拯救。"（R. H. 11a）

与上帝已经为弥赛亚时代的到来定下了确切日期这一观点相
对立，便产生了另一种观点，即日期并不是固定的，它取决于人
们的品行。这一思想被纳入"我耶和华要按定期速成这事"（《以
赛亚书》60：22）这句经文之中，对它的解释是："如果你们合
乎道德，我便速成此事；如果你们品行不端，它将按定期而至。"
（Sanh. 98a）

同样，我们还读到了这样一些说法："忏悔是伟大的，因为它
使拯救靠近"（Joma 86b）；"所有的'最后时刻'都过去了（弥赛
亚却没有来），这只有靠忏悔和善行"（Sanh. 97b）；"如果以色
列只忏悔一天，大卫之子便会立刻到来，如果以色列好好地守一次
安息日，大卫之子便会立刻到来"（p. Taan. 64a）；"如果以色列
按照律法守两次安息日，他们便会由此而被拯救"（Shab. 118b）。

352

---

① 这是犹太历法的第七个月，元旦发生在这个月。*Nisan* 是第一个月，逾越节发
生在这个月。

在试图猜拟经弥赛亚之手改变后的世界会是什么样子时，人们
的想象力极为大胆。大自然的生产能力将被提高到奇异的程度。"来
世[1]与今世不同。在今世，人们还要费心费力去收获葡萄和榨取葡
萄汁；然而在来世，人们只需把一株葡萄用车或船带回家，将其
存放在房屋内的角落里，便可从中抽取足以装满一个大酒壶的酒，
并且葡萄梗还可以放在壶底下做燃料。任何一株葡萄都会产出 30
迈的酒。"（Keth. 111b）"在今世，谷物 6 个月后结籽，树木 12
个月后结果。拉比约西说，在来世谷物 13 天结籽，树木一个月后
便长出果实。"（p. Taan. 64a）还有比这更离奇的说法："在来世，
以色列的土地将长出精粉面包和精毛衣装，田野上长出的麦穗足
有大牛的两个肾那么大"（Keth. 111b），以及"在来世妇女天天
生孩子，树木天天结果实"（Shab. 30b）。

下面这段文字对弥赛亚时代将会对世界状况所产生的影响进
行了详尽的描述："在来世神圣的上帝将要重新做十件事：第一件，
他将照亮世界，如经文所说，'日头不再作你白昼的光，月亮也不
再发光照耀你。耶和华却要作你永远的光'（《以赛亚书》60：
19）。这样一来，人还能够注视神圣的上帝吗？他会把太阳怎么
样呢？他会用 49 份的光使其发亮[2]，如经文所说，'月光必像日光，
日光必加七倍，像七日的光一样'（同上，30：26）。即使人病了，
神圣的上帝命太阳将其治愈，如经文所说，'但向你们敬畏我名
的人，必有公义的日头出现，其光线有医治之能'（《玛拉基书》

353

---

① "来世"这一说法在这里，以及也经常在别处，指的是弥赛亚时代。

② 即使其光增亮 49 倍。

4：2）。第二件，他将让流水从耶路撒冷发出，凡有疾患者将在那里得到医治，如经文所说，‘这河水所到之处，百物都必生活’（《以西结书》47：9）。第三件，他将使树木每月都结果，并且人人都将食用果实，治愈疾患，如经文所说，‘每月必结新果子……树上的果子必作食物，叶子乃为治病’（同上，12）。第四件，所有毁弃的城镇都将重建起来，世界上将不会再有荒废之地。甚至所多玛和古莫拉（Gomorrah）都将在来世重建，如经文所说，‘你的妹妹所多玛和她的众女必归回原位’（同上，16：55）。第五件，他将用蓝宝石重建耶路撒冷，如经文所说，‘以蓝宝石定你的根基’（《以赛亚书》54：11），以及‘又以红宝石造你的女墙’（同上，12），这些宝石将如太阳一样发光，从而偶像崇拜者将会来观看以色列人的荣耀，如经文所说，‘万国要来就你的光’（同上，60：3）。第六件，（和睦将会充盈于天地之间），如经文所说‘牛必与熊同食’（同上，11：7）。第七件，他将召集起所有的野兽，禽鸟，以及爬虫，并让它们与全体的以色列人立约，如经文所说，‘当那日我必为我的民与田野的走兽，和空中的飞鸟并地上的昆虫立约’等（《何西阿书》2：18）。第八件，哭泣和哀号将不复存在于世界上，如经文所说，‘其中必不再听见哭泣的声音’（《以赛亚书》65：19）。第九件，世界上将不再有死亡，如经文所说，‘他已经吞灭死亡直到永远’（同上，25：8）。第十件，将不会再有叹息、呻吟和痛苦，人人都将幸福，如经文所说，‘耶和华救赎的民必归回，歌唱来到锡安’（同上，35：10）。”（《大出埃及记》25：21）

　　弥赛亚将要创始一个永久和睦、幸福、美满的时代这一点很自然得到了强调。"来世与今世不同。在今世人们听到好消息就说，'神圣的上帝至善行善'，听到坏消息就说，'真正的法官有福'，但是在来世人们只需说，'神圣的上帝至善行善'。"（Pes. 50a）"在今世是一人盖房他人享用，一人种树他人吃果。那么，关于来世经文是怎么写的呢？'他们建造的别人不得住，他们栽种的别人不得吃……他们必不徒然劳碌，所生产的也不遭害'（《以赛亚书》65：22起）"（《大利未记》25：8）。"注意看：神圣的上帝在今世所击打的人，他都要在来世予以治愈。盲人将被治愈，如经文所说，'那时瞎子的眼必睁开'（《以赛亚书》35：5）。瘸子将被治愈，如经文所说，'那时瘸子必跳跃像鹿'（同上，6）。"（《大创世记》95：1）神圣的上帝说，在今世，我所造的人由于邪恶冲动而分裂并形成了70种语言；然而在来世，他们将联合起来呼喊我的圣名并侍奉我。如经文所说，'那时，我必使万民用清洁的语言好求告我耶和华的名，同心合意的侍奉我'（《西番雅书》3：9）。"（Tanchuma Noach 19）

最主要的是全部以色列人将会因弥赛亚的到来而得福。敌对世界对以色列人的压迫将会终结，上帝为他们谋划的显要地位将得以恢复。"经文上说，'你从埃及挪出一棵葡萄树'（《出埃及记》80：8）。正像葡萄是树木之中最低矮者却统治着万木一样，以色列在今世也是其貌不扬，而在来世却要永远继承整个世界。正像葡萄起初被踏在地上而后来会被奉献到国王的餐桌上一样，以色列人在今世也是要遭轻贱，如经文所说，'我成了众民的笑话'（《耶利米哀歌》3：14）；而在来世上帝将要使他们出人头地，如经文所说，'列王必作你的养父'（《以赛亚书》49：23）。"（《大

354

利未记》36：2）"神圣的上帝对以色列人说，在今世我要把福佑和诅咒、好运和灾难都陈在你们面前，但是在来世，我要把诅咒和灾难从你的身上挪开并且祝福你们，从而让凡是看到你们的人都说你们是有福的人。"（Tanchuma Reëh 4）

以色列人的命运将要发生如此巨大的变化，致使许多非犹太人试图去加入这一社会，不过他们将会遭到拒绝，因为他们的动机之中存有功利。"在来世异族人会来皈依，但我们不会接纳任何人，因为有一则拉比格言说，在弥赛亚时代不接纳任何人。"（A. Z. 3b）

另一条坚定的信念是弥赛亚将实现以色列诸部族的统一。尽管我们看到有"这 10 个部族不能分享来世"（Tosifta Sanh. 13：12）这样的教义，但《塔木德》却通常采用相反的观点。拉比们通过求助于《以赛亚书》27：13 以及《耶利米书》3：12 这几段经文明白地宣示了这 10 个失落部族回归的理论（Sanh. 110b）。"以色列人中的被流放者重聚的日子将如同创造天地的日子一样伟大。"（Pes. 88a）甚至有一条自然的法则也会奇迹般地暂缓运作以帮助这伟大的统一。"在今世当北风吹起的时候便不会有南风吹，反过来也是一样；然而在来世涉及到以色列的流亡者团聚之事时，神圣的上帝要让西北风朝两个方向吹。如经文所说，'我要对北方说："交出来！"对南方说："不要拘留！"将我的众子从远方带来，将我的众女从极地领回'（《以赛亚书》43：6）。"（《以斯帖记》1：8 的《米德拉什》）

在各部族重聚之前还会发生另一件神奇的事情，即圣城的恢复。"假如有人告诉你们耶路撒冷虽未被重建，但四处飘零的

流亡者却已经重新聚合了，不要相信他的话。因为《圣经》上写着，
'耶和华建造耶路撒冷'（《诗篇》147：2），紧接着还有'（他）
聚集以色列中被赶散的人'（同上）。以色列人对神圣的上帝说，
'宇宙的主啊！耶路撒冷先前不就是建起了又被毁掉的吗？'
上帝对他们说，'因为你们的罪孽才将其毁成废墟并把你们放
逐，但是在来世我要将其重建并永不摧毁它。'"（Tanchuma
Noach 11）

重建耶路撒冷将包括重修圣殿。这一信念得自于如下的几段
文字："经文说，'耶和华所亲爱的，必同耶和华安然居住'（《申
命记》33：12），这指的是重建第一圣殿；'耶和华终日遮蔽他'，
这指的是建造第二圣殿；'也住在他两肩之中'，这是说圣殿在
来世得到重建并使之完美。"（Sifré Deut. §352；145b）"经文
说，'我好把你们事后必遇的事告诉你们'（《创世记》49：1）。
雅各告诉了他的儿子们圣殿重建的事。"（《大创世记》98：2）
我们同样还看到了这样的评述："神圣的上帝说，在今世把圣殿
荡为废墟的是我，在来世使其成为美景的也是我……他将重建圣
殿并让舍金纳居住其间。"（《雅歌》4：4的《米德拉什》）

新的圣殿在人们生活中所起的作用将会与原来的圣殿所起的作
用不尽相同，因为在罪恶被涤除之后赎罪的仪式将成为不必。充盈
在人们心中的感恩之情将至少会使一种仪式成为必要。"在来世一
切献祭都将终止，只有感恩献祭将会永不停息。"（Pesikta 79a）

既然弥赛亚时代将会带来如此巨大的幸福，那么让已经死去
的好人来分享幸福，把邪恶之徒拒之门外自然是顺理成章的事了。
356　因而，人们更加相信弥赛亚时代到来的标志就是死者的复活，假

如他们生前对于这一褒奖受之无愧的话。对此，下一节将作详细阐述。至于那些邪恶之徒，"在弥赛亚时代快要到来的世界上将要发生瘟疫，恶人将在其中消亡"（《大雅歌》2：13）。

不过，对这类富有想象力的梦幻似乎有一种抵抗的态度，并且我们看到一种观点认为弥赛亚只会带来一种结果，即把以色列从其压迫者手中解放出来；至于人类所注定要遭受的形形色色的灾祸，人类则只有等到死亡时才能摆脱。"除了异族王国的奴役这一点之外，今世与弥赛亚时代并无不同，正如《圣经》所说，'原来那地上的穷人永不断绝'（《申命记》15：11）"（Ber. 34b），即使在弥赛亚时代。

许多拉比相信，弥赛亚时代将只不过是今世和来世之间的一个过渡阶段，并且在其持续的时间上也众说不一。"弥赛亚时代要持续多久呢？拉比阿基巴说，40年，与以色列人在荒野度过的岁月相等。拉比以利泽（本·约瑟）说，100年。拉比伯列奇亚（Berechya）以拉比多萨（Dosa）的名义说，600年。拉比犹大王子说，400年，与以色列人在埃及居住的时间一样长。拉比以利泽（本·海坎奴斯）说，1000年。拉比阿巴胡说，7000年，而拉比们一般认为是2000年。"（Tanchuma Ekeb 7）其他一些文本这样说："拉比以利泽说，弥赛亚时代将持续40年。拉比以利沙·本·亚撒利亚说70年。拉比犹大王子说，三代人那么久。"（Sanh. 99a）"拉比以利泽说，弥赛亚时代持续40年。拉比多萨说400年。拉比犹大王子说365年。拉比阿比米·本·阿巴胡说7000年。拉比犹大以拉布的名义说，与世界已经存在的时间一样久。拉比那克曼·本·以撒说，与挪亚时代到现在的岁月一样久。"（同上）"以利亚学园教导说，世界将持续 6000 年——2000 年处于混沌状态①，2000 年拥有《托拉》，2000 年是弥赛亚时代。"（同上，97a）

357

2. 死者的复活

来世这一主题中的任何部分在拉比们的宗教教义中所占的位置都不如复活的学说重要。对于拉比们来说，它已经成为了一种信仰，否定它便被谴责为是罪恶。他们并且宣称："如果一个人曾驳斥过死者将会复活这一信念，他将与复活无缘。"（Sanh. 90a）

这一教义之所以如此显要，完全是宗教争端的结果。它是法利赛派与撒都该派的分歧之一。我们从其他一些文献②得知撒都该派的教义说，当身体死亡时灵魂便灭绝了。这种对来世的否定牵涉到了法利赛人极为重视的奖与惩的学说，并且正因为如此，他们才奋力为之抗争。他们使之成为了每日祈祷仪式组成部分的"十八条祝福"之一的主题："你以仁爱养育生灵，以慈悲复活死者，你治愈病者，你扶持弱者，释放被缚者，并对沉睡于泥土之中的人永不违背诺言。谁能似你，万能的主啊，谁能像你，生杀在握，施救于世的国王？你信守诺言让死者复活。赞美你，让死者复活的主啊。"③

---

① 即从创世到在西奈山获得神的启示之间的岁月。

② 参见约瑟福斯《上古犹太史》第8卷，1：4；《犹太战争》第2卷，8：14；《使徒行传》23：8。

③ 《钦定日用祈祷书》辛格版，第45页。这一祷告在 Ber. 5：2 中曾被提及。还可参见前文第87页所引用的人们在早晨醒时要说的祷告。

我们得知，对这一问题的争议导致了圣殿内所使用的礼拜用语的改变。"在至圣所内当每次祝福结束时他们过去总是说'永远'[1]，然而，当撒都该派歪曲了真理并且宣称只有一个世界之后，这里的措辞被规定应该成为'从永久直到永久'。"（Ber. 9：5）

撒都该派拒绝这一学说的一个重要理由就是，据他们声称《摩西五经》对此没有训示，因而，它是口传《托拉》的一部分，而口传《托拉》是他们所摒弃的。这一观点遭到了拉比们的激烈反驳。《塔木德》甚至断言："（成文）《托拉》的任何部分无一不昭示复活的学说，只是我们没有能力在这层含义上对其进行阐释而已。"（Sifré Deut. §306；132a）于是，为了说明《托拉》对这一学说确有训示，人们便使用了许多奇思妙想。在这里不妨选引一些这样的证据。

"复活的学说何以是来自《托拉》呢？如经文所说，'将所献给耶和华的举祭，归给祭司亚伦'（《民数记》18：28）。可是亚伦怎能长生不死从而去接受这祭礼呢？他不是没有进入以色列的土地吗？所以，经文所训示的是（在来世）他要复活并且接受献祭。因此，复活学说是从《托拉》推导出来的。"（Sanh. 90b）

"撒都该派问拉比伽玛列，'何以知道神圣的上帝让死者复活？'他回答说，'出自于《摩西五经》《先知书》和《圣著》，但他们并不接受他的证据。出自于《摩西五经》，是因为上面写

---

[1]　字面意思是"为一个世界"，修改后的措辞意思是"从一个世界到另一个世界"，即从今世到来世。

着："你必同你列祖同睡，并且起来。"（原文如此，《申命记》31：16）'他们回答说，'这里的意思更像是"这百姓要起来，随从外种神行邪淫"。''出自于《先知书》，是因为上面写着，"你的死人要复活，我的尸首要兴起。睡在尘埃里的啊，要醒来唱歌，因为你的甘露好像菜蔬上的甘露，地也要交出死人来。"（《以赛亚书》26：19）'他们回答说，'也许这段文字指的是《以西结书》第 37 章中所描述的那种死者的复活。'① '出自于《圣著》，是因为上面写着："你的口如上好的酒，为我的良人下咽舒畅，流入睡觉人的嘴中。"② （《雅歌》7：9）'他们回答说，'也许这里指的只是普通的嘴动而已'，其根据就是拉比约查南的陈述，他曾以拉比西缅·本·耶和泽代的名义说：当一位死去权威的律法裁定在今世被引用时，他的嘴唇在坟墓中会动，如经文所说，'流入睡觉人的嘴中。'最后，拉比伽玛列向他们引用了经文'在耶和华向你们列祖起誓应许给他们……的地上'（《申命记》11：9）。经文上写的不是'应许给你们'，而是'应许给他们'，因此，复活的学说可以从《托拉》中推导出来。③ 其他人则认为它可以从经文'唯有你们专靠耶和华你们神的人今日全都存活'（同上，4：4）中推理出来——很显然，'（你们）今日全都存活'，因此，这意思肯定是说，即使是在一般大众都死去的日子里你们也存活；正如你们今日都存活一样，在来世你们也都存活。"（Sanh. 90b）

---

① 因此这与死者在来世的复活这一问题无关。

② 他把这里的睡眠理解为死亡。

③ 既然"列祖"都已死了，那么，要实现神的许诺就有必要让他们复活。

"经文上写着，'我使人死，我使人活'（《申命记》32：39）。鉴于人们有可能认为死亡是一种神力造成的，而生命则是另一种神力造成的，因为这是世上通常的道理，所以经文接着说，'我损伤，我也医治'。正如损伤和医治都是出于同一神力之手一样，杀死和复活也是出于同一神力之手。对于那些声称《托拉》没有训示复活的人这是一种驳斥。拉比迈尔问，复活的学说何以是出自于《托拉》呢？如经文所说，'那时摩西和以色列人向耶和华唱歌'①（《出埃及记》15：1）。文中不是'唱过'而是'要唱'（will sing），所以，复活可以从《托拉》中推理出来。拉比约书亚·本·利未问，复活的学说何以是出自于《托拉》呢？如经文所说，'如此住在你殿中的便为有福，他们仍要赞美你'（《诗篇》84：4）。文中不是'他们已赞美过你'，而是'他们仍要赞美你'（是在来世），因此，复活可以从《托拉》中推理出来。拉巴问，复活的学说何以是出自于《托拉》呢？如经文所说，'愿流便存活不至死亡'（《申命记》33：6）——'愿流便存活'（是在今世），'不至死亡'（是在来世）。拉宾那声称这可以从经文'睡在尘埃中的必有多人复醒，其中有得永生的，有受羞辱永远被憎恶的'（《但以理书》12：2）中推理出来。拉比阿什是从'你且去等候结局，因为你必安歇，到了末期，你必起来'（同上，13）这句经文中将其推导出来的。"（Sanh. 91b 及以下）

除了撒都该派之外，还有一个教派也不承认这一学说，即撒

---

①　在希伯来原文中这里的动词是将来形式，而根据希伯来语的习惯用法"那时"（az）一词后面跟上一个未完成体的动词表示一个完成的动作。

玛利亚派。下面这段文字包含了对他们的驳斥："拉比以利泽·本·约西说，我在这个问题上证明：那些声称《托拉》没有讲复活的撒玛利亚人① 的经书是虚妄不实的。我告诉他们说，你们虽篡改了你们的《托拉》版本，但这对你们所谓的《托拉》对复活并没训示的观点毫无助益，因为经文上写着，'那人总要剪除，他的罪孽要归到他身上'（《民数记》15：31）——'总要剪除'必定指的是今世②；那么，'他的罪要归到他身上'是在何时呢？难道不是在来世吗？"（Sanh. 90b）

"经文上写着的'有三样不知足的……就是阴间的石胎'（《箴言》30：15及下节）这句话是什么意思呢？'阴间'与'石胎'有何联系呢？这是要告诉你们，正如子宫能接纳并产出一样，阴间也能接纳并产出。我们可否使用一种更有力的论证？正如子宫默默地接纳精子能生出婴儿一样，阴间接纳了号啕大哭送来的尸首岂不更能产生出许多大喊的人吗？所以，便驳斥了声称《托拉》没有训示复活学说的那些人。"（Ber. 15b）

除了对《圣经》的解释之外，其他一些论据还被用来以确立这一学说。"假如有人对你们说死者不能复活，就给他举以利亚的例子。"（《大民数记》14：1）"有位异教徒对拉比伽玛列说：'你声称死者能复活，但他们已化为了泥土，难道泥土能复活吗？'拉比的女儿对父亲说：'让我来回答他。我们城中有两位陶工，一位用水做陶器，另一位用泥土做陶器，他们之中哪一位更值得

---

① 《塔木德》文本中是"撒都该人"，这必须纠正过来。

② 拉比们把这一句话理解为指的是过早死亡；参见第 322 页。

赞扬呢？'异教徒回答说，'用水做陶器的那位。'她于是驳斥他说，'上帝用一滴液体便能创造了人类，那么，他用泥土来造不是更容易吗？'"（Sanh. 90b 及以下）

"有一位撒都该人对戈比哈·本·皮西撒说，'你们这些声称死者将要复活的罪人（法利赛人）都该死，既然活着的会死去，死者何以能复活呢？'他回答说，'你们这些声称死者不能复活的罪人（撒都该人）都该死，既然不曾存在的人都能获得生命，那曾经生存过的人不更能够复活吗？'"（同上，91a）

"有一次，住在塞弗利斯的某个人失去了儿子，当时有一位异教徒正陪他坐着。拉比约西·本·查拉弗塔去看他；拉比见到他后便坐下笑了起来。丧子的父亲问他，'你笑什么？'他回答说，'我们相信天上的主会让你在来世见到你的儿子。'异教徒于是对他说，'他遭受的痛苦难道还不够多吗？你还来增加他的痛苦。陶器的碎片怎能修复呢？经文上难道没有写着，"你必将他们如同窑匠的瓦器摔碎"①（《诗篇》2：9）吗？'他回答说，'陶土器皿是先用水做成，然后在火中烧就；玻璃器皿制作和完成都是在火中进行。如果前者破了，它怎么能修复呢？'②但如果后者破了，怎么不能修复呢？异教徒回答说，'玻璃能够修复是因为它是吹制的。'拉比于是反驳说，'记住你自己说的话。如果由人吹制的东西能够修复的话，那么，神圣的上帝吹制的物品不更能修复

361

---

① 这句经文证明《圣经》的教义是破碎的容器是不能修复的。

② 因为其制作和完成是在不同的元素之中发生的，所以便不能修复起来。然而，玻璃却可以重新熔化并再将其吹成另一只容器。

吗！’”（《大创世记》14：7）

　　某些拉比争论的一个问题是：谁将会获得死后复活的殊荣？他们的观点将在"来世"与"最后的审判"等章节中更充分地予以引述。对复活这一主题泛泛而论的段落则显示出不尽一致。一方面，我们看到了这样的陈述："出生者注定要死，死者注定要复活"（Aboth 4：29）；"经文说，‘每早晨这（指上帝的仁慈）都是新的，你的诚实极其广大’（《耶利米哀歌》3：23）——既然你就是每早晨使我们更新的上帝，我们便知道，对于死者的再生‘你的诚实极其广大’"（或见《米德拉什》）——这一点似乎是处处都能适用的。①然而在另一方面，人们也表达出了完全相反的观点，"复活只留给以色列人"（《大创世记》13：6）。

　　其他一些导师们认为未来的生活只是赏赐给那些受之无愧的人。"下雨的日子比死者的复活还重要，因为复活的只是正直人，而不是邪恶人，而雨水则既泽及正直人，也泽及邪恶人。"（Taan. 7a）这一类比似乎表明这个格言的作者并没有把"正直人"只限制在他自己的民族之内，因为雨水乃是普降众生，不择种族与信仰的。下面的说法甚至把不配这一殊荣的以色列人也排除在外："对《托拉》无知的人将不会复活，如经文所说，‘他们死了，必不能复活’（《以赛亚书》26：14）。人们可能会因此而争辩说这适用于一切（以色列）人，所以，经文接着说，‘他们去世，必不能再起。’这些话指的是懈怠②《托拉》的人。凡利用《托拉》之光者，《托

---

　　①　人们一致认为动物是没有来世的（《诗篇》19：1的《米德拉什》81b）。

　　②　"懈怠"一词在希伯来语中与"去世"一词有关。

拉》之光使其（死后）再生；凡不利用《托拉》之光者，《托拉》之光便不使其再生。"（Keth. 111b）

　　《塔木德》记载了一些人们对于与复活过程相关的各种问题所进行的思索。人们坚信这一重大的事件将会发生在圣地上。有 362些拉比走极端地认为只有埋葬在那里的人才能分享来生。"在以色列的土地之外死去的人不能复活，如经文所说，'我也要在活人之地显荣耀'（《以西结书》26：20）——凡死于我荣耀之地者将会复活，但未死于此地者则不能。"（Keth. 111a）"以色列土地上的迦南侍女甚至都肯定能获得来世。"（同上）

　　另外一些拉比虽然也承认复活将发生在圣地上，但他们还不至于认为葬于其他地方的人被摒除在外。他们的观点是必须把死者的尸体迁移到圣地，这样他们才能复活。"经文说，'死人要复活，尸首要兴起'（《以赛亚书》26：19）。前半句指的是死于以色列土地上的人，后半句指的是死于其疆界之外的人。"（Keth. 111a）这一思想导致了一则颇为有趣的传说。"经文上说，'我要在耶和华面前行活人之地'（《诗篇》116：9——新译），也就是在弥赛亚时代将首先复活者之地。为什么呢？因为经文上写着，'赐气息给地上 ① 的众人'（《以赛亚书》42：5）。这样一来，居住在巴比伦的拉比们就吃亏了！而神圣的上帝将在他们面前的地上打洞，以便他们的尸首能如瓶子一般在洞穴中滚动，当滚动到以色列的土地之后，他们的灵魂便与他们结合为一。"（p. Keth. 35b）

　　希勒尔学派与沙迈学派争论的要点之一涉及到人的身体在被

---

① 即以色列土地上。

重新塑造时的顺序问题。"沙迈学派说，人在来世成形时与在今世不同。在今世它始于皮肉终于筋骨；而在来世它始于筋骨终于皮肉。因为在提及以西结所看到的死者景象时，经文上说，'我观看，见骸骨上有筋，也长了肉，又有皮遮蔽其上'（《以西结书》37：8）。拉比约拿单（Jonathan）说，从以西结看到的死者中我们不能作出任何判断。他们像什么呢？就像去浴室洗澡的人一样，人先脱的衣服在最后他才穿上。希勒尔学派说，人在来世成形时与在今世成形是一样的。在今世它始于皮肉终于筋骨，在来世也是一样；因为约伯是这样说的，'你不是倒出我来好像奶，使我凝结如同奶饼吗？'（10：10）经文上写的不是'你不是已经倒出我来？'而是'你不是（将要）倒出我来？'①经文上写的不是'已使我凝结如同奶饼'，而是'（将要）使我凝结'。经文上写的不是'你以皮和肉为衣已经给我穿上'（同上，11），而是'你以皮和肉为衣（将要）给我穿上'。经文上写的不是，'用骨与筋已经把我联络'，而是'（将要）把我联络'。它就像盛满奶的碗一样，在放入凝固剂之前奶一直呈液体状态，但放入凝固剂之后奶便凝固并且沉淀。"（《大创世记》14：5）

尸首复活时是着衣还是裸体呢？回答是："正如人离去（到坟墓）时穿着衣服一样，他回来时也是穿着衣服。这可以从扫罗看见撒母耳的例子中得知。他问隐多耳那位交鬼的妇人，'他是怎样的形状？妇人说，有一个老人上来，身穿长衣'（《撒母耳记上》

----

① 这是希伯来文的字面意思，尽管在英文中它翻译成了过去时态（事实上是完成时态：Has Thou not poured me out？——译者）。

28：14）。"（《大创世记》95：1）下面这则逸事表示了同意这一看法的观点："克娄巴特拉女王①问拉比迈尔，'我知道死者将复活，因为《圣经》上写着，"城里的人要发旺如地上的草"（《诗篇》72：16）。但是，当他们（从墓中）站起来时是赤着身子还是穿着衣服呢？'他回答说，'这可以通过与麦子类比的方式得到论证②：一粒麦子赤裸着埋在土中，长出来时却裹着各种各样的外衣，那么，穿着衣服被埋葬的义人不更是如此吗！'"（Sanh. 90b）提到这一点是与用裹尸布包着埋葬死者这一习俗相关联的。

下面这则事故则讨论了另一个问题："哈德良问拉比约书亚·本·查南亚，'在来世里神圣的上帝从哪一部分使人生长起来呢？'③他说，'从一根被称为路兹（Luz）的脊骨。'他问：'你是如何知道的呢？'拉比回答说，'让人拿一根来，我就告诉你。'当骨头拿来后，他们用磨去磨它却磨不坏，用火去烧它也烧不坏，把它放进水中它化不了，把它放在砧子上打，砧子砸裂了，锤子砸碎了，骨头却一丝一毫都没有砸下来。"（《大创世记》28：3）

最后一个问题涉及到活着时身体上的缺陷是否会在复活时重新出现。"经文说，'一代过去，一代又来'（《传道书》1：4），正如一代人过去一样，它还要回来。离去时跛足者回来时仍然跛足，离去眼瞎者回来时仍然眼瞎，这样人们才不会说，上帝让人死去

364

---

①　因为这位女王生活的时代比拉比迈尔早两个世纪，因此，这里提到她所在的年代上有误。这段文字无疑有讹，正确的文本是"撒玛利派的长老"。

②　参见《哥林多前书》15：37。

③　既然尸体在墓中化为了尘土，那么，还有什么能够辨别出来的残迹可供人复活时由此而重新被塑造出来呢？

时一个样，让人复活时另一个样。因为《圣经》上写着，'我使人死，我使人活'（《申命记》32：39）。声称有能力完成较为困难的一项工作的神也声称有能力完成较为容易的一项工作。'我使人死，我使人活'这项工作更为困难，'我损伤，我也医治'（同上）较为容易。因为我（上帝）使死者带着他们生理上的缺陷复活，人们才不至于说，'他让人死去时一个样，让人复活时另一个样'，使人死去，让人复活的是我，我（在今世）损伤，并且（当他们复活后）我将让他们复原并医治他们。"（《大传道书》1：4）

神为了完成复活而指定的代理人是以利亚。"死者的复活将通过以利亚得以实现"（Sot. 9：15），他同样还将作为预言者来宣布弥赛亚的来临（见《玛拉基书》4：5）。重新唤醒的生命将长生不死。"神圣的上帝使之复活的义人将永世不再归为泥土。"（Sanh. 92a）

3. 来世

在《塔木德》关于末日的教义中可以明显看到一种观点上的分歧。较早期的拉比们认定弥赛亚时代就是来世。这位上帝所允诺给人类的救星将结束目前的世界秩序并将开始一个永恒的世界，在这样一个世界中正直的人将会过上一种摆脱了肉体束缚的纯粹精神上的生活，后期的导师们则把弥赛亚时代仅仅视为今世和来世之间的一个过渡阶段而已。

今世的生活只不过是另一种更加高尚的生活的初级阶段这一观点为拉比们所普遍地接受。他们都一致赞同这一警句："今世就像通往来世的一条门廊，你们应在门廊上做好准备，这样才能进入大厅。"（Aboth 4：21）但是那些能获得特权进入"大厅"的人将究竟会体验到什么样的生活这一点却没有透露出来，即使是以色列的先知们也不得而知。"每一位先知只能预言弥赛亚时代；至于来世，'自古以来人未曾眼见除你以外还有什么神将会为侍奉神的人操劳'（原文如此，《以赛亚书》64：4）。"（Ber. 34b）"全体以色列人聚在摩西面前对神说，'主人摩西啊，告诉我们神圣的上帝在来世会带给我们何种的幸福吧。'摩西回答说，'我不知道应告诉你们什么。你们是有福的，东西为你们准备好了。"（Sifré Deut. 356，148b）

　　尽管在这一点上语焉不详，但并没有妨碍拉比们构想他们心目中的来世美景。他们对生命问题的反思迫使他们假定一个新的世界，在这个世界中今世的不平等将得到矫正，神的公正将得到宏扬。在他们关于来世的全部概念中，对邪恶这一难以理解问题的解决进行了大肆渲染。

　　据一则逸事告诉我们，拉比们的理论得到了经验的证实。"拉比约书亚·本·利未之子拉比约瑟病了，进入昏迷状态。当他苏醒过来之后，父亲问他：'你看到了什么？'他回答说：'我看到了一个与这个世界完全相反的世界，在这里高高在上者，在那里居于下面，反过来也是一样。'父亲对他说：'我的儿子，你看见了一个矫正了的世界。可是我们这些研究《托拉》的学者在那里的地位如何呢？'他回答说，'我们在那里与在这里一样。我听到有人说，带着学问到这里来的人有福；我还听到有人说，殉道者占据着任何别的人都不能企及的显赫地位。'"（Pes. 50a）

　　因此，人们在今世所平白无故遭受的磨难和甘心情愿承担的困苦必定会有助于他们获准进入来世。"拉比犹大王子说，凡接受了今世快乐的人将被剥夺来世的快乐，凡拒绝了今世快乐的人将得到来世的快乐。"（ARN 28）甚至都有这样的评论，"神圣的上帝给了以色列人三件礼物，并且全部都是以苦难为媒介所给予的，它们是：《托拉》，以色列土地，以及来世。"（Ber. 5a）公众之间流传的一种说法是："并不是人人都有幸享用两桌盛宴"（同上，5b），这指的是今世的幸福和来世的快乐。

　　两个世界之间的巨大分野是对价值观的重新评估。在今世受到极高尊崇而成为人类孜孜以求的事物一旦进入来世后便不复存在了。一位拉比在他的一则格言中对这一思想进行了归纳："来世与今世不同。在来世既不用吃也不用喝；既不必生育子女①也无须从事贸易；既没有妒忌也没有憎恨或争斗。义人只是坐在宝座上，头顶金冠，沐浴着舍金纳的光辉。"（Ber. 17a）人们将在一个截然不同的层面上生活。肉体的欲望将不再乱人的根性，人的精神品质将居支配地位。在这个世界上每周的圣日之于工作日正如来世之于今世一般，只是来世与今世之间的比例更大而已。"安息日是来世的六十分之一。"（同上，57b）

　　有一则释意不甚确定的说法是这样的："今世一刻的忏悔和善行也强于来世的一生；来世一刻的快乐也强于今世的一生。"（Aboth 4：22）赫福德（R. T. Herford）所提供的解释最为令人满意，他认为这一训示中包含了今世生活的变幻不定与未来生活

---

① 参见《马太福音》22：30。

的固定不变之间的对比。在今世人能够忏悔并且行善举，这些都能带给人一种较之于代表来世的"宁静的永恒"更为优越的快乐。"另一方面，在一个固定不变的世界中生存的最高并且也是最好的形式就是在注视上帝时达到完美的安宁。在这样的世界里，一刻的快乐较之于'尘凡生活中种种变化和机遇'①的全部都要更好。"

人在"门廊"中使自己得以有资格进入"大厅"内精神氛围的最好办法是献身于学习和遵行上帝所启示的律法。"凡获得了《托拉》知识的人便获得了来世的生活。"（Aboth 2：8）对《托拉》有这样的评述："经文说，'你躺卧，它必保守你'（《箴言》6：22），这指的是死的时候；'你睡醒'，这指的是弥赛亚时代；'它必与你谈论'，这指的是来世。"（Sifré Deut 34，74b）下面的断言更为明确："当人离开这个世界时陪伴他的不是银子，不是金子，不是宝石，不是珍珠，而只是《托拉》和善行，正如经文所说，'你行走，它必引导你；你躺卧，它必保守你；你睡醒，它必与你谈论'。'你行走，它必引导你'是在今世；'你躺卧，它必保守你'是在墓中；'你睡醒，它必与你谈论'是在来世。"（Aboth 6：9）

其他一些表达同样思想的说法还有："经文'我醒了的时候，得见你的形象，就心满意足了'（《诗篇》17：15）是什么意思呢？这指的是在今世放弃了睡眠的圣徒们，神圣的上帝在来世将以舍金纳的荣光让他们心满意足。"（B. B. 10a）公元 1 世纪的一位圣徒般的导师拉比尼昆亚·本·哈卡那（Nechunya b. Hakkanah）

367

---

① 参见赫福德《先贤篇》第 116 及下页。

在离开研习所时常常这样祷告："主啊，我的上帝！感谢你让我与坐在研习所内的人们为伍而不是与坐在街口的人[①]为伴，因为我和他们虽都早起——我去学习《托拉》，而他们却是去忙于虚空；我和他们虽都劳动，但我劳动能获得奖赏，而他们劳动却一无所获；我和他们虽都步履匆匆——我是走向来世的生活，而他们却是走向毁灭的深渊。"（Ber. 28b）

"拉比以利泽病了，他的门徒们去看他。门徒们对他说，'老师，告诉我们生活的方式，我们借以能对来世的生活受之无愧。'他对门徒们说，'珍惜同事的名誉，约束你们的孩子不要背诵[②]，让他们置身于圣徒之间；祷告时要知道你们是站在谁的面前。这样你们便可无愧于来世的生活。'"（同上）

因为还有更高尚的精神境界要攀登，我们于是便看到了这样的说法："圣哲的门徒们在今世和来世都不得安闲，如经文所说，'他们行走'力上加力，各人到锡安朝见神'（《诗篇》84：7）。"（Ber. 64a）

拉比们投入不少的精力去探讨谁将被接纳去享受来世的快乐，或者谁将被排除在外的问题。《塔木德》中有许多所谓"附带意见"（obiter dictum）声称从事某种行为的人在来世将会有份儿或没份儿。例如："关于享用自己劳动果实的人，经文上写着，'你要吃劳碌得来的，你要享福，事情顺利'（《诗篇》128：2）；

---

① 这一句在巴勒斯坦《塔木德》中是："与常去剧院和马戏场的人为伴。"

② 这个含义模糊的表述曾分别被解释为通过死记硬背的方式来炫耀关于《圣经》的肤浅学识，或者关于哲学的思考（这个词在中世纪希伯来语中指"逻辑"），或者诵读《次经》文献。

'你要享福'是在今世，'事情顺利'是在来世。"（Ber. 8a）"谁能得享来世呢？把'祝福你，拯救以色列的神'这句祷词与'十八祈福词'连接起来说的人。"（同上，4b）[①]"凡于一日之内诵读《诗篇》第145章三次的人保证是来世之子，理由是这章经文中包含了'你张手，使有生气的都随愿饱足'（第16节）这样一句话。"（Ber. 4b）[②]"凡（在饭后的感恩祷告时）举着一满杯酒说出祝福词的人将被赐与无边的财产，并将得到两个世界——今世和来世。"（同上，51a）[③]

"在能够获得来世者中间有：居住在以色列的土地上并且让儿子在学习《托拉》中长大成人者。"（Pes. 113a）"凡在以色列的土地上行走了四肘尺路的人肯定会成为来世之子。"（Keth. 111a）"研习犹太教律法的人肯定会成为来世之子。"（Meg. 28b）"人们从巴勒斯坦派人去问巴比伦的拉比们，'谁将会是来世之子？'他们回答说，'谦卑恭顺，行路时举止谦恭，研习《托拉》持之以恒，以及不居功自傲者。'"（Sanh. 88b）

至于被排除在外的人，我们得知："凡过河时跟在妇女身后的人，不得分享来世。"（Ber. 61a）"公开羞辱自己同胞的人不得分享来世"（B. M. 59a）。"七种人不得分享来世：书吏、儿童教师、医生、城镇的法官、巫士、圣堂的差役以及屠夫。"（ARN

---

① 参见辛格版《祈祷书》，第99页。这意思是在这两句祷词之间不得有中断。这样说很可能是要消除一种当时正在兴起的在这两句之间掺入私人祈求的习俗，这一做法遭到了反对，因为它有可能破坏这一仪式的公众性质。

② 通过诵读这章《诗篇》，人因此可以一日三次承认他依赖于上帝的仁慈。

③ 使用一满杯酒表示对在吃饭期间所享用的神的恩泽有感激之情。

36）[1]

很显然，这些陈述并不是在对所涉及的人们的终极命运进行教义上的裁决。它们无非是用夸张的方式表示了赞成什么或者不赞成什么而已。不过，对下面这段文字必须予以更多的重视："所有的以色列人都能分享来世，如经文所说，'你的居民都成为义人，永远得地为业'（《以赛亚书》60：21）。下列人等不能分享来世：声言复活学说不能从《托拉》中推演出来的人，认为《托拉》不是得自于上天的人，以及伊壁鸠鲁主义者。[2] 拉比阿基巴说，还有阅读非《圣经》正经[3]的人，以及对着伤口念咒语时引用'我就不将加在埃及人的疾病加在你身上，因为我耶和华是医治你的'（《出埃及记》15：26）这句经文的人。阿巴·扫罗说，还有把神的四字母名字照着书写的样子读出的人。"[4]（Sanh. 10：1）

认为这段文字的第一句表现了上帝对以色列有所偏爱是不对的。从历史的背景来看，这样说的目的很可能是激励犹太人在面对巨大压力的情况下不要放弃了保持其民族特征的斗争。当时有两种力量正在试图让这个民族消亡，即异族的压迫和希腊以及基督教思潮的影响。只有依靠坚定和自觉的努力，并且通常要付出昂贵的代价，犹太人才能进行成功的抵抗；而拉比们则用犹太人将会在来世获得奖赏这样的教义助了他们一臂之力。那些在斗争中拒绝屈服的幸存者构成了一个"正义的民族"，上帝将会通过

----

① 一般被认为这些人履行职责不认真。

② 参见第 3 页。

③ 参见第 145 页。

④ 参见第 25 页。

把来世赐予他们的方式承认他们是正义的民族。

在异教徒能否分享来世的问题上没有一个一致的观点。"拉比以利泽宣称，'异教徒不得分享来世，如《圣经》所说，"恶人，就是忘记神的外邦人，都必归到阴间"（《诗篇》9：17）——"恶人"指的是以色列人中的恶人。'拉比约书亚对他说，'假如经文上写的是，"恶人及所有的外邦人都必归到阴间"，并到此为止，那么我便会同意你的观点。然而，经文又添上了"忘记神的"这几个字，这就是说外邦人中必定有可以分享来世的正直人。'"（Tosifta Sanh. 13：2）①

在假定正直的异教徒将会分享来世幸福，邪恶的异教徒不能分享来世幸福的基础上，便产生了后者那些年纪尚幼还不能负有道德责任的孩子们其命运如何的问题。在这个问题上，同样也产生了不同的观点。"恶人的子女不能分享来世，如经文所说，'那日临近，势如烧着的火炉，凡狂傲和行恶的必如碎秸'（《玛拉基书》4：1）。这是拉比伽玛列的主张。拉比约书亚说，他们将进入来世，如经文所说，'耶和华保护愚人'②（《诗篇》116：6），还有'伐倒这树，砍下枝子③……树根却要留在地内'（《但以理书》4：14及下节）。"（Tosifta Sanh. 8：1）在涉及邪恶的以色列人的子女时也展开了同样的讨论，人们对同样的经文也持有对立的

370

---

① 这完全可以被认为是正式的犹太教义。迈蒙尼德在其拉比律法文摘中曾声言："虔诚的异教徒将会分享来世。"（Hil. Teshubah 3：5）。

② 译为"愚人"的那个希伯来词在《塔木德》中被解释为指的是"孩子"（Sanh. 110b；《大创世记》87：1）。

③ "枝子"象征着邪恶的异教徒，而"树根"则代表着孩子。

观点，并且还增添了这样的评论：“在邪恶异教徒子女的问题上都认为他们将不能进入来世。”（Sanh. 110b）如果他们被排除在来世的幸福之外，那么在涉及惩罚的问题时，他们将没有责任：“邪恶异教徒的孩子不会（在复活中）重生，也不会被审判。”（Tosifta Sanh. 8：2）

对于以色列人的孩子是在人生的哪个阶段具备进入来世的资格这一问题，同样也进行了讨论。“孩子是从哪一时刻具备了进入来世的资格呢？一位拉比回答说，从出生的那一刻，如经文所说，‘他们必来把他的公义传给将要生的民’（《诗篇》22：31）。另一位则宣称，从会说话的那一刻，如经文所说，‘他必有后裔侍奉他，主所行的事必传与后代’（同上，30）。其他的观点还有：受孕的那一刻，因为经文上写着‘他必有后裔（seed）侍奉他’。从施行割礼的那一刻，因为经文上写着‘我自幼受苦，几乎死亡’（同上，88：15）。从他说‘阿门’的那一刻，如经文所说，‘敞开城门，使守信的义民得以进入’（《以赛亚书》26：2）——在这里不要读作‘守信’，要读作‘说阿门’。”[1]（Sanh. 110b）

4. 最后的审判

我们已经看到，因果报应的学说是拉比们的一条基本信念。[2]这一学说不仅是拉比们笃信上帝之公正的必然结果，它还为由于

---

[1] 这是一个文字游戏。“守信”在希伯来语中是 *shomér emunim*，“说阿门”是 *she-omér amén*。

[2] 参见第 110 及以下诸页。

人民的不幸困境所产生的问题提供了唯一的解决方式。异教民族对上帝的选民施加压迫不可能不受到惩罚，清算的一天肯定要到来。"经文上说，'你……推翻那些起来攻击你的'（《出埃及记》15：7）。起来攻击你的人是谁？他们就是那些起来攻击你孩子的人。经文上写的不是'你……推翻那些起来攻击我们的'，而是'攻击你的'——这是要训示人们，凡起来攻击以色列的就如起来攻击神圣的上帝一般。"（或见 Mechilta. 39a）正因为如此，上帝必定要审理诸民族对以色列所犯下的残暴行为。

因此，除了个人在死后都必须面对的法庭之外，还将要确定 371 一个异教民族接受审判的最后审判日（Day of Judgment）。这一天将发生在正义将得到匡扶的弥赛亚时代之初。"经文上说：'唯有万军之耶和华因公平而崇高'（《以赛亚书》5：16）。神圣的上帝将于何时在其宇宙中升高？当他对异教民族行审判之时，如《圣经》所说：'耶和华起来辩论，站着审判众民'（同上，3：13）；以及'我观看，见有宝座（thrones）设立'（《但以理书》7：9）。这么说天上有数个宝座吗？可经文上不是写着，'我见主坐在高高的宝座上（a throne）'（《以赛亚书》6：1）以及'王坐在审判的位上'（《箴言》20：8）吗？那么，数个宝座又是何意呢？加利利的拉比约西宣称，这个词指的是宝座及其脚凳。拉比阿基巴说，它指的是上帝将要推翻异族国王的宝座，如经文所说，'我必倾翻列国的宝座'（《哈该书》2：22）。拉比们宣称，在来世神圣的上帝将坐着，天使们将为以色列的伟人设置宝座，让他们坐于其上；神圣的上帝将与以色列的长老们坐在一起，就像法院的"法庭之父"一样，并且审判异教民族，如经文所说，

'耶和华必与他民中的长老行审判'（《以赛亚书》3：14——新译）。经文上写的不是'审判长老'，而是'与长老行审判'，这意味着神圣的上帝将与他们坐在一起，审判异教民族。经文'头发如纯净的羊毛'（《但以理书》7：9）是什么意思？这是说神圣的上帝以奖赏异教民族在今世所遵行的那些微不足道的律法的方式把自己与他们解脱清楚，以便能在来世对他们进行审理和裁判，从而他们便不会有任何借口，也不会为他们找到任何优点。"（Tanchuma Kedoshim 1）

　　下面是对这些民族审判的描述："在来世，神圣的上帝把一卷《托拉》放在膝上说，'让那曾经致力于它的人来受奖。'世上的众民族立即聚集起来，乱哄哄地往里进。上帝对他们说，'不要乱哄哄地来见我，每一个民族与其导师们一起来。'先进来的是罗马王国，因为它是最重要的民族。上帝问这个民族，'你们一直忙于何事？'他们回答说，'宇宙的主啊！我们创立了许多市场，我们建造了许多浴池，我们聚积了丰富的金银，我们这样做只是为了让以色列人可以致力于《托拉》。'上帝回答说，'你们这些世上的蠢货！你们所做的这一切都是为了自己。你们创立市场让娼妓去招摇，你们建造浴池供自己去享乐，而金银则是属于我的。'这个民族即刻绝望地离开了。随后进来的是位居其次的波斯王国。上帝问，'你们一直忙于何事？'他们回答说，'宇宙的主啊！我们建造了许多桥梁，我们征服了许多城镇，我们发动了许多战争，我们所做的这一切都是为了让以色列人可以致力于《托拉》。'上帝回答说，'你们所做的一切都是为了自己。你们建造桥梁是为从中收取过桥费，你们征服城镇是为了强迫百姓去为你们劳动，至于战争，那是我发动的。'这个民族立即绝望地离开了。但既然波斯王国已经看见罗马王国一无所获，它为何还要进去呢？因为这个民族说，'他们摧毁了圣殿，而我们却协助将其重建。'[①] 同样，其他的民族也一个接一个进去，但既然他们已经看见在他们之前进去的民族都一无所获，他们为何还要进去呢？因为他们想，'罗马和波斯曾奴役过以色列人，而我们却没有。'头两个民族被认为举足轻重，其余的民族无此殊荣，他们之间的区别何在呢？因为前者的统治权将会持续到弥赛亚到来。那时，他们将在上帝面前恳求说，'宇宙的主啊！你曾给过我们《托拉》而我们拒绝了吗？'但他们怎么能利用这个借口呢，既然他们都知道神圣的上帝曾把《托拉》给予过所有的民族而他们都拒绝了，直到上帝来到接受了它的以色列？"（A. Z. 2a，b）[②] 他们还为自己作了各种各样的辩解，然而都无济于事。审判就这样以他们的狼狈不堪和以色列的出人头地而结束。

至于个人，上帝已经规定了"大审判之日"（Mechilta to 16：25，50b），这将在人死后发生。《塔木德》律法规定："见到以色列人的坟墓应说，'赞美上帝，他在审判中让你们现形，他在审判中给你们滋养，供你们生计，振你们精神，并且还将在审判中让你们升起。'"（Ber. 58b）然而，不仅仅以色列人，所有的人都将被传去接受审判。下面这段文字涵盖的范围相当广泛："生者必死；死者必复活；活者必被审判。他们会知道，也让人知道，

373

---

① 在波斯王古列的鼓动下（《以斯拉记》1：1 及以下诸节）。

② 参见第 61 页。

并且意识到他就是上帝，他制造，他创生，他注视，他审判，他见证，他报怨。是神圣的他将在来世行审判，他公正，他牢记，他不偏袒，他也不受贿。要知道一切都是根据裁定。不要凭想象去指望坟墓将成为你们的避难场所：你们具形，你们出生，你们生存，你们死亡，你们将在来世于神圣至尊的万王之王面前接受审判，这一切都不可避免。"（Aboth 4：29）

在其他不少的段落中也使用了"义人"和"恶人"这样不限制信仰和民族的字眼。"经文上说，'他们经过流泪谷，叫这谷变为泉源之地。并有秋（早）雨之福盖满了全谷'（《诗篇》84: 6）——'经过'指的是人们违逆了神圣上帝的意志；'谷'指的是人们在地狱中要陷得很深；'流泪'指的是他们哭出的眼泪像圣坛边的井水一样；'秋（早）雨之福盖满了全谷'指的是他们承认对他们裁决是公正的，并且说，'宇宙的主啊！审判，赦免，定罪，为恶人设地狱，为义人建乐园，这一切你都做得很公正。'"（Erub. 19a）

"可以把这事比作一位设宴宴请宾客的国王。国王颁布命令说，'每位宾客必须带上可以坐靠的物品。'有人带来了毯子，有人带来了褥子、软枕、垫子或坐凳，而还有人带来了木头和石块。国王看到这一切后说，'每人都坐在自带的东西上。'于是，那些坐在木头和石块上的人低声发泄对国王的不满说，'国王让我们这些客人坐在木头和石块上不有失面子吗？'国王听了后说，'你们用木头和石块亵渎了耗费巨资为我修建的宫殿还不算，你们居然还斗胆对我宣泄不满！对你们（缺乏）恭敬是你们自食其果。'同样，在来世恶人将被裁决到地狱去，并将会对神圣的上帝口吐怨言说，'哎，我们向他寻求拯救，却居然得到这样的下场！'上帝回答

他们说，'你们在世上时难道没有争吵、诽谤以及从事各种恶事吗？　374
难道争端和暴力不该由你们负责吗？经文上写着，"凡你们点火，
用火把围绕自己的"（《以赛亚书》50：11），所以才"可以行
在你们的火焰里，并你们所点的火把中"（同上）。假如你们说，
"这是我手所定的"，事情并非如此；你们所做的都是由自己负责，
所以"你们必躺在悲惨之中"（同上）。'"（《大传道书》3：9）

其他一些章节专门涉及以色列人的审判问题。作为《托拉》
的领受者，他们肩负着更重的责任。虽然遵行律法会带来丰厚的
奖赏，但违逆律法也会相应地招致严厉的惩罚。"在来世，神圣
的上帝将会审判以色列的义人和恶人。他将恩准义人进入伊甸园，
并且将把恶人送进地狱。随后，他将把他们带出地狱，让他们在
伊甸园中与义人们呆在一起，并对他们说，'看哪，这是义人的
地方（他们之间还有空闲的场所，所以你们不可以说，尽管我们
忏悔了，但在伊甸园的义人中已没有容纳我们的地方了）。'然后，
上帝将把义人从伊甸园带到地狱去，对他们说，'看哪，这是恶
人的地方，他们之间还有空闲的场所（所以你们不可说，尽管我
们犯了罪，但地狱中已没有可容纳我们的地方了）'①，只是恶人
得到了他们和你们的地狱而已。'这就是经文'你们必得加倍的
好处，代替所受的羞辱……在境内必得加倍的产业'（《以赛亚书》
61：7）的含义。此后，上帝将让义人返回伊甸园，让恶人返回地狱。"
（《诗篇》31的《米德拉什》120a）

下面这段引文对"恶人得到了他们和你们的地狱"这句话的

---

① 括号内的字在布伯（Buber）版本中并没有，但却必须添上才能使意思完整。

意图进行了阐释："以利沙·本·阿布亚成为异教徒后，他问拉比迈尔，'经文"神使这两样并列"（《传道书》7：14）是何意思呢？'他回答说，'神圣的上帝在创造一切的同时，他都创造了与之相反的一件东西，例如：山与川，海与河。'他对拉比说，'你的老师阿基巴并不是这样解释的，而（他的解释）是上帝创造了义人和恶人，伊甸园和地狱。每个人都有两部分，一部分在伊甸园，另一部分在地狱。如果一个人高尚正直，他便拿到自己以及其同胞在伊甸园中的份额；如果他犯罪作恶，他便拿到自己以及其同胞在地狱中的份额。'"（Chag. 15a）

375　人类在世上所做的一切都记录在册，以备最后审判日的到来。"你们的一切行为都记在册子上。"（Aboth 2：1）"人在离开世界时，他的一切行为都会详细地展示在他面前，并且对他说，'你在某时某地做下了这样一些事情。'他表示认可并必须在记录上签字。不仅如此，他还要承认对他的裁决是公正的并且说，'你对我的判决是正确的。'"（Taan. 11a）"甚至夫妻之间说的一些无关要紧的话也会记录下来并在丈夫去世时作为审判他的依据。"（Chag. 5b）"神圣的上帝将要坐审义人和恶人。他将审判义人并将他们领进伊甸园。他将审判恶人并将他们引入地狱。恶人会说，'他对我们的审判是不公正的，凡他喜欢的他都判无罪，凡他憎恶的他都判有罪。'神圣的上帝回答说，'我本不想揭露你们。'他怎么做呢？他宣读恶人的品行记录，他们于是就下到地狱去。"（《诗篇》1的《米德拉什》12b）

在接受审判时，人将要面对许多他曾经以为是微不足道的不端行为。"经文'奸恶随我脚跟'（《诗篇》49：5）是何意思呢？

意思是人在今世以脚跟犯的奸恶①必随他到最后的审判之日。"（A. Z. 18a）

人需要回答的问题有这样一些："你做生意时是否诚实？你是否有固定的时间学习《托拉》？你是否履行了建立一个家庭的责任？你是否曾希望获得（弥赛亚的）拯救？你是否追求过智慧？你是否曾（在学习中）举一反三？即使所有这些问题的回答都是肯定的，也只有当'你以敬畏耶和华为至宝'（《以赛亚书》33：6）②时，这对人才有所助益，否则还是不行。"（Shab. 31a）

前面已经引述过的一则寓言③讨论了肉体和灵魂是否都要接受审判的问题。这其中的寓意就是既然人在犯下罪孽时，其肉体和灵魂乃是同等地受到了牵连，那么，它们应受到同样的惩罚。另一则寓言得出了相反的结论。"一位祭司娶了两个妻子，其中一个是祭司的女儿，另一个是以色列平民的女儿。她们把丈夫给她们供献祭用的面粉弄脏了，并互相指责是对方干的。这位祭司是怎么做的呢？他没有理会那位平民的女儿，而是去责备那位祭司的女儿。这位妻子对丈夫说，'主人啊，你为何不管她，而只是责备我呢？'丈夫回答说，'她是平民的女儿，在她父亲的家里没有接受（献祭的面粉必须洁净的）教育；但你是祭司的女儿，你在你父亲的家中接受过这种教育。所以我不管她，而要责备你。'同样，在来世灵魂和肉体将要接受审判。神圣的上帝如何做呢？他

---

①　这个习语的意思是犯无足轻重的过失。
②　即对上帝的敬畏是他这些追求的主要动机。
③　参见第 238 页。

将不理会肉体而只责难灵魂。当灵魂申诉说，'宇宙的主啊！我们两者都是同样地犯下了罪孽，你为何不管肉体而只责难我呢？'上帝会回答说，'肉体来自于人们犯罪的下界；而你却是来自没有罪恶的天上。所以，我不管肉体，只责备你。'"（《大利未记》4：5）

普遍接受的观点是：灵魂要与肉体重新结合以便接受审判，它是这样被表述的："在整个（死后居于地狱的）12 个月里肉体存在，而灵魂则升升降降；12 个月之后肉体不复存在，而灵魂则升上去不再下降。"（Shab. 152b 及以下）

对有罪孽的人所施予的惩罚要持续多久呢？《塔木德》是否主张永恒惩罚呢？至少有一段文字似乎暗示了这一主张。"拉比约查南·本·撒该病了，他的门徒去看望他。见到他们时他哭了起来。门徒们问他：'以色列的明灯，坚强的柱石，有力的锤头啊！你为何哭泣呢？'他回答说，'假如让我来到一位今朝生明朝死的国王面前，一位对我发怒时他的怒气不会永久的国王，一位如果将我监禁，其监禁不会永久的国王，一位如果将我处死，我的死亡不会永久的国王，一位我可以媚之以言词，动之以金钱的国王——即使在这样一位国王面前，我都会哭泣；而现在，我将要被引到万王之王，神圣的上帝面前，他永生永存。他如果对我发怒，他的怒火是永恒的，他如果将我监禁，他的监禁是永久的，他如果将我处死，我将万劫不复，对他我不能媚之以言词，也不能动之以金钱——决不能，当我面前摆着两条路，一条通往伊甸园，一条通往地狱，而我却不知道我将被引向何方之际，我能不哭泣吗？'"（Ber. 28b）

然而，要从这样一则言词夸张的谈话中得出拉比们确实相信 377
永恒惩罚的结论尚嫌草率。在这里世俗的统治者与至高无上的上
帝之间的对比只不过是为了达到最充分的效果而已。拉比阿基巴
对权威的观点进行了这样的阐述："对大洪水那一代人的裁决是
12 个月，对约伯的裁决是 12 个月，对埃及人的裁决是 12 个月，
对歌革和玛各的裁决是在来世呆 12 个月，对恶人的裁决是在地狱
呆 12 个月。拉比约查南·本·努利说，裁决只持续相当于逾越节
到五旬节之间的时间"（Eduy. 2：10），即七个星期。

尽管《塔木德》明确指出，"大洪水那代人不能分享来世"，
并且在那代人能否"升天接受审判"（Sanh. 10：3）这一点上还
有不同的观点，但我们也看到了这样的评述，"对大洪水那代人
的判决是 12 个月。他们熬过了这段时间后便可分享来世"（《大
创世记》28：9）。这就证明拉比们不愿意设想有永恒的惩罚。一
位权威声称："所有下到地狱者都将升天，除了三种人之外：与
别人的妻子通奸者，当众羞辱同胞者，用恶名骂同胞者。"①（B. M.
58b）某些导师们删去了第一种罪孽（同上，59a）。

在这一论题上常常被引用的章句是这样说的："沙迈学派宣称，
最后审判日牵涉到三种人：至善的义人，彻底的恶人，以及一般
人。第一类人即刻被登记并判定获得永生，第二类人即刻被登记
并判定进入地狱，如经文所说，'睡在尘埃中的，必有多人复醒。
其中有得永生的，有受羞辱永远被憎恶的'（《但以理书》12：
2）。第三类人将下到地狱并且（因在那里遭受的痛苦而）哭喊，

① 参见《马太福音》5：22。

然后再升起来，如经文所说，'我要使这三分之一经火，熬炼他们，如熬炼银子；试炼他们，如试炼金子。他们必求告我的名，我必应允他们'（《撒迦利亚书》13：9）。关于他们，哈拿说，'耶和华使人死，也使人活；使人下阴间，也使人往上升'（《撒母耳记上》2：6）。希勒尔学派引证了经文'（耶和华）并且有丰盛的慈爱'（《出埃及记》34：6），他倾向于施慈爱。关于他们，大卫说，'我爱耶和华，因为他听了我的声音和我的恳求'（《诗篇》116：1）。《诗篇》的整个这一部分都是大卫为他们而写的：'我落到卑微的地步，他救了我'（同上，6）。以色列的罪人和异族的罪人分别带着各自的肉体降到地狱并在那里接受 12 个月的审判。12 个月之后，他们的肉体便被毁掉，他们的灵魂在义人的鞋底下被烧毁并被一阵风吹散，如《圣经》所说，'你们必践踏恶人。……他们必如灰尘在你们脚掌之下'（《玛拉基书》4：3）。然而，那些分裂教派的信徒，那些密探，那些拒绝了《托拉》①和复活学说的伊壁鸠鲁主义者，那些把自己与社会的生活方式隔绝开来的人，那些惧怕生者土地的人②，以及那些像尼巴的儿子耶罗波安及其同伙一样犯有罪孽并招致民众犯罪（《列王纪上》14：16）的人将会降到地狱，并且在那里代代受审，如经文所说，'他们必出去观看那些违背我的人的尸首，因为他们的虫是不死的，他们的火是不灭的'（《以赛亚书》66：24）。地狱将会终止，但他们（的

---

① 即拒绝认为《托拉》来自于天上，参见第 146 页。

② 《塔木德》将这一说法定义为，"一位使自己治理的社会大众过分畏惧，但却不是为了上帝的官吏"，即他这样做乃是出于个人动机。

受难）却不会终止，如经文所说，'他们的美容必被阴间所灭，以致无处可存'（《诗篇》49：14）。关于他们，哈拿说，'与耶和华竞争的，必被打碎'（《撒母耳记上》2：10）。拉比亚宾（Abin）说，他们的脸像锅底一样黑。"（R. H. 16b 及以下）

从这节文字中我们可以得出这样的结论：在公元 1 世纪时，一个主要的学派因受到《但以理书》中经文的影响而认定，邪恶透顶的人要遭受永恒的惩罚；但另一个学派则认为，这一教义与上帝的慈悲是相矛盾的。有罪的人必须要受到惩罚。他们经受 12 个月的痛苦之后被消灭，因为他们不配进入伊甸园。特别邪恶的人"世世代代"留在地狱中。这一表述并不意味着永恒这一点可以明显地从"地狱将会终止"这句话中看得出来。他们在那里经受了痛苦之后并不会灭绝，而是继续作为有意识的实体在悔恨的状态中继续存在下去——至于如何存在和在何处存在，则没有解释。

5. 地狱

379

读者已经看到，恶人的命运就是降到被称为地狱的惩罚之地。"一位罗马女士问拉比约西·本·查拉夫塔，'经文"谁知道人的灵是往上升"（《传道书》3：21）是什么意思呢？'他回答说，'这指的是存放在神之库府中的义人的灵魂，正如亚比该通过圣灵告诉大卫的那样："你的性命却在耶和华你的神那里蒙保护，如包裹宝器一样。"（《撒母耳记上》25：29）可以认为，同样的命运在等待着恶人，因此，经文接着说，"你仇敌的性命耶和华必抛去，如用机弦甩石一样。'"那位罗马女士进一步问，'经

文"野兽的灵降到地上"是什么意思呢？'拉比回答说，'这指的是降到地狱的恶人的灵魂。'"（《大传道书》3：21）

地狱的起始先于宇宙的创造①，但另一种观点认为地狱的先在只是指它的空间而不是指它的内容。"地狱的空间是先于宇宙创造出来的，但地狱之火则是在第一个安息日前夜创造的。然而却有这样的训示：《圣经》在描述第二天时为何没有添上'上帝看它是好的'这样一句呢？因为地狱之火是在这一天创造的。事实就是：地狱的空间是先于宇宙创造出来的，地狱之火是在第二天创造出来的，上帝在安息日的前夜制定了创造普通火焰的计划，但实际上它直到安息日结束时才创造出来。"（Pes. 54a）

惩罚之地在《圣经》中有数种称谓。"地狱有七种称谓：阴间（Sheol）（《约拿书》2：2）、坟墓（Abaddon or Destruction）（《诗篇》88：11）、阴间（Corruption）（同上，16：10）、祸坑和游泥（Horrible Pit and Miry Clay）（同上，40：2），死阴'Shadow of Death'（同上，107：10）*，以及习惯上称的冥府（Nether world）。② 难道没有别的名字了吗？例如，地狱（Gehinnom），即众生因为'欲望'（Hinnom）之故而都要降临其间的深'谷'（Gé），以及驼斐特（Topheth）（《以赛亚书》30：33）。它之所以这样称谓，是因为凡被情欲引入歧途（mithpatteh）的人都坠入其间。"（Erub. 19a）

提及地狱时通常使用的动词"下降"（descend）虽然使人一

---

① 参见第 347 页。

* 这里的汉语译名均取自于《圣经》中文本，称谓中重复的地方没有重新翻译，以图存真。——译者

② 即《圣经》没有这一称谓。

般相信地狱位于地下，但也有这样的陈述："地狱在天空之上，
另外的人说它在暗山的背后。"（Tamid 32b）这些神秘的山被认 380
为位于世界的最西端。我们在下面这节文字中看到了类似的观点：
"太阳在早晨和傍晚呈红色——早晨它呈红色是因为它经过伊甸
园的玫瑰花（并被它们映照），傍晚它呈红色是因为它经过地狱
的入口。"（B. B. 84a）因此，伊甸园在东方，而地狱在西方。

关于地狱的大小，我们得知："世界是伊甸园的六十分之一，
伊甸园是地狱的六十分之一，因而，整个世界与地狱相比就像一
只锅盖一样。有人声称伊甸园的范围无限广大，另外的人说地狱
也是一样。"（Taan. 10a）

至于它的入口，《塔木德》指出："它有三个入口——一个
在荒野，另一个在大海，第三个在耶路撒冷。另一则传说称，在本-
希侬（Ben-Hinnom）的山谷中有两株枣椰树，烟雾从其间升腾，
那就是地狱的入口。"（Erub. 19a）

地狱被分为七层，一个人愈邪恶，他居住的地方就愈低。"伊
甸园内的七种人各自都有居住的地方，与此相对应，地狱中恶人
的居所也有七层，它们的名称是：阴间（Sheol）、坟墓、死阴、
冥府、忘记之地（《诗篇》88：12）、地狱以及寂静（同上，
115：17）。"（《诗篇》11：7的《米德拉什》51a）从《诗篇》
11：6可以推导出地狱有七层，即网罗①、烈火、硫黄、热风以及
火焰（或见《米德拉什》50b）。"当押沙龙的头发缠在树上时，
阴间在他的下面裂开了。为什么大卫在哀悼他时喊了八次'我儿'

---

① 这个词以及"火焰"一同是复数，都表示两个。

呢？^①其中七次是为了把他从七层地狱中带出来，第八次是要把他（被斩下）的头与其身体连接起来；而据其他人的说法，是要使他进入来世。"（Sot. 10b）

地狱中让有罪者遭受苦痛的主要成分是火，不过这火的烈度非同一般。"（普通的）火是地狱（之火）的六十分之一。"（Ber. 57b）"经文上说，'从他面前有火像河发出'（《但以理书》7：10）。它出自于何处呢？出自于神圣生灵（*Chayyoth*）的汗水。它流逝于何处呢？流逝于地狱中恶人的头顶。如《圣经》所说，'必转到恶人的头上，（《耶利米书》23：19）。"（Chag. 13b）某位拉比讲述了一个阿拉伯人在沙漠中与他相遇的经历，他说：'来，我让你看看考拉（Korah）是在何处被吞没的。'我看到地上出现了两道裂缝，烟从其间冒出来。他取了一团羊毛，在水中浸透，将其拴在长矛的顶端，并插进了洞中，当他把它拔出来时，它完全被烧焦了。"（B. B. 74a）

一条教义说，"地狱之火永不灭"（Tosifta Ber. 6：7），但它与希勒尔学派关于地狱将会终止的学说^②相矛盾。《塔木德》还指出，"地狱一半是火，一半是冰雹"（《大出埃及记》51：7）。而另一种观点则认为那里还有雪："神圣的上帝裁决恶人在地狱中呆12个月。他先让他们发痒，继之以用火烧他们，他们喊：'噢！噢！'然后用雪冻他们，这时他们喊：'哀哉！哀哉！'"（p. Sanh. 29b）

---

① 参见《撒母耳记下》18：33 和 19：4。
② 参见第 378 页。

　　地狱中大量存在的另一种东西是硫磺。"为什么人的灵魂会因硫磺的气味而萎缩呢？因为它知道在来世它将在那里受到审判。"（《大创世记》51：3）最后，地狱中还充满了烟。"地狱的顶部窄，下部宽。"（Sifré Deut. §357；149b）它呈这种形状的理由是"它的口窄小，这样烟可以保存在里面"（Men. 99b）。传说告诉我们，"烟从阿切尔的墓中冒出"（Chag. 15b）。地狱同样也是一个黑暗的地方。"恶人是黑暗，地狱是黑暗，深渊是黑暗。我把恶人引到地狱并将他们盖在深渊之下。"（《大创世记》33：1）"地狱（黑）如夜间。"（Jeb. 109b）"下到地狱的人无非是被黑暗所审判，如经文所说，'那地甚是幽暗'（《约伯记》10：22）。"（Tanchuma Noach 1）"经文说，'摩西向天伸手，于是出现了黑暗'（《出埃及记》10：22——新译）。黑暗从何而来？来自于地狱的黑暗。"（Tanchuma Bo 2）

　　地狱的严酷是可以通过各种手段予以缓和甚至完全躲开的。一个人如果施行了割礼就是其中最显著的手段，除非这个人出奇地邪恶。"在来世亚伯拉罕将坐在地狱的入口处，并且不让施行了割礼的以色列人降入其中。对于那些无端犯罪的人他怎么办呢？他把那些施行割礼前死去的孩子们的包皮移到这些人身上，然后把他们送入地狱。"（《大创世记》48：8）"施行了割礼的以色列人不会降到地狱。为了让以色列的异教徒和罪人不至于说，'只要我们施行了割礼，我们就不会下到地狱'，神圣的上帝是如何做的呢？他派了一位天使去延长他们的包皮，以便让他们下到地狱。"（《大出埃及记》19：4）

　　犹太始祖会帮助释放被判处有罪的人。"经文说，'他们经

382

过流泪谷'（《诗篇》84：6），这指的就是那些被判处要在地狱逗留一些时间的人。我们的祖先亚伯拉罕会来把他们带走，并且接纳他们，除了那些与异教妇女性交以及出于掩盖身份的目的伪装施行过割礼的人。"（Erub. 19a）

另一种免罪的手段是诵读某些祷词。"凡以清晰的发音诵读《示玛》的人，地狱为他凉爽。"（Ber. 15b）这原本是属于圣殿内圣坛的一种感受。"表示圣坛（*Mizbéach*）的这个词是什么意思？M等于 *mechilah*，意为'宽恕'，因为圣坛使以色列的罪人得到宽恕。Z等于 *zachuth*，意为'优点'，因为它使他们具备进入来世的优点。B等于 *berachah*，意为'祝福'，因为神圣的上帝赐福于他们双手的劳动。CH等于 *chayyim*，意为'生活'，因为他们配得上来世的生活。凡得到这四样东西的帮助而又去崇拜偶像者将被大火吞噬，如经文所说，'因为耶和华你的神乃是烈火，是忌邪的神'（《申命记》4：24）。但假如他忏悔了，燃烧在圣坛的火将会使他赎罪并让地狱之火无能为力。"（Tanchuma Tzab 14）

然而，主要的保护手段是研习《托拉》。"地狱之火对圣哲的门徒无能为力。这可以从火蛇身上推导出来。火蛇源于火，却不会被火伤害，那么其身体就是火的圣哲门徒们，岂不更能免受其害？如经文所说，'耶和华说，我的话岂不像火？'（《耶利米书》23：29）地狱之火对以色列的罪人无能为力。这可以从金圣坛推导出来。如果这座镀上了一个金币厚度金子的圣坛历经这么多年而没有被它上面的火焰所征服，那么以色列人对火的抵御能力岂不更强，因为他们，即使是他们之中最空虚者，都是满腹（《托拉》的）律法，就像籽粒饱满的石榴一样！"（Chag. 27a）

有一则传说，其大意是地狱中的受难者每个安息日都免受惩处。在罗马总督提内乌斯·鲁弗斯与拉比阿基巴的谈话中提到了这一点。"罗马总督问，'安息日为何不同于其他的日子呢？'拉比反问他，'你（作为一名罗马官员）为何不同于别人呢？' 383 鲁弗斯回答说，'皇帝乐于尊宠我。'于是阿基巴回答说，'同理，神圣的上帝也乐于尊宠安息日。''你怎么能向我证明这一点呢？''你看，沙巴地昂河（River Sabbatyon）①每天都冲走许多石头②，然而在安息日它却停歇不流。''你扯远了！'③阿基巴说，'好吧，巫师可以证明这一点，因为死者天天都升起，除了安息日之外。你可以通过你父亲验证我的说法。'后来，鲁弗斯曾有机会呼唤他父亲的灵。除了安息日之外，它每天都升上来。星期天时，他让父亲的灵升上来并问它，'你去世后成为了犹太人吗？为什么你每天都上来，而只是安息日不上来呢？'他回答说，'（在地上）凡是不愿意与你一起守安息日的可以各随其愿，但在这里却必须要守安息日。'儿子问，'那么，你在的地方有什么工作从而让你们周日劳动，安息日休息吗？'他回答说，'一周的所有日子我们都处于刑罚之下，但安息日除外。'"（《大创世记》11：5）

值得注意的是，至少有一位拉比不承认存在着一个用于惩罚恶人的专门场所。生活在3世纪的拉比西缅·本·拉基什（Simeon b. Lakish）声称："来世没有地狱，神圣的上帝只是将太阳从其外壳

---

① 这是一条传说中的河流，其名字得自于"安息日"（Sabbath）。

② 依靠其洪流的力量。

③ 这意思是你的证明很牵强。

中搬走，并且（用其强烈的光线把世界）涂黑。恶人将受到惩罚，义人将得到救治。"（A. Z. 3b）

6. 伊甸园

义人所得到的幸福之地被称为乐园（Gan Eden），也就是"伊甸园"（the Garden of Eden）。一般认为它不同于为亚当设置的具有同一称谓的居所。"'谁也未曾看见在你以外还有什么神为侍奉他的人行事（原文如此，《以赛亚书》64：4）这句经文是什么意思呢？它指的是任何生灵的眼都未曾见过的伊甸园。也许你会问，那么当时亚当在哪里呢？在园内。但也许你会说这园就是伊甸园！所以经文才教导说，'有河从伊甸流出来滋润那园子'（《创世记》2：10）。因此，园子与伊甸园是不一样的。"（Ber. 34b）

384 它的确切地点是一个疑问。"假如伊甸园位于以色列的土地上，它的入口就在贝特施安（Beth-Shean）；假如它位于阿拉伯，它的入口就在贝特格来姆（Beth-Gerem）；假如它在两河之间（美索不达米亚），它的入口就在大马士革。"（Erub. 19a）这显然指的是地上的乐园，因为义人的乐园被认为位于天上。[①]

正如地狱一样，伊甸园也被认为是由七个区域组成，从而有资格进入乐园的人可以分为七等归入其间。"伊甸园中的义人有七类，一类比一类高。经文'义人必要称赞你的名，正直人必住在你面前'（《诗篇》140：13）所提到的是第一类。经文'你所拣选，使他

---

① 或者是世界的最东端，参见第 380 页。

亲近你，住在你院中的，这人便为有福'（同上，65：4）所提到
的是第二类。经文'如此住在你殿中的，便为有福'（同上，84：4）
所提到的是第三类。经文'耶和华啊，谁能寄居你的帐幕'（同上，
15：1）所提到的是第四类。经文'谁能住在你的圣山'（同上）
所提到的是第五类。经文'谁能登耶和华的山'（同上，24：3）
所提到的是第六类。经文'谁能站在他的圣所'（同上）所提到的
是第七类。"（Sifré Deut. §10；67a）因此，这七个区域自上而
下分别被称为：你面前（Presence），你院中（Courts），你殿中
（House），你的帐幕（Tabernacle），你的圣山（Holy Hill），
耶和华的山（Hill of the Lord），以及圣所（Holy Place）。

　　另一种说法是："在来世，七类人要站在神圣的上帝面前。
人们之中哪一类人位置最高从而能见到舍金纳呢？是正直的一类，
如经文所说，'正直人必得见他们的[①]面'（《诗篇》11：7）。
经文上写的不是'他的面'（His face），而是'他们的面'（their
face），即舍金纳及其随从的面。第一类人与圣王坐在一起并看到
他的面，如经文所说，'正直人必住在你面前。'第二类住在圣
王的殿中，如经文所说，'如此住在你殿中的，便为有福。'第
三类登上山去见圣王，如经文所说，'谁能登耶和华的山？'第
四类在圣王的院中，如经文所说，'你所拣选，使他亲近你，住
在你院中的，这人便为有福。'第五类在圣王的帐幕中，如经文
所说，'耶和华啊，谁能寄居你的帐幕？'第六类在圣王的圣山
中，如经文所说，'谁能住在你的圣山？'第七类在圣王的圣所，

---

　　①　这里希伯来原文的后缀不同寻常，既可译为"他的"，也可译为"他们的"。

如经文所说，'谁能站在他的圣所？'"（《诗篇》11：7的《米
德拉什》51a）

385　　　进入伊甸园的人要受到裁定，以便他们能在与各自相称的区
域居留。"每一位正直的人都将依照其应得的荣誉被分配给一处
居所。这可以比作一位尘凡的国王与其仆人一同进入一座城镇。
尽管他们都从同一个门口进去，但当他们占居住所时每个人都是
依据其等级得一个居处。"（Shab. 152a）

这一天上居所的主要特征是那些在地上曾饱尝艰辛的虔诚人
将要在这里各得其所。"在今世恶人富有并且备享舒闲，而义人却
贫穷。但在来世，当神圣的上帝为义人打开伊甸园的宝库时，曾
放高利贷的恶人们将会咬自己的肉，如经文所说，'愚昧人抱着
手，吃自己的肉'（《传道书》4：5）；他们还会高喊，'但愿
我们成为劳动者或搬运工或奴隶，并我们的命运如义人们一般！'
正如《圣经》所说，'满了一把得享安静，强如满了两把劳碌捕风'
（同上，6）。"（《大出埃及记》31：5）

为配享伊甸园的人所备好的幸福就像是一桌盛宴。《圣经》
提到了一个叫作鳄鱼的怪兽，上帝将其杀死并"把它给旷野的民
为食物"（《诗篇》74：14）[1]。大众的想象力利用这一点做文章，
并使它成了为高尚的人所设盛宴的一道主菜。"神圣的上帝创造
了一只雄的（鳄鱼）和一只雌的，但假如它们进行了交配，它们
就会把整个世界毁灭了。上帝是怎么做的呢？他阉割了雄的，杀
死了雌的并把它的肉保存在盐水中以备义人在来世享用。"（B. B.

---

①　另参见《诗篇》104：26，《以赛亚书》27：1以及《约伯记》41：1。

74b）"在来世神圣的上帝将用鳄鱼的肉为义人设宴,他们将把剩余的部分瓜分并在耶路撒冷的街上将其当作商品卖掉。"①上帝将用它的皮为义人做成一个帐棚（同上,75a）。他们将会喝"用创世六天内产出的葡萄酿制的酒"（Ber. 34b）。

他们将要体验的首要快乐就是切切实实地与上帝住在一起。"在来世神圣的上帝将在伊甸园为义人设宴,并且将没有必要预备香脂和香水,因为届时会有北风和南风吹彻园中所有的香木,使它们芬芳四溢。以色列人会对神圣的上帝说,'东道主为路人备下饭菜能不跟他们共享吗?新郎为宾客设下盛宴能不跟他们同坐吗?假如你愿意,"愿我的良人进入自己园里吃他健美的果子吧"（《雅歌》4:16）。'神圣的上帝回答说,'我将让你们如愿以偿。'于是,上帝进入了伊甸园,如经文所说,'我妹子,我新妇,我进了我的园中'（同上,5:1）。"（《大民数记》13:2）

下面这些摘录表述得更富有想象力:"在来世,神圣的上帝将要在伊甸园为义人安排一次舞会,他将坐在人们中间。人人都会指着上帝,大声地说,'看哪,这是我们的神。我们素来等候他,他必拯救我们。这是耶和华,我们素来等候他,我们必因他的救恩欢喜快乐'（《以赛亚书》25:9）。"（Taan. 31a）"经文说,'我要在你们中间行走'（《利未记》26:12）。这可以比作什么呢?可以比作一位国王到果园去与他的佃户散步,但那位佃户却藏了起来。国王对他喊,'你为什么藏起来不见我?你看,我跟你完

---

① 提到"卖肉"这一点使人不能确定这段文字中提到的来世是指死后的那段时间还是指弥赛亚时代。"来世"一词具有这两种含义,并且它们有时彼此混淆。

全一样！'同样，在来世神圣的上帝也要在伊甸园与义人一同散
步，义人看到上帝时也会因惧怕而从其面前退藏起来。但上帝会
对他们喊，'看，我跟你们是一样的！'然而，由于人们有可能
会因此认为他们不再惧怕神，所以经文宣称，'我要作你们的神，
你们要作我的子民'（同上）。"（或见 Sifra）①

　　既然研习《托拉》能将人引向虔诚，它也能开辟通往伊甸园的
道路，而且曾致力于获得《托拉》的人在那里将会受到特殊的欢迎。
"拉比约查南·本·撒该对拉比约西祭司说，在梦中我看到我俩
倚坐在西奈山上，一位'声音之女'从天上招呼我们说，'上来
吧！上来吧！这里已经为你们准备好了宽大的用餐座椅和美丽的
桌布。你们俩，你们的门徒，以及你们门徒的门徒被邀请到第三
等级去'。"②（Chag. 14b）他们得到的特别奖赏就是在地上时曾
困扰他们心智的一些难题将获得解决。"至于那些在今世因研习《托
拉》而额头上布满了皱纹的圣哲门徒们，神圣的上帝将在来世把《托
拉》的奥秘展示给他们。"（同上，14a）

387

　　除了上面已经引述的这些之外，《塔木德》以及较早的一些《米
德拉什》没有试图对伊甸园的内景以及其中的生活进行详尽的描
述。后来的文献则缺乏这种节制，于是出现了一些细致入微的描写。
在 *Jalkut Shimeoni*（《创世记》20）这部 13 世纪编纂的拉比文献

---

　　①　在这里我们可以看到，拉比们极力地坚持，人即使在发展到高度精神境界的时
候，与上帝之间也仍然存在着不可逾越的鸿沟。两者永远不可能完全一样。即使在来世
人类可以享受与上帝最密切的交流，上帝仍然是上帝，而他们将仍然是他的"子民"，
即人类。

　　②　乐园中的第三类人是学者，参见第 388 页。

汇编中我们可以看到极其生动的描绘。这节文字的作者被认为是3世纪的一位拉比——拉比约书亚·本·利未，据说这个人对神秘主义有某种偏好。把这段文字引在这里也是出于这个理由，尽管其作者是否是他还是一个疑问。

"伊甸园有两个红宝石大门，门旁站着六十万侍奉天使。他们的脸就像苍穹的辉煌一样散发出光泽。当一位义人到来时，天使们脱下他从墓中升起时穿的衣服，给他穿上八件彩云缝制的长袍，为他戴上两顶皇冠，其中一顶是用宝石和珍珠做的，另一顶是用巴瓦音的金子（《历代志下》3：6）做的，放在他手中八朵长春花，并且赞美他说，'去愉快地吃饭吧。'他们领他到一个溪流淙淙的地方，周围环绕着八百种玫瑰和长春花。每人都会依照自己应享的荣誉得到一间自己的房舍。房内流出四股溪流，一股是奶，一股是酒，一股是香膏，一股是蜜。每间房子的上面都有一条金质的藤蔓，上面点缀着三十颗珍珠，颗颗都像金星一样光芒四射。每个房间内都有一张宝石和珍珠做成的餐桌，每位义人都有六十位天使侍奉，并且对他说，'去愉快地享用蜜吧，因为你曾专心致力于可以比作蜜的《托拉》；去饮用用创世六天内产出的葡萄酿制的酒吧，因为你曾专心致力于可以比作酒的《托拉》。'① 居住在伊甸园内的最难看的人也会像约瑟和拉比约查南② 一样。他们没有夜晚，（平常是夜晚的）那段时光再为他们延长三个更的长度。在第一更中义人像孩子一样到孩子们的地方去玩游戏。在第二更

---

① 参见第134页。
② 这两人都以英俊而出名；参见第137、274页。

388　中他成为青年人，并到青年人的地方去玩游戏。在第三更中他成
为老人，并到老人们的地方去玩游戏。

"在伊甸园的每一个角落都有八十万种不同的树木，其中最次
的也要比（今世）所有的香木更好，并且在每个角落都有六十万
个侍奉的天使在用美妙的声音唱歌。在园的中央是生命之树（Tree
of Life），它的枝桠覆盖着整个伊甸园，树上长着五十万种形状
各异、口味不同的果子。树的上方祥云朵朵，四种风吹拂着大树，
从而它的芳香飘彻整个世界。树下，圣哲的门徒们在阐释《托拉》，
他们每人都拥有两所居室，一个是群星，一个是日月。每所居室
之间垂挂着一张祥云制成的帘子，帘子的后面就是伊甸园。园内
有三百一十个世界①以及七类义人。第一类人由殉难者②构成，例
如拉比阿基巴及其同事们。第二类人包括在海中淹死的那些。③第
三类才是拉比约查南・本・撒该和他的门徒们。他（学术上）的
才干是如此之大，以至于他这样评价自己：'即使天空作纸，万
木作笔，众生来写，也写不尽我从老师们那里所学到的知识；而
我从他们那里所学到的只相当于狗从海洋中舔走的水。'④在第四

---

① 这出自《塔木德》教义："拉比约书亚・本・利未说，神圣的上帝要给每位义
人 310 个世界作为馈赠，如经文所说，'使爱我的承受货财'（《箴言》8：21）"（Uktz,
3：12）。希伯来语中"货财"（substance）一词的数值是 310。

② 殉难者在伊甸园中占据显要位置这一信息是拉比约书亚・本・利未的儿子从昏
迷中醒过来之后传递给他父亲的。参见第 365 页。

③ 即那些宁死也不受侮辱的犹太少男少女们。参见第 45 页。

④ 这一著名的夸张说法部分来自于 Sopherim 16：8，部分来自于 Sanh. 68a。

类人中是云彩降下来将其盖住的那些。① 第五类人是悔罪的人，而且甚至那些至善的义人都不能与他们比肩。第六类人是那些尚未品尝过罪恶（并且依旧是童贞）的未婚者。第七类人是拥有《圣经》和《密释纳》学问，并从事过世俗职业的人。关于他们，经文是这样说的，'凡投靠你的，愿他们喜乐'（《诗篇》5：11）。神圣的上帝坐在他们中间，向他们讲解《托拉》，如《圣经》所说，'我眼要看国中的诚实人，叫他们与我同住'（同上，101：6）。"

389

---

① 尚不能确定这指的是哪些人。它有可能指的是上帝在他们生前或死后通过用祥云包裹他们的方式使之卓尔不群的那些伟人。当摩西登上西奈山去接受《托拉》时，上帝在其上方铺展云彩以保护他免遭天使们的妒嫉（Shab. 88b）。摩西在亚伦去世之前为其脱下外衣时，一朵云彩将其盖了起来（Jalkut Num. 787）。约瑟福斯也告诉我们："当他（摩西）拥抱着以利沙和约书亚并仍在跟他们交谈时，一朵云彩突然停在他上方，于是他消失在了某个山谷中。"（《上古犹太史》第 4 卷，8：48）

参考文献选录

 论及《塔木德》各个方面的文献浩繁庞大，这里只选录了一部分供读者参考。列出的文献仅限于英文著作。H. L. 斯特拉克所著《塔木德导论》（*Einleitung in den Talmud*）（第五版）提供了更为完整的参考文献。这部极有价值的著作目前已经有英译本《塔木德与米德拉什导论》（*Introduction to the Talmud and Midrash*），1931 年。

介绍性文献

《犹太百科全书》（*Jewish Encyclopedia*）、《大英百科全书》、《宗教与伦理百科全书》（*Encyclopedia of Religion and Ethics*）以及《圣经词典》（*Dictionary of the Bible*）（增补卷）内的文章。

A. 达尔米斯泰德（Darmesteter, A.），《塔木德》（*The Talmud*）（译自法文的一篇很有价值的论文）。

E. 德茨（Deutsch, E.），关于《塔木德》的文章，载于《文学遗产》（*Literary Remains*），1874 年。

M. 米耶尔茨纳（Mielziner, M.），《塔木德导读》（*Introduction to the Talmud*），第三版，1925 年。对致力于研读原典文本的学者颇有助益。

W. O. E. 欧思特里与 G. H. 博克斯（Oesterley, W. O. E. and Box, G. H.），《拉比及中世纪犹太教文献简论》（*A Short Survey of the Literature of Rabbinical and Medieval Judaism*），1920 年。

M. 瓦克斯曼（Waxman, M.），《犹太文学史》（*A History of Jewish Literature*），卷一，1930 年。

D. 赖特（Wright, D.），《塔木德》（*The Talmud*），1932 年。

译本

松奇诺出版社（Soncino Press）正在筹备一部权威且完整的巴比伦《塔木德》译本，由拉比 I. 爱泼斯坦（I. Epstain）博士主编，1935 年及后续几年。

M. L. 罗德金森（Rodekinson, M. L），《巴比伦塔木德》（*The Babylonian Talmud*），10 卷本，1902 年。［穆尔（Moore）对其的评价是：罗氏所谓的英译本在所有方面都是令人难以忍受的——《犹太教》（*Judaism*）第一卷，173 页注释。］本书可供普通大众阅读，但并不适合严肃的学者参阅。

《塔木德》下列篇章的英文翻译已经出版：

A. 科恩，《祝祷篇》（*Berachoth*），1921 年。

H. 马尔德（Malter, H.），《斋戒篇》（*Taanith*），1928 年。

A. W. 斯特利恩（Streane, A. W.），《祭献篇》（*Chagigah*），1891 年。

《密释纳》全本的英文译本由 H. 但比（H. Danby）完成，1933 年。

下列各篇有单独的翻译文本：

H. 但比，《法庭篇》（*Sanhedrin*），1919 年。

W. A. L. 艾勒姆斯利（Elmslie, W. A. L.），《偶像崇拜篇》（*Abodah Zarah*），1911 年。

H. 高勒丁（Goldin, H.），《中间一道门》（*Baba Metzia*），1913 年。

A. W. 格林厄普（Greenup, A. W.），《节日祭献篇》（*Taanith*），1918 年；《棚舍篇》（*Sukkah*），1921 年。

R. T. 赫福德（Herford, R. T.），《先贤篇》（*Pirke Aboth*），1925 年。

W. O. E. 欧思特里（Oesterly, W. O. E.），《安息日篇》（*Shabbath*），1927 年。

J. 拉宾诺维奇（Rabbinowitz, J.），《经卷篇》（*Megillah*），1931 年。

C. 泰勒（Taylor, C.），《犹太先辈述言，先贤篇》（*Sayings of the Jewish Fathers, Pirk Aboth*），第二版，1897 年。

A. L. 威廉姆斯（Williams, A. L），《祝祷篇》（*Berachoth*），1921 年。

还有 D. A. 索拉（D. A. de Sola）与 M. J. 拉法尔（M. J. Raphall），《密释纳十八章》（*Eighteen Chapters from the Mishnah*），1845 年，以及 J. 巴克雷（J. Barclay）《塔木德》（*The Talmud*），1878 年，这部书同样包含了《密释纳》十八章的译文。

松奇诺出版社于 1939 年出版了完整的 10 卷本《米德拉什拉巴》（*Midrash Rabbah*），由拉比 H. 弗里德曼（H. Freedman）博士和 M. 西蒙（M. Simon）编纂。

宗教与伦理文献

J. 阿贝尔松（Abelson, J.），《拉比文献中上帝之内在性》（*The Immanence of God in Rabbinical Literature*），1912 年。

I. 亚伯拉罕（Abrahams, I.），《法利赛教派与福音书研究》（*Studies in Pharisaism and the Gospels*），系列一，1917；系列二，1924 年。
《阿基巴：学者，圣人，殉道者》（*Akiba: Scholar, Saint, and Martyr*），1936 年。

A. 布赫勒（A. Büchler），《犹太 – 巴勒斯坦的虔诚种种》（*Types of Jewish-Palestinian Piety*），1922 年
《罪孽与赎罪研究》（*Studies in Sin and Atonement*），1928 年。

L. 芬克尔斯坦（Finkelstein, L.），《法利赛人：信仰的社会学背景》（*The Pharisees: the Sociological Background of their Faith*），2 卷本，1938 年。

R. T. 赫福德（Herford, R. T.），《法利赛教派，目标与方法》（*Pharisaism, its Aim and Method*），1912 年。
《法利赛人》（*The Pharisees*），1924 年。
《新约时期的犹太教》（*Judaism in the New Testament Period*），1928 年
《塔木德与伪经》（*Talmud and Apocrypha*），1933 年。

M. 拉撒路斯（Lazarus, M.），《犹太教的伦理》（*The Ethics of Judaism*），

2卷本，1901年。

A. 马摩尔斯坦（Marmorstein, A.），《古代拉比文献中的功过教义》（*The Doctrine of Merits in Old Rabbinical Literature*），1920年。

《古代犹太教义的上帝论》（*The Old Rabbinical Doctrine of God*），第一卷，《上帝的名字与属性》（*The Names and Attributes of God*），1927年。

C. G. 蒙德费奥（Montefiore, C. G.），《旧约及其余绪》（*The Old Testament and After*），1923，第三章。

《拉比文献与福音书教义》（*Rabbinic Literature and Gospel Teachings*），1930年。

C. G. 蒙德费奥与H. 罗维（H. Loewe），《拉比文集》（*Rabbinic Anthology*），1938年。

G. F. 穆尔，《基督纪元初期几个世纪中的犹太教》（*Judaism in the First Centuries of the Christian Era*），2卷本，1927年，以及1卷注释，1930年（一部可靠且公允的著述，文献征引详尽。）

F. C. 波特（Porter, F. C.），《邪恶冲动，犹太教义之犯罪研究》（*The Yetser Hara, A Study in the Jewish Doctrine of Sin*），1902年。

S. 谢西特，《拉比神学面面观》，1909年。一部精彩的著作。

律法

D. W. 阿姆兰（Amram, D. W.），《犹太离婚法律》（*The Jewish Law of Divorce*），1897年。

P. B. 本尼（Benny, P. B.），《犹太人的刑法典》（*The Criminal Code of the Jews*），1880年。

S. 门德尔松（Mendelsohn, S.），《塔木德的刑事法学体系》（*The Criminal Jurisprudence of the Talmud*），1891年。

M. 米耶尔茨纳（Mielziner, M.），《结婚与离婚的犹太律法》（*The Jewish Law of Marriage and Divorce*），1884年。

《拉比律法的遗传继承》（*The Jewish Law of Hereditary Succession*），

1901 年。

其他文献

J. 阿贝尔松（Abelson, J.），《犹太神秘主义》（*Jewish Mysticism*），1913 年。

A. 科恩，《古代犹太谚语》（*Ancient Jewish Proverbs*），1911 年。

F. 德利茨（Delitzsch, F.），《犹太匠人生活》（*Jewish Artisan Life*），
1906 年。

A. 费尔德曼（Feldeman, A.），《拉比们的寓言与类比》（*The Parables and Similes of the Rabbis*），第二版，1927 年。

W. M. 费尔德曼（Feldeman, W. M.），《拉比们的数学与天文学》（*Rabbinical Mathematics and Astronomy*），1931 年。

L. 金斯伯格（Ginzberg, L.），《犹太人的民间传说》（*The Legends of the Jews*），4 卷本，1913 年；2 卷注释，1925~1928 年；以及索引卷，
1938 年。

H. 高兰茨（Gollancz, H.），《塔木德的教育学说》（*Pedagogics of the Talmud*），1924 年。

A. S. 拉波珀尔（Rappoport, A. S.），《古代以色列的神话与传说》（*Myth and Legend of Ancient Israel*），3 卷本，1928 年。

S. 谢西特（Schechter, S.），《犹太教研究》（*Studies in Judaism*），系列一，
1896 年；系列二，1908 年；系列三，1924 年。

索　引

（索引页码为原书页码，即本书边码）

图书在版编目（CIP）数据

大众塔木德 /（英）亚伯拉罕·柯恩著；盖逊译.
—北京：商务印书馆，2022（2023.10 重印）
（宗教文化译丛）
ISBN 978-7-100-20794-2

Ⅰ.①大… Ⅱ.①亚… ②盖… Ⅲ.①犹太人—人生
哲学 Ⅳ.① B821

中国版本图书馆 CIP 数据核字（2022）第 035232 号

宗教文化译丛
犹太教系列　主编　傅有德
大众塔木德
〔英〕亚伯拉罕·柯恩　著
盖　逊　译

商 务 印 书 馆 出 版
（北京王府井大街 36 号　邮政编码 100710）
商 务 印 书 馆 发 行
北京新华印刷有限公司印刷
ISBN 978－7－100－20794－2

2022 年 6 月第 1 版　　　　开本 880×1230　1/32
2023 年 10 月北京第 3 次印刷　印张 19³/₄
定价：120.00 元

"宗教文化译丛" 已出书目

犹太教系列

《密释纳·第1部:种子》
《密释纳·第2部:节期》
《犹太教的本质》〔德〕利奥·拜克
《大众塔木德》〔英〕亚伯拉罕·柯恩
《犹太教审判:中世纪犹太 – 基督两教大
　论争》〔英〕海姆·马克比
《源于犹太教的理性宗教》〔德〕赫尔
　曼·柯恩
《救赎之星》〔德〕弗朗茨·罗森茨维格
《耶路撒冷:论宗教权力与犹太教》〔德〕
　摩西·门德尔松
《论知识》〔埃及〕摩西·迈蒙尼德
《迷途指津》〔埃及〕摩西·迈蒙尼德
《简明犹太民族史》〔英〕塞西尔·罗斯
《犹太战争》〔古罗马〕弗拉维斯·约瑟
　福斯
《论犹太教》〔德〕马丁·布伯

佛教系列

《印度佛教史》〔日〕马田行啟
《日本佛教史纲》〔日〕村上专精
《印度文献史——佛教文献》〔奥〕莫里
　斯·温特尼茨

基督教系列

伊斯兰教系列

其他系列

《印度古代宗教哲学文献选编》
《印度六派哲学》〔日〕木村泰贤